Web 开发视频点播大系

jQuery Mobile 从入门到精通

未来科技　编著

中国水利水电出版社
www.waterpub.com.cn
·北京·

内 容 提 要

《jQuery Mobile 从入门到精通》一书以实例驱动的方式，用近百个实战案例讲述了 jQuery Mobile 及 APP 移动开发的相关知识，并通过 5 个项目案例展现开发流程。全书分为 4 部分，共 19 章：第 1 部分为移动开发入门，主要对 jQuery Mobile 进行了概述，对 HTML5 基础进行了介绍；第 2 部分是 jQuery Mobile 的基础部分，主要内容包括页面设计和对话框、页面高级设计、设计弹出页面、设计工具栏、设计列表视图、设计主题和样式、移动页面布局、使用按钮和表单、高级开发、响应式设计等；第 3 部分是实战部分，介绍了 5 个利用 jQuery Mobile 实现的项目，分别为企业移动宣传、移动版记事本、移动博客、MP3 播放器和闺蜜说社区项目；第 4 部分为扩展部分，介绍了如何将 jQuery Mobile 开发的应用通过 PhoneGap 打包，生成各个平台的可执行文件。

《jQuery Mobile 从入门到精通》配备了极为丰富的学习资源，其中配套资源有：**174 节教学视频**（可二维码扫描）、**素材源程序**；附赠的拓展学习资源有：**习题及面试题库、案例库、工具库、网页模板库、网页配色库、网页素材库、网页案例欣赏库**等。

《jQuery Mobile 从入门到精通》可作为 jQuery Mobile 开发、HTML5 APP 移动开发人员的入门自学用书，也可作为高等院校网页设计、网页制作、网站建设、Web 前端开发相关专业的教学参考书或相关培训机构的培训教材。

图书在版编目（ＣＩＰ）数据

jQuery Mobile从入门到精通 / 未来科技编著. --
北京 ： 中国水利水电出版社，2017.8（2020.7 重印）
　　（Web开发视频点播大系）
　　ISBN 978-7-5170-5412-2

Ⅰ．①j… Ⅱ．①未… Ⅲ．①JAVA语言—程序设计
Ⅳ．①TP312.8

中国版本图书馆CIP数据核字（2017）第115034号

丛 书 名	Web 开发视频点播大系	
书 名	jQuery Mobile 从入门到精通　　jQuery Mobile CONG RUMEN DAO JINGTONG	
作 者	未来科技　编著	
出版发行	中国水利水电出版社	
	（北京市海淀区玉渊潭南路 1 号 D 座　　100038）	
	网址：www.waterpub.com.cn	
	E-mail：zhiboshangshu@163.com	
	电话：（010）62572966-2205/2266/2201（营销中心）	
经 售	北京科水图书销售中心（零售）	
	电话：（010）88383994、63202643、68545874	
	全国各地新华书店和相关出版物销售网点	
排 版	北京智博尚书文化传媒有限公司	
印 刷	三河市龙大印装有限公司	
规 格	203mm×260mm　16 开本　28.75 印张　805 千字	
版 次	2017 年 8 月第 1 版　2020 年 7 月第 4 次印刷	
印 数	6501—7500 册	
定 价	69.80 元	

凡购买我社图书，如有缺页、倒页、脱页的，本社营销中心负责调换

前 言

Preface

目前，主流移动平台上浏览器的功能都赶上了桌面浏览器，因此 jQuery 团队引入了 jQuery Mobile。jQuery Mobile 是 jQuery 框架的一个组件，它不仅给主流移动平台带来 jQuery 核心库，而且会发布一个完整统一的 jQuery 移动 UI 框架，帮助开发人员开发出真正的移动 Web 网站。作者结合自己的开发经验，在书中全面介绍 jQuery Mobile 的使用，以及 jQuery Mobile 开发和发布应用的方法。本书的目的是力求通过实战让读者在练习中熟练掌握利用 jQuery Mobile 快速开发的方法，并能够真正地将技术转化为实战技能。

本书编写特点

📖 案例丰富

本书采用实例驱动的方式介绍 jQuery Mobile 下的 APP 开发，全书提供近百个实战案例，旨在教会读者如何进行移动开发，最后还通过 5 个综合项目来复习和巩固所学知识点。

📖 实用性强

本书的案例包含了作者做过的很多应用，如企业移动 APP、日记本、MP3 播放器、博客、移动社区、通讯录、课程表、Metro 界面、新闻列表、调查问卷、计算器、移动 BBS、电子阅读器等，这些案例全部来源于真实的生活。

📖 入门容易

本书思路清晰、语言平实、操作步骤详细。只要认真阅读本书，把书中所有示例循序渐进地练习一遍，并把本书所有综合案例独立完成，读者就可达到专业开发的水平。

📖 操作性强

本书颠覆传统的"看"书观念，是一本能"操作"的图书。书中每个示例的步骤清晰、明了，读者简单模仿都能够快速上手，且这样的示例遍布全书每个小节。

编者的初衷是，不但能让读者了解做什么与怎么做，而且能让读者清楚为什么要这么做，本书还提供了很多移动 APP 的设计技巧，帮助读者找到最佳的学习路径和项目解决方案。

本书内容

本书分为 4 部分，共 19 章，具体结构划分及内容如下。

第 1 部分：移动开发入门，包括第 1～2 章。跨平台的框架有很多，为什么选择 jQuery Mobile？选择它后，如何为它搭建开发环境？搭建完环境后，又如何开发第一个应用？如何测试和打包应用？这些问题都是本部分要介绍的内容，除此之外，本部分还介绍了 HTML 5 的基本语法和用法。

第 2 部分：jQuery Mobile 基础部分，包括第 3～13 章。一个 APP 大概会包含页面、对话框、工具栏、按钮、表单、列表等可视元素，本部分就是介绍如何用 jQuery Mobile 制作这些元素，并在手机上显示出来。此外，本部分还介绍 jQuery Mobile 的一些高级特性，如布局、插件、事件等。

第 3 部分：实战部分，包括第 14～18 章。本部分介绍了 5 个利用 jQuery Mobile 实现的项目，分别为企业移动宣传、移动版记事本、移动博客、MP3 播放器、闺蜜说社区项目。本部分不仅给出了这些项目的源代码，还给出了数据库和 APP UI 的一些设计技巧。

第 4 部分：扩展部分，包括第 19 章。本部分内容不多，却是 APP 应用的关键所在。由于涉及其他技术话题，本部分仅做简单介绍，主要介绍如何将 jQuery Mobile 开发的应用通过 PhoneGap 打包，然后生成各个平台的可执行文件。

本书显著特色

📖 体验好

二维码扫一扫，随时随地看视频。书中几乎每个章节都提供了二维码，读者朋友可以通过手机微信扫一扫，随时随地看相关的教学视频（若个别手机不能播放，请参考前言中的"本书学习资源列表及获取方式"下载后在计算机上可以一样观看）。

📖 资源多

从配套到拓展，资源库一应俱全。本书不仅提供了几乎覆盖全书的配套视频和素材源文件，还提供了拓展的学习资源，如习题及面试题库、案例库、工具库、网页模板库、网页配色库、网页素材库、网页案例欣赏库等，拓展视野、贴近实战，学习资源一网打尽！

📖 案例多

案例丰富详尽，边做边学更快捷。跟着大量的案例去学习，边学边做，从做中学，使学习更深入、更高效。

📖 入门易

遵循学习规律，入门与实战相结合。本书编写模式采用"基础知识+中小实例+实战案例"的形式，内容由浅入深、循序渐进，从入门中学习实战应用，从实战应用中激发学习兴趣。

📖 服务快

提供在线服务，随时随地可交流。本书提供 QQ 群、网站下载等多渠道贴心服务。

本书学习资源列表及获取方式

本书的学习资源十分丰富，全部资源分布如下：

📖 配套资源

（1）本书的配套同步视频，共计 174 节（可用二维码扫描观看或从下述的网站下载）。

（2）本书的素材及源程序，共计 187 项。

📖 拓展学习资源

（1）习题及面试题库（共计 1 000 题）。

（2）案例库（各类案例 4 396 个）。

（3）工具库（HTML 参考手册 11 部、CSS 参考手册 10 部、JavaScript 参考手册 26 部）。

（4）网页模板库（各类模板 1 636 个）。

（5）网页素材库（17 大类）。

（6）网页配色库（623 项）。

（7）网页案例欣赏库（共计 508 例）。

📖 以上资源的获取及联系方式

（1）登录网站 xue.bookln.cn，输入书名，搜索到本书后下载。

（2）登录中国水利水电出版社的官方网站：www.waterpub.com.cn/softdown/，找到本书后，根据相关提示下载。

（3）加入本书学习QQ群：621135618、625186596、625853788、626360108，读者可以单击QQ窗口右侧的"群应用"下的"文件"，找到相关资源后下载。

（4）读者朋友还可通过电子邮件 weilaitushu@126.com、945694286@qq.com 与我们联系。

（5）读者朋友可以加入本书微信公众号咨询关于本书的所有问题。

本书约定

为了节省版面，本书中显示的大部分示例代码都是局部的，读者需要补全完整的代码，或者参考本书示例源代码。

部分示例可能需要服务器的配合，可以参阅示例所在章节的说明进行操作。

上机练习本书中的示例要用到 Opera Mobile Emulator 等移动平台浏览器。因此，为了测试所有内容，读者需要安装上述类型的最新版本浏览器。

为了给读者提供更多的学习资源，同时弥补篇幅有限的缺憾，本书提供了很多参考链接，部分本书无法详细介绍的问题都可以通过这些链接找到答案。这些链接地址仅供参考，因为链接地址会因时间而有所变动或调整，本书无法保证所有链接地址都是长期有效的。遇到这种问题，可通过本书的学习 QQ 群咨询。

本书所列出的插图可能会与读者实际环境中的操作界面有所差别，这可能是由于操作系统平台、浏览器版本等不同而引起的，在此特别说明，读者应该以实际情况为准。

本书适用对象

本书适用于 jQuery Mobile 入门者、HTML5 入门者、HTML5 移动开发人员等有志于 Web 开发的人员，以及其他相关网页设计、网页制作、网站建设的设计或开发人员。

关于作者

未来科技是由一群热爱 Web 开发的青年骨干教师组成的一个松散组织，主要从事 Web 开发、教学培训、教材开发等业务。该群体编写的同类图书在很多网店上的销量名列前茅，让数十万的读者轻松跨进了 Web 开发的大门，为 Web 开发的普及和应用做出了积极贡献。

参与本书编写的人员有：马林、刘金、邹仲、谢党华、刘望、彭方强、雷海兰、郭靖、吴云、赵德志、张卫其、李德光、刘坤、杨艳、顾克明、班琦、蔡霞英、曾德剑、曾锦华、曾兰香、曾世宏、曾旺新、曾伟、常星、陈娣、陈凤娟、陈凤仪、陈福妹、陈国锋、陈海兰、陈华娟、陈金清、陈马路、陈石明、陈世超、陈世敏、陈文广等。

编　者

目　录

Contents

第 1 章　初识 jQuery Mobile

jQuery Mobile 是一套基于 jQuery 的移动应用界面开发框架，以网页的形式呈现类似于移动应用的界面。当用户使用智能手机或平板电脑，通过浏览器访问基于 jQuery Mobile 开发的移动应用网站时，将获得与本机应用接近的用户体验。用户不需要在本机安装额外的应用程序，直接通过浏览器就可以打开这样的移动应用。本章先介绍移动 Web 设计的基本特点，然后概述 jQuery Mobile，最后通过一个简单的实例介绍如何使用 jQuery Mobile，为后面深入学习打好基础。

【学习重点】
- 了解 Web 移动开发的特点。
- 了解 jQuery Mobile。
- 安装 jQuery Mobile。

1.1　移动开发概述

使用 jQuery Mobile 开发一套 Web 移动应用页面与开发一套传统的 Web 站点页面，并没有很大差别。对于大部分工程师而言，熟悉 jQuery Mobile 的框架结构，了解基本的 HTML5 语言，通常很快就能开发出 Web 移动应用程序。因为 jQuery Mobile 已经基于移动界面的特点进行了大量规范化的封装。jQuery Mobile 的优势就是它具有良好的学习方法。

1.1.1　认识 Web 移动应用

在进行移动应用技术方案选型的时候，用户首先需要选择什么样的技术方案来实现开发需求。
- 使用 Web 移动应用，如 jQuery Mobile 等。
- 使用本机应用，如 iOS 等。

两种方案各有利弊，适用场景也各有不同。

Web 移动应用的优势在于通过 HTML5 以及浏览器支持能力，可以低成本地开发兼容性良好、跨移动平台的应用。在应用的部署过程中，可以不用依赖于设备和更新分发，具体说明如下。
- Web 移动应用更新或者重新部署到 Web 服务器之后，用户使用手机再打开这个网站，手机中的应用也就实现了同时更新。Web 移动应用同样可以基于 HTML5 语言保存一定的用户本地数据，这样可以改善移动应用的运行速度。
- Web 移动应用不需要占用移动设备有限的存储空间。对于地理位置定位等应用，很多移动设备浏览器在支持 HTML5 语言的时候，也提供了相应的支持。这也为 Web 移动应用支持更多应用场景提供了便利。

当然，Web 移动应用在开发、运营和维护过程中，会受到一定限制。例如，如果移动网络速度比较慢或网络连接不够稳定，则 Web 移动应用的用户打开应用页面的速度会变慢，移动网络覆盖不到的地方则不能打开 Web 移动应用界面。此外，运行 Web 移动应用还可能产生网络流量费用。由于 Web 移动应用通过浏览器呈现界面并与用户交互，所以如果所应用的场景需要开发额外的手机底层应用，例如，某种特定格式的视频播放器，则可能会受到限制。

本机应用会在执行效率、使用过程成本和一些需要与硬件资源交互的环境下表现出明显的优势，不足之处在于安装、部署和推广成本高，需要考虑应用程序与移动设备的兼容性等。

Web 移动应用可以胜任大多数移动平台开发需求，例如，新闻资讯、内容订阅、移动办公、远程监控、电子游戏和娱乐等。特别是在很多细分市场下，Web 移动应用将非常具有优势，如移动阅读。

1.1.2 移动 Web 设计概述

1. 移动设备统计分析

拥有全面的用户数据，无疑能帮助我们做出更符合用户需求的产品。内部数据能帮我们精确了解我们的目标用户群的特征；而外部数据能告诉我们大环境下的手机用户状况，并且能在内部数据不够充分的时候给予一些非常有用的信息。

从外部数据来看，国内浏览器品牌市场占有率前三甲为苹果 Safari、谷歌 Android、Opera Mini。当然，作为中国的 Web 移动应用开发者，不能忽视强大的山寨机市场，这类手机通常使用的是 MTK 操作系统。国内易观智库发布数据显示 QQ 浏览器、UC 浏览器及百度浏览器占据中国第三方手机浏览器市场前三名。

2. 手机浏览器兼容性测试结果概要

以下所说的"大多数"是指在测试过的机型中，发生此类状况的手机占比达 50%及以上，"部分"为 20%～50%，"少数"为 20%及以下。而这个概率也仅仅只限于所测试过的机型，虽然这里采集的样本尽量覆盖各种型号的手机，但并不代表所有手机的情况。

（1）HTML 部分

①大多数手机不支持的特性：表单元素的 disable 属性。

②部分手机不支持的特性：

➘ button 标签。

➘ input[type=file]标签。

➘ iframe 标签。

虽然只有部分手机不支持这几个标签，但因为这些标签在页面中往往具有非常重要的功能，所以属于高危标签，要谨慎使用。

③少数手机不支持的特性：select 标签。

该标签如果被赋予比较复杂的 CSS 属性，可能会导致显示不正常，如 vertical-align:middle。

（2）CSS 部分

大部分手机不支持的特性：

①font-family 属性：因为手机基本上只安装了宋体这一种中文字体。

②font-family:bold;：对中文字符无效，但一般对英文字符是有效的。

③font-style: italic;：对中文字符无效，但一般对英文字符是有效的。

④font-size 属性：如 12px 的中文和 14px 的中文看起来一样大，当字符大小为 18px 的时候也许能看出来一些区别。

⑤white-space/word-wrap 属性：因为无法设置强制换行，所以当网页有很多中文的时候，需要特别关注不要让过多连写的英文字符撑开页面。

⑥background-position 属性：背景图片的其他属性设定是支持的。

⑦position 属性。

⑧overflow 属性。

⑨display 属性。

⑩min-height 和 min-weidth 属性。

部分手机不支持的特性：

⑪height 属性：对 height 的支持不太好。

⑫pading 属性。

⑬margin 属性：更高比例的手机不支持 margin 的负值。

少数手机不支持的特性：少数手机对 CSS 完全不支持。

（3）JavaScript 部分

部分手机支持基本的 DOM 操作、事件等。支持（包括不完全支持）JavaScript 的手机比例在一半左右，当然，对开发人员来说，最重要的不是这个比例，而是如何做好 JavaScript 的优雅降级。

（4）其他部分

①部分手机不支持 png8 和 png24，所以尽量使用 jpg 和 gif 格式的图片。

②对于平滑的渐变等精细的图片细节，部分手机的色彩支持度并不能达到要求，所以慎用有平滑渐变的设计。

③部分手机对于超大图片，既不进行缩放，也不显示横竖滚动条。

④少数手机在打开超过 20KB 大小的页面时，会显示内存不足。

3. 开发中可能遇到的问题

（1）手机网页编码需要遵循什么规范

遵循 XHTML Mobile Profile 规范（WAP-277-XHTMLMP-20011029-a.pdf），简称为 XHTML MP，也就是通常说的 WAP2.0 规范。 XHTMLMP 是为不支持 XHTML 的全部特性且资源有限的客户端所设计的。它以 XHTML Basic 为基础，加入了一些来自 XHTML 1.0 的元素和属性。这些内容包括一些其他元素和对内部样式表的支持。与 XHTML Basic 相同，XHTML MP 是严格的 XHTML 1.0 子集。

（2）网页文档推荐使用扩展名

推荐命名为 xhtml，按 WAP2.0 的规范标准写成 html/htm 也是可以的，但少数手机对 html 支持的不好。

（3）为什么现今大多数的网站一行字数上限为 14 个中文字符

由于手持设备的特殊性，其页面中实际文字大小未必是我们在 CSS 中设定的文字大小，尤其是在第三方浏览器中，如 Nokia5310，其内置浏览器页面内文字大小与 CSS 设定相符，但是第三方浏览器 OperaMini 与 UCWEB 页面内文字大小却大于 CSS 设定。经测试，其文本大概为 16 像素。假如屏幕分辨率宽度为 240 像素，去除外边距，那么其一行显示 14 个字以内，是比较保险（避免文本换行）的做法。

（4）使用 WCSS 还是 CSS

WCSS（WAP Cascading Style Sheet 或称 WAP CSS）是移动版本的 CSS 样式表。它是 CSS2 的一个子集，去掉了一些不适于移动互联网特性的属性，并加入一些具有 WAP 特性的扩展（如-wap- input-format/ -wap-input-required/display:-wap-marquee 等）。需要留意的是，这些特殊的属性扩展并不是很实用，所以在实际的项目开发当中，不推荐使用 WCSS 特有的属性。

（5）避免空值属性

如果属性值为空，在 Web 页面中是完全没有问题的，但是在大部分手机网页上会报错。

（6）网页大小限制

建议低版本页面不超过 15KB，高版本页面不超过 60KB。

（7）用手机模拟器和第三方手机浏览器的在线模拟器来测试页面是不是靠谱

有条件的话，建议在手机实体上进行测试，因为目标客户群的手机设备总是在不断变化的，这些手机模拟器通常不能完全正确地模拟页面在手机上的显示情况，如图片色彩，页面大小限制等就很难在模拟器上测试出来。当然，一些第三方手机浏览器的在线模拟器还是可以进行测试的，第三方浏览器相对来说受手机设备的影响较小。

1.1.3 了解 WebKit

WebKit 是一种浏览器引擎，支撑着苹果（iOS）和安卓（Android）两大主流移动系统的内置浏览器。WebKit 是一个开源项目，并催生了面向移动设备的现代 Web 应用程序。WebKit 还应用在桌面 Safari 浏览器内，该浏览器是 Mac OS X 平台默认的浏览器。

WebKit 优先支持 HTML 和 CSS 特性。实际上，WebKit 还支持尚未被其他浏览器采纳的一些 CSS 样式和 HTML5 特性。HTML5 规范是一个技术草案集，涵盖了各种基于浏览器的技术，包括客户端 SQL 存储、转变、转型和转换等。HTML5 的出现已经有些时间了，虽然尚未完成，但是一旦其特性集因主要浏览器平台支持的加入而逐渐稳定后，Web 应用程序的简陋开端将成为永久的记忆。Web 应用程序开发将成为主导，移动浏览器将一跃成为首要考虑，而不再是后备之选。

WebKit 精致的 HTML+CSS 解析引擎，再配以 iPhone 和 Android 平台上的高度直观的 UI，实际上就使得几乎任何一个基于 HTML 的 Web 站点都能呈现在此设备上。Web 页能被正确呈现，不再像原来的移动浏览器那种体验：内容被包裹起来或是根本不显示。

当页面加载后，内容通常被完全缩放以便整个页面都可见，尽管内容会被缩得非常小，甚至不可读，如图 1.1 所示。不过，页面是可滚动、放大和缩小的，这就可以对全部内容进行访问。默认浏览器使用 980 像素宽的视见区或逻辑尺寸。

图 1.1　被缩放的页面效果

要想使 Web 页面从一般的页面变成支持移动设备的页面，Web 应用程序可以在几个方面进行修改。虽然页面可以在 WebKit 中正确呈现，但是，一个以鼠标为中心的设备（如笔记本电脑或台式机）与一个以触摸为中心的设备（如 iPhone 或 Android 智能手机）还是有区别的。其中主要的一些差异包括"可单击"区域的物理大小、"悬浮样式"的缺少以及完全不同的事件顺序。如下所列的是在设计一个能被移动用户正常查看的 Web 站点时需要注意的一些问题。

- ➥ iPhone/Android 浏览器呈现的屏幕是可读的，大大好于传统的移动浏览器，所以不要急于草草制作网站的移动版本。
- ➥ 手指要大过鼠标指针。在设计可单击的导航时要特别注意这一点，不要把链接放得相互太靠近，因为用户不太可能单击了一个链接而不触及相邻的链接。
- ➥ 悬浮样式将不再奏效，因为用手指不能操作用鼠标指针操作的"悬浮"。
- ➥ 与 mouse-down、mouse-move 等相关的事件在基于触摸的设备上会大相径庭。这类事件中有一些将被取消，不要指望移动设备上的事件顺序与桌面浏览器上的一样。

要使一个 Web 站点对 iPhone 或 Android 用户具有友好性，所面临的最为明显的一个挑战就是屏幕大小。我们今天使用的实际移动屏幕尺寸是 320×480。由于用户可能会选择横向查看 Web 内容，所以屏幕大小也可以是 480×320。

WebKit 将能很好地呈现面向桌面的 Web 页面，但是文本可能会太小以至于若不进行缩放或其他操作就无法有效阅读内容。那么，该如何应对这个问题呢？

图 1.2　放大显示的页面效果

最为直观也是最不唐突的适合移动用户的方式是使用一个特殊的视口标记。<meta>标签是一个放入 HTML 文档的<head>标签内 HTML 标记。以下是一个使用 viewport 标记的简单例子。

```
<meta name="viewport" content="width=device-width" />
```

当这个<meta>标签被添加到一个 HTML 页面后，此页面被缩放到更为适合这个移动设备的大小，如图 1.2 所示。如果浏览器不支持此标记，它会简单地忽略此标记。

为了设置特定的值，将 viewport metatag 的 content 属性设为一个显式的值。

```
<meta name="viewport" content="width=device-width, initial-scale=1.0 user-scalable=
yes" />
```

通过改变初始值，屏幕就可以按要求被放大或缩小。将值分别设置在 1.0～1.3 之间对于 iPhone 和 Android 平台是比较合适的。viewport metatag 还支持最小和最大伸缩，可用来限制用户对呈现页面的控制力。

自从具有 320×480 布局的 iPhone 面世以来，其形态系数就一直没有改变过，而随着来自不同制造商、针对不同用户群的更多设备的出现，Android 则有望具备更多样的物理特点。在开发应用程序并以诸如 Android 这类移动设备为目标时，一定要考虑屏幕尺寸、形态系数以及分辨率等方面的潜在多样性。

1.2　jQuery Mobile 概述

jQuery Mobile 是基于 jQuery、JavaScript、HTML5 和 CSS3 发展而成的移动应用用户界面系统。基于 jQuery Mobile 开发的移动应用，体积轻量，用户体验与界面风格统一，并兼容大量移动平台。在前端页面的呈现方面，jQuery Mobile 实现了界面美化和对移动设备浏览器的兼容。

1.2.1 为什么要选择 jQuery Mobile

如果通过移动设备终端的浏览器登录网站直接使用产品或应用，那么，面临的最大问题就是各移动终端设备浏览器的兼容性，这些浏览器的种类比传统的 PC 端还要多，且调试更为复杂。解决这些兼容性问题，开发出一个可以跨移动平台的应用，需要引入一个优秀、高效的 jQuery Mobile 框架。

jQuery 一直都是非常流行的 JavaScript 类库，并且它一直都是为桌面浏览器设计的，没有特别为移动应用程序设计。jQuery Mobile 是一个新的项目，用来填补在移动设备应用上的缺憾。它是基本 jQuery 框架并提供了一定范围的用户接口和特性，以便于开发人员在移动应用上使用。使用该框架可以节省大量的 JavaScript 代码开发时间。

确切来说，jQuery Mobile 是专门针对移动终端设备的浏览器开发的 Web 脚本框架，它基于强悍的 jQuery 和 jQuery UI 基础之上，统一用户系统接口，能够无缝隙运行于所有流行的移动平台之上，并且易于主题化的设计与建造，是一个轻量级的 Web 脚本框架。它的出现，打破了传统 JavaScript 对移动终端设备的脆弱支持的局面，使开发一个跨移动平台的 Web 应用真正成为可能。

1.2.2 jQuery Mobile 移动平台兼容性

jQuery Mobile 以 "Write Less, Do More" 作为目标，为所有的主流移动操作系统平台提供了高度统一的 UI 框架，jQuery 的移动框架可以为所有流行的移动平台设计一个高度定制和品牌化的 Web 应用程序，而不必为每个移动设备编写独特的应用程序或操作系统。

jQuery Mobile 目前支持的移动平台包括苹果公司的 iOS（iPhone、iPad、iPod Touch）、Android、Black Berry OS6.0、惠普 WebOS、Mozilla 的 Fennec 和 Opera Mobile，此外包括 Windows Mobile、Symbian 和 MeeGo 在内的更多移动平台。

1.2.3 jQuery Mobile 功能

jQuery Mobile 主要功能简单概括如下：
- jQuery Mobile 为开发移动应用程序替代了非常简单的用户接口。
- 这种接口的配置是标签驱动的，这意味着开发人员可以在 HTML 中建立大量的程序接口而不需要写一行 JavaScript 代码。
- 提供了一些自定义的事件用来探测移动和触摸动作，如 tap（点击）、tap-and-hold（点击并按住）、swipe（滑动）、orientation change（方向的改变）。
- 使用一些加强的功能时需要参照一下设备浏览器支持列表。
- 使用预设主题可以轻松定制应用程序外观。

1.2.4 jQuery Mobile 特性

jQuery Mobile 为开发移动应用程序提供十分简单的应用接口，而这些接口的配置是由标记驱动的。开发者在 HTML 页中无需使用任何 JavaScript 代码，就可以建立大量的程序接口。使用页面元素标记驱动是 jQuery Mobile 仅是它众多特点之一。概括而言，jQuery Mobile 主要特性包括：

1. 强大的 Ajax 驱动导航

无论是页面数据的调用还是页面间的切换，都是采用 Ajax 进行驱动的，从而保持了动画转换页面的干净与优雅。

2. 以 jQuery 和 jQuery UI 为框架核心

jQuery Mobile 的核心框架是建立在 jQuery 基础之上的，并且利用了 jQuery UI 的代码与运用模式，使熟悉 jQuery 语法的开发者运用最少的学习时间迅速掌握。

3. 强大的浏览器兼容性

jQuery Mobile 继承了 jQuery 的兼容性优势,目前所开发的应用兼容于所有主要的移动终端浏览器,使开发者集中精力做功能开发,而不需要考虑复杂的浏览兼容性问题。

目前 jQuery Mobile 1.0.1 版本支持绝大多数的台式机、智能手机、平板和电子阅读器的平台,此外,对有些不支持的智能手机与旧版本的浏览器,通过渐进增强的方法,将逐步实现完全支持。jQuery Mobile 兼容所有主流的移动平台,如 iOS、Android、BlackBerry、Palm WebOS、Symbian、Windows Mobile、BaDa、MeeGo,以及所有支持 HTML 的移动平台。

4. 框架轻量级

jQuery Mobile 最新的稳定版本压缩后的体积大小为 24KB,与之相配套的 CSS 文件压缩后的体积大小为 6KB,框架的轻量级将大大加快程序执行时的速度。基于速度考虑,对图片的依赖也降到最小。

5. HTML5 标记驱动

jQuery Mobile 采用完全的标记驱动,而不需要 JavaScript 的配置。最小化的脚本能力需求,保证其能够快速开发页面。

6. 渐进增强

jQuery Mobile 采用完全的渐进增强原则,通过一个全功能的 HTML 网页,以及一个额外的 JavaScript 功能层,提供顶级的在线体验。即使移动浏览器不支持 JavaScript,基于 jQuery Mobile 的移动应用程序仍能正常使用。核心内容和功能支持所有的手机、平板和桌面平台,而较新的移动平台能获得更优秀的用户体验。

7. 自动初始化

通过在一个页面的 HTML 标签中使用 data-role 属性,jQuery Mobile 可以自动初始化相应的插件,这些都基于 HTML5。同时,通过使用 mobilize()函数自动初始化页面上的所有 jQuery 部件。

8. 易用性

为了使这种广泛的手机支持成为可能,所有在 jQuery Mobile 中的页面都是基于简洁、语义化的 HTML 构建,这样可以确保能兼容于大部分支持 Web 浏览的设备。在这些设备解析 CSS 和 JavaScript 的过程中,jQuery Mobile 使用了先进的技术并借助 jQuery 和 CSS 本身的能力,以一种不明显的方式将语义化的页面转化成富客户端页面。一些简单易操作的特性(如 WAI-ARIA)通过框架已经紧密集成进来,以给屏幕阅读器或者其他辅助设备(主要指手持设备)提供支持。

通过这些技术的使用,jQuery Mobile 官网尽最大努力来保证残障人士也能正常使用基于 jQuery Mobile 构建的页面。

9. 支持触摸与其他鼠标事件

jQuery Mobile 提供了一些自定义的事件,用来侦测用户的移动触摸动作,如 tap、tap-and-hold、swipe 等事件,极大提高了代码开发的效率。为用户提供鼠标、触摸和光标焦点简单的输入法支持,增强了触摸体验和可主题化的本地控件。

10. 强大的主题

jQuery Mobile 提供强大的主题化框架和 UI 接口。借助于主题化的框架和 ThemeRoller 应用程序,jQuery Mobile 可以快速地改变应用程序的外观或自定义一套属于产品自身的主题,有助于树立应用产品的品牌形象。

1.2.5 jQuery Mobile 优势

jQuery 以其至简哲学、出色的核心特性和插件,以及社区的贡献获取大量铁杆粉丝。基于 jQuery 的

jQuery Mobile 当然也让人心动，它具有三大优点。

1. 上手迅速并支持快速迭代

与 Android 和 iOS 相比，使用 jQuery Mobile 和 HTML5 构建 UI 和逻辑会比在原生系统下构建快得多。

提示，这里的原生系统是指原装的操作系统，如 Android 原生系统是 Google 发布未经修改的系统。这里所谓的原生应用指直接用系统提供的 API 开发的程序，与 JQuery Mobile 开发的程序相对应。

Apple 的 Builder 接口的学习曲线十分陡峭，同样学习令人费解的 Android 布局系统也很耗时间。此外，要使用原生代码将一个列表视图连接到远程的数据源并具有漂亮的外观是十分复杂的，在 Android 上是 ListView，在 iOS 上是 UITableView。通过已经掌握的 JavaScript、HTML、CSS 知识快速地实现同样的功能，无需学习新的技术和语言，只要编写 jQuery 代码就可以做到。

2. 避免麻烦的应用商店审批过程以及调试、构建带来的麻烦

为手机开发应用，尤其是 iOS 系统的手机，最痛苦的过程莫过于通过 Apple 应用商店的审批。想要让一个原生应用程序发布给 iOS 用户，用户需要等待一个相当长的过程。不仅在第一次发布程序时要经历磨难，以后的每一次升级也是如此。这使得 QA 和发布流程变得复杂，还会增加额外的时间。由于 jQuery Mobile 应用程序仅仅是一种 Web 应用程序，因此它继承了所有 Web 环境的优点：当用户加载网站时，就可以升级到最新的版本。可以马上修复 bug 和添加新的特性。即使是在 Android 系统——应用市场的要求比起 Apple 环境要宽松得多，在用户不知不觉中完成产品升级也是一件很好的事情。

同时，发布 beta 或测试版本会更加容易。只要告诉用户用浏览器打开指定网址就可以了。

3. 支持跨平台和跨设备开发

jQuery Mobile 巨大的好处是，应用程序马上可以在 Android 和 iOS 上工作，同样也可以在其他平台上工作。作为一个独立开发者，为不同的平台维护基础代码是一项巨大的工作。为单个手机平台编写高质量的手机应用需要全职工作，为每个平台重复做类似的事情需要大量的资源。应用程序能够在 Android 和 iOS 设备上同时工作对用户来说是一个巨大收获。

尤其是对运行 Android 各种分支的设备，它们大小和形状各异，想要让你的应用程序在各种各样屏幕分辨率的手机上看起来都不错，这是真正的挑战。对于要求严格的 Android 开发者来说，按照屏幕大小进行屏幕分割（从完全最小化到最大进行缩放）会需要很多开发时间。由于浏览器会在每个设备上以相同的方式呈现，关于这个方面你不必有任何担心。

1.2.6 jQuery Mobile 缺陷

当然 jQuery Mobile 也存在先天不足，简单介绍如下。

1. 比原生程序运行慢

这也是 jQuery Mobile 最大的缺点，即使在最新的 Android 和 iOS 硬件上，jQuery Mobile 应用程序都会明显慢于原生程序。尤其在 Android 上，浏览器比起 iOS 更慢且 bug 更多。

2. 不很完美的用户体验

jQuery Mobile 最大的一个问题是各种浏览器在不同的手机平台上古怪的表现。这个问题一直为人诟病。应用程序可能看上去有些古怪，虽然 jQuery Mobile 团队在 widget 和主题上做得很棒，但的确和原生程序看起来有显著的不同。虽然这个问题到底对用户有多大影响不得而知，但是这一点需要引起注意。

3. 有限的能力

很明显，运行在浏览器上的 JavaScript 不能完全地访问设备，一个典型的例子就是摄像头。然而，类似 PhoneGap 这样的工具能够帮助解决很多常见问题。实际上，很多用户已经开始将应用程序通过 PhoneGap 将几个版本部署到 iOS 和 Android 上。

总之，使用 jQuery Mobile 和 HTML5 作为手机应用开发平台是可行的。然而，这并不适用于所有类型的应用程序。对于简单的内容显示和数据输入类型的应用程序，jQuery Mobile 是对原生程序一个有力的增强。用户不再需要同时为 Android 和 iOS 维护绞尽脑汁。随着硬件变化越来越快，手机设备越来越多样化，相信 jQuery Mobile 和 HTML5 在手机应用开发中会成为更加重要的技术。

1.2.7　其他流行的 Web 移动开发框架

除了 jQuery Mobile 之外，还有其他一些基于 HTML 的 Web 移动应用框架。下面简单介绍几款比较流行且经典的框架。

1. Sencha Touch

Sencha Touch 具有比较明显的优势，具体如下。

- 界面样式标准、美观，开发团队可以集中于应用功能实现，而对于美工方面的依赖较小。
- 快速的页面响应速度和美观的用户界面。
- 继承 Ext JS 下的良好学习曲线和开发效率。
- 用户界面风格统一。
- 基于 Sencha Touch 的 Sencha Chart 可以提供丰富的图表制作能力。
- 支持丰富的手势操作。

Sencha Touch 局限性：Sencha Touch 支持主流的移动平台，但相对于 jQuery Mobile 而言数量比较少。如果面对公众用户开展移动应用开发和部署，选择 Sencha Touch 就要谨慎一些。

2. iUI

iUI 也是一种基于 HTML 的 Web 移动应用开发框架，旨在为 iPhone 和与 iPhone 相兼容的设备开发移动应用。该框架不但包含其他开发框架所具有的 JavaScrip 框架和 CSS，甚至包括常用的图标图片，保证了开发效率和界面一致性。

iUI 的主要特性如下。

- 基于标准的 HTML 代码建立具有 iPhone 风格的导航菜单。
- 很少需要 JavaScript，就可以建立基于 HTML 的应用界面。
- 容易开发出具有 iPhone 风格的移动应用。
- 适应移动手机应用的界面设计要求。

3. jQTouch

jQTouch 也是一个基于 jQuery 的 Web 移动应用开发框架，对 Android、iPhone 和基于 WebKit 核心的桌面浏览器支持较好。但该框架兼容性比较弱，不建议使用 jQTouch 进行跨平台的移动应用开发，除非是面对特定用户群体的。

1.3　安装 jQuery Mobile

在使用 jQuery Mobile 框架之前，需要先获取与 jQuery Mobile 相关的插件文件。如果直接使用 Dreamweaver CC 可视化方式设计移动页面，可以不用手动安装，Dreamweaver CC 会自动完成相关插件文件的捆绑。

1.3.1　下载插件文件

要运行 jQuery Mobile 移动应用页面需要包含 3 个相关框架文件，分别如下。

扫一扫，看视频

➥ jQuery.js：jQuery 主框架插件，目前稳定版本为 1.11。

➥ jQuery.Mobile.js：jQuery Mobile 框架插件，目前最新版本为 1.4。

➥ jQuery.Mobile.css：与 jQuery Mobile 框架相配套的 CSS 样式文件，最新版本为 1.4。

有两种方法需要获取相关文件：分别为下载相关插件文件和使用 URL 方式加载相应文件。

1. 方法一

登录 jQuery Mobile 官方网站（http://jquerymobile.com），单击右上角的 Download jQuery Mobile 区域的 Latest stable 按钮下载最新稳定版本，当前最新稳定版本为 1.4.5，如图 1.3 所示。

图 1.3 下载 jQuery Mobile 压缩包

单击 Custom download 按钮，可以自定义下载。在 jQuery Mobile 下载页中，可以选择需要下载的版本、框架文件，如图 1.4 所示。

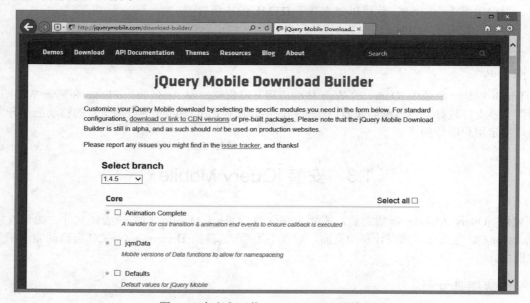

图 1.4 自定义下载 jQuery Mobile 压缩包

🔊 **提示：**

也可以访问 http://code.jquery.com/mobile/页面，获取 jQuery Mobile 全部文件，包含压缩前后的 JavaScript 与 CSS 样式和实例文件。

2. 方法二

除在 jQuery Mobile 下载页下载对应文件外，jQuery Mobile 还提供了 URL 方式从 jQuery CDN 下载插件文件。在页面头部区域<head>标签内加入下列代码，同样可以打开 jQuery Mobile 移动应用页面。

```
<link rel="stylesheet" href="http://code.jquery.com/mobile/1.4.5/jquery.mobile-
1.4.5.min.css" />
<script src="http://code.jquery.com/jquery-1.10.2.min.js"></script>
<script src="http://code.jquery.com/mobile/1.4.5/jquery.mobile-1.4.5.min.js">
</script>
```

通过 URL 加载 jQuery Mobile 插件的方式使版本的更新更加及时，但由于是通过 jQuery CDN 服务器请求的方式进行加载，在执行页面时必须时时保证网络的畅通，否则，不能实现 jQuery Mobile 移动页面的效果。

1.3.2 初始化配置

扫一扫，看视频

由于移动设备浏览器对 HTML5 标准的支持程度要远远优于 PC 设备，因此使用简洁的 HTML5 标准可以更加高效地进行开发，免去了兼容问题。

【示例】 新建 HTML5 文档，在头部区域的<head>标签中按顺序引入框架文件，要注意加载顺序。

```
<!DOCTYPE HTML>
<html>
<head>
<title>标题</title>
<meta charset="UTF-8">
<link rel="stylesheet" type="text/css" href="jquery.mobile/jquery.mobile-1.4.5.
min.css">
<script src="jquery-1.10.2.min.js"></script>
<script src="jquery.mobile/jquery.mobile-1.4.5.min.js"></script>
</head>
<body>
</body>
</html>
```

🔊 **提示：**

为了防止编码乱码，建议定义文档编码为 utf-8：

```
<meta http-equiv="Content-Type" content="text/html; charset=utf-8" />
```
或者
```
<meta charset="utf-8" />
```

1.4 案例：设计第一个移动页面

扫一扫，看视频

jQuery Mobile 的工作原理：提供可触摸的 UI 小部件和 Ajax 导航系统，使页面支持动画式切换效果。以页面中的元素标记为事件驱动对象，当触摸或单击时进行触发，最后在移动终端的浏览器中实现一个个应用程序的动画展示效果。

与开发桌面浏览中的 Web 页面相似，构建一个 jQuery Mobile 页面也十分容易。jQuery Mobile 通过
<div>元素组织页面结构，根据元素的 data-role 属性设置角色。每一个拥有 data-role 属性的<div>标签就
是一个容器，它可以放置其他的页面元素。

下面通过一个简单实例介绍如何开发第一个 jQuery Mobile 页面。

【操作步骤】

第 1 步，启动 Dreamweaver CC，新建 HTML5 文档，在<head>标签中导入 3 个 jQuery Mobile 框架
文件。

第 2 步，在网页文档<body>标签中，通过多个<div>标签定义移动页面的结构。在主体区域输入 HTML
代码结构，设计一个单页视图，如图 1.5 所示。

```html
<div id="page1" data-role="page">
    <div data-role="header">
        <h1>jQuery Mobile</h1>
    </div>
    <div data-role="content" class="content">
        <p>Hello World!</p>
    </div>
    <div data-role="footer">
        <h1><a href="http://jquerymobile.com/">http://jquerymobile.com/</a></h1>
    </div>
</div>
```

```html
1   <!doctype html>
2   <html>
3   <head>
4   <meta charset="utf-8">
5   <title></title>
6   <link href="jquery.mobile/jquery.mobile-1.4.0-beta.1/jquery.mobile-1.4.0-beta.1.css" rel="stylesheet" type="text/css">
7   <script type="text/javascript" src="jquery.mobile/jquery.mobile-1.9.1.js"></script>
8   <script type="text/javascript" src="jquery.mobile/jquery.mobile-1.4.0-beta.1/jquery.mobile-1.4.0-beta.1.js"></script>
9   </head>
10  <body>
11  <div id="page1" data-role="page">
12      <div data-role="header">
13          <h1>jQuery Mobile</h1>
14      </div>
15      <div data-role="content" class="content">
16          <p>Hello World!</p>
17      </div>
18      <div data-role="footer">
19          <h1><a href="http://jquerymobile.com/">http://jquerymobile.com/</a></h1>
20      </div>
21  </div>
22  </body>
23  </html>
```

设计页面视图
结构

安装 3 个 jQuery Mobile 框
架文件

图 1.5　设计 jQuery Mobile 页面

在 jQuery Mobile 中，每个<div>标签都可以作为一个容器，并根据 data-role 属性值，确定容器的角
色。data 属性是 HTML 5 的一个新增特征，通过自定义 data 属性，可以扩展 HTML 功能，如果 data-role
的属性值为 header，则该<div>标签就被定义为页眉区域，jQuery Mobile 据此执行特定样式的渲染，把这
个<div>标签显示为视图页眉区块效果。

第 3 步，在头部区域添加<meta>标签，定义视图尺寸，以保证页面可以在浏览器中完全填充，代码
如下所示。

```html
<meta name="viewport" content="width=device-width,initial-scale=1" />
```

第 4 步，保存文档，然后在移动设备浏览器中预览，显示效果如图 1.6 所示。上面示例使用 HTML5
结构编写一个 jQuery Mobile 页面，将在页面中输出"Hello World!"字样。

图 1.6 jQuery Mobile 页面预览效果

📢 提示：

为了更好地在 PC 端浏览 jQuery Mobile 页面在移动终端的执行效果，可以下载 Opera 公司的移动模拟器 Opera Mobile Emulator，下载地址：http://cn.opera.com/developer/tools/mobile/，目前最新的版本为 12.0。也可以使用 iBBDemo 模拟 iPhone 浏览器进行测试。

用户也可以通过 https://app.mobile1st.com/网站在线测试移动页面设计效果。

📢 注意：

由于 jQuery Mobile 已经全面支持 HTML5 结构，因此，<body>主体元素的代码也可以修改为以下代码：

```
<section id="page1" data-role="page">
   <header data-role="header">
     <h1>jQuery Mobile</h1>
   </header>
   <div data-role="content" class="content">
     <p>Hello World!</p>
   </div>
   <footer data-role="footer">
     <h1><a href="http://jquerymobile.com/">http://jquerymobile.com/</a></h1>
   </footer>
</section>
```

上述代码执行后的效果与修改前完全相同。

在 jQuery Mobile 中，如果将页面元素的 data-role 属性值设置为 page，则该元素成为一个容器，即页面的某块区域。在一个页面中，可以设置多个元素成为容器，虽然元素的 data-role 属性值都为 page，但它们对应的 ID 值是不允许相同的。

在 jQuery Mobile 中，将一个页面中的多个容器当作多个不同的页面，它们之间的界面切换是通过增加一个<a>元素，并将该元素的 href 属性值设为 "#" 加对应 ID 值的方式来进行。详细讲解请参阅后面章节内容。

第 2 章　HTML5 基础

在 jQuery Mobile 1.0 alpha 版本中，jQuery Mobile 允许通过定义 div 的方式与 HTML4 页面集成，但是在新发布的 jQuery Mobile 稳定版本中，不再允许这样使用，要求使用 HTML5 而不是 HTML4 来开发 Web 移动应用。在 jQuery Mobile 中，经常用到的 HTML5 新特性如下。

- 简化而实用的语义标签。
- 增强的表单功能。
- 原生视频和音频支持。
- 绘图 API。
- Web Sockets API。
- 离线 Web 移动应用。
- Web Storage。
- Web Worker 多线程。
- 基于地理位置的 Geolocation API。

本章将重点介绍常用的 HTML5 标签和结构，以及实际工作中与 HTML4 相异的部分等内容，但不会介绍 HTML5 高级开发技术。

【学习重点】
- HTML5 文档结构。
- 使用 HTML5 标签。
- 构建 HTML5 结构。
- 定义语义块。

扫一扫，看视频

2.1　创建 HTML5 文档

HTML5 文档结构更加清晰明确，容易阅读。其中增加了很多新的结构标签，避免不必要的复杂性，这样既方便浏览者的访问，也提高了 Web 设计人员的开发速度。

与 HTML4 文档一样，HTML5 文档扩展名为 htm 或者 html。现在主流浏览器都能够正确解析 HTML5 文档，如 Chrome、Firefox、Safri、IE9+、Opera。

【示例 1】　下面是一个简单的 HTML5 文档源代码。

```
<!DOCTYPE html>
<html>
<head>
<meta charset="utf-8" />
<title>Hello HTML5</title>
</head>
<body>
</body>
</html>
```

HTML5 文档以<!DOCTYPE html>开头，必须位于 HTML5 文档的第一行，用以声明文档类型，告诉浏览器在解析文档时应该遵循的基本规则。

<html>标签是 HTML5 文档的根标签，在<!DOCTYPE html>下面。<html>标签支持 HTML5 全局属

性和 manifest 属性。manifest 属性主要在创建 HTML5 离线应用时使用。

　　<head>标签是所有头部标签的容器。位于<head>内部的标签可以包含脚本、样式表、元信息等。<head>标签支持 HTML5 全局属性。

　　<meta>标签位于文档的头部，不包含任何内容。标签的属性定义了与文档相关联的名/值对。该标签定义页面的元信息（meta-information），如针对搜索引擎和更新频度的描述和关键词。

　　<meta charset="utf-8" />定义了文档的字符编码是 UTF-8。其中 charset 是 meta 标签的属性，而 utf-8 是属性值。HTML5 中很多标签都有属性，从而扩展了标签的功能。

　　<title>标签位于<head>标签内，定义了文档的标题。由于该标签定义了浏览器工具栏中的标题，提供页面被添加到收藏夹时的标题，显示在搜索引擎结果中的页面标题，所以该标签非常重要。当编写 HTML5 文档时要定义该标签。title 标签支持 HTML5 全局属性。

　　<body>标签定义文档的主体，文档的所有内容，如文本、超链接、图像、表格、列表等都包含在该标签中。

　　【示例 2】　下面列出一个详细的、符合标准的 HTML5 文档结构完整代码，并进行详细注释供用户参考。

```
<!DOCTYPE html>                              <!-- 声明文档类型 -->
<html lang=zh-cn>                            <!-- 声明文档语言编码-->
    <head>                                   <!-- 文档头部区域 -->
        <meta charset=utf-8>                 <!-- 定义字符集，设置字符编码，utf-8 是通用编码 -->
        <!--[if IE]><![endif]-->             <!-- IE 专用标签，兼容性写法 -->
        <title>文档标题</title>               <!-- 文档标题 -->
        <!--[if IE 9]><meta name=ie content=9><![endif]--> <!--兼容 IE9 -->
        <!--[if IE 8]><meta name=ie content=8 ><![endif]--><!--兼容 IE8 -->
        <meta name=description content=文档描述信息><!-- 定义文档描述信息-->
        <meta name=author content=文档作者><!--开发人员署名 -->
        <meta name=copyright content=版权信息><!--设置版权信息 -->
        <link rel=shortcut icon href=favicon.ico><!--网页图标 -->
        <link rel=apple-touch-icon href=custom_icon.png><!-- apple 设备图标的引用 -->
        <!--不同接口设备的特殊声明-->
        <meta name=viewport content=width=device-width, user-scalable=no >
        <link rel=stylesheet href=main.css><!--引用外部样式文件-->
        <!--兼容 IE 的专用样式表 --><!--[if IE 7]>
        <!--[if IE]><link rel=stylesheet href=win-ie-all.css><![endif]-->
        <link rel=stylesheet type=text/css href=win-ie7.css><![endif]--><!-- 兼容
IE7 浏览器 -->
        <!--[if lt IE 8]><script src=http://ie7-js.googlecode.com/svn/version/2.0
(beta3)/IE8. js></script><![endif]--><!--让 IE8 及其早期版本也兼容 HTML5 的 JavaScript
脚本-->
        <script src=script.js></script><!-- 调用 JavaScript 脚本文件-->
    </head>
    <body>
        <header>HTML5 文档标题</header>
        <nav>HTML5 文档导航</nav>
        <section>
            <aside>HTML5 文档侧边导航 </aside>
            <article>HTML5 文档的主要内容</article>
        </section>
        <footer>HTML5 文档页脚</footer>
    </body>
</HTML>
```

2.2　HTML5 标签

HTML5 新增了 27 个标签，废弃了 16 个标签，根据现有的标准规范，把 HTML5 的标签按优先等级定义为结构性标签、级块性标签、行内语义性标签和交互性标签 4 大类。

1. 结构性标签

结构性标签主要负责 Web 的上下文结构的定义，确保 HTML 文档的完整性。这类标签包括以下几个。

- section：用于表达书的一部分或一章，或者一章内的一节。在 Web 页面应用中，该元素也可以用于区域的章节表述。
- header：页面主体上的头部，注意区别于 head 元素。这里可以给初学者提供一个判断的小技巧：head 元素中的内容往往是不可见的，而 header 元素往往在一对 body 元素之中。
- footer：页面的底部（页脚）。通常，人们会在这里标出网站的一些相关信息，例如关于我们、法律声明、邮件信息及管理入口等。
- nav：是专门用于菜单导航、链接导航的元素，是 navigator 的缩写。
- article：用于表示一篇文章的主体内容，一般为文字集中显示的区域。

2. 级块性标签

级块性标签主要完成 Web 页面区域的划分，确保内容的有效分隔。这类标签包括以下几个。

- aside：用以表达注记、贴士、侧栏、摘要、插入的引用等作为补充主体的内容。从一个简单页面显示上看，就是侧边栏，可以在左边，也可以在右边。从一个页面的局部看，就是摘要。
- figure：是对多个元素进行组合并展示的元素，通常与 figcaption 联合使用。
- code：表示一段代码块。
- dialog：用于表达人与人之间的对话。该元素还包括 dt 和 dd 这两个组合元素，它们常常同时使用。dt 用于表示说话者，而 dd 则用来表示说话者说的内容。

3. 行内语义性标签

行内语义性标签主要完成 Web 页面具体内容的引用和表述，是丰富内容展示的基础。这类标签包括以下几个。

- meter：表示特定范围内的数值，可用于工资、数量、百分比等。
- time：表示时间值。
- progress：用来表示进度条，可通过对其 max、min、step 等属性进行控制，完成对进度的表示和监视。
- video：视频元素，用于支持和实现视频（含视频流）文件的直接播放，支持缓冲预载和多种视频媒体格式，如 MPEG-4、OggV 和 WebM 等。
- audio：音频元素，用于支持和实现音频（音频流）文件的直接播放，支持缓冲预载和多种音频媒体格式。

4. 交互性标签

交互性标签主要用于功能性的内容表达，会有一定的内容和数据的关联，是各种事件的基础。这类标签包括以下几个。

- details：用来表示一段具体的内容，但是内容默认可能不显示，通过某种手段（如单击）与 legend 交互才会显示出来。

- datagrid：用来控制客户端数据与显示，可以由动态脚本即时更新。
- menu：主要用于交互菜单（这是一个曾被废弃现在又被重新启用的元素）。
- command：用来处理命令按钮。

2.3 详解 HTML5 结构

在 HTML5 中，为了使文档的结构更加清晰明确，增加了与页眉、页脚、内容区块等文档结构相关联的结构标签。

🔊 提示：

> 内容区块是指将 HTML 页面按逻辑进行分割后的单位。例如，对于书籍来说，章、节都可以称为内容区块；对于博客网站来说，导航菜单、文章正文、文章的评论等每一个部分都可称为内容区块。接下来将详细讲解 HTML5 中在页面的主体结构方面新增加的结构标签。

2.3.1 标识文章

扫一扫，看视频

article 元素用来表示文档，页面中独立的、完整的，可以独自被外部引用的内容。它可以是一篇博客或报刊中的文章、一篇论坛帖子、一段用户评论或独立的插件等。除了内容部分，一个 article 元素通常有它自己的标题，一般放在一个 header 元素里面，有时还有自己的脚注。当 article 元素嵌套使用的时候，内部的 article 元素内容必须和外部 article 元素内容相关。article 元素支持 HTML5 全局属性。

【示例 1】　下面代码演示了如何使用 article 元素设计网络新闻展示。

```
<!DOCTYPE HTML>
<html>
<head>
<meta charset="utf-8">
<title>新闻</title>
</head>
<body>
<article>
    <header>
        <h1>人工智能击败职业围棋选手  百万美元挑战世界冠军</h1>
        <time pubdate="pubdate">2016-01-29 19:28:00</time>
    </header>
    <p>央广网北京 1 月 29 日消息（记者赵珂）据经济之声《天下公司》报道，今年三月份，一场举世瞩目的对决将在韩国首尔举行。这就是谷歌的人工智能电脑 AlphaGo 与韩国九段棋手李世石的围棋比赛。</p>
    <footer>
        <p>http://news.163.com/</p>
    </footer>
</article>
</body>
</html>
```

示例 1 是一篇讲述科技新闻的文章，在 header 元素中嵌入了文章的标题，标题名被包裹在 h1 元素中，文章的发表日期包含在 time 元素中。在标题下部的 p 元素中，嵌入了一大段该博客文章的正文，在结尾处的 footer 元素中，定义了文章的著作权，作为脚注。整个示例的内容相对独立、完整，比较适合使用 article 元素来描述。

article 元素是可以嵌套使用的，内层的内容在原则上需要与外层的内容相关联。例如，在一篇科技新闻中，针对该新闻的相关评论就可以使用嵌套 article 元素的方式，用来呈现评论的 article 元素被包含在表示整体内容的 article 元素里面。

【示例2】 本示例是在上面代码基础上演示如何实现 article 元素嵌套使用。

```html
<!DOCTYPE HTML>
<html>
<head>
<meta charset="utf-8">
<title>新闻</title>
</head>
<body>
<article>
    <header>
        <h1>人工智能击败职业围棋选手 百万美元挑战世界冠军</h1>
        <time pubdate="pubdate">2016-01-29 19:28:00</time>
    </header>
    <p>央广网北京 1 月 29 日消息（记者赵珂）据经济之声《天下公司》报道，今年三月份，一场举世瞩目的对决将在韩国首尔举行。这就是谷歌的人工智能电脑 AlphaGo 与韩国九段棋手李世石的围棋比赛。</p>
    <footer>
        <p>http://news.163.com/</p>
    </footer>
    <section>
        <h2>评论</h2>
        <article>
            <header>
                <h3>张三</h3>
                <p>
                    <time pubdate datetime="2016-2-1 19:10-08:00">人类应该警惕人工智能</time>
                </p>
            </header>
            <p>ok</p>
        </article>
        <article>
            <header>
                <h3>李四</h3>
                <p>
                    <time pubdate datetime="2016-2-2 19:10-08:00">人工智能知否会像核弹一样毁灭人类？</time>
                </p>
            </header>
            <p>well</p>
        </article>
    </section>
</article>
</body>
</html>
```

示例 2 的内容比示例 1 中的内容更加完整，它添加了评论内容。由于整个内容比较独立、完整，因此继续使用 article 元素。具体来说，示例内容又分为几部分，文章标题放在了 header 元素中，文章正文放在了 header 元素后面的 p 元素中，然后 section 元素把正文与评论部分进行了区分，在 section 元素中嵌入了评论的内容。由于评论中每一个人的评论相对来说又是比较独立、完整的，因此对它们都使用一个 article 元素，在评论的 article 元素中，又可以分为标题部分与评论内容部分，分别放在 header 元素与 p 元素中。

【示例3】 article 元素也可以用来表示插件，它的作用是使插件看起来好像内嵌在页面中一样。下面代码使用 article 元素表示插件使用。

```html
<article>
    <h1>使用插件</h1>
    <object>
        <param name="allowFullScreen" value="true">
        <embed src="#" width="600" height="395"></embed>
    </object>
</article>
```

2.3.2　分段内容

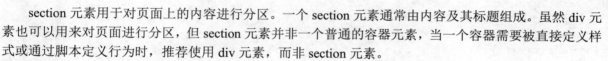

扫一扫，看视频

section 元素用于对页面上的内容进行分区。一个 section 元素通常由内容及其标题组成。虽然 div 元素也可以用来对页面进行分区，但 section 元素并非一个普通的容器元素，当一个容器需要被直接定义样式或通过脚本定义行为时，推荐使用 div 元素，而非 section 元素。

📢 提示：

> div 元素关注结构的独立性，而 section 元素关注内容的独立性，section 元素包含的内容可以单独存储到数据库中或输出到 Word 文档中。

【示例1】 本示例使用 section 元素把新歌排行榜的内容进行单独分隔，如果在 HTML5 之前，习惯使用 div 元素来分隔该块内容。

```html
<!DOCTYPE HTML>
<html>
<head>
<meta charset="utf-8">
</head>
<body>
<section>
    <h1>新歌 TOP10</h1>
    <ol>
        <li>心术 张宇</li>
        <li>最亲爱的你 范玮琪</li>
        <li>珍惜 李宇春</li>
        <li>思凡 林宥嘉 </li>
        <li>错过 王铮亮</li>
        <li>好难得 丁当</li>
        <li>抱着你的感... 费玉清</li>
        <li>好想你也在 郁可唯</li>
        <li>不难 徐佳莹 </li>
        <li>我不能哭 莫艳琳</li>
    </ol>
</section>
</body>
</html>
```

article 元素与 section 元素都是 HTML5 新增的元素。由于它们的功能与 div 元素类似，都是用来区分不同区域，它们的使用方法也相似，因此很多初学者会将其混用。因为 HTML5 之所以新增这两种元素，就是为了更好地描述文档的内容，所以它们之间肯定是有区别的。

article 元素代表文档、页面或者应用程序中独立完整的可以被外部引用的内容。例如，博客中的一篇文章、论坛中的一个帖子或者一段浏览者的评论等。因为 article 元素是一段独立的内容，所以 article 元素通常包含头部（header 元素）和底部（footer 元素）。

section 元素用于对网站或者应用程序中页面上的内容进行分块。一个 section 元素通常由内容和标题组成。

section 元素需要包含一个<hn>标题元素，一般不用包含头部（header 元素）或者底部（footer 元素）。通常用 section 元素为那些有标题的内容进行分段。

【示例 2】　　section 元素的作用是对页面上的内容分块处理，如对文章分段等，相邻的 section 元素的内容，应当是相关的，而不是像 article 元素那样独立。

```html
<!DOCTYPE HTML>
<html>
<head>
<meta charset="utf-8">
</head>
<body>
<article>
    <header>
        <h1>潜行者 m 的个人介绍</h1>
    </header>
    <p>潜行者 m 是一个中国男人，是一个帅哥。</p>
    <section>
        <h2>评论</h2>
        <article>
            <h3>评论者：潜行者 n</h3>
            <p>确实，m 同学真的很帅</p>
        </article>
        <article>
            <h3>评论者：潜行者 a</h3>
            <p>M 今天吃药了没？</p>
        </article>
    </section>
</article>
</body>
</html>
```

在示例 2 中，用户能够观察到 article 元素与 section 元素的区别。事实上 article 元素可以看做是特殊的 section 元素。article 元素更强调独立性和完整性，而 section 元素更强调相关性。

◀》注意：

> article 元素、section 元素可以用来划分区域，但是不能够使用它们来取代 div 元素布局网页。div 元素的用处就是用来布局网页，划分大的区域，HTML4 只有 div 元素、span 元素来划分区域，所以习惯性地把 div 元素当成了一个容器。而 HTML5 改变了这种用法，它让 div 元素的工作更纯正。div 元素就是用来布局大块，在不同的内容块中，按照需求添加 article 元素、section 元素等内容块，并且显示其中的内容，这样才能合理地使用这些元素。

因此，在使用 section 元素时应该注意几个问题。

➰　不要将 section 元素当作设置样式的页面容器，对于此类操作应该使用 div 元素实现。

➰　如果 article 元素、aside 元素或 nav 元素更符合使用条件，就不要使用 section 元素。

➰　不要为没有标题的内容区块使用 section 元素。

通常不推荐为那些没有标题的内容使用 section 元素，可以使用 HTML5 轮廓工具（http://gsnedders.html5.org/outliner/）来检查页面中是否有没标题的 section 元素，如果使用该工具进行检查后，发现某个 section 元素的说明中有 "untitiled section"（没有标题的 section 元素）文字，那么这个 section 元素就有可能使用不当，但是 nav 元素和 aside 元素没有标题是合理的。

【示例 3】　 section 元素的作用是对页面上的内容进行分块，类似对文章进行分段，与具有完整、独立内容模块的 article 元素不同。下面来看 article 元素与 section 元素混合使用的示例。

```
<!DOCTYPE HTML>
<html>
<head>
<meta charset="utf-8">
</head>
<body>
<article>
    <h1>W3C</h1>
    <p>万维网联盟（World Wide Web Consortium，W3C），又称 W3C 理事会。1994 年 10 月在麻省
理工学院计算机科学实验室成立。建立者是万维网的发明者蒂姆&middot;伯纳斯-李。</p>
    <section>
        <h2>CSS</h2>
        <p>全称 Cascading Style Sheet，级联样式表，通常又称为"风格样式表（Style Sheet）"，
它是用来进行网页风格设计的。</p>
    </section>
    <section>
        <h2>HTML</h2>
        <p>全称 Hypertext Markup Language，超文本标记语言，用于描述网页文档的一种标记语言。
</p>
    </section>
</article>
</body>
</html>
```

在上面代码中，可以看到整个版块是一段独立的、完整的内容，因此使用 article 元素。该内容是一篇关于 W3C 的简介，该文章分为 3 段，每一段都有一个独立的标题，因此使用了两个 section 元素。

注意：

对文章分段的工作是使用 section 元素完成的。为什么没有对第一段使用 section 元素？其实是可以使用的。由于其结构比较清晰，分析器可以识别第一段内容在一个 section 元素里，所以也可以将第一个 section 元素省略。如果第一个 section 元素里还要包含子 section 元素或子 article 元素，就必须写明第一个 section 元素。

【示例 4】　 接着，来看一个包含 article 元素的 section 元素示例。

```
<!DOCTYPE HTML>
<html>
<head>
<meta charset="utf-8">
</head>
<body>
<section>
    <h1>W3C</h1>
    <article>
        <h2>CSS</h2>
        <p>全称 Cascading Style Sheet，级联样式表，通常又称为"风格样式表（Style Sheet）"，
它是用来进行网页风格设计的。</p>
```

```
    </article>
        <h2>HTML</h2>
        <p>全称Hypertext Markup Language, 超文本标记语言, 用于描述网页文档的一种标记语言。</p>
</section>
</body>
</html>
```

示例4比示例1复杂了一些。由于它是一篇文章中的一段, 因此没有使用article元素。因为在这一段中有几块独立的内容, 所以嵌入了几个独立的article元素。

在HTML5中, article元素可以看成是一种特殊种类的section元素, 它比section元素更强调独立性, 即section元素强调分段或分块, article元素强调独立性。具体来说, 如果一块内容相对来说比较独立、完整的时候, 就应该使用article元素; 如果想将一块内容分成几段的时候, 就应该使用section元素。另外, 在HTML5中, div元素变成了一种容器, 当使用CSS样式的时候, 可以对这个容器进行一个总体的CSS样式的套用。

在HTML5中, 可以将所有页面的从属部分, 如导航条、菜单、版权说明等包含在一个统一的页面中, 以便统一使用CSS样式来进行装饰。

2.3.3 定义导航

扫一扫, 看视频

nav元素是一个可以用作页面导航的链接组, 其中的导航元素链接到其他页面或当前页面的其他部分。并不是所有的链接组都要被放进nav元素, 只需要将主要的、基本的链接组放进nav元素即可。

例如, 在页脚中通常会有一组链接, 包括服务条款、首页、版权声明等, 这时使用footer元素最恰当。一个页面中可以拥有多个nav元素, 作为页面整体或不同部分的导航。

具体来说, nav元素可以用于以下场合。

❧ 传统导航条。常规网站都设置有不同层级的导航条, 其作用是将当前画面跳转到网站的其他主要页面上去。

❧ 侧边栏导航。现在主流博客网站及商品网站上都有侧边栏导航, 其作用是将页面从当前文章或当前商品跳转到其他文章或其他商品页面上去。

❧ 页内导航。页内导航的作用是在本页面几个主要的组成部分之间进行跳转。

❧ 翻页操作。翻页操作是指在多个页面的前后页或博客网站的前后篇文章滚动。

【示例1】 在HTML5中, 只要是导航性质的链接, 就可以很方便地将其放入nav元素中。该元素可以在一个文档中多次出现, 作为页面或部分区域的导航。

```
<!DOCTYPE HTML>
<html>
<head>
<meta charset="utf-8">
<title></title>
</head>
<body>
<nav draggable="true">
    <a href="index.html">首页</a>
    <a href="book.html">图书</a>
    <a href="bbs.html">论坛</a>
</nav>
</body>
</html>
```

示例 1 代码创建了一个可以拖动的导航区域，nav 元素中包含了 3 个用于导航的超链接，即"首页""图书"和"论坛"。该导航可用于全局导航，也可放在某个段落，作为区域导航。

【示例 2】　在本示例中，页面由几部分组成，每个部分都带有链接，但只将最主要的链接放入了 nav 元素中。

```
<!DOCTYPE HTML>
<html>
<head>
<meta charset="utf-8">
<title></title>
</head>
<body>
<h1>技术资料</h1>
<nav>
    <ul>
        <li><a href="/">主页</a></li>
        <li><a href="/blog">博客</a></li>
    </ul>
</nav>
<article>
    <header>
        <h1>HTML5+CSS3</h1>
        <nav>
            <ul>
                <li><a href="#HTML5">HTML5</a></li>
                <li><a href="#CSS3">CSS3</a></li>
            </ul>
        </nav>
    </header>
    <section id="HTML5">
        <h1>HTML5</h1>
        <p>HTML5 特性说明</p>
    </section>
    <section id="CSS3">
        <h1>CSS3</h1>
        <p>CSS3 特性说明。</p>
    </section>
    <footer>
        <p> <a href="?edit">编辑</a> | <a href="?delete">删除</a> | <a href="?add">
添加</a> </p>
    </footer>
</article>
<footer>
    <p><small>版权信息</small></p>
</footer>
</body>
</html>
```

在示例 2 中，第一个 nav 元素用于页面导航，将页面跳转到其他页面上去，如跳转到网站主页或博客页面；第二个 nav 元素放置在 article 元素中，表示在文章中进行导航。除此之外，nav 元素也可以用于其他所有你觉得重要的、基本的导航链接组中。

扫一扫，看视频

> **提示：**
> 在 HTML5 中不要用 menu 元素代替 nav 元素。很多用户喜欢用 menu 元素进行导航，menu 元素主要用在一系列交互命令的菜单上，如使用在 Web 应用程序中。

2.3.4 定义辅助信息

aside 元素用来表示当前页面或文章的附属信息部分，它可以包含与当前页面或主要内容相关的引用、侧边栏、广告和导航条，以及其他类似的有别于主要内容的部分。

aside 元素主要包括下面两种用法。

1. 用法一

作为主要内容的附属信息部分，包含在 article 元素中，其中的内容可以是与当前文章有关的参考资料、名词解释等。

【示例1】 下面代码使用 aside 元素解释在 HTML5 历史中两个名词。这是一篇文章，网页的标题放在了 header 元素中，在 header 元素的后面将所有关于文章的部分放在了一个 article 元素中，将文章的正文部分放在了一个 p 元素中。由于该文章还有一个名词解释的附属部分，用来解释该文章中的一些名词，因此，在 p 元素的下部又放置了一个 aside 元素，用来存放名词解释部分的内容。

```
<!DOCTYPE html>
<head>
<meta charset="utf-8">
<title></title>
</head>
<body>
<header>
    <h1>HTML5</h1>
</header>
<article>
    <h1>HTML5 历史</h1>
    <p>HTML5 草案的前身名为 Web Applications 1.0，于 2004 年被 WHATWG 提出，于 2007 年被 W3C
接纳，并成立了新的 HTML 工作团队。HTML5 的第一份正式草案已于 2008 年 1 月 22 日公布。HTML5 仍处
于完善之中。然而，大部分现代浏览器已经具备了某些 HTML5 支持。</p>
    <aside>
        <h1>名词解释</h1>
        <dl>
            <dt>WHATWG</dt>
            <dd>Web Hypertext Application Technology Working Group,HTML 工作开发组的
简称，目前与 W3C 组织同时研发 HTML5。</dd>
        </dl>
        <dl>
            <dt>W3C</dt>
            <dd>World Wide Web Consortium，万维网联盟，万维网联盟是国际著名的标准化组织。
1994 年成立后，至今已发布近百项相关万维网的标准，对万维网的发展做出了杰出的贡献。</dd>
        </dl>
    </aside>
</article>
</body>
```

由于 aside 元素被放置在一个 article 元素内部，因此引擎将这个 aside 元素的内容理解成是和 article 元素的内容相关联的。

2. 用法二

作为页面或站点全局的附属信息部分，在 article 元素之外使用。最典型的形式是侧边栏，其中的内容可以是友情链接，博客中其他文章列表、广告单元等。

【示例 2】　下面代码使用 aside 元素为个人网页添加一个友情链接版块。

```html
<!DOCTYPE html>
<head>
<meta charset="utf-8">
<title></title>
</head>
<body>
<aside>
    <nav>
        <h2>友情链接</h2>
        <ul>
            <li> <a href="#">网站 1</a></li>
            <li> <a href="#">网站 2</a></li>
            <li> <a href="#">网站 3</a></li>
        </ul>
    </nav>
</aside>
</body>
```

由于友情链接在博客网站中比较典型，一般放在左右两侧的边栏中，因此可以使用 aside 元素来实现。由于该侧边栏又是具有导航作用的，因此嵌套了一个 nav 元素，该侧边栏的标题是"友情链接"，放在了 h2 元素中，在标题之后使用了一个 ul 列表，用来存放具体的导航链接。

2.3.5　定义微格式

扫一扫，看视频

HTML5 引入了一种新的机制：微格式，即在 HTML 文档中新增了一些专门的标签，可以帮助程序员分析标签之中数据的真实含义。具体说，微格式是一种利用 HTML 的 class 属性对网页添加附加信息的方法，附加信息如新闻事件发生的日期和时间、个人电话号码及企业邮箱等。

微格式并不是在 HTML5 之后才有的，在 HTML5 之前它就和 HTML 结合使用了，但是在使用过程中发现在日期和时间的机器编码上出现了一些问题，编码过程中会产生一些歧义。HTML5 增加了一种新的元素来无歧义地、明确地对机器的日期和时间进行编码，并且以让人易读的方式来展现它。这个元素就是 time 元素。

【示例】　time 元素代表 24 小时中的某个时刻或某个日期，表示时刻时允许带时差。它可以定义很多格式的日期和时间，如下。

```html
<!DOCTYPE html>
<head>
<meta charset="utf-8">
<title></title>
</head>
<body>
<time datetime="2016-6-13">2013 年 11 月 13 日</time>
<time datetime="2016-6-13">11 月 13 日</time>
<time datetime="2016-6-13">我的生日</time>
<time datetime="2016-6-13T20:00">我生日的晚上 8 点</time>
<time datetime="2016-6-13T20:00Z">我生日的晚上 8 点</time>
<time datetime="2016-6-13T20:00+09:00">我生日的晚上 8 点的美国时间</time>
```

```
</body>
```

　　浏览器能够自动获取 datetime 属性值，而在开始标记与结束标记中间的内容将显示在网页上。datetime 属性中日期与时间之间要用 "T" 文字分隔， "T" 表示时间。

📢 **注意：**

倒数第二行，时间加上 Z 文字表示给机器编码时使用 UTC 标准时间，倒数第一行则加上了时差，表示向机器编码另一地区时间，如果是编码本地时间，则不需要添加时差。

扫一扫，看视频

2.3.6　定义发布日期

　　pubdate 属性是一个可选的布尔值属性，它可以用在 article 元素中的 time 元素上，意思是 time 元素代表了文章（artilce 元素的内容）或整个网页的发布日期。

　　【示例 1】　本示例使用 pubdate 属性为文档添加引擎检索的发布日期。

```
<!DOCTYPE html>
<head>
<meta charset="utf-8">
<title></title>
</head>
<body>
<article>
    <header>
        <h1>探索新增长源 苹果发力现实增强技术</h1>
        <p>发布日期<time datetime="2016-1-30" pubdate>2016 年 01 月 30 日 09:17</time> </p>
    </header>
    <p>  新浪科技讯 北京时间 1 月 30 日早间消息，苹果已组建一支虚拟现实和现实增强专家团队，以开发
能够匹敌 Facebook Oculus Rift 和微软 HoloLens 的产品。目前，苹果正探索除 iPhone 以外的新增长
来源。</p>
    <footer>
        <p>http://www.sina.com.cn</p>
    </footer>
</article>
</body>
```

　　【示例 2】　由于 time 元素不仅表示发布时间，还可以表示其他用途的时间，如通知、约会等。为了避免引擎误解发布日期，使用 pubdate 属性可以显式告诉引擎文章中哪个是真正的发布时间。

```
<!DOCTYPE html>
<head>
<meta charset="utf-8">
<title></title>
</head>
<body>
<article>
    <header>
        <h1>探索新增长源 苹果发力现实增强技术</h1>
        <p>发布日期<time datetime="2016-1-30" pubdate>2016 年 01 月 30 日 09:17</time>
</p>
        <p>关于<time datetime=2016-2-3>2 月 3 日</time>更正通知</p>
    </header>
    <p>  新浪科技讯 北京时间 1 月 30 日早间消息，苹果已组建一支虚拟现实和现实增强专家团队，以开发
能够匹敌 Facebook Oculus Rift 和微软 HoloLens 的产品。目前，苹果正探索除 iPhone 以外的新增长
来源。</p>
```

```
    <footer>
        <p>http://www.sina.com.cn</p>
    </footer>
</article>
</body>
```

在示例 2 中，有两个 time 元素，分别定义了更正日期和发布日期。由于都使用了 time 元素，所以需要使用 pubdate 属性表明哪个 time 元素代表了新闻的发布日期。

2.4　定义语义块

除了以上几个主要的结构元素之外，HTML5 内还增加了一些表示逻辑结构或附加信息的非主体结构元素，简单介绍如下。

2.4.1　添加标题块

扫一扫，看视频

由于 header 元素是一种具有引导和导航作用的结构元素，通常用来放置整个页面或页面内的一个内容区块的标题，也可以包含其他内容，如数据表格、搜索表单或相关的 logo 图片，因此整个页面的标题应该放在页面的开头。

【示例 1】　在一个网页内可以多次使用 header 元素，下面示例显示为每个内容区块加一个 header 元素。

```
<!DOCTYPE html>
<head>
<meta charset="utf-8">
<title></title>
</head>
<body>
<header>
    <h1>网页标题</h1>
</header>
<article>
    <header>
        <h1>文章标题</h1>
    </header>
    <p>文章正文</p>
</article>
</body>
```

在 HTML5 中，header 元素通常包含 h1～h6 元素，也可以包含 hgroup、table、form、nav 等元素，只要应该显示在头部区域的语义标签，都可以包含在 header 元素中。

【示例 2】　下面页面是个人博客首页的头部区域代码示例，整个头部内容都放在 header 元素中。

```
<!DOCTYPE html>
<head>
<meta charset="utf-8">
<title></title>
</head>
<body>
<header>
```

```
    <hgroup>
        <h1>我的博客</h1>
        <a href="#">[URL]</a> <a href="#">[订阅]</a> <a href="#">[手机订阅]</a>
    </hgroup>
    <nav>
        <ul>
            <li>首页</li>
            <li><a href="#">目录</a></li>
            <li><a href="#">社区</a></li>
            <li><a href="#">微博我</a></li>
        </ul>
    </nav>
</header>
</body>
```

扫一扫，看视频

2.4.2 标题分组

hgroup 元素可以为标题或者子标题进行分组，通常它与 h1~h6 元素组合使用，一个内容块中的标题及其子标题可以通过 hgroup 元素组成一组。如果文章只有一个主标题，则不需要 hgroup 元素。

【示例】 本示例显示如何使用 hgroup 元素把主标题、副标题和标题说明进行分组，以便让引擎更容易识别标题块。

```
<!DOCTYPE html>
<head>
<meta charset="utf-8">
<title></title>
</head>
<body>
<article>
    <header>
        <hgroup>
            <h1>主标题</h1>
            <h2>副标题</h2>
            <h3>标题说明</h3>
        </hgroup>
        <p>
            <time datetime="2016-3-20">发布时间：2016 年 3 月 20 日</time>
        </p>
    </header>
    <p>新闻正文</p>
</article>
</body>
```

扫一扫，看视频

2.4.3 添加脚注块

footer 元素可以作为内容块的脚注，如在父级内容块中添加注释，或者在网页中添加版权信息等。脚注信息有很多种形式，如作者、相关阅读链接及版权信息等。

【示例 1】 在 HTML5 之前，要描述脚注信息，一般使用<div id="footer">标签定义包含框。自从HTML5 新增了 footer 元素，这种方式将不再使用，而是使用更加语义化的 footer 元素来替代。在下面代码中使用 footer 元素为页面添加版权信息栏目。

```
<!DOCTYPE html>
```

```
<head>
<meta charset="utf-8">
<title></title>
</head>
<body>
<article>
    <header>
        <hgroup>
            <h1>主标题</h1>
            <h2>副标题</h2>
            <h3>标题说明</h3>
        </hgroup>
        <p>
            <time datetime="2016-03-20">发布时间：2016 年 3 月 20 日</time>
        </p>
    </header>
    <p>新闻正文</p>
</article>
<footer>
    <ul>
        <li>关于</li>
        <li>导航</li>
        <li>联系</li>
    </ul>
</footer>
</body>
```

【示例 2】　与 header 元素一样，页面中也可以重复使用 footer 元素。同时，可以为 article 元素或 section 元素添加 footer 元素。在下面代码中分别在 article 元素、section 元素和 body 元素中添加 footer 元素。

```
<!DOCTYPE html>
<head>
<meta charset="utf-8">
<title></title>
</head>
<body>
<header>
    <h1>网页标题</h1>
</header>
<article> 文章内容
    <h2>文章标题</h2>
    <p>正文</p>
    <footer>注释</footer>
</article>
<section>
    <h2>段落标题</h2>
    <p>正文</p>
    <footer>段落标记</footer>
</section>
<footer>网页版权信息</footer>
</body>
```

扫一扫，看视频

2.4.4 添加联系信息

address 元素用来在文档中定义联系信息，包括文档作者或文档编辑者名称、电子邮箱、真实地址及电话号码等。

【示例 1】 address 元素不仅用来描述电子邮箱或真实地址，还可以描述与文档相关的联系人的所有联系信息。下面代码展示了博客侧栏中的一些技术参考网站网址链接。

```html
<!DOCTYPE html>
<head>
<meta charset="utf-8">
<title></title>
</head>
<body>
<address>
    <a href="http://www.w3.org/">W3C</a>
    <a href="http://www.whatwg.org/">WHATWG</a>
    <a href="http://www.mhtml5.com/">HTML5 研究小组</a>
</address>
</body>
```

【示例 2】 也可以把 footer 元素、time 元素与 address 元素结合起来使用，以实现设计一个比较复杂的版块结构。

```html
<!DOCTYPE html>
<head>
<meta charset="utf-8">
<title></title>
</head>
<body>
<footer>
    <section>
        <address>
        <a title="作者: html5" href="http://www.whatwg.org/">HTML5+CSS3 技术趋势</a>
        </address>
        <p> 发布于:
            <time datetime="2016-3-1">2016 年 3 月 1 日</time>
        </p>
    </section>
</footer>
</body>
```

在示例 2 中，把博客文章的作者、博客的主页链接作为作者信息放在了 address 元素中，把文章发表日期放在了 time 元素中，把这个 address 元素与 time 元素中的总体内容作为脚注信息放在了 footer 元素中。

2.5 HTML5 新功能

与 HTML 4.01 和 XHTML 1.0 相比，HTML5 在一些 HTML 代码结构、界面样式定义和标记含义上都有一定的简化和重新定义。此外，HTML5 还新增了一些功能，简单说明如下。

- ↘ HTML 标记：更新的 HTML5 标记。
- ↘ Canvas 2D：画布技术，通过脚本动态渲染位图图像。
- ↘ Web Messaging：跨文档消息通信。例如，向 iFrame 中的 HTML 发送消息。

- ➥ Web Sockets：基于 TCP 接口实现双向通信的技术。
- ➥ Drag and Drop：基于 Web 的拖曳功能。
- ➥ Microdata：实现语义网技术，通过自定义 Web 页面词汇表扩展与实现语义信息。
- ➥ Audio Video：原生的音频与视频技术。
- ➥ Web Workers：基于 JavaScript 的多线程解决方案。
- ➥ Web Storage：将信息存储于浏览器本地。与 Cookie 不同的是，Web Storage 存储的数据更多。
- ➥ HTML+RDFa：实现语义网的技术。

此外，随着 HTML5 的发展，一些与 HTML5 相关的技术也被浏览器厂商所支持，例如，MathML 以 XML 描述数学算法和逻辑，SVG 以 XML 描述二维矢量图形等。

jQuery Mobile 是一种面向浏览器的 JavaScript 界面实现方案。在一些场景下，适时地使用 HTML5 新特性将有助于增强和改善用户体验，增强 Web 移动应用的功能。例如，在实时监控应用中，通过 Web Sockets 实现移动设备与服务器之间的实时双向通信。在面对公众的内容发布系统上，例如，新闻或者 UGC 社区，通过 RDFa 或者 Microdata 增强页面内容语义来优化搜索引擎。

2.6　jQuery Mobile 中应用 HTML5 新功能

使用 jQuery Mobile 1.0 Alpha 版本和 Beta 版本开发 Web 移动应用时，是基于 HTML 4.01 的，但是 jQuery Mobile 1.0 发布之后，Web 移动应用的开发已经转为基于 HTML5。特别是 jQuery Mobile 1.3.0 所增加的响应式设计等新特性，需要基于 HTML5 才能运行。

在基于 jQuery Mobile 的 Web 移动应用中，经常用到的 HTML5 新特性如下。

- ➥ DOM 选择器：大多数 jQuery Mobile 选项、属性和事件处理中将会用到。
- ➥ 增强的表单功能：jQuery Mobile 表单。
- ➥ Media Queries：面对高分辨率屏幕的用户界面设计与图片呈现；屏幕方向发生变化之后的页面布局调整；响应式设计，jQuery Mobile 1.3.0 之后开始支持。
- ➥ Session Storage：在多页面视图环境下实现参数传递。
- ➥ 离线 Web 应用：移动应用运行的网络环境通常并不稳定，可能在 2G 与 3G 移动网络之间切换或者在移动网络与 Wi-Fi 之间切换甚至断网。在网络不可用的时候，通过离线 Web 应用这个特性，可以改善用户体验。

此外，还有一些 HTML5 新特性也会根据业务场景需要而应用于 Web 移动应用中，例如，通过画布特性渲染图像，或者通过 Geolocation 实现位置定位服务等。

第 3 章　设计页面和对话框

灵活使用页面和对话框是学习 jQuery Mobile 移动开发的第一步。页面和对话框就好像一个容器，移动应用的页面元素都要放在这个容器中。jQuery Mobile 支持单页页面和多页页面结构，本章将重点介绍 jQuery Mobile 页面结构设计和应用。

【学习重点】
- 定义单页结构和多页结构。
- 定义页面标题。
- 链接到内部页面或外部页面。
- 建立和关闭对话框。
- 熟悉页面切换方式。

3.1　设 计 页 面

jQuery Mobile 页面结构包括两种类型：单页结构和多页结构。基于 jQuery Mobile 开发 Web 移动应用时，如果一个网页只包含一个页面视图，就应该使用单页结构；而一个网页中包含多个页面视图，并能够通过链接在多个视图间进行跳转，则应该使用多页结构。

🔊 提示：

在 jQuery Mobile 中，网页和页面是两个不同的概念，网页表示一个 HTML 文档，而页面表示在移动设备中一个可视区域，即一个视图。一个网页文件中可以仅包含一个视图，也可以包含多个视图。

3.1.1　定义单页

jQuery Mobile 提供了标准的页面结构模型：在\<body\>标签中插入一个\<div\>标签，为该标签定义 data-role 属性，设置为 "page"，利用这种方式可以设计一个视图。

扫一扫，看视频

🔊 提示：

视图一般包含 3 个基本结构，分别是 data-role 属性为 header、content、footer 的 3 个子容器，它们用来定义标题、内容、页脚 3 个页面组成部分，用以包裹移动页面包含的不同内容。

【示例】　在下面示例中将创建一个 jQuery Mobile 单页模板，并在页面组成部分中分别显示其对应的容器名称。

第 1 步，启动 Dreamweaver CC，选择【文件】|【新建】命令，打开【新建文档】对话框，如图 3.1 所示。在左侧列表框中选择【空白页】选项，设置【页面类型】为 HTML，设置【文档类型】为 HTML5，然后单击【创建】按钮，完成文档的创建操作。

第 2 步，按 Ctrl+S 快捷键，保存文档为 index.html。选择【窗口】|【CSS 设计器】命令，打开【CSS 设计器】面板。在【源】窗格中单击 ➕ 按钮，从弹出的下拉菜单中选择【附加现有的 CSS 文件】命令，打开【使用现有的 CSS 文件】对话框，链接已下载的样式表文件 jquery.mobile- 1.4.0-beta.1.css，设置如图 3.2 所示。

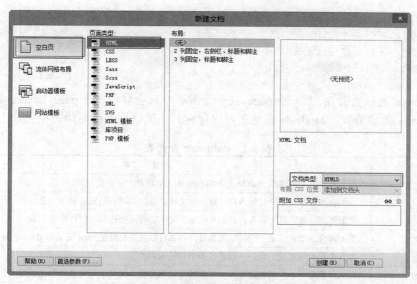

图 3.1　新建 HTML5 类型文档

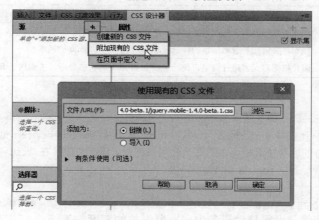

图 3.2　链接 jQuery Mobile 样式表文件

第 3 步，切换到代码视图，在头部可以看到新添加的<link>标签，使用<link>标签链接外部的 jQuery Mobile 样式表文件。然后，在该行代码下面手动输入如下代码，导入 jQuery 库文件和 jQuery Mobile 脚本文件。

```
<script type="text/javascript" src="jquery.mobile/jquery-1.9.1.js"></script>
<script  type="text/javascript"  src="jquery.mobile/jquery.mobile-1.4.0-beta.1/
jquery.mobile-1.4.0-beta.1.js"></script>
```

第 4 步，在<body>标签中手动输入下面代码，定义页面基本结构。

```
<div data-role="page">
    <div data-role="header">页标题</div>
    <div data-role="content">页面内容</div>
    <div data-role="footer">页脚</div>
</div>
```

📢 提示：

jQuery Mobile 应用了 HTML5 标准的特性，在结构化的页面中完整的页面结构分为 header、content、footer 3 个主要区域。

```
<div data-role="page">
    <div data-role="header"></div>
    <div data-role="content"></div>
    <div data-role="footer"></div>
</div>
```

data-role="page"表示当前 div 是一个 page，在一个屏幕中只会显示一个 page，header 定义标题，content 表示内容块，footer 表示页脚。data-role 属性还可以包含其他值，详细说明如表 3.1 所示。

表 3.1　data-role 参数表

参　　数	说　　明
page	页面容器，其内部的 mobile 元素将会继承这个容器上所设置的属性
header	页面标题容器，这个容器内部可以包含文字、返回按钮、功能按钮等元素
footer	页面页脚容器，这个容器内部也可以包含文字、返回按钮、功能按钮等元素
content	页面内容容器，这是一个很宽的容器，内部可以包含标准的 html 元素和 jQueryMobile 元素
controlgroup	将几个元素设置成一组，一般是几个相同的元素类型
fieldcontain	区域包裹容器，用增加边距和分割线的方式将容器内的元素和容器外的元素明显分隔
navbar	功能导航容器，通俗地讲就是工具条
listview	列表展示容器，类似手机中联系人列表的展示方式
list-divider	列表展示容器的表头，用来展示一组列表的标题，内部不可包含链接
button	按钮，将链接和普通按钮的样式设置成为 jQuery Mobile 的风格
none	阻止框架对元素进行渲染，使元素以 html 原生的状态显示，主要用于 form 元素

📢 注意：

一般情况下，移动设备的浏览器默认以 900px 的宽度显示页面，这种宽度会导致屏幕缩小，页面放大，不适合网页浏览。如果在页面中添加<meta>标签，设置 content 属性值为"width=device-width, initial-scale=1"，可以使页面的宽度与移动设备的屏幕宽度相同，则更适合用户浏览。因此，建议在<head>中添加一个名称为 viewport 的<meta>标签，并设置标签的 content 属性，代码如下所示。

```
<meta name="viewport" content="width=device-width,initial-scale=1" />
```

上面一行代码的功能就是设置移动设备中浏览器缩放的宽度与等级。

第 5 步，针对上面示例，另存为 index1.html，然后在编辑窗口中，把"页标题"格式化为"标题 1"，把"页脚"格式化为"标题 4"，把"页面内容"格式化为"段落"文本，设置如图 3.3 所示。

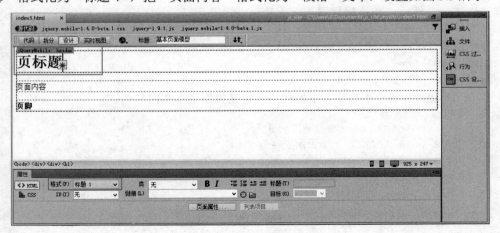

图 3.3　格式化页面文本

第 6 步，在移动设备浏览中预览，显示效果如图 3.4 所示。

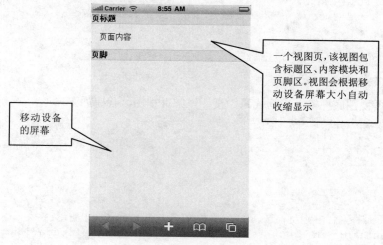

一个视图页，该视图包含标题区、内容模块和页脚区。视图会根据移动设备屏幕大小自动收缩显示

移动设备的屏幕

图 3.4　设计单页效果

3.1.2　定义多页

扫一扫，看视频

多页结构就是一个文档可以包含多个标签属性 data-role 为 page 的容器。视图之间各自独立，并拥有唯一的 ID 值。当页面加载时，会同时加载；容器访问时，以锚点链接实现，即内部链接 "#" 加对应 ID 值的方式进行设置。单击该链接时，jQuery Mobile 将在文档中寻找对应 ID 的容器，以动画的效果切换至该容器中，实现容器间内容的互访。

📢 提示：

> 这种结构模型的优势：可以使用普通的链接标签不需要任何复杂配置就可以优雅地工作，并且可以很方便地使一些富媒体应用本地化。另外，在 jQuery Mobile 页面中，通过 Ajax 功能可以很方便地自动读取外部页面，支持使用一组动画效果进行页面间的相互切换。也可以通过调用对应的脚本函数，实现预加载、缓存、创建和跳转页面的功能。同时，支持将页面以对话框的形式展示在移动终端的浏览器中。

【示例 1】　本示例使用 Dreamweaver CC 快速设计一个多页结构的文档。

第 1 步，启动 Dreamweaver CC，新建 HTML5 文档，保存为 index.html。在页面中添加两个 data-role 属性为 page 的<div>标签，定义两个页面容器。用户在第一个容器中选择需要查看新闻列表，单击某条新闻后，切换至第二个容器，显示所选新闻的详细内容。

第 2 步，在头部完成 jQuery Mobile 技术框架的导入工作，代码如下。具体路径和版本，读者应该根据个人设置而定。

```
<link href="jquery.mobile/jquery.mobile-1.4.0-beta.1/jquery.mobile-1.4.0-beta.1.css"
rel="stylesheet" type="text/css">
<script type="text/javascript" src="jquery.mobile/jquery-1.9.1.js"></script>
<script type="text/javascript" src="jquery.mobile/jquery.mobile-1.4.0-beta.1/jquery.
mobile-1.4.0-beta.1.js"></script>
```

第 3 步，配置页面视图，在头部位置输入下面代码，设置页面在不同设备中都是满屏显示。

```
<meta name="viewport" content="width=device-width,initial-scale=1" />
```

第 4 步，模仿上一节介绍的单页结构模型，完成首页视图设置，代码如下。

```
<div data-role="page" id="home">
    <div data-role="header">
        <h1>新闻早报</h1>
```

```
    </div>
    <div data-role="content">
        <p><a href="#new1">jQuery Mobile 1.4.0 Beta 发布</a></p>
    </div>
    <div data-role="footer">
        <h4>©2014 jm.cn studio</h4>
    </div>
</div>
```

第 5 步，在首页视图底部输入下面代码，设计详细页视图，代码如下。

```
<div data-role="page" id="new1">
    <div data-role="header">
        <h1>jQuery Mobile: Touch-Optimized Web Framework for Smartphones & Tablets
</h1>
    </div>
    <div data-role="content">
     <p><img src="images/devices.png" style="width:100%" alt=""/></p>
        <p>A unified, HTML5-based user interface system for all popular mobile device
platforms, built on the rock-solid jQuery and jQuery UI foundation. Its lightweight
code is built with progressive enhancement, and has a flexible, easily themeable
design. </p>
    </div>
    <div data-role="footer">
        <h4>©2014 jm.cn studio</h4>
    </div>
</div>
```

在上面代码中包含了两个 page 视图页：主页（ID 为 home）和详细页（ID 为 new1）。从首页链接跳转到详细页面采用的是链接地址为#new1。jQuery Mobile 会自动切换链接的目标视图显示到移动浏览器中。该框架会隐藏除第一个包含 data-role="page"的<div>标签以外的其他视图页。

第 6 步，在移动浏览器中预览，在屏幕中首先看到图 3.5（a）所示的视图效果，单击超链接文本，会跳转到第二个视图页面，效果如图 3.5（b）所示。

（a）首页视图效果　　　　　　　　　　　　　　（b）详细页视图效果

图 3.5　设计多页结构效果

📢 提示：

> 在本示例页面中，从第一个容器切换至第二个容器时，采用的是"#"加对应 ID 值的内部链接方式。因此，在一个网页中，不论相同框架的 page 容器有多少，只要对应的 ID 值是唯一的，就可以通过内部链接的方式进行容器间的切换。在切换时，jQuery Mobile 会在文档中寻找对应 ID 容器，然后通过动画的效果切换到该页面中。

从第一个容器切换至第二个容器后，如果想要从第二个容器返回第一个容器，有下列两种方法。

↳ 在第二个容器中，增加一个<a>标签，通过内部链接"#"加对应 ID 的方式返回第一个容器。

↳ 在第二个容器的最外层框架<div>元素中，添加一个 data-add-back-btn 属性。该属性表示是否在容器的左上角增加一个"回退"按钮，默认值为 false，如果设置为 true，将出现一个返回按钮，单击该按钮，则回退上一级的页面显示。

📢 注意：

> 如果是在一个页面中，通过"#"加对应 ID 的内部链接方式，可以实现多容器间的切换，但如果不在一个页面，此方法将失去作用。因为在切换过程中，先要找到页面，再去锁定对应 ID 容器的内容，而并非直接根据 ID 切换至容器中。

【示例 2】 Dreamweaver CC 提供了构建多页视图的页面快速操作方式，具体操作步骤如下。

第 1 步，选择【文件】|【新建】命令，打开【新建文档】对话框，在左侧列表框中选择【启动器模板】选项，设置【示例文件夹】为【Mobile 起始页】，【示例页】为【jQuery Mobile（本地）】，设置【文档类型】为 HTML5，然后单击【创建】按钮，完成文档的创建，如图 3.6 所示。

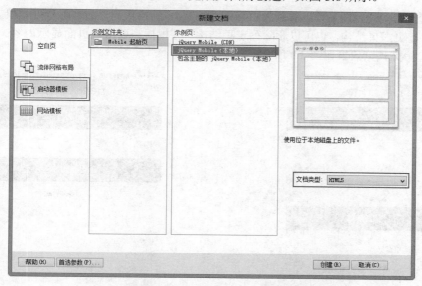

图 3.6　新建 jQuery Mobile 起始页

第 2 步，按 Ctrl+S 快捷键，保存文档为 index3.html。此时，Dreamweaver CC 会弹出对话框提示保存相关的框架文件，如图 3.7 所示。

第 3 步，在编辑窗口中，可以看到 Dreamweaver CC 新建了包含 4 个页面的 HTML5 文档，其中第 1 个页面为导航列表页，第 2 到第 4 页为详细页面。在站点中新建了 jquery- mobile 文件夹，包括了所有需要的相关技术文件和图标文件，如图 3.8 所示。

图 3.7　复制相关文件

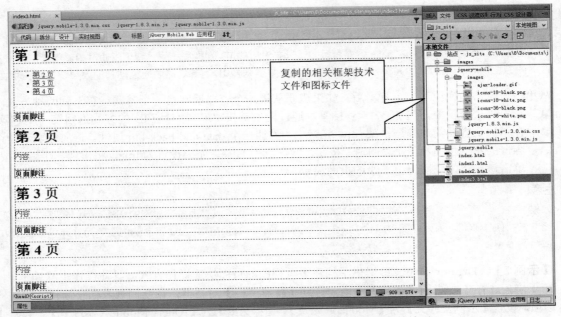

图 3.8　使用 Dreamweaver CC 新建 jQuery Mobile 起始页

第 4 步，切换到代码视图，可以看到大致相同的 HTML 结构代码，此时用户可以根据需要删除部分页结构，或者添加更多页结构，也可以删除列表页结构。并根据需要填入页面显示内容。在默认情况下，jQuery Mobile 起始页预览效果如图 3.9 所示。

（a）列表页（首页）视图效果

（b）第 2 页视图效果

图 3.9　jQuery Mobile 起始页预览效果

扫一扫，看视频

3.1.3　定义外部页

　　虽然在一个文档中可以实现多页视图显示效果，但是把全部代码写在一个文档中，会延缓页面加载的时间，也造成大量代码冗余，且不利于功能的分工、维护以及安全性设计。因此，在 jQuery Mobile 中，可以采用创建多个文档页面，并通过外部链接的方式，实现页面相互切换的效果。

【操作步骤】

第 1 步，启动 Dreamweaver CC，新建 HTML5 文档。选择【文件】|【新建】命令，打开【新建文档】对话框。在左侧列表框中选择【启动器模板】选项，设置【示例文件夹】为【Mobile 起始页】，【示例页】为【jQuery Mobile（本地）】，【文档类型】为 HTML5，然后单击【创建】按钮，完成文档的创建操作。

第 2 步，按 Ctrl+S 快捷键，保存文档为 index.html。此时，Dreamweaver CC 会弹出对话框提示保存相关的框架文件，单击【确定】按钮，把相关的框架文件复制到本地站点。

第 3 步，在编辑窗口中，拖选第 2 页到第 4 页视图结构，然后按 Delete 键删除，如图 3.10 所示。

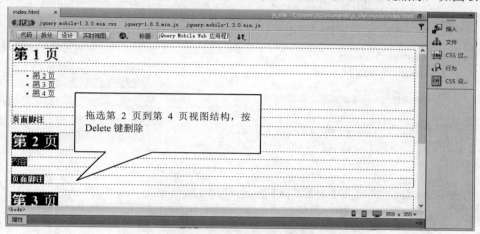

图 3.10　删除部分视图结构

第 4 步，修改标题、链接列表和页脚文本，删除第 4 页链接。然后把第 2 页的内部链接"#page2"改为"page2.html"，同样把第 3 页的内部链接"#page3"改为"page3.html"，设置如图 3.11 所示。

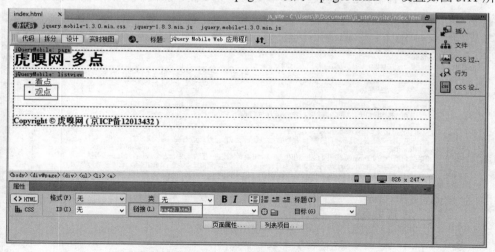

图 3.11　设计列表页效果

第 5 步，切换到代码视图，在头部位置添加视口元信息，设置页面视图与设备屏幕宽度一致，代码如下。

```
<meta name="viewport" content="width=device-width,initial-scale=1" />
```

第 6 步，把 index.html 另存为 page2.html。在 index.html 文档窗口内，选择【文件】|【另存为】命令，在打开的【另存为】对话框中设置另存为文档名称为 page2.html。

第 7 步，修改标题为新闻看点"微信公众平台该改变了！"，删除列表视图结构，选择【插入】|【图像】|【图像】命令，插入 images/2.jpg，然后在代码视图中删除自动设置的 width="700" 和 height="429"，

第 8 步，选中图像，在【CSS 设计器】面板中单击【源】窗格右上角的 ➕ 按钮，从弹出的下拉菜单中选择【在页面中定义】命令；然后在【选择器】窗格中单击右上角的 ➕ 按钮，自动添加一个选择器，并自动命名为"#page div p img"；在【属性】窗格中设置 width 为 100%，设置如图 3.12 所示。

图 3.12　在页面中插入图像并定义宽度为 100%显示

第 9 步，在窗口中换行输入二级标题和段落文本，完成整个新闻内容的版面设置，如图 3.13 所示。

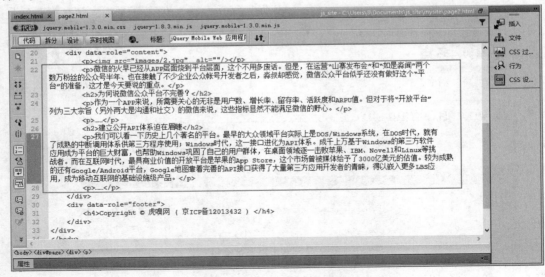

图 3.13　设计页面正文内容

第 10 步，以同样的方式，把 page2.html 另存为 page3.html，并修改该页面标题和正文内容，设计效果如图 3.14 所示。

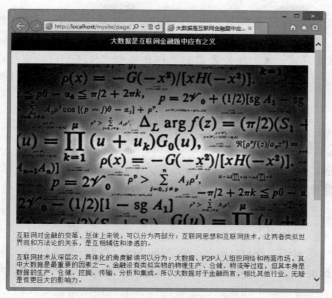

图 3.14　设计第 3 页页面显示效果

第 11 步，在移动设备中预览该首页，可以看到如图 3.15（a）所示的效果，单击"看点"列表项，即可滑动到第 3 页面，显示效果如图 3.15（b）所示。

（a）列表视图页面效果　　　　　　　　　　　　　（b）外部第 3 页显示效果

图 3.15　在多个网页之间跳转

📢 提示：

> 在 jQucry Mobile 中，如果点按一个指向外部页面的超链接，jQuery Mobile 将自动分析该 URL 地址，自动产生一个 Ajax 请求。在请求过程中，会弹出一个显示进度的提示框。如果请求成功，jQuery Mobile 将自动构建页面结构，注入主页面的内容。同时，初始化全部的 jQuery Mobile 组件，将新添加的页面内容显示在浏览器中。如果请求失败，jQuery Mobile 将弹出一个错误信息提示框，数秒后该提示框自动消失，页面也不会刷新。

如果不想采用 Ajax 请求的方式打开一个外部页面，那么只需要在链接标签中定义 rel 属性，设置 rel

属性值为"external"，该页面将脱离整个 jQuery Mobile 的主页面环境，以独自打开的页面效果在浏览器中显示。

如果采用 Ajax 请求的方式打开一个外部页面，那么注入主页面的内容也是以 page 为目标，视图以外的内容将不会被注入主页面中，另外，必须确保外部加载页面 URL 地址的唯一性。

3.2　设计对话框

对话框是 jQuery Mobile 模态页面，也称为模态对话框，它是一个带有圆角标题栏和关闭按钮的浮动层，以独占方式打开，背景被遮罩层覆盖，只有关闭对话框后，才可以执行其他界面操作。

3.2.1　定义对话框

扫一扫，看视频

对话框是交互设计中基本构成要件，在 jQuery Mobile 中创建对话框的方式十分方便，只需要在指向页面的链接标签中添加 data-rel 属性，并将该属性值设置为 dialog。当单击该链接时，打开的页面将以一个对话框的形式呈现。单击对话框中的任意链接时，打开的对话框将自动关闭，单击"回退"按钮可以切换至上一页。

【操作步骤】

第 1 步，启动 Dreamweaver CC，新建 HTML5 文档。选择【文件】|【新建】命令，打开【新建文档】对话框。在左侧列表框中选择【启动器模板】选项，设置【示例文件夹】为【Mobile 起始页】，【示例页】为【jQuery Mobile（本地）】，【文档类型】为 HTML5，然后单击【创建】按钮，完成文档的创建操作。

第 2 步，按 Ctrl+S 快捷键，保存文档为 index.html。此时，Dreamweaver CC 会弹出对话框提示保存相关的框架文件，单击【确定】按钮，把相关的框架文件复制到本地站点。

第 3 步，在编辑窗口中，拖选第 2 页到第 4 页视图结构，然后按 Delete 键删除。

第 4 步，切换到代码视图，修改标题、链接信息和页脚文本，设置<a>标签为外部链接，地址为"dialog.html"，并添加 data-rel="dialog"属性声明，定义打开模态对话框，设置如图 3.16 所示。

图 3.16　设计首页链接

第 5 步，另存 index.html 为 dialog.html，在保持 HTML5 文档基本结构基础上，定义一个单页视图结构，设计模态对话框视图。定义标题文本为"主题"，内容信息为"简单对话框！"，如图 3.17 所示。

图 3.17　设计模态对话框视图

第 6 步，最后，在移动设备中预览该首页，可以看到图 3.18（a）所示的效果，单击"打开对话框"链接，即可显示模态对话框，显示效果如图 3.18（b）所示。该对话框以模式的方式浮在当前页的上面，背景深色，四周是圆角的效果，左上角自带一个"×"关闭按钮，单击该按钮，将关闭对话框。

（a）链接模态对话框　　　　　　　　　　（b）打开简单的模态对话框效果

图 3.18　范例效果

◀ᴼ 提示：

模态对话框会默认生成关闭按钮，用于回到父级页面。在脚本能力较弱的设备上也可以添加一个带有 data-rel="back" 的链接来实现关闭按钮。针对支持脚本的设备可以直接使用 href="#"或者 data-rel="back"来实现关闭。还可以使用内置的 close 方法来关闭模态对话框，如$('.ui-dialog').dialog('close')。

◀ᴼ 注意：

由于模态对话框是动态显示的临时页面，所以这个页面不会被保存在哈希表内，这就意味着无法后退到这个页面。例如，在 A 页面中点击一个链接打开 B 对话框，操作完成并关闭对话框，然后跳转到 C 页面，这时候点击浏览器的后退按钮，将回到 A 页面，而不是 B 页面。

3.2.2　定义关闭对话框

在打开的对话框中，可以使用自带的关闭按钮关闭打开的对话框，此外，在对话框内添加其他链接

扫一扫，看视频

按钮，将该链接的 data-rel 属性值设置为 back，单击该链接也可以实现关闭对话框的功能。

【操作步骤】

第 1 步，启动 Dreamweaver CC，复制上一节示例文件 index.html 和 dialog.html。

第 2 步，保留 index.html 文档结构不动，打开 dialog.html 文档，在 <div data-role="content"> 容器内插入段落标签 <P>，在新段落行中嵌入一个超链接，定义 data-rel="back" 属性。代码如下，操作如图 3.19 所示。

```
<a href="#" data-role="button"
        data-rel="back"
        data-theme="a">关闭
</a>
```

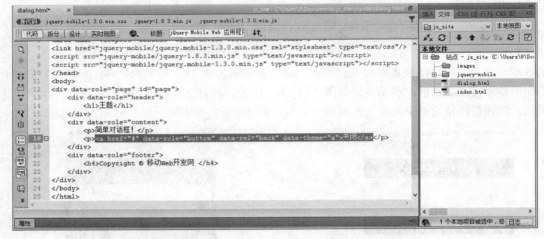

图 3.19　定义关闭对话框

第 3 步，在移动设备中预览该首页，可以看到图 3.20（a）所示的效果，单击"打开对话框"链接，即可显示模态对话框，显示效果如图 3.20（b）所示。该对话框以模式的方式浮在当前页的上面，单击对话框中的"关闭"按钮，可以直接关闭打开的对话框。

（a）链接模态对话框　　　　　　　　　　　　　　（b）打开关闭对话框效果

图 3.20　范例效果

🔊 提示：

本示例在对话框中将链接元素的"data-rel"属性设置为"back"，单击该链接将关闭当前打开的对话框。这种方法在不支持 JavaScript 代码的浏览器中，同样可以实现对应的功能。另外，编写 JavaScript 代码也可以实现关闭对话框的功能，代码如下所示。

```
$('.ui-dialog').dialog('close') ;
```

3.3　实　战　案　例

本节将通过多个案例实战演练 jQuery Mobile 页面和对话框的设计技巧。

3.3.1　设计弹出框

弹出框是 jQuery Mobile 新版本增加的组件，与模态对话框效果类似，但是功能和实现方式不同。模态对话框是视图页，使用 data-rel="dialog" 类型的链接打开；弹出框是在当前视图内打开一个弹出层，使用 data-rel="popup" 类型的链接打开。

创建一个弹出框方法如下。

第 1 步，使用<div>标签定义一个包含框，添加一个 data-role="popup" 属性，定义包含框为弹出层。

第 2 步，在超链接<a>标签中，定义 href 属性值为弹出层包含框的 id，指定单击超链接打开弹出层。

第 3 步，在<a>标签中添加属性 data-rel="popup"，定义链接类型为弹出框，即单击超链接，将打开弹出框。

本示例设计 6 个按钮，为这 6 个按钮绑定链接，设置链接类型为 data-rel="popup"，然后在 href 属性中分别绑定 6 个不同的弹出层包含框。然后，在页面底部定义 6 个弹出框，前面 3 个不包含标题框，后面 3 个包含标题框。在标题框中添加一个关闭按钮，定义链接类型为"back"，即返回页面，关闭浮动层；定义 <a> 标签角色为按钮（data-role="button"）；定义主题为 a，显示图标为"delete"，使用 data-iconpos="notext"定义不显示链接文本；使用 class="ui-btn-left"类定义按钮显示位置，代码如下。

```
<a href="#" data-rel="back" data-role="button" data-theme="a" data-icon="delete" data-iconpos="notext" class="ui-btn-left">Close</a>
```

在弹出框中，可以使用 data-role="header"定义标题栏，此时可以把弹出层视为一个独立的"视图页面"；最后，可以使用 data-dismissible="false"属性定义背景层不响应单击事件。案例演示效果如图 3.21 所示。

（a）设置不同形式弹出框

（b）简单的弹出框

（c）包含标题的弹出框

图 3.21　设计弹出框演示效果

示例完整代码如下所示。

```
<!doctype html>
<html>
<head>
<meta charset="utf-8">
<meta name="viewport" content="width=device-width,initial-scale=1" />
<link href="jquery-mobile/jquery.mobile.theme-1.3.0.min.css" rel="stylesheet" type=
"text/css">
<link href="jquery-mobile/jquery.mobile.structure-1.3.0.min.css" rel="stylesheet"
type= "text/css">
<script src="jquery-mobile/jquery-1.8.3.min.js" type="text/javascript"></script>
<script src="jquery-mobile/jquery.mobile-1.3.0.min.js" type="text/javascript"> </script>
</head>
<body>
<div data-role="page">
    <div data-role="header">
        <h1>弹出框</h1>
    </div>
    <div data-role="content">
        <a href="#popup1" data-rel="popup" data-role="button">右边关闭</a>
        <a href="#popup2" data-rel="popup" data-role="button">左边关闭</a>
        <a href="#popup3" data-rel="popup" data-role="button" >禁用关闭</a>
        <a href="#popup4" data-rel="popup" data-role="button">右边关闭（带标题）</a>
        <a href="#popup5" data-rel="popup" data-role="button">左边关闭（带标题）</a>
        <a href="#popup6" data-rel="popup" data-role="button" >禁用关闭（带标题）</a>
        <div data-role="popup" id="popup1" class="ui-content" style="max-width:280px">
            <a href="#" data-rel="back" data-role="button" data-theme="a" data-icon=
"delete" data-iconpos="notext" class="ui-btn-right">Close</a>
            <p><img src="images/p6.jpg" width="100%" /></p>
        </div>
        <div data-role="popup" id="popup2" class="ui-content" style="max-width:280px">
            <a href="#" data-rel="back" data-role="button" data-theme="a" data-icon=
"delete" data-iconpos="notext" class="ui-btn-left">Close</a>
            <p><img src="images/p5.jpg" width="100%" /></p>
        </div>
        <div data-role="popup" id="popup3" class="ui-content" style="max-width:280px"
data-dismissible="false">
            <a href="#" data-rel="back" data-role="button" data-theme="a" data-icon=
"delete" data-iconpos="notext" class="ui-btn-left">Close</a>
            <p><img src="images/p4.jpg" width="100%" /></p>
        </div>
        <div data-role="popup" id="popup4" class="ui-content" style="max-width:280px">
            <div data-role="header" data-theme="a" class="ui-corner-top">
                <h1>弹出框</h1>
            </div>
            <a href="#" data-rel="back" data-role="button" data-theme="a" data-icon=
"delete" data-iconpos="notext" class="ui-btn-right">Close</a>
            <p>单击右侧按钮可以关闭对话框</p>
        </div>
        <div data-role="popup" id="popup5" class="ui-content" style="max-width:280px">
            <div data-role="header" data-theme="a" class="ui-corner-top">
```

```
                <h1>弹出框</h1>
            </div>
            <a href="#" data-rel="back" data-role="button" data-theme="a" data-icon=
"delete" data-iconpos="notext" class="ui-btn-left">Close</a>
                <p>单击左侧按钮可以关闭对话框</p>
        </div>
        <div data-role="popup" id="popup6" class="ui-content" style="max-width:280px"
data-dismissible="false">
            <div data-role="header" data-theme="a" class="ui-corner-top">
                <h1>弹出框</h1>
            </div>
            <a href="#" data-rel="back" data-role="button" data-theme="a" data-icon=
"delete" data-iconpos="notext" class="ui-btn-left">Close</a>
                <p>单击屏幕空白区域无法关闭</p>
        </div>
    </div>
</div>
</body>
</html>
```

3.3.2　设计视图渐变背景

扫一扫，看视频

在页面中使用 data-role="page"属性可以定义页面视图容器，也可以使用 data-theme 属性设置主题，让页面拥有不同的颜色，但很多时候，还需要更加绚丽的方式。

直接使用 CSS 设置背景图片是一个非常好的方法，可是会造成页面加载缓慢。这时就可以使用 CSS 的渐变效果。本例首先设计一个单页页面视图，然后通过 CSS3 渐变定义页面背景显示为过渡效果，如图 3.22 所示。

示例完整代码如下。

```
<!doctype html>
<html>
<head>
<meta charset="utf-8">
<meta name="viewport" content="width=device-width,initial-scale=1" />
<link href="jquery-mobile/jquery.mobile.theme-1.3.0.min.css" rel="stylesheet" type=
"text/css">
<link href="jquery-mobile/jquery.mobile.structure-1.3.0.min.css" rel="stylesheet" type=
"text/css">
<script src="jquery-mobile/jquery-1.8.3.min.js" type="text/javascript"></script>
<script src="jquery-mobile/jquery.mobile-1.3.0.min.js" type="text/javascript"> </script>
<style type="text/css">
.bg-gradient{
    background-image:-webkit-gradient(        /*兼容 WebKit 内核浏览器*/
        linear,left bottom,left top,          /*设置渐变方向为纵向*/
        color-stop(0.22,rgb(12,12,12)),       /*上方颜色*/
        color-stop(0.57,rgb(153,168,192)),    /*中间颜色*/
        color-stop(0.84,rgb(23,45,67))        /*底部颜色*/
    );
    background-image:-moz-linear-gradient(    /*兼容 Firefox*/
        90deg,                                /*角度为 90°，即方向为上下*/
        rgb(12,12,12),                        /*上方颜色*/
        rgb(153,168,192),                     /*中间颜色*/
        rgb(23,45,67)                         /*底部颜色*/
```

47

```
    );
}
</style>
</head>
<body>
<div data-role="page" id="page"  class="bg-gradient">
    <div data-role="header">
        <h1>页面渐变背景样式</h1>
    </div>
    <div data-role="content"><img src="images/bg1.png" width="100%" /></div>
</div>
</body>
</html>
```

从图 3.22 可以看出，页面中确实实现了背景的渐变，在 jQuery Mobile 中只要是可以使用背景的地方就可以使用渐变，如按钮、列表等。渐变的方式主要分为线性渐变和放射性渐变，本例中使用的渐变就是线性渐变。

图 3.22　设计页面渐变背景样式

📢 提示：

由于各浏览器对渐变效果的支持程度不同，因此必须对不同的浏览器做出一些区分。

扫一扫，看视频

3.3.3　设计页面切换方式

不管是页面还是对话框，在呈现的时候都可以设定其切换方式，以改善用户体验，这可以通过在链接中声明 data-transition 属性为期望的切换方式来实现。实现页面切换的代码如下。

```
<a href="#new1"  data-transition="pop">jQuery
Mobile </a>
```

上面内部链接将以从中心渐显展开的方式弹出视图页面。data-transition 属性支持的属性值说明如表 3.2 所示。

表 3.2　data-transition 参数表

参　　数	说　　明
slide	从右到左切换（默认）
slideup	从下到上切换
slidedown	从上到下切换
pop	以弹出的形式打开一个页面
fade	渐变退色的方式切换
flip	旧页面翻转飞出，新页面飞入
turn	横向翻转
flow	缩小并以幻灯方式切换
slidefade	淡出方式显示，横向幻灯方式退出
none	无动画效果

◀》注意：

旋转弹出等一些效果在 Android 早期版本中支持得不是很好。旋转弹出特效需要移动设备浏览器能够支持 3D CSS，但是早期 Android 操作系统并不支持这些。

【示例】　作为一款真正具有使用价值的应用，首先应该至少有两个页面，通过页面的切换来实现更多的交互。例如，手机人人网，打开以后先进入登录页面，登录后会有"新鲜事"；然后拉开左边的面板，能看到"相册""悄悄话"及"应用"之类的其他内容。页面的切换是通过链接来实现的，这跟 HTML 完全一样。有所不同的是，下面示例演示了 jQuery Mobile 不同页面切换的效果对比，示例代码如下所示，演示效果如图 3.23 所示。

（1）index.html

```html
<!doctype html>
<html>
<head>
<meta charset="utf-8">
<meta name="viewport" content="width=device-width,initial-scale=1" />
<link href="jquery-mobile/jquery.mobile.theme-1.3.0.min.css" rel="stylesheet" type="text/css">
<link href="jquery-mobile/jquery.mobile.structure-1.3.0.min.css" rel="stylesheet" type="text/css">
<script src="jquery-mobile/jquery-1.8.3.min.js" type="text/javascript"></script>
<script src="jquery-mobile/jquery.mobile-1.3.0.min.js" type="text/javascript"></script>
</head>
<body>
<div data-role="page">
    <div data-role="header">
        <h1>页面过渡效果</h1>
    </div>
    <div data-role="content">
        <a href="index1.html" data-role="button">默认切换（渐显）</a>
        <!--使用默认切换方式，效果为渐显-->
        <a data-role="button" href="index1.html" data-transition="fade" data-direction="reverse">fade（渐显）</a>   <!-- data-transition="fade" 定义切换方式渐显-->
        <a data-role="button" href="index1.html" data-transition="pop" data-direction="reverse">pop（扩散）</a>    <!-- data-transition="pop" 定义切换方式扩散-->
        <a data-role="button" href="index1.html" data-transition="flip" data-direction="reverse">flip（展开）</a>   <!-- data-transition="flip" 定义切换方式展开-->
        <a data-role="button" href="index1.html" data-transition="turn" data-direction="reverse">turn（翻转覆盖）</a>   <!-- data-transition="turn" 定义切换方式翻转覆盖-->
        <a data-role="button" href="index1.html" data-transition="flow" data-direction="reverse">flow（扩散覆盖）</a> <!-- data-transition="flow" 定义切换方式扩散覆盖-->
        <a data-role="button" href="index1.html" data-transition="slidefade" >slidefade（滑动渐显）</a>
        <!-- data-transition="slidefade" 定义切换方式滑动渐显-->
        <a data-role="button" href="index1.html" data-transition="slide" data-direction="reverse">slide（滑动）</a>    <!-- data-transition="slide" 定义切换方式滑动-->
        <a data-role="button" href="index1.html" data-transition="slidedown" >slidedown（向下滑动）</a><!-- data-transition="slidedown" 定义切换方式向下滑动-->
        <a data-role="button" href="index1.html" data-transition="slideup" >slideup（向上滑动）</a>
        <!-- data-transition="slideup"  定义切换方式向上滑动-->
```

```
          <a data-role="button" href="index1.html" data-transition="none" data-
direction="reverse">none（无动画）</a>    <!-- data-transition="none"  定义切换方式"无
"-->
    </div>
</div>
</body>
</html>
```

（2）index1.html

```
<!doctype html>
<html>
<head>
<meta charset="utf-8">
<meta name="viewport" content="width=device-width,initial-scale=1" />
<link href="jquery-mobile/jquery.mobile.theme-1.3.0.min.css" rel="stylesheet"
type="text/css">
<link href="jquery-mobile/jquery.mobile.structure-1.3.0.min.css" rel="stylesheet"
type="text/css">
<script src="jquery-mobile/jquery-1.8.3.min.js" type="text/javascript"></script>
<script src="jquery-mobile/jquery.mobile-1.3.0.min.js" type="text/javascript">
</script>
</head>
<body>
<div data-role="page" id="page" data-add-back-btn="true" data-back-btn-text="返回">
    <div data-role="header">
        <h1>页面过渡效果</h1>
    </div>
    <div data-role="content"><img src="images/bg.jpg" width="100%"/></div>
</div>
</body>
</html>
```

（a）相册列表　　　　　　　　　　（b）弹出显示

图 3.23　设计页面切换效果

🔊 提示：

如果在目标页面中显示后退按钮，也可以在链接中加入 data-direction="reverse"属性，该属性和 data-back="true"
的作用相同。

第 4 章　页面高级设计

使用 jQuery Mobile 开发的 Web 移动应用与传统网页的使用场景不尽相同。移动网络可能不够稳定，移动设备浏览器处理网页的速度比 PC 更慢，所以在进行 Web 移动应用开发时，JavaScript 的实现方式也不同于传统的网页程序。这些区别很多是源于性能的考虑，在开发时需要格外留心。

【学习重点】
● 初始化事件响应。
● 通过预加载和缓存改善用户体验。
● 使用命名锚记。
● 参数传递。
● 页面加载消息。

4.1　页面初始化

扫一扫，看视频

页面初始化是指页面下载完成，DOM 对象被加载到浏览器之后触发的初始化事件，这个初始化操作通过$(document).ready()事件实现。

$(document).ready()事件会在所有 DOM 对象加载完成后触发，但是整个 HTML 网页文件只触发一次，而不管网页是否为多页视图。在实际应用中，往往需要针对多页模板中的不同页面执行不同页面级别的初始化。当第一次呈现每个页面视图时，都将执行一次 pageinit 初始化事件。此外，在启动 jQuery Mobile 的时候，会触发 mobileinit 事件。

在 jQuery Mobile 中，这 3 种初始化事件是有所区别的，具体说明如下。
➥ mobileinit：启动 jQuery Mobile 时触发该事件。
➥ $(document).ready()：HTML 页面 DOM 对象加载完成时触发此事件。
➥ pageinit：初始化完成某个视图页面时，触发此事件。

初始化事件的触发顺序如下。

第 1 步，首先触发 mobileinit。

第 2 步，触发$(document).ready()。

第 3 步，每当第一次打开某个视图页面时，触发 pageinit 事件。例如，打开第一个视图页面时，会触发其 pageinit 事件；当跳转到第二个视图页面时，会触发第二个页面的 pageinit 事件。

📢 注意：

> mobileinit、$(document).ready()和 pageinit 只能触发一次。如果从当前 HTML 文件的另一个页面模板跳转回之前已经访问过的页面，则不会重复触发初始化事件。

> 如果达到多次触发初始化事件的目的，可以使用 trigger()函数触发。例如：
> ```
> <a href="#" onClick="$(document).trigger('mobileinit')">触发 mobileinit 事件</a>
> ```

📢 提示：

> 另外，jQuery Mobile 也支持 onload 事件，它表示当所有相关内容加载完成时，会触发 onload 事件。因为受到图片等内容的影响，所以 onload 事件的触发时间比较晚。虽然在页面开发中也会用到 onload 事件，但在 jQuery Mobile 开发中，主要使用的是 mobileinit、$(document).ready()和 pageinit 这 3 种初始化事件。

【示例】 下面示例设计包含两个页面视图的 HTML 文档，通过内部链接把两个页面链接在一起。然后在 JavaScript 脚本中分别测试 mobileinit、$(document).ready()和 pageinit 事件的触发时机。详细代码如下所示，演示效果如图 4.1 所示。

```html
<!doctype html>
<html>
<head>
<meta charset="utf-8">
<meta name="viewport" content="width=device-width,initial-scale=1" />
<link href="jquery-mobile/jquery.mobile.theme-1.3.0.min.css" rel="stylesheet" type=
"text/css">
<link href="jquery-mobile/jquery.mobile.structure-1.3.0.min.css" rel="stylesheet"
type="text/css">
<script src="jquery-mobile/jquery-1.8.3.min.js" type="text/javascript"></script>
<script src="jquery-mobile/jquery.mobile-1.3.0.min.js" type="text/javascript">
</script>
<script>
$(document).ready(function(e){
    alert("触发$(document).ready事件");
})
$(document).live("mobileinit", function(){
    alert("触发mobileinit事件");
});
$(document).delegate("#page1", "pageinit", function(){
    alert("触发页面1的pageinit事件");
})
$(document).delegate("#page1", "pageshow", function(){
    alert("触发页面1的pageshow事件");
})
$(document).delegate("#page2", "pageinit", function(){
    alert("触发页面2的pageinit事件");
})
</script>
</head>
<body>
<div data-role="page" id="page1">
    <div data-role="header">
        <h1>第一页</h1>
    </div>
    <div data-role="content">
        <ul data-role="listview" data-inset="true">
            <li><a href="#" onClick="$(document).trigger('mobileinit')">触发mobileinit
事件</a></li>
            <li><a href="#page2">进入第 2 页</a></li>
        </ul>
    </div>
</div>
<div data-role="page" id="page2">
    <div data-role="header">
        <h1>第二页</h1>
    </div>
    <div data-role="content"> <a data-role="button" href="#page1">返回第 1 页</a>
</div>
</div>
</body>
</html>
```

（a）触发 mobileinit 事件　　　　（b）触发页面 1 的 pageshow 事件

图 4.1　页面初始化事件演示效果

4.2　预加载和缓存

为了提高页面在移动终端的访问速度，jQuery Mobile 支持页面缓存和预加载技术。当一个被链接的页面设置好预加载后，jQuery Mobile 将在加载完成当前页面后自动在后台进行预加载设置的目标页面。另外，使用页面缓存的方法，可以将访问过的 page 视图都缓存到当前的页面文档中，下次再访问时，就可以直接从缓存中读取，而无需再重新加载页面。

4.2.1　页面预加载

相对于 PC 设备，移动终端系统配置一般都比较低，在开发移动应用程序时，要特别关注页面在移动终端浏览器中加载速度。如果速度过慢，用户体验就会大打折扣。因此，在移动开发中对需要链接的页面进行预加载是十分必要的，当一个链接的页面设置成预加载模式时，在当前页面加载完成之后，目标页面也被自动加载到当前文档中，这样就可以提高页面的访问速度。

【示例】　打开 4.1 节关于外部页面链接的示例文件（index.html），为外部链接的超链接标签<a>添加 data-prefetch 属性，设置该属性值为 true，如图 4.2 所示。

扫一扫，看视频

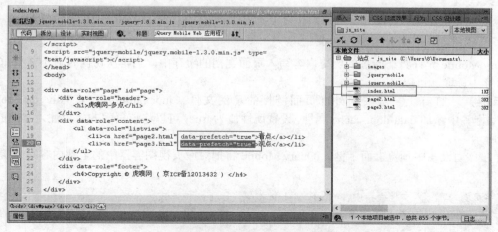

图 4.2　设置目标页预加载处理

在浏览器中预览 index.html 文档，查看加载后的 DOM 结构，会发现链接的目标文档 page2.html 和 page3.html 已经被预加载了，嵌入到当前 index.html 文档中并隐藏显示，如图 4.3 所示。

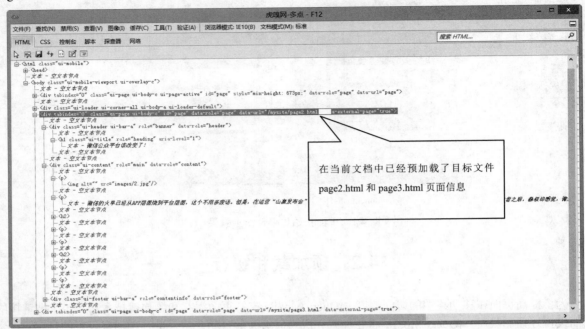

图 4.3　预加载的目标文档页面信息

提示：

在 jQuery Mobile 中，实现页面预加载的方法有两种。

❥　在需要链接页面的标签中添加 data-prefetch 属性，设置属性值为 true，或不设置属性值。设置该属性值之后，jQuery Mobile 将在加载完成当前页面以后，自动加载该链接元素所指的目标页面，即 href 属性的值。

❥　调用 JavaScript 代码中的全局性方法 $.mobile.loadPage() 来预加载指定的目标 HTML 页面，其最终的效果与设置元素的 data-prefetch 属性一样。

在实现页面的预加载时，会同时加载多个页面，从而导致预加载的过程需要增加 HTTP 访问请求压力，这可能会延缓页面访问的速度，因此，页面预加载功能应谨慎使用，不要把所有外部链接都设置为预加载模式。

4.2.2　页面缓存

扫一扫，看视频

jQuery Mobile 允许将访问过的历史内容写入页面文档的缓存中，当再次访问时，不需要重新加载，只要从缓存中读取就可以。

【示例】　打开上一节关于外部页面链接的示例文件（index.html），在 <div data-role="page" id="page"> 标签中添加 data-dom-cache 属性，设置属性值为 true，可以将该页面的内容注入文档的缓存中，如图 4.4 所示。

这样在移动设备中预览上面示例，jQuery Mobile 将把对应页视图容器中的全部内容写入缓存中。

提示：

如果将页面内容写入文档缓存中，jQuery Mobile 提供了以下两种方式。

（1）在需要被缓存的视图页标签中添加 data-dom-cache 属性，设置该属性值为 true，或不设置属性值。该属性的功能是将对应的容器内容写入缓存中。

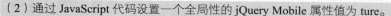

（2）通过 JavaScript 代码设置一个全局性的 jQuery Mobile 属性值为 ture。

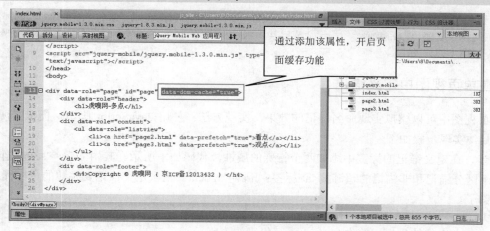

图 4.4 设置页面缓存功能

```
$.mobile.page.prototype.options.domCache = true;
```

上面一行代码可以将当前文档全部写入缓存中。

🔊 注意：

由于开启页面缓存功能会使 DOM 内容变大，可能导致某些浏览器打开的速度变得缓慢。因此，当开启缓存功能之后，应及时清理缓存内容。

4.3 使 用 锚 记

命名锚记可以用来标记页面中的位置。当点击指向命名锚记的超链接时，页面将跳转到命名锚记的位置。

（1）定义锚记的方法：

```
<a name="anchor">命名锚记</a>
```

（2）定位到锚记的方法：

```
<a href="#anchor">定位到命名锚记</a>
```

在默认情况下，jQuery Mobile 自动通过 Ajax 方式处理链接单击请求，而 HTML 语法定义的命名锚记在 jQuery Mobile 中不可以直接使用。

【示例】 下面示例在页面底部定义一个锚记，然后设计从页面顶部跳转到页面底部。如果没有对命名锚记进行特定处理，则单击包含有命名锚记的链接后，不会出现任何跳转。

```
<div data-role="page" id="page1">
    <div data-role="header">
        <h1>命名锚记</h1>
    </div>
    <div data-role="content">
        <a href="#anchor" data-role="button">跳转到锚记位置</a>
        <div style="height:1000px;"></div>
        <a name="anchor" data-role="button" id="anchor">命名锚记位置</a></p>
    </div>
</div>
```

> **◀》提示：**
>
> 用户可以使用特殊方法实现 HTML 锚记功能：设置 ajaxLinksEnabled(false)，禁用 jQuery Mobile 的 Ajax 特性，这样就可以正常使用命名锚记，但是会造成异常，并且多页视图之间的跳转，或者预取页面之间跳转也会出现异常，所以不建议使用。

4.3.1 在单页视图中定义锚记

在单页视图中可以模拟实现命名锚记的效果，实现方法：使用 JavaScript 脚本，模拟实现命名锚记的跳转。具体实现步骤如下。

第 1 步，在定义锚记的标签中添加两个特殊的属性，代码如下所示。其中 class="scroll"作为特殊的钩子，用于区分锚记和非锚记的超链接<a>标签；href="#anchor"用来定义锚记要跳转的目标标签，以 ID 名称作为钩子。

```
<a class="scroll" href="#anchor"></a>
```

第 2 步，在定位的目标标签中定义 id 值，代码如下所示。

```
<a id="anchor"></a>
```

第 3 步，在 JavaScript 脚本中，获取定义 class="scroll"的 a 元素，然后为其绑定 click 和 vclick 的事件。

第 4 步，在事件处理函数中，通过 href="#anchor"获取定位的目标标签。

第 5 步，使用 jQuery 的 offsetTop 属性获取目标标签的纵坐标偏离值。

第 6 步，调用 $.mobile.silentScroll()函数，滚动页面到目标标签的位置。

【示例】 以本节前示例为基础，根据上面介绍的 6 步设计一个简单的演示案例，完整示例代码如下所示，演示效果如图 4.5 所示。

```html
<script>
$(function(){
    $('a.scroll').bind('click vclick', function(ev){
        var target = $($(this).attr('href')).get(0).offsetTop;
        $.mobile.silentScroll(target);
        return false;
    });
})
</script>

<body>
<div data-role="page" id="page1">
    <div data-role="header">
        <h1>命名锚记</h1>
    </div>
    <div data-role="content">
        <a class="scroll" href="#anchor" data-role="button">跳转到锚记位置</a>
        <div style="height:1000px;"></div>
        <a id="anchor" data-role="button">命名锚记位置</a>
    </div>
</div>
</body>
```

（a）初始页面　　　　　　　　　　（b）跳转到页面底部

图4.5　设计单页视图锚记

扫一扫，看视频

4.3.2　在多页视图中定义锚记

在多页视图中命名锚记的实现方式与单页视图基本一样，不同之处在于单页模板的命名锚记跳转为当前页面内，而多页模板需要跳转到指定页面的命名锚记位置。这样，多页模板中超链接指向的命名锚记地址需要增加页面id，使用时首先解析跳转的目标页面id，以及跳转到的命名锚记目标对象id。

【示例】　下面是继续以上节示例为基础，设计包含两个页面视图的网页文件，结构代码如下所示。

```
<div data-role="page" id="page1">
   <div data-role="header">
      <h1>第一页</h1>
   </div>
   <div data-role="content">
      <a class="page-scroll" href="#page2-anchor" data-role="button">跳转到锚记位
置</a>
   </div>
</div>
<div data-role="page" id="page2">
   <div data-role="header">
      <h1>第二页</h1>
   </div>
   <div data-role="content">
      <a id="anchor" data-role="button">命名锚记位置</a>
   </div>
</div>
```

在第一页中，定义<a>标签的class为"page-scroll"，href为"#page2-anchor"，该值包含两部分，第一部分为要跳转页面的id值，第二部分为要跳转的目标标签的id值。

然后，在JavaScript脚本中输入下面代码。

```
<script>
$(function(){
   $('a.page-scroll').bind('click vclick', function(ev){
```

```
        var href = $(this).attr('href');           //获取超链接的 href 值
        var parts = href.split('-');                //劈开 href 字符串
        var page=parts[0];                          //获取目标页面 id 值
        var id="#"+parts[1];                        //获取定位目标 id 值
        $.mobile.changePage($(page));               //跳转到目标页面
        var target=$(id).get(0).offsetTop;          //获取目标标签的 y 轴偏移坐标
        $.mobile.silentScroll(target);              //滚到目标标签位置
        return false;
    });
})
</script>
```

在上面代码中，当触发绑定在超链接<a class="page-scroll" href="#page2-anchor"></a>上的 click 或 vclick 事件时，JavaScript 将解析 href 属性值"#page2-anchor"。该属性值由两部分构成：前半部分为页面 id，用于页面跳转；后半部分为命名锚记 id，将被传入 silentScroll ()函数中，模拟命名锚记实现跳转。两个部分通过分隔号'-'进行分割。当触发 click 或者 vclick 的事件响应函数时，会将 href 属性值所包含的两个部分解析出来，再分别使用。

📢 提示：

> 有别于单页视图，多页视图中的超链接地址被解析后，指向命名锚记的 DOM 对象 id 没有包含 "#"。在解析之后，获取了所要跳转的页面地址。命名锚记处理程序通过将 "#" 和页面 Ajax 地址拼接在一起，然后通过调用 changePage()函数实现页面跳转。

保存页面之后，在设置浏览器中预览，则显示效果如图 4.6 所示。

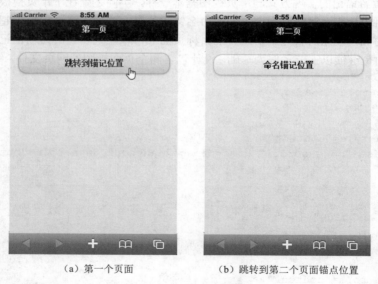

(a) 第一个页面　　　　　　　(b) 跳转到第二个页面锚点位置

图 4.6　设计多页视图锚记

4.4　传　递　参　数

在单页视图中使用基于 HTTP 的方式通过 POST 和 GET 请求传递参数，而在多页视图中不需要与服务器进行通信，通常在多页页面中以下面 3 种方法来实现页面间的参数传递。

➥　GET 方式：在前一个页面生成参数并传入下一个页面，然后在下一个页面中进行 GET 内容解析。

- 通过 HTML5 的 Web Storage 进行参数传递。
- 在当前网页中定义全局变量，在前一个页面将所需传递的参数内容赋值到变量中，在后一个页面从变量中将参数取出来。因为这种方式的程序灵活性较弱，不推荐使用，故不再详细介绍。

4.4.1　以 GET 方式传递参数

通过 HTTP　GET 方式将需要传递的参数附加在页面跳转的 URL 后面，然后在下一个页面中从 URL 地址中将相应参数值解析出来，并将相应参数赋值到相应 JavaScript 变量上，以实现参数传递。

【示例】　下面结合一个示例，详细解释如何实现 GET 方式传递参数，示例完整代码如下。

```
<!doctype html>
<html>
<head>
<meta charset="utf-8">
<meta name="viewport" content="width=device-width,initial-scale=1" />
<link  href="jquery-mobile/jquery.mobile.theme-1.3.0.min.css"  rel="stylesheet"
type="text/css">
<link  href="jquery-mobile/jquery.mobile.structure-1.3.0.min.css"  rel="stylesheet"
type="text/css">
<script src="jquery-mobile/jquery-1.8.3.min.js" type="text/javascript"></script>
<script  src="jquery-mobile/jquery.mobile-1.3.0.min.js"  type="text/javascript">
</script>
<script>
//获取 GET 字符串参数，name 表示需要查询的字段
function getParameterByName(name){
    //获取 URL 字符串中"?"后面的子串，然后通过正则表达式匹配出查询字符串中的名值对
    var match = RegExp('[?&]' + name + '=([^&]*)').exec(window.location.search);
    //返回匹配的字符串，并进行转码，替换掉其中的加号"+"
    return match && decodeURIComponent(match[1].replace(/\+/g, ' '));
}
//在第二个页面显示时，调用该事件函数，在事件函数中调用上面函数，获取指定参数值
$('#page2').live('pageshow', function(event, ui){
    alert("传递给第二个页面的参数: " + getParameterByName('parameter'));
});
</script>
</head>
<body>
<div data-role="page" id="page1">
    <div data-role="header">
        <h1>第一页</h1>
    </div>
    <div data-role="content">
        <a href="?parameter=1#page2" rel="external" data-role="button">下一页 1</a>
        <a href="?parameter=2#page2" rel="external" data-role="button">下一页 2</a>
    </div>
</div>
<div data-role="page" id="page2">
    <div data-role="header">
        <h1>第二页</h1>
    </div>
    <div data-role="content">
```

```
        <a href="#page1" id="anchor" data-role="button">返回</a>
    </div>
</div>
</body>
</html>
```

首先，定义超链接，生成 HTTP GET 方式的 URL 地址和进行参数赋值的代码结构通常会是如下的形式。

```
<a href="?parameter=1#page2" rel="external" data-role="button">下一页 1</a>
```

在基于 GET 方式进行参数传递的时候，参数定义在前，而 Ajax 指向的页面 DOM 对象 id 在后。在这段示例代码中，参数传递数值 1 在前，而跳转到的# page2 这个页面的 Ajax 页面信息放在参数值之后。

下一个页面在接收来自前一个页面的参数传递时，可以通过正则表达式解析以"？"开始的部分。问号通常是 URL 页面和参数之间的分隔符号，问号之前为页面地址，问号之后为参数部分。如果将参数部分的内容解析出来，就可以获得相应的参数名称和内容。

保存页面，在移动设备下预览，则显示如图 4.7 所示。这种参数处理方式在大多数支持 HTML4 和 HTML5 的浏览器环境下可以正常运行，在移动设备的兼容性会比较好。

（a）确定向第二个页面传递参数　　　　　　　（b）显示从第一个页面获取的参数

图 4.7　使用 GET 方式传递参数

📢 注意：

访问的页面形式为外部链接形式 rel="external"，否则页面间的参数传递将无法正常执行。

4.4.2　通过 HTML5 Web Storage 传递参数

Web Storage 是 HTML5 定义的基于浏览器的存储方法，包含以下两部分。

- ☞ sessionStorage 是将存储内容以会话的形式存储在浏览器中，由于是会话级别的存储，当浏览器关闭之后，sessionStorage 中的内容会全部消失。
- ☞ localStorage 是基于持久化的存储，类似于传统 HTML 开发中 cookie 的使用，除非主动删除 localStorage 中的内容，否则将不会删除。

在 jQuery Mobile 中实现页面间参数传递时，一般不使用 localStorage，而是使用 sessionStorage。因为 localStorage 将内容持久化在本地，这在页面间传递参数通常是不必要的。

【示例】　下面示例使用 sessionstorage 进行多页视图中各个页面间参数传递，完整代码如下所示，演示效果同上。

```
<!doctype html>
<html>
<head>
<meta charset="utf-8">
<meta name="viewport" content="width=device-width,initial-scale=1" />
<link href="jquery-mobile/jquery.mobile.theme-1.3.0.min.css" rel="stylesheet" type=
"text/css">
<link href="jquery-mobile/jquery.mobile.structure-1.3.0.min.css" rel="stylesheet"
type="text/css">
<script src="jquery-mobile/jquery-1.8.3.min.js" type="text/javascript"></script>
<script src="jquery-mobile/jquery.mobile-1.3.0.min.js" type="text/javascript">
</script>
<script>
$('#page2').live('pageshow', function(event, ui){
    alert("传递给第二个页面的参数: " + sessionStorage.name);
});
</script>
</head>
<body>
<div data-role="page" id="page1">
    <div data-role="header">
        <h1>第一页</h1>
    </div>
    <div data-role="content">
      <a href="#page2" onclick="sessionStorage.name=1" data-role="button">下一页
1</a>
        <a href="#page2" onclick="sessionStorage.name=2" data-role="button">下一页
2</a>
    </div>
</div>
<div data-role="page" id="page2">
    <div data-role="header">
        <h1>第二页</h1>
    </div>
    <div data-role="content">
        <a href="#page1" data-role="button">返回</a>
    </div>
</div>
</body>
</html>
```

4.5 加 载 消 息

　　加载消息是改善用户体验设计的一种措施。当从一个页面跳转到另一个页面的时候，如果移动网络的速度慢或者需要加载的页面尺寸过大，都会造成加载时间过长，这时通过呈现加载消息将有助于改善人机交互界面。jQuery Mobile 提供了默认的加载动画提示，当页面加载失败时会呈现 Error Loading page 提示信息。

4.5.1 自定义加载消息

在默认情况下，加载的消息内容为 loading，加载错误消息的内容为 Error Loading page。用户可以根据需要定制加载消息的内容，例如，使用中文呈现页面加载错误消息，这可以通过绑定 mobileinit 事件对 loadingMessage 和 pageLoadErrorMessage 重新赋值来实现。

【示例1】 定义加载消息为中文字符的脚本代码如下。

```
$(document).bind("mobileinit", function(){
    $.mobile.pageLoadErrorMessage="页面加载错误";
    $.mobile.loadingMessage="页面正在加载中";
    $.mobile.loadingMessageTextVisible=true;
    $.mobile.loadingMessageTheme="d";
});
```

📢 注意：

由于 mobileinit 在 jQuery Mobile JavaScript 库加载之后马上进行加载，所以定义 pageLoadErrorMessage 的 JavaScript 代码段需要放在引用 jQuery Mobile JavaScript 文件之前，否则将无法正常运行。

【示例2】 本示例通过 mobileinit 初始化事件绑定实现 pageLoadErrorMessage 的自定义消息。需要注意的是，mobileinit 的绑定必须在引用 jQuery 库之后，引用 Query Mobile 库之前的位置。

```
<!doctype html>
<html>
<head>
<meta charset="utf-8">
<meta name="viewport" content="width=device-width,initial-scale=1" />
<link  href="jquery-mobile/jquery.mobile.theme-1.3.0.min.css"  rel="stylesheet"
type="text/css">
<link  href="jquery-mobile/jquery.mobile.structure-1.3.0.min.css"  rel="stylesheet"
type="text/css">
<script src="jquery-mobile/jquery-1.8.3.min.js" type="text/javascript"></script>
<script>
$(document).bind("mobileinit", function(){
    $.mobile.pageLoadErrorMessage="页面加载错误";
});
</script>
<script  src="jquery-mobile/jquery.mobile-1.3.0.min.js"  type="text/javascript">
</script>
</head>
<body>
<div data-role="page">
    <div data-role="header">
        <h1>页面加载</h1>
    </div>
    <div data-role="content">
        <p>返回首页面: <a href="notexisting.html">index.html<a></p>
    </div>
</div>
</body>
</html>
```

📢 提示：

加载错误的消息也可以绑定在 pageinit、pageshow 或者 onclick 事件以实现定制化错误消息。下面的代码基于 pageinit 事件自定义加载消息。

```
$("#page").live("pageinit", function(){
    $.mobile.pageloadErrorMessage="页面加载错误.";
    $.mobile.loadingMessage="页面加载过程中";
});
```

除了能够自定义文字内容外，还可以设定加载消息是否支持动画，以及加载消息和加载错误消息的风格样式。加载消息的风格样式可以分别基于加载中的消息和加载错误的消息两类属性进行定制。常用的加载消息属性如表 4.1 所示，常用的加载错误消息属性如表 4.2 所示。

表 4.1 常用加载消息属性

属 性	说 明
loadingMessage	设置自定义加载消息，默认为 loading
loadingMessageTextVisible	如果将该属性设置为 true，则表示任何情况下加载消息均会被显示
loadingMessageTheme	设置加载消息呈现风格，默认风格为 a

表 4.2 常用加载错误消息属性

属 性	说 明
pageLoadErrorMessage	当通过 Ajax 加载页面发生错误时，呈现的页面加载错误消息，默认值为 Error Loading page
pageLoadErrorMessageTheme	设置加载错误消息的呈现风格，默认风格为 e，表示淡黄色背景的消息框

【示例 3】 在本示例中，使用 Dreamweaver CC 新建一个 HTML 页面，在页面中增加一个<a>标签，将该标签的 href 属性值设置为一个不存在的页面文件 news.html。用户单击该元素时，将显示自定义的错误提示信息，效果如图 4.8 所示。

（a）页面初始化预览效果 　　　　　　　　　　（b）错误提示信息

图 4.8 自定义错误提示信息

【操作步骤】

第 1 步，启动 Dreamweaver CC，选择【文件】|【新建】命令，打开【新建文档】对话框。在左侧列表框中选择【空白页】选项，设置【页面类型】为 HTML，设置【文档类型】为 HTML5，然后单击【创建】按钮，完成文档的创建。

第 2 步，按 Ctrl+S 快捷键，保存文档为 index.html。

第 3 步，选择【插入】|【jQuery Mobile】|【页面】命令，打开【页面】对话框。在该对话框中设置页面的 ID 值，同时设置页面视图是否包含标题栏和页脚栏。保持默认设置，单击【确定】按钮，完成在当前 HTML5 文档中插入页面视图结构，设置如图 4.9 所示。

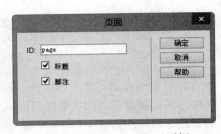

图 4.9　设置【页面】对话框

在编辑窗口中，可以看到 Dreamweaver CC 新建了一个页面，页面视图包含标题栏、内容框和页脚栏，同时在【文件】面板的列表中可以看到复制的相关库文件。

第 4 步，选中内容栏中的"内容"文本，清除内容栏内的文本，然后输入三级标题"修改配置"，定义一个超链接，链接到 news.html，如图 4.10 所示。

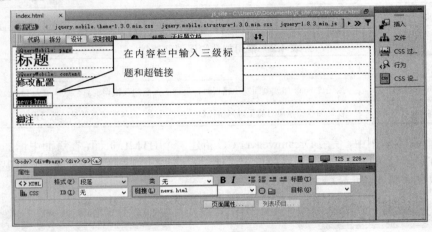

图 4.10　插入标题和超链接

第 5 步，切换到代码视图，在头部区域输入下面脚本代码。

```
<script>
$(document).bind("mobileinit", function() {
    $.extend($.mobile, {
        loadingMessage: '加载中...',
        pageLoadErrorMessage: '找不到对应页面！'
    });
});
</script>
```

为文档注册 mobileinit 事件，在 mobileinit 初始化事件回调函数中使用$.extend()工具函数为$.mobile 重置两个配置参数：loadingMessage 和 pageLoadErrorMessage:，这两个配置变量都是 jQuery Mobile 的配置参量。整个修改过程是在 mobileinit 事件中完成的。

第 6 步，在头部位置添加如下元信息，定义视图宽度与设备屏幕宽度保持一致。

```
<meta name="viewport" content="width=device-width,initial-scale=1" />
```

第 7 步，完成设计之后，在移动设备中预览 index.html 页面，当单击超链接选项，会显示错误提示信息。

📢 注意：

由于 mobileinit 事件是在页面加载时立刻触发，因此，无论是在页面上直接编写 JavaScript 代码，还是引用 JS 文件，都必项将它放在 jquery.mobile 脚本文件之前，否则代码无效，如图 4.11 所示。

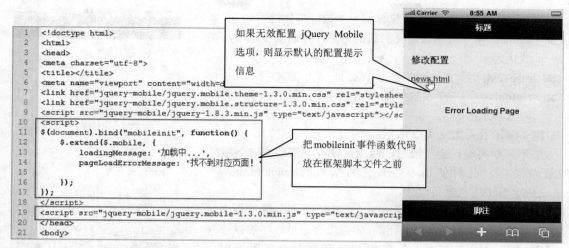

图 4.11 正确放置配置参数代码位置

📢 提示：

在示例 3 中，借助$.mobile 对象，在 mobileinit 事件中通过下列两行代码，分别修改了页面加载时和加载出错时的提示信息，代码如下。

```
$.extend($.mobile, {
    loadingMessage: '加载中...',
    pageLoadErrorMessage: '找不到对应页面！'
});
```

上述代码调用了 jQuery 中的$.extend()方法进行扩展，实际上也可以使用$.mobile 对象直接对各配置值进行设置，例如上述代码可以这样修改：

```
$(document).bind("mobileinit", function() {
    $.mobile.loadingMessage = '加载中...';
    $.mobile.pageLoadErrorMessage = '找不到对应页面！';
});
```

通过在 mobileinit 事件中加入上述代码中的任意一种，都可以实现修改默认配置项 loadingMessage 和 pageLoadErrorMessage 的显示内容。

4.5.2 管理加载消息

在某些情况下，需要根据应用场景而触发不同的消息。例如，当在 jQuery Mobile 中通过延迟加载从服务器获取某个列表信息时，则可能会显示个性化信息"列表加载中…"，而不是统一的"页面加载中…"消息。

【示例 1】 如果想通过程序触发加载消息，可以使用$.mobile.showPageLoadingMsg()方法。

```
<div data-role="page">
    <div data-role="header">
        <h1>标题</h1>
    </div>
    <div data-role="content">
        <a href="#" onClick="$.mobile.showPageLoadingMsg('b','显示自定义消息框',true);
">启动自定义消息框</a>
    </div>
</div>
```

扫一扫，看视频

showPageLoadingMsg()方法包含 3 个参数，具体说明如下。

- ➥ theme：第一个参数定义加载消息时，界面呈现风格，默认为 a。
- ➥ msgText：第二个参数定义加载消息显示的文字。
- ➥ textonly：第三个参数如果为 true，则只显示文字，否则只显示图标。

示例 1 演示效果如图 4.12 所示。

如果不需要实现自定义消息，而仅仅在程序需要的时候触发加载消息框，此时使用不带有任何参数的 $.mobile.showPageLoadingMsg()方法就可以了。

【示例 2】 与页面跳转过程中的加载消息不同，通过程序触发的加载消息框是不会自动关闭的，如果没有通过程序加以控制，消息框将始终在页面上。要想关闭消息框，可以使用 $.mobile.hidePageLoadingMsg()。示例代码如下所示。

图 4.12　使用脚本显示自定义消息框

```
<div data-role="page">
  <div data-role="header">
     <h1>标题</h1>
  </div>
  <div data-role="content">
     <a href="#" onClick="$.mobile.showPageLoadingMsg('b', '显示自定义消息框',
true); " data-role="button">启动自定义消息框</a>
     <a href="#" onClick="$.mobile.hidePageLoadingMsg();" data-role="button">
点击关闭消息框</a>
  </div>
</div>
```

🔊 提示：

使用 JavaScript 调用 $.mobile.showPageloadingMsg()，并通过参数自定义消息框在 jQuery Mobile 1.0 和 1.1.0 这两个版本下的呈现是不同的。在 jQuery Mobile 1.0 中，通常只能呈现默认消息框，而在 1.1.0 中可以实现自定义消息。如果在 jQuery Mobile 1.0 下进行自定义消息实现，则需要封装到相对复杂的 JavaScript 函数中来实现。

4.6　实　战　案　例

本节将通过多个案例演示页面设计的实战技巧。

4.6.1　设计电子书阅读器

扫一扫，看视频

本示例将通过多页面视图设计一个电子书阅读器。运行之后，默认显示如图 4.13（a）所示的界面。在该实例文档页面中包含 4 个 page 控件，默认只有第一个 page 中的内容被显示了出来，可以通过单击页面中的目录按钮依次切换到内容视图页面，显示效果如图 4.13（b）所示。

（a）目录视图页　　　　　（b）内容视图页

图 4.13　设计的电子书阅读器

本示例完整代码如下所示：

```html
<!doctype html>
<html>
<head>
<meta charset="utf-8">
<meta name="viewport" content="width=device-width,initial-scale=1" />
<link href="jquery-mobile/jquery.mobile.theme-1.3.0.min.css" rel="stylesheet"
type="text/css">
<link href="jquery-mobile/jquery.mobile.structure-1.3.0.min.css" rel="stylesheet"
type="text/css">
<script src="jquery-mobile/jquery-1.8.3.min.js" type="text/javascript"></script>
<script src="jquery-mobile/jquery.mobile-1.3.0.min.js" type="text/javascript">
</script>
</head>
<body>
<div data-role="page" id="home" data-title="首页">
   <div data-role="header" data-position="fixed">
      <a href="#">返回</a>
      <h1>《红楼梦》目录</h1>
      <a href="#">设置</a>
   </div>
   <div data-role="content">
      <ul data-role="listview">
         <li><a href="#page_1">第一回</a></li>
         <li><a href="#page_2">第二回</a></li>
         <li><a href="#page_3">第三回</a></li>
         <li><a href="#page_1">第四回</a></li>
         <li><a href="#page_2">第五回</a></li>
         <li><a href="#page_3">第六回</a></li>
         <li><a href="#page_1">第七回</a></li>
         <li><a href="#page_2">第八回</a></li>
         <li><a href="#page_3">第九回</a></li>
         <li><a href="#page_1">第十回</a></li>
```

```
        </ul>
    </div>
    <div data-role="footer" data-position="fixed">
        <h1>电子书阅读器</h1>
    </div>
</div>
<!--首页-->
<div data-role="page" id="page_1" data-title="第一回">
    <div data-role="header" data-position="fixed">
        <a href="#home">返回</a>
        <h1>第一回</h1>
        <a href="#">设置</a>
    </div>
    <div data-role="content">
        <h1>第一回 甄士隐梦幻识通灵 贾雨村风尘怀闺秀</h1>
        <h4>僧道谈论绛珠仙草为神瑛侍者还泪之事。僧道度脱甄士隐女儿英莲未能如愿。甄士隐与贾雨村
结识。英莲丢失；士隐出家，士隐解"好了歌"。 </h4>
    </div>
    <div data-role="footer" data-position="fixed">
        <h1>《红楼梦》</h1>
    </div>
</div>
<div data-role="page" id="page_2" data-title="第二回">
    <div data-role="header" data-position="fixed">
        <a href="#home">返回</a>
        <h1>第二回</h1>
        <a href="#">设置</a>
    </div>
    <div data-role="content">
        <h1>第二回 贾夫人仙逝扬州城 冷子兴演说荣国府</h1>
        <h4>士隐丫头娇杏被雨村看中。雨村发迹后先娶娇杏为二房，不久扶正。雨村因贪酷被革职，给巡
盐御史林如海独生女儿林黛玉教书识字。 冷子兴和贾雨村谈论贾府危机；谈论宝玉聪明淘气，常说"女儿是
水做的骨肉，男子是泥做的骨肉，我见了女儿便清爽，见了男子便觉浊臭逼人"，谈论邪正二气及大仁大恶之
人。 </h4>
    </div>
    <div data-role="footer" data-position="fixed">
        <h1>《红楼梦》</h1>
    </div>
</div>
<div data-role="page" id="page_3" data-title="第三回">
    <div data-role="header" data-position="fixed">
        <a href="#home">返回</a>
        <h1>第三回</h1>
        <a href="#">设置</a>
    </div>
    <div data-role="content">
        <h1>第三回 贾雨村夤缘复旧职 林黛玉抛父进京都 </h1>
        <h4>黛玉母逝；贾母要接外孙女黛玉；林如海写信给贾政为雨村谋求复职。 黛玉进贾府，不肯多说
一句话，多行一步路，怕被人耻笑。贾母疼爱林黛玉；"凤辣子"出场；王夫人要黛玉不要招惹宝玉；宝黛相
会，一见如故。 </h4>
    </div>
    <div data-role="footer" data-position="fixed">
```

```
        <h1>《红楼梦》</h1>
    </div>
</div>
</body>
</html>
```

本示例分别为 page 控件加入了两个属性 id 和 data-title。id 的作用就是区分各个 page，按照 jQuery Mobile 的官方说明文档，当一个页面中有多个 page 控件时，会优先显示 id 为 home 的视图页，如果没有则按照代码中的先后顺序，对第一个 page 中的内容进行渲染。

```
<div data-role="page" id="page_1" data-title="第一回">
    ......
</div>
```

在视图页中，可以定义链接指向某个 page 页，在 HTML 中以 "#" 开头的通常都是指 id，此处用来确定单击后页面会转向哪一个 page 控件，这种用法其实在原生 HTML 中已经存在了。

```
<a href="#page_1">第一回</a>
```

data-title 属性相当于原生 HTML 中的<title>标签，这里不过是为页面中的每一个 page 都建立了一个 title 而已。

📢 提示：

> 使用多视图设计页面，会出现延迟现象，尤其是在一个页面刚刚被加载时，常常伴有屏幕闪烁的现象。针对这一现象，不只是 jQuery Mobile，一切基于 HTML5 的开发框架暂时都无法解决，但是却可以想办法避免。本例在页面间进行切换时速度明显比之前所用到的那种在多个 HTML 文件之间切换的方式快了许多，这是因为本例将多个 page 控件放在同一个 HTML 文件中，虽然仅仅显示了一个 page，但实际上其他 page 早已经在后台完成了渲染，另外，由于不需要再重复读取 HTML 文件，因此切换的速度加快了许多。

📢 注意：

> 使用多视图设计 Web 应用，虽然这种方法非常好，但是还是建议用户多采取传统的在多个文件间切换的方式。因为当需要将应用借助 PhoneGap 进行打包时，这种在一个页面中加入多个 page 控件的方式，能够有效地提高应用运行的效率，所以在开发传统的 Web 应用时不推荐使用这种方法，第一是因为从服务端读取数据的时间远比页面加载的时间要长，因此提高的效率完全可以忽略；另外，对于新手来说，多个 page 嵌套就意味着更加复杂的逻辑，尤其是一些需要频繁对数据库进行读取的应用，很容易使初学者手忙脚乱。

4.6.2 设计 BBS 界面

本案例使用 jQuery Mobile 实现一个 BBS 主界面，这一页面简洁、漂亮，话题排列一目了然，效果如图 4.14 所示。

首先，使用 Dreamweaver 新建一个 HTML5 文档，保存为 index.html，然后在<head>头部区域导入 jQuery Mobile 库文件。然后在<body>区域定义一个单页面视图<div data-role="page">。在该视图的<div data-role="content">内容容器中定义一个列表视图。

```
<ul data-role="listview" data-filter= "true"
data-filter-placeholder="Search  fruits..."
data-inset="true">
</ul>
```

在列表视图中使用<li data-role="list-divider">列表项目分离多个论坛主题。整个示例的结构代码如下所示。

扫一扫，看视频

图 4.14 设计的 BBS 主界面

```
<body>
<div data-role="page">
   <div data-role="header" data-position="fixed"> <a href="#" data-icon="info">
关于</a>
      <h1>jQuery Mobile<br>中文社区</h1>
      <a href="#" data-icon="home">主页</a> </div>
   <div data-role="content">
      <ul data-role="listview" data-filter="true" data-filter-placeholder="Search
fruits..." data-inset="true">
         <li data-role="list-divider">jQuery Mobile 开发区</li>
         <li> <a href="#">新手入门</a> </li>
         <li> <a href="#">开发资料大全</a> </li>
         <li> <a href="#">实例教程</a> </li>
         <li> <a href="#">扩展插件</a> </li>
         <li data-role="list-divider">jQuery Mobile 问答区</li>
         <li> <a href="#">问题解答</a> </li>
         <li> <a href="#">测试专辑</a> </li>
         <li data-role="list-divider">jQuery Mobile 项目外包</li>
         <li> <a href="#">人才招聘</a> </li>
         <li> <a href="#">插件交易</a> </li>
      </ul>
   </div>
   <div data-role="footer" data-position="fixed">
      <div data-role="navbar">
         <ul>
            <li><a href="#" data-icon="gear">注册</a></li>
            <li><a href="#" data-icon="check">登录</a></li>
            <li><a href="#" data-icon="alert">版规</a></li>
         </ul>
      </div>
   </div>
</div>
</body>
```

扫一扫，看视频

4.6.3　设计记事本

网上比较流行"印象笔记"，它为开发者提供了开放的 API。本节案例使用 jQuery Mobile 和 PhoneGap 来实现一款简单的记事本应用，这里仅仅设计界面部分，效果如图 4.15 所示。

本示例使用两个视图页进行设计，其中第一个 page 控件用于显示记事列表，另一个 page 控件用于添加记事，结构如下所示。

```
<div data-role="page" id="home" data-title="记事本">
   <div data-role="header" data-position="fixed"></div>
   <div data-role="content"></div>
   <div data-role="footer" data-position="fixed"></div>
</div>
<div data-role="page" id="new" data-title="新建记事本">
   <div data-role="header" data-position="fixed"> </div>
   <div data-role="content"></div>
   <div data-role="footer" data-position="fixed"></div>
</div>
```

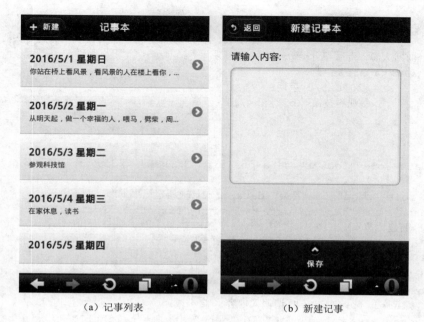

（a）记事列表　　　　　　　　（b）新建记事

图 4.15　设计记事本

然后，使用列表视图<ul data-role="listview">在第一个视图页中显示记事列表；在第二个视图页中使用<form>插入一个表单，设计在第一个页面中单击【新建】按钮，可以跳转到第二个页面；记事完毕，单击【提交】按钮，或者单击【返回】按钮，再次返回到首页列表视图下。

整个示例完整代码如下所示。

```html
<!doctype html>
<html>
<head>
<meta charset="utf-8">
<meta name="viewport" content="width=device-width,initial-scale=1" />
<link  href="jquery-mobile/jquery.mobile.theme-1.3.0.min.css"  rel="stylesheet"
type="text/css">
<link  href="jquery-mobile/jquery.mobile.structure-1.3.0.min.css"  rel="stylesheet"
type="text/css">
<script src="jquery-mobile/jquery-1.8.3.min.js" type="text/javascript"></script>
<script  src="jquery-mobile/jquery.mobile-1.3.0.min.js"  type="text/javascript">
</script>
<body>
<div data-role="page" id="home" data-title="记事本">
    <div data-role="header" data-position="fixed">
        <h1>记事本</h1>
        <a href="#new" data-icon="custom">新建</a>
    </div>
    <div data-role="content">
        <ul data-role="listview">
            <li><a href="#">
                <h1>2016/5/1 星期日</h1>
                <p>你站在桥上看风景，看风景的人在楼上看你，明月装饰了你的窗子，你装饰了别人的梦。
</p></a></li>
            <li><a href="#">
```

```
            <h1>2016/5/2 星期一</h1>
            <p>从明天起，做一个幸福的人，喂马，劈柴，周游世界；从明天起，关心粮食和蔬菜；我
有一所房子，面向大海，春暖花开</p></a></li>
        <li><a href="#">
            <h1>2016/5/3 星期二</h1>
            <p>参观科技馆</p></a></li>
        ……
    </ul>
  </div>
  <div data-role="footer" data-position="fixed"></div>
</div>
<div data-role="page" id="new" data-title="新建记事本">
  <div data-role="header" data-position="fixed">
    <h1>新建记事本</h1>
    <a href="#home" data-icon="back">返回</a>
  </div>
  <div data-role="content">
    <form>
        <label for="note">请输入内容:</label>
        <textarea name="note" id="note" style="height:100%; min-height:200px">
</textarea>
    </form>
  </div>
  <div data-role="footer" data-position="fixed">
    <div data-role="navbar">
        <ul><li><a href="#" data-icon="arrow-u">保存</a></li></ul>
    </div>
  </div>
</div>
</body>
</html>
```

第 5 章　设计弹出页面

弹出页面是 jQuery Mobile 1.2.0 开始支持的新特性。使用弹出页面，能够快速开发出用户体验更好的移动应用。基于弹出页面，开发者可以定制浮在移动设备浏览器之上的对话框、菜单、提示框、表单、相册和视频，甚至可以集成第三方的地图组件。

【学习重点】
- 认识弹出页面。
- 熟悉不同形式的弹出效果。
- 集成弹出图片、视频和覆盖面板等高级应用。
- 定制弹出页面样式。

5.1　定义弹出页面

扫一扫，看视频

弹出页面包括弹出对话框，弹出菜单或嵌套菜单，弹出表单、图片、视频，弹出覆盖面板、地图等不同的形式。几乎所有能够用来"弹出"的页面元素，都可以通过一定方式应用到弹出页面上。

◀» 提示：

在 jQuery Mobile 1.1.1 版本及其早期版本中，仅支持丰富的页面切换，没有提供在一个页面中弹出一个浮动页面或者对话框的功能，在 jQuery Mobile 1.2.0 及其之后的版本中实现对弹出对象的支持。

与模态对话框不同，当用户打开一个弹出框时，一个提示框将在当前页面呈现出来，而不需要跳转到其他页面。

弹出页面包括两个部分：弹出按钮和弹出页面，具体实现步骤如下。

第 1 步，定义弹出按钮。弹出按钮通常基于一个超链接实现，在超链接中，设置属性 data-rel 为"popup"，表示以弹出页面方式打开所指向的内容。

```
<a href="#popupTooltip" data-rel="popup" data-role="button" data-inline="true">
提示框</a>
```

第 2 步，定义弹出框。弹出页面部分通常是一个 div 的 DOM 容器，为这个容器标签（一般为<div>）声明 data-role 属性，设置值为 popup，表示以弹出方式呈现其中的内容。

```
<div data-role="popup" id="popupTooltip"></div>
```

与在多页视图中打开对话框或者页面的方式一样，超链接中 href 属性值所指向的地址是页面 DOM 容器的 id 值。当单击超链接时，则打开弹出页面。因为超链接的 data-rel 设置为 popup，以及页面的 data-role 也设置为 popup，则这样的页面将以弹出页面的形式打开。

【示例】　本示例代码定义一个最简单的弹出页，弹出页仅包含简单的文本，没有进行任何设置，效果如图 5.1 所示。

```
<div data-role="page">
    <div data-role="header">
        <h1>定义弹出页</h1>
    </div>
    <div data-role="content">
        <a class="ui-btn ui-corner-all ui-shadow ui-btn-inline" href="#popupBasic"
data-transition="pop" data-rel="popup">打开弹出页</a>
```

```
            <div id="popupBasic" data-role="popup">
                <p>这是一个最简单的弹出框，没有任何设置</p>
            </div>
        </div>
    </div>
```

（a）单击触发超链接 （b）弹出框（简单的弹出页效果）

图 5.1　定义简单的弹出页

最简单的弹出页就是一个弹出框，包含一段文字，相当于一个简单的提示框。要关闭提示框，只需要在屏幕空白位置单击，或者按 ESC 键退出弹出框。

5.2　使用弹出页面

很多用户界面都适合使用弹出页，如提示框、菜单、嵌套菜单、表单和对话框等。本节将介绍常用弹出页应用场景。

扫一扫，看视频

5.2.1　菜单和嵌套菜单

弹出菜单有助于用户在操作过程中选择功能或切换页面。在 jQuery Mobile 中，设计弹出菜单，可以使用弹出页面来实现，若要实现弹出菜单的功能，只要将包含有菜单的列表视图加入弹出页面的 div 容器中即可。

【示例 1】　本示例演示了如何快速定义一个简单的弹出菜单。该弹出菜单通过超链接触发，示例主要代码如下，演示效果如图 5.2 所示。

```
<div data-role="page">
    <div data-role="header">
        <h1>定义弹出菜单</h1>
    </div>
    <div data-role="content">
        <a class="ui-btn ui-corner-all ui-shadow ui-btn-inline ui-icon-gear
ui-btn-icon-left ui-btn-a" href="#popupMenu" data-transition="slideup" data-rel=
"popup">弹出菜单</a>
        <div id="popupMenu" data-role="popup" data-theme="b">
            <ul style="min-width: 210px;" data-role="listview" data-inset="true">
                <li data-role="list-divider">选择命令</li>
                <li><a href="#">查看代码</a></li>
                <li><a href="#">编辑</a></li>
                <li><a href="#">禁用</a></li>
                <li><a href="#">删除</a></li>
            </ul>
```

```
        </div>
    </div>
</div>
```

（a）单击触发超链接　　　　　　　　　　　　（b）弹出菜单效果

图 5.2　定义弹出菜单

如果需要分类显示菜单，则可以将分类条目 data-role 属性设置为 divider 来实现。菜单分类显示的样式可以参照本示例代码。如果菜单高度比较小，那么分类之后便于大家识别和定位。如果菜单条目很多，这种设计就不方便了。如果菜单高度超过移动设备浏览器的高度，操作菜单时还需要滚动屏幕，这样很容易误碰到菜单之外的区域，而关闭菜单。

【示例 2】　　在菜单条目很多的场景下，使用嵌套菜单能够获得更好的用户体验。本示例设计把多个列表项目分别放在一个折叠组中，定义折叠组包含两个折叠项，每个项目下面包含多个子项目，效果如图 5.3 所示。

```
<a class="ui-btn ui-corner-all ui-shadow ui-btn-inline ui-icon-bars ui-btn-
icon-left ui-btn-b" href="#popupNested" data-transition="pop" data-rel="popup">
弹出折叠菜单</a>
<div id="popupNested" data-role="popup" data-theme="none">
    <div style="margin: 0px; width: 300px;" data-role="collapsibleset" data-theme=
"b" data-expanded-icon="arrow-d" data-collapsed-icon="arrow-r" data-content-
theme="a">
        <div data-role="collapsible" data-inset="false">
        <h2>列表标题 1</h2>
            <ul data-role="listview">
                <li><a href="#" data-rel="dialog">列表内容 11</a></li>
                <li><a href="#" data-rel="dialog">列表内容 12</a></li>
            </ul>
        </div><!-- /折叠项 -->
        <div data-role="collapsible" data-inset="false">
        <h2>列表标题 2</h2>
            <ul data-role="listview">
                <li><a href="#" data-rel="dialog">列表内容 21</a></li>
                <li><a href="#" data-rel="dialog">列表内容 22</a></li>
            </ul>
        </div><!-- /折叠项 -->
    </div><!-- /折叠组 -->
</div><!-- /弹出页 -->
```

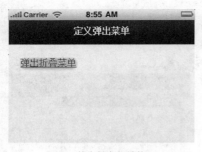
（a）单击触发超链接

（b）弹出折叠菜单效果

图 5.3　定义弹出折叠菜单

要实现嵌套菜单，可以通过在弹出页面中嵌入折叠列表。折叠列表是 jQuery Mobile 1.2.0 开始支持的，将在第 10 章中详细介绍。在将折叠列表装入弹出页面的 div 容器之后，通过单击弹出页面的超链接就可以打开这个嵌套菜单。

🔊 注意：

> 嵌套菜单是通过集成折叠列表实现的。与折叠列表的使用约束一样，嵌套菜单只支持一级嵌套，而不支持多级嵌套。

扫一扫，看视频

菜单和嵌套菜单的超链接设计与所有其他弹出页面的超链接按钮几乎是一样的。需要注意的是，在超链接按钮中，增加值为 popup 的属性 data-rel，然后将超链接地址指向弹出菜单的 DOM 容器 id 即可。

5.2.2　表单

在 jQuery Mobile 1.2.0 之前的表单中，只能在页面中嵌入表单。如果将表单嵌入在一个弹出页面中，那么表单的内容将更加突出。和所有的 HTML 表单操作一样，在提交弹出表单的内容时，表单内容都可以提交到 Web 服务器进行进一步处理。

图 5.4　定义弹出表单

【示例】　要实现弹出表单，只需在弹出页面的 div 容器中加入表单即可。下面示例演示如何在一个弹出页面中嵌入一个登录表单，代码如下所示，效果如图 5.4 所示。

```
<div data-role="content">
    <a class="ui-btn ui-corner-all ui-shadow ui-btn-inline ui-icon-check ui-btn-
icon-left ui-btn-a" href="#popupLogin" data-transition="pop" data-rel="popup"
data-position-to="window">请登录</a>
    <div class="ui-corner-all" id="popupLogin" data-role="popup" data-theme="a">
        <form>
            <div style="padding: 10px 20px;">
                <h3>登录</h3>
                <label class="ui-hidden-accessible" for="un">用户名:</label>
                <input name="user" id="un" type="text" placeholder="用户名" value=""
data-theme="a">
                <label class="ui-hidden-accessible" for="pw">密　码:</label>
                <input name="pass" id="pw" type="password" placeholder=" 密　码 "
value="" data-theme="a">
```

```
        <button class="ui-btn ui-corner-all ui-shadow ui-btn-b ui-btn-icon-
left ui-icon-check" type="submit">确定</button>
        </div>
    </form>
  </div>
</div>
```

在上面示例中将表单的 theme 色板设置为 a，这是一种底色为深黑色的配色。用户可以尝试不同的主题色版，不同色版将呈现不同的配色效果。jQuery Mobile 默认支持 5 种色板，分别对应 data-theme 属性的 a、b、c、d、e，用户可以选择不同的色板以美化弹出效果，代码如下所示。

```
<div class="ui-corner-all" id="popupLogin" data-role="popup" data-theme="b">
```

在弹出页面表单中，需要对表单元素距离弹出页面的边界进行定义，具体代码如下。

```
<div style="padding: 10px 20px;">
```

在弹出页面的设计中，这个表单的边距设置是必须要注意的。否则，表单元素和弹出页面会拥挤在一起而显得局促。如果不是弹出表单，通常不需要特别增加这样的边距设计。

📢 提示：

在未来版本中，jQuery Mobile 有可能通过增加新的 CSS 样式定义解决这个问题。如果开发者需要手工实现表单在弹出页面中的边距设定，最好能够根据不同屏幕分辨率使用 CSS3 的 Media Queries 技术选择不同的边距设定。因为普通移动屏幕和高分辨率屏幕的呈现效果可能不同，通过 CSS3 的 Media Queries 技术可以更好地应对这样的场景。

5.2.3 对话框

弹出对话框是弹出页面最常用的功能，在之前介绍的对话框页面中，往往需要从一个页面切换到对话框页面才能显示对话框内容，而基于弹出页面对话框，用户将不需要进行页面切换就可以直接看到对话框的内容。

定义弹出对话框的方法：声明一个 div 容器，并设置 data-role 属性为 popup，然后将弹出对话框的代码装入这个弹出页面的 div 容器中即可。当用户单击超链接按钮时，打开的内容就是这个弹出对话框了。

图 5.5 定义弹出对话框

【示例】 本示例在页面中设计一个超链接，单击该超链接可以打开一个对话框，设置对话框最小宽度为 400px，主题色板设置为 b，覆盖层主题色板为 a，禁用单击背景层关闭对话框，演示效果如图 5.5 所示。

```
<a class="ui-btn ui-corner-all ui-shadow ui-btn-inline ui-icon-delete ui-btn-
icon-left ui-btn-b" href="#popupDialog" data-transition="pop" data-rel= "popup"
data-position-to="window">弹出对话框</a>
<div id="popupDialog" style="min-width: 400px;" data-role="popup" data-theme="b"
data-overlay-theme="a" data-dismissible="false">
  <div data-role="header" data-theme="a">
  <h1>对话框标题</h1>
  </div>
  <div class="ui-content" role="main">
    <h3 class="ui-title">提示信息</h3>
    <p>说明文字</p>
```

```
        <a class="ui-btn ui-corner-all ui-shadow ui-btn-inline ui-btn-b" href="#"
data-rel="back">取消</a>
        <a class="ui-btn ui-corner-all ui-shadow ui-btn-inline ui-btn-b" href="#"
data-transition="flow" data-rel="back">返回</a>
    </div>
</div>
```

一般情况下，弹出对话框中只包含页眉标题栏和正文内容部分。在某些场景下，弹出对话框也可能包含页脚工具栏，但这并不常见。在上面示例中，设置 data-role 属性为 header 的 div 容器所包含的内容为页眉标题栏，页眉标题栏中 h1~h6 标题所包含的文字将作为标题栏的文字突出显示。

```
<div data-role="header"> </div>
```

对话框的正文被放置在 data-role 属性为 content 的 div 容器中，代码如下。

```
<div data-role="content"></div>
```

如果需要设置页脚工具栏，则可以将相应内容放置于 data-role 属性为 footer 的 div 容器中，代码如下。

```
<div data-role="footer"></div>
```

5.2.4 图片

扫一扫，看视频

在弹出图片中，图片几乎占据整个弹出页面，突出呈现在浏览器中。实现弹出图片的方法：将图片添加在弹出页面 div 容器中。此时图片会按比例最大程度地填充整个弹出页面。

📢 注意：

如果图片的尺寸和浏览器的尺寸正好一致，那么可能因为没有可以触发关闭弹出页面的地方，导致用户不方便跳转回之前的页面。因此，在弹出页面中，必须包含一个关闭按钮，具体代码如下。

```
<a href="#" data-rel="back" data-role="button" data-icon="delete" data-iconpos=
"notext" class="ui-btn-right">Close</a>
```

在 Close 超链接按钮中，将属性 data-iconpos 设置为 notext，而将 data-rel 属性设置为 back。单击 Close 按钮后，页面会返回到上一个页面，也就是退出弹出页面而回到之前的页面。

【示例 1】 下面是完整示例代码，演示效果如图 5.6 所示。

```
<a href="#pic" data-transition="fade" data-rel=
"popup" data-position-to="window">
    <img style="width: 30%;" src="images/1.jpg">
</a>
<div id="pic" data-role="popup" data-theme="b"
data-corners="false" data-overlay- theme="b">
    <a href="#" data-rel="back" data-role="button"
data-icon="delete" data-iconpos= "notext" class=
"ui-btn-right">Close</a>
    <img style="max-height: 512px;" src="images/
1.jpg">
</div>
```

图 5.6 定义弹出图片

在实际使用过程中，移动设备屏幕会在水平方向和垂直方向之间切换。随着屏幕方向的变化，图片可能会超出屏幕显示范围，此时为了不遮挡图片，需要在页面加载的时候计算屏幕尺寸，并根据屏幕尺寸减去一定的边框值，重新设置弹出图片的尺寸。

【示例 2】 本示例设计一个弹出图片效果，并在 pageinit 事件中设置图片的最大尺寸会比屏幕高度小 50px，演示效果如图 5.7 所示。

（a）竖直显示

（b）水平显示

图 5.7　定义弹出图片动态显示大小

```
<!doctype html>
<html>
<head>
<meta charset="utf-8">
<meta name="viewport" content="width=device-width,initial-scale=1" />
<link  href="jquery-mobile/jquery.mobile.theme-1.3.0.min.css"  rel="stylesheet"
type="text/css">
<link href="jquery-mobile/jquery.mobile.structure-1.3.0.min.css" rel="stylesheet"
type="text/css">
<script src="jquery-mobile/jquery-1.8.3.min.js" type="text/javascript"></script>
<script  src="jquery-mobile/jquery.mobile-1.3.0.min.js"  type="text/javascript">
</script>
<script>
$(document).on("pageinit",function(){              //定义页面初始化事件函数
    $("#pic").on({                                 //为图片绑定事件
      popupbeforeposition:function(){              //在弹出页定位之前执行函数
          var maxHeight=$(window).height()-50 + "px"; //获取设备窗口的高度
          $("#pic img").css("max-height",maxHeight);  //设置图片最大高度不高于窗口
减去 50 像素
      }
    })
})
</script>
</head>
<body>
<div data-role="page">
    <div data-role="header">
        <h1>使用弹出页面</h1>
    </div>
    <div data-role="content">
```

```
        <a href="#pic" data-transition="fade" data-rel="popup" data-position-to=
"window">
            <img style="width: 30%;" src="images/1.jpg">
        </a>
        <div id="pic" data-role="popup" data-theme="b" data-corners="false" data-
overlay-theme="b">
            <a href="#" data-rel="back" data-role="button" data-icon="delete" data-
iconpos="notext" class="ui-btn-right">Close</a>
            <img style="max-height: 512px;" src="images/1.jpg">
        </div>
    </div>
</div>
</body>
</html>
```

图 5.7 显示在移动设备中竖直和水平显示弹出图片时的效果。在水平显示时，因为屏幕比例发生变化，此时图片高度和宽度略微发生一些调整，以便于显示。

5.2.5 视频

扫一扫，看视频

视频内容也可以通过弹出页面来显示，而用户可以在包含有弹出视频的页面中浏览视频内容。实现弹出视频页面与实现弹出图片的方式大致相同，只需要将播放视频的 iframe、video 或者 embed 标签的内容嵌入到弹出页面的 div 容器中即可。

【示例1】 本示例设计一个简单的弹出视频效果，在弹出页面中嵌入一个<video>标签，使用该标签播放一段秒拍视频，演示效果如图 5.8 所示。

图 5.8 定义弹出视频效果

```
<div data-role="page">
    <div data-role="header">
        <h1>使用弹出页面</h1>
    </div>
    <div data-role="content">
        <a href="#popupVideo" data-rel="popup" data-position-to="window" class="ui-
```

```
btn ui-corner-all ui-shadow ui-btn-inline">播放视频</a>
        <div data-role="popup" id="popupVideo" data-overlay-theme="b" data-theme=
"a"  class="ui-content">
            <video controls autoplay loop >
                <source src="images/video.mp4" type="video/mp4">
            </video>
        </div>
    </div>
</div>
```

一般情况下，为了保证呈现效果足够好，建议设置一定的页边距，这可以通过自定义函数 scale()来实现。设计分析如下。

基于用户界面设计经验，通常会保留 30 像素的页边距。当移动设备发生垂直或者水平切换的时候，移动应用程序最好能够读取切换后的屏幕尺寸。如果视频播放器超出旋转之后的浏览器的边界，那么最好能够通过程序成比例缩放播放器。这与之前所介绍的弹出图片中的场景类似，不同的是这需要成比例缩放，而不能只对宽度或者高度进行缩放处理。

scale()函数也可以根据浏览器的尺寸设置合适的弹出页面显示尺寸。

【示例 2】 下面定义一个 scale()函数，该函数能够根据参数（宽度、高度、补白和边框），与设备宽度和高度进行对比，如果弹出框大小小于设备屏幕大小，则直接使用参数设置视频的大小，否则使用设备屏幕的大小重设视频的大小，具体代码如下所示。

```
//定义弹出框大小
//参数说明：width 指定宽度，height 指定高度，padding 指定补白，border 指定边框宽度
//返回值：返回指定对象应该显示的宽度和高度
function scale( width, height, padding, border ) {
    var scrWidth = $( window ).width() - 30,    //计算设备可显示宽度
        scrHeight = $( window ).height() - 30,  //计算设备可显示高度
        ifrPadding = 2 * padding,               //计算补白占用宽度
        ifrBorder = 2 * border,                 //计算边框宽度
        ifrWidth = width + ifrPadding + ifrBorder,  //计算显示的总宽度
        ifrHeight = height + ifrPadding + ifrBorder,    //计算显示的总高度
        h, w;
    //如果显示总宽度小于设备可显示宽度，且显示总高度小于设备可显示总高度，则直接使用设备可显示宽
度和高度设置对象尺寸
    if ( ifrWidth < scrWidth && ifrHeight < scrHeight ) {
        w = ifrWidth;
        h = ifrHeight;
    //如果显示总宽度与设备可显示宽度的比值，小于显示总高度与设备可显示总高度的比值，则使用设备可
显示宽度，以及使用条件中宽度比值乘于显示总高度，来设置对象尺寸
    } else if ( ( ifrWidth / scrWidth ) > ( ifrHeight / scrHeight ) ) {
        w = scrWidth;
        h = ( scrWidth / ifrWidth ) * ifrHeight;
    //否则，使用设备可显示高度，以及使用条件中高度比值乘于显示总宽度，来设置对象尺寸
    } else {
        h = scrHeight;
        w = ( scrHeight / ifrHeight ) * ifrWidth;
    }
    //最后，以对象格式存储并返回应该设置的总宽度和总高度
```

```
    return {
        'width': w - ( ifrPadding + ifrBorder ),
        'height': h - ( ifrPadding + ifrBorder )
    };
};
```

上面 scale()函数是弹出页面中经常使用的技术。尽管 jQuery Mobile 文档推荐使用 scale()函数进行视频和地图边界设定，但是这个函数并没有包含在 jQuery Mobile 库或 jQuery 库中，用户可以直接将这个代码引用到所需要的页面中。

另一个需要注意的细节是，很多视频内容是通过嵌入第三方网站的 iframe 实现的。在进行页面初始化的时候，需要将 iframe 的高度和宽度设置为 0。在打开视频播放器，播放器页面创建完成而未呈现在浏览器界面上的时候，重新绘制 iframe 的尺寸到期望的尺寸。在关闭播放器页面时，再重新设置 iframe 的高度和宽度为 0。

然后，在页面脚本中添加如下代码。

```
//初始视频播放标签显示尺寸为 0
$( "video" )
    .attr( "width", 0 )
    .attr( "height", "auto" );
$( "video" ).css( { "width" : 0, "height" : 0 } );
$( "#popupVideo" ).on({
    popupbeforeposition: function() {    //在弹出框开始定位之前执行函数
        var size = scale( 480, 320, 0, 1 ),
            w = size.width,
            h = size.height;
        $( "#popupVideo video" )
            .attr( "width", w )
            .attr( "height", h );
        $( "#popupVideo video" )
            .css( { "width": w, "height" : h } );
    },
    popupafterclose: function() {    //在关闭弹出框后恢复设置视频尺寸显示为 0
        $( "#popupVideo video" )
            .attr( "width", 0 )
            .attr( "height", 0 );
        $( "#popupVideo video" )
            .css( { "width": 0, "height" : 0 } );
    }
});
```

📢 提示：

集成视频网站内容的方式不同，通过绑定弹出页面事件进行视频播放器尺寸设定的实现方式也略有不同。如果视频播放器通过 video 标签直接嵌套在弹出页面 div 容器中，则可以使用上面的代码。如果视频播放器通过 iframe 标签以内联框架的方式嵌套在弹出页面 div 容器中，则需要将$(>"#popupVideo embed")调整为$("#popupVideo iframe")。

最后，把上面脚本放置于文档头部区域<script>标签中，在移动设置中进行测试，显示效果如图 5.9 所示。

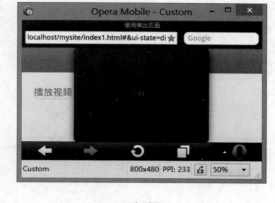

（a）竖直显示　　　　　　　　　　　　　（b）水平显示

图 5.9　定义弹出视频动态显示大小

5.3　定制弹出页面

为了改善弹出页的用户体验，在使用过程中，用户可能需要对其进行定制，如显示位置、关闭按钮、弹出动画和主题样式等。下面分别对其进行介绍。

扫一扫，看视频

5.3.1　定义显示位置

定义弹出页面的显示位置比较重要。例如，设置弹出提示框的位置后，提示框会在某个特定的 DOM 上被打开，以实现与这个 DOM 相关的帮助或提示功能。

定义弹出页面位置的方法有两种。

❧　在激活弹出页面的超链接按钮中设置 data-position-to 属性。

❧　通过 JavaScript 方法对弹出页面执行 open()操作，并在 open()方法中设置打开弹出页面的坐标位置。

下面重点介绍第一种方法，第二种方法将在下一节中介绍。

data-position-to 属性包括 3 个取值，具体说明如下。

❧　window：弹出页面在浏览器窗口中间弹出。

❧　original：弹出页面在当前触发位置弹出。

❧　#id：弹出页面在 DOM 对象所在位置被弹出。此处需要将 DOM 对象的 id 赋值给 data-position-to 属性，如 data-position-to="'#box"。

【示例】　下面示例设计 3 个弹出框，使用 data-position-to 属性定位弹出框的显示位置，让其分别显示在屏幕中央、当前按钮上和指定对象上，示例主要代码如下，演示效果如图 5.10 所示。

```
<div data-role="page">
    <div data-role="header">
```

```
        <h1>定制弹出页面</h1>
    </div>
    <div data-role="content">
        <a href="#window" data-rel="popup" data-position-to="window" data-role=
"button">定位到屏幕中央</a>
        <a href="#origin" data-rel="popup" data-position-to="origin" data-role=
"button">定位到当前按钮上</a>
        <a href="#selector" data-rel="popup" data-position-to="#pic" data-role=
"button">定位到指定对象上</a>
        <div class="ui-content" id="window" data-role="popup" data-theme="a">
            <p>显示在屏幕中央</p>
        </div>
        <div class="ui-content" id="origin" data-role="popup" data-theme="a">
            <p>显示当前按钮上面</p>
        </div>
        <div class="ui-content" id="selector" data-role="popup" data-theme="a">
            <p>显示在指定图片上面</p>
        </div>
        <img src="images/1.jpg" width="50%" id="pic" />
    </div>
</div>
```

（a）显示在屏幕中央　　　　　（b）显示在当前按钮上　　　　　（c）显示在指定对象上

图 5.10　定义弹出框显示位置

扫一扫，看视频

5.3.2　定义切换动画

在弹出页面显示过程中，有 10 种动画切换效果供用户选择。当需要以动画效果呈现弹出页面时，可以在打开页面的超链接按钮中设置 data-transition 属性为相应动画效果即可。

data-transition 属性取值以及主要动画方式说明如下。

- ↘ slide：横向幻灯方式。
- ↘ slideup：自上而下幻灯方式。
- ↘ slidedown：自下而上幻灯方式。
- ↘ pop：中央弹出。

- fade：淡入淡出。
- flip：旋转弹出。
- turn：横向翻转。
- flow：缩小并以幻灯方式切换。
- slidefade：淡出方式显示，横向幻灯方式退出。
- none：无动画效果。

【示例】　定义某个弹出页面以中央弹出动画方式呈现，则代码如下所示，显示效果如图 5.11 所示。

```
<div data-role="page">
    <div data-role="header">
        <h1>定制弹出页面</h1>
    </div>
    <div data-role="content">
        <a href="#window" data-rel="popup" data-role=
"button" data-transition= "pop"> 以中央弹出动画</a>
        <div class="ui-content" id="window" data-role=
"popup" data-theme="d">
            <img src="images/1.jpg" id="pic" style="max-
height:300px;" />
        </div>
    </div>
</div>
```

图 5.11　以中央弹出动画效果

📢 注意：

并非所有动画效果都可以被移动设备所支持。例如，在早期的 Android 操作系统中，3D 的页面切换效果是不支持的，此时会以淡入淡出方式呈现弹出动画效果。

5.3.3　定义主题样式

使用 data-theme 和 data-overlay-theme 两个属性可以定义弹出页面主题，其中前者用于设置弹出页面自身的主题和色板配色，后者主要用于设置弹出页面周边的背景颜色。

【示例】　本示例设置弹出页面周边背景颜色为深色（data-overlay-theme="a"），弹出框背景颜色为浅黄色（data-theme="e"），演示效果如图 5.12 所示。

```
<div data-role="page">
    <div data-role="header">
        <h1>定制弹出页面</h1>
    </div>
    <div data-role="content">
        <a href="#window" data-rel="popup" data-role="button" data-position-to=
"window">
        定义弹出页面主题</a>
        <div class="ui-content" id="window" data-role="popup" data-overlay-theme=
"a" data-theme="e" >
            <p>使用 data-theme 属性设置弹出页面自身的主题和色板。</p>
            <p>使用 data-overlay-theme 设置弹出页面周边的背景颜色。</p>
        </div>
    </div>
</div>
```

扫一扫，看视频

图 5.12　定义弹出页面主题样式

　　如果不设置 data-theme 属性，那么弹出页面将继承上一级 DOM 容器的主题和色板设定。例如，页面的 data-theme 设置为 a，如果不特别进行 theme 主题设定，则其下的各个弹出页面都将继承 theme 为 a 的设置。

注意：

> 有别于 data-theme 属性继承自上一级 DOM 容器的主题设定，如果 data-overlay-theme 没有设置，那么呈现弹出页面的时候，弹出页面的周边是没有颜色覆盖的。

扫一扫，看视频

5.3.4　定义关闭按钮

　　为了方便关闭弹出页面，一般可在弹出框中添加一个关闭按钮。要实现关闭按钮，可以在 div 容器开始的位置添加一个超链接按钮。在这个超链接按钮中，设置 data-rel 属性为 back，即单击这个按钮相当于返回上一页。如果希望图标位于右上角，则设置这个超链接按钮的 class 属性为 ui-btn-right，如果希望按钮出现在左上角，则设置该属性为 ui-btn-left。

　　也可以设置按钮的文字和图标。如果希望只显示一个图标按钮而不包含任何文字，则设置 data-iconpos 属性为 notext。

　　【示例 1】　本示例为弹出页面定义一个关闭按钮（data-role="button"），定义图标类型为叉（data-icon= "delete"），作用是返回前一页面（data-rel="back"），使用 data-iconpos="notext"定义按钮仅显示关闭图标，使用 class="ui-btn-right"定义按钮位于弹出框右上角位置，演示效果如图 5.13 所示。

图 5.13　定义弹出框按钮及其位置

```
<div data-role="page">
   <div data-role="header">
      <h1>定制弹出页面</h1>
   </div>
   <div data-role="content">
      <a href="#window" data-rel="popup" data-role="button" data-position-to=
"window">
```

```
        添加关闭按钮</a>
        <div id="window" data-role="popup">
            <a class="ui-btn-right" href="#" data-rel="back" data-role="button"
data-icon="delete" data-iconpos="notext">Close</a>
            <p><img src="images/1.jpg" style="max-height:300px;"/></p>
        </div>
    </div>
</div>
```

【示例2】 为弹出页面添加 data-dismissible="false"属性，可以禁止单击弹出页外区域关闭弹出页，此时只能够通过关闭按钮关闭弹出页。示例演示代码如下所示。

```
<div data-role="page">
    <div data-role="header">
        <h1>定制弹出页面</h1>
    </div>
    <div data-role="content">
        <a href="#window" data-rel="popup" data-role="button" data-position-to=
"window">
        添加关闭按钮</a>
        <div id="window" data-role="popup" data-dismissible="false">
            <a class="ui-btn-right" href="#" data-rel="back" data-role="button"
data-icon="delete" data-iconpos="notext">Close</a>
            <p><img src="images/1.jpg" style="max-height:300px;"/></p>
        </div>
    </div>
</div>
```

5.4 设置属性、选项、方法和事件

本节将介绍如何设置弹出页面的属性、选项、方法和事件，它们在弹出页面高级开发中扮演着重要角色，可以帮助用户自定义弹出页面的功能。

5.4.1 属性

属性定义在弹出页面的 DOM 对象上，用以设定弹出页面的样式、主题等内容，具体说明如下。

- ❧ data-corners：设置弹出页面外形为直角或者圆角。默认为 true，定义圆角外形。例如：<div id="window" data-role="popup" data-corners="false">。
- ❧ data-overlay-theme：设置弹出页面周边的色板。色板的设定将影响周围区域的背景颜色，如果不设置，则弹出页面周围没有背景色。示例参考 5.3.3 节内容。
- ❧ data-position-to：设置弹出页面的位置。默认值为 original，表示触发的当前位置。如果为 window，则表示位于浏览器中央；如果设置为某个 DOM 对象 id，则弹出页面会呈现在这个 DOM 对象上方。示例参考 5.3.1 节内容。
- ❧ data-shadow：设置弹出页面周边是否有阴影效果。默认为 true，有阴影效果。如果为 false，则没有阴影效果。例如：<div id="window" data-role="popup" data-shadow="false">。
- ❧ data-theme：设置弹出页面主题样式。默认为空，即主题样式继承自上一层容器。示例参考 5.3.3 节内容。
- ❧ data-transition：设置弹出页面的动画效果。默认为 none，没有动画效果。这个属性不是设置在弹出页面的 div 容器上，而是设置在打开弹出页面的超链接按钮上。示例参考 5.3.2 节内容。

📢 注意：

除了弹出页面动画切换效果是在超链接按钮之外设定的，其他与弹出页面相关的属性都是在弹出页面的 div 容器上设置的。

5.4.2　选项

部分弹出页面选项与属性的实现效果是类似的。选项通常是通过 JavaScript 对所有弹出页面进行设置的，或者通过特定筛选器对筛选出的弹出页面进行设置，具体说明如表 5.1 所示。

表 5.1　弹出页面选项与属性对照表

选　项	属　性	功　能
corners	data-corners	设置弹出窗口外形为直角或者圆角
overlayTheme	data-overlay-theme	设置弹出页面周边的色板，其设定将影响周围区域的背景颜色
positionTo	data-position-to	设置弹出页面的位置
shadow	data-shadow	设置弹出窗口以阴影方式显示
theme	data-theme	设置弹出窗口的主题样式
transition	data-transition	设置弹出页面的动画效果

在弹出页面中，还有一些选项没有对应的属性定义，这些选项在开发过程中经常用到。具体说明如下。

➥ initSelector：用于自定义弹出页面的 CSS 选择器。设置 initSelector 之后，所设置的 DOM 将被呈现为弹出页面。

➥ tolerance：用于设置弹出页面距离浏览器边界的最小尺寸。默认为 30,15,30,150。如果不设置，则表示使用默认值；如果设置一个值，则表示四边的边距都采用设置值；如果设置两个值，则表示第一个值用于上边距和下边距，第二个值用于左边距和右边距；如果设置 4 个值，则表示第一个值用于上边距，第二个值用于右边距，第三个值用于下边距，第四个值用于左边距。

5.4.3　方法

对于弹出页面而言，可以通过 JavaScript 语句操作 open() 和 close() 这两个方法来打开和关闭弹出页面。在打开弹出页面时，可以设置如下选项。

➥ x：打开弹出页面的 x 坐标。

➥ y：打开弹出页面的 y 坐标。

➥ transition：打开弹出页面的动画效果。

➥ positionTo：打开弹出页面的位置。

如果没有设置弹出页面中的坐标位置或 positionTo 弹出页面位置属性，则默认会在当前浏览器窗口的中央打开弹出页面。这与通过超链接按钮打开的弹出页面不同，通过超链接按钮打开的弹出页面默认位于超链接按钮的上方。

5.4.4　事件

打开和关闭弹出页面时，将会触发弹出页面事件，具体说明如下。

➥ popupbeforeposition：在弹出页面已经被处理完成而准备呈现之前，将会触发此事件。对于视频、图片、地图等的大多尺寸设置操作都在这个事件中完成。

- ➥ popupafteropen：弹出页面完全呈现时，将会触发此事件。
- ➥ popupafterclose：弹出页面完全关闭时，将会触发此事件。

5.5 实 战 案 例

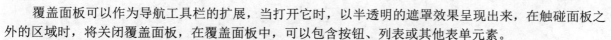

本节将通过多个案例实战演练 jQuery Mobile 弹出页面的应用和设计技巧。

5.5.1 设计覆盖面板

覆盖面板可以作为导航工具栏的扩展，当打开它时，以半透明的遮罩效果呈现出来，在触碰面板之外的区域时，将关闭覆盖面板，在覆盖面板中，可以包含按钮、列表或其他表单元素。

要实现覆盖面板，需要下面 3 个步骤。

第 1 步，将各种工具按钮放置在弹出页面的 div 容器内部。下面这段代码将按钮以 mini 样式放置在覆盖面板中，并设置按钮的图标样式。

```html
<div data-role="popup" id="popupOverlayPanel" data-corners="false">
    <button data-theme="b" data-icon="back" data-mini="true">返回</button>
    <button data-theme="b" data-icon="grid" data-mini="true">菜单</button>
    <button data-theme="b" data-icon="plus" data-mini="true">添加</button>
</div>
```

这段代码设置了按钮的主题属性 data-theme 为 b。如果不设置，覆盖面板将继承上一级容器的主题设置。

第 2 步，为了方便触控操作，可以设置触控面板中各个按钮的边距、背景颜色和宽度等。

第 3 步，由于设置控制面板高度时，不能在 CSS 中使用 height:100%的方法来表示，所以需要通过 JavaScript 将控制面板的高度设置为与浏览器屏幕的高度一致。下面的代码将高度设置绑定在覆盖面板的 popupbeforeposition 事件上，在每次打开覆盖面板之前将覆盖面板的高度设置为与当前浏览器窗口的高度一样。

```html
<script>
$('#popupOverlayPanel').live('popupbeforeposition', function(){
    var h = $(window).height();
    $("#popupOverlayPanel").css("height", h);
});
</script>
```

此时就可以实现一个覆盖面板了，演示效果如图 5.14 所示。覆盖面板的完整代码如下所示：

```html
<!doctype html>
<html>
<head>
<meta charset="utf-8">
<title></title>
<meta name="viewport" content="width=device-width,initial-scale=1" />
<link href="jquery-mobile/jquery.mobile.theme-1.3.0.min.css" rel="stylesheet" type="text/css">
<link href="jquery-mobile/jquery.mobile.structure-1.3.0.min.css" rel="stylesheet" type="text/css">
<script src="jquery-mobile/jquery-1.8.3.min.js" type="text/javascript"></script>
```

```
<script  src="jquery-mobile/jquery.mobile-1.3.0.min.js"  type="text/javascript">
</script>
<script>
$('#popupOverlayPanel').live('popupbeforeposition', function(){//在弹出页面定位之前
执行
    var h = $(window).height();                    //获取设备窗口高度
    $("#popupOverlayPanel").css("height", h);    //重设覆盖面板高度与窗口高度相同
});
</script>
<style type="text/css">
#popupOverlayPanel-popup {                      /*定义覆盖面板靠右显示*/
    right: 0!important;
    left: auto!important;
}
#popupOverlayPanel {
    width: 200px;                                /*定义覆盖面板宽度为 200 像素*/
    border: 1px solid;                           /*添加 1 像素的边框*/
    border-right: none;                          /*清除右侧边框*/
    background: rgba(0,0,0,.4);                  /*定义背景为半透明效果显示*/
    margin: -1px 0;          /*通过负边界，让覆盖面板向右移位一个像素*/
}
#popupOverlayPanel .ui-btn { margin: 2em 15px; }    /*定义按钮上下边界为 2em, 左右为 15
像素*/
</style>
</head>
<body>
<div data-role="page">
    <div data-role="header">
        <h1>使用弹出页面</h1>
    </div>
    <div data-role="content">
        <a  href="#popupOverlayPanel"  data-rel="popup"  data-transition="slide"
data-position-to="window" data-role="button" data-inline="true"> 弹出覆盖面板 </a>
        <div data-role="popup" id="popupOverlayPanel" data-corners="false" data-
theme="none" data-shadow="false" data-tolerance="0,0">
            <button data-theme="b" data-icon="back" data-mini="true">返回</button>
            <button data-theme="b" data-icon="grid" data-mini="true">菜单</button>
            <button data-theme="b" data-icon="plus" data-mini="true">添加</button>
        </div>
    </div>
</div>
</body>
</html>
```

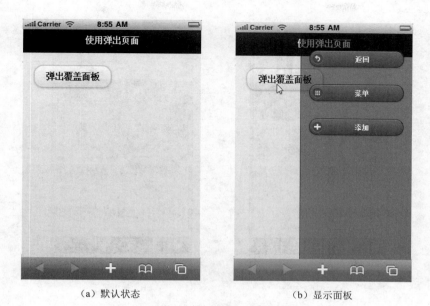

（a）默认状态 （b）显示面板

图 5.14 定义弹出覆盖面板

📢 **提示：**

在本示例样式表中，有一个#popupOverlayPanel-popup {}样式，该样式为覆盖面板进行定位，而示例源代码中并没有这样一个 id 标签，实际上 jQuery Mobile 在页面重构过程中，为覆盖面板<div data-role="popup" id="popupOverlayPanel">包裹了一个包含框<div class="ui-popup-container ui-popup-hidden" id="popupOverlay-Panel-popup">，如图 5.15 所示。

图 5.15 覆盖面板重构后的 HTML 结构

5.5.2 设计单页相册

本例设计一个基于 jQuery Mobile 弹出页面实现的相册。单击页面中的某张图片，该图片将会以对话框的形式被放大显示，演示效果如图 5.16 所示。

扫一扫，看视频

（a）相册列表　　　　　　　　　（b）弹出显示

图 5.16　设计相册效果

【设计步骤】

第 1 步，设计在页面中插入 6 张图片，固定宽度为 49%，在屏幕中以双列三行自然流动显示。

第 2 步，为它们定义超链接，使用 jQuery Mobile 的 data-rel 属性定义超链接的行为，本例设计以弹出窗口的形式打开链接，即 data-rel="popup"。

📢 提示：

data-rel 属性包括 4 个值：back、dialog、external、popup，具体说明如下。

- ➲ back：在历史记录中向后移动一步。
- ➲ dialog：将页面作为对话来打开，不在历史中记录。
- ➲ external：链接到另一域。
- ➲ popup：打开弹出窗口。

第 3 步，使用属性 data-position-to="window"定义弹出窗口在当前窗口中央打开。

📢 提示：

data-position-to 规定弹出框的位置，包括 3 个值：origin、jQuery selector、window，具体说明如下。

- ➲ origin：默认值，在打开它的链接上弹出。
- ➲ jQuery selector：在指定元素上弹出。
- ➲ window：在窗口屏幕中间弹出。

第 4 步，使用 data-role="popup"属性定义弹出框，分别定义 id 值为"popup_1"、"popup_2"、"popup_3"……，依此类推。同时在该包含框中插入要打开的图片，并使用行内样式定义最大高度为 512px（max-height:512px）。

第 5 步，弹出框中包含一个关闭按钮，设计其功能为关闭，并位于弹出框右上角。代码如下所示。

```
<a href="#" data-rel="back" data-role="button" data-icon="delete" data-iconpos="notext" class="ui-btn-right">Close</a>
```

第 6 步，在<a>标签中定义 href 属性值，设置其值分别为"#popup_1"、"#popup_2"、"#popup_3"……，依此类推。

这样就设计完毕，不需要用户编写一句 JavaScript 脚本，执行效果如图 5.16 所示。

示例完整代码如下所示：

```
<!doctype html>
<html>
<head>
<meta charset="utf-8">
<meta name="viewport" content="width=device-width,initial-scale=1" />
<link  href="jquery-mobile/jquery.mobile.theme-1.3.0.min.css"  rel="stylesheet"
type="text/css">
<link  href="jquery-mobile/jquery.mobile.structure-1.3.0.min.css"  rel="stylesheet"
type="text/css">
<script src="jquery-mobile/jquery-1.8.3.min.js" type="text/javascript"></script>
<script  src="jquery-mobile/jquery.mobile-1.3.0.min.js"  type="text/javascript">
</script>
</head>
<body>
<div data-role="page">
   <a href="#popup_1" data-rel="popup" data-position-to="window">
      <img src="images/p1.jpg" style="width:49%">
   </a>
   <a href="#popup_2" data-rel="popup" data-position-to="window">
      <img src="images/p2.jpg" style="width:49%">
   </a>
   <a href="#popup_3" data-rel="popup" data-position-to="window">
      <img src="images/p3.jpg" style="width:49%">
   </a>
   <a href="#popup_4" data-rel="popup" data-position-to="window">
      <img src="images/p4.jpg" style="width:49%">
   </a>
   <a href="#popup_5" data-rel="popup" data-position-to="window">
      <img src="images/p5.jpg" style="width:49%">
   </a>
   <a href="#popup_6" data-rel="popup" data-position-to="window">
      <img src="images/p6.jpg" style="width:49%">
   </a>
   <div data-role="popup" id="popup_1">
      <a    href="#"    data-rel="back"    data-role="button"    data-icon="delete"
data-iconpos="notext" class="ui-btn-right">Close</a>
      <img src="images/p1.jpg" style="max-height:512px;" alt="pic1">
   </div>
   <div data-role="popup" id="popup_2">
      <a href="#" data-rel="back" data-role="button" data-icon="delete" data-
iconpos="notext" class="ui-btn-right">Close</a>
      <img src="images/p2.jpg" style="max-height:512px;" alt="pic2">
   </div>
   <div data-role="popup" id="popup_3">
      <a href="#" data-rel="back" data-role="button" data-icon="delete" data-
iconpos="notext" class="ui-btn-right">Close</a>
      <img src="images/p3.jpg" style="max-height:512px;" alt="pic3">
   </div>
   <div data-role="popup" id="popup_4">
```

```
        <a href="#" data-rel="back" data-role="button" data-icon="delete" data-
iconpos="notext" class="ui-btn-right">Close</a>
        <img src="images/p4.jpg" style="max-height:512px;" alt="pic4">
    </div>
    <div data-role="popup" id="popup_5">
        <a href="#" data-rel="back" data-role="button" data-icon="delete" data-
iconpos="notext" class="ui-btn-right">Close</a>
        <img src="images/p5.jpg" style="max-height:512px;" alt="pic5">
    </div>
    <div data-role="popup" id="popup_6">
        <a href="#" data-rel="back" data-role="button" data-icon="delete" data-
iconpos="notext" class="ui-btn-right">Close</a>
        <img src="images/p6.jpg" style="max-height:512px;" alt="pic6">
    </div>
</div>
</body>
</html>
```

第 6 章　移动页面布局

jQuery Mobile 为视图页面提供了强大的版式支持，有两种布局方法使其格式化变得更简单：布局表格和可折叠的内容块。

- 布局表格：组织内容以列的形式显示，有两列表格和三列表格等。
- 可折叠的内容块：当单击内容块的标题时，会将其隐藏的详细内容展现出来。

多列网格布局和折叠面板控制组件可以帮助用户快速实现页面正文的内容格式化。

【学习重点】
- 网格化布局。
- 可折叠内容块。
- 折叠组。

6.1　网格化布局

在之前各章中，主要的排版布局是一栏自上而下将内容顺序列出。本节将介绍分栏布局。使用分栏方式排版，将有助于在一个有限的屏幕空间内更有序地展示更多内容。

6.1.1　定义网格

扫一扫，看视频

在移动设备浏览器中，由于显示尺寸比较小，而显示内容为大段文字或图文混排时，通常不会使用多栏排版。在高分辨率的移动设备浏览器中，分栏显示有助于更好地利用屏幕空间，提升用户体验。

📢 注意：

在一些场景下，移动设备的分辨率跨度很大，这就需要用到用户界面的响应式设计来帮助改善移动应用界面设计，这将可能需要在不同分辨率的移动设备中使用不同的分栏布局。

对于传统的桌面浏览器，通常有两种方法来实现布局设计。

- ↘ 通过 CSS+div 集成的方式实现版式布局。
- ↘ 通过定制没有框线的\<table>表格实现布局设计。

不论使用哪种方式来实现布局，都可以设计富有表现力的布局。然而，这些并不完全适合移动应用的使用场景。jQuery Mobile 通过支持分栏布局，提供了简单而有效的界面排版方式。用户可以使用 jQuery Mobile 原生的布局方式快速生成界面风格统一的分栏布局。当然，如果需要更丰富的分栏方式，也可以使用其他方式进行定制化开发。

jQuery Mobile 分栏布局是通过 CSS 定义实现的，主要包含两个部分，即栏目数量以及内容块所在栏目的次序，具体说明如下。

（1）定义栏目数量

基本语法：

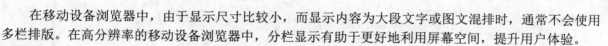

`ui-guid-a、ui-guid-b、ui-guid-c、ui-guid-d`

上面 class 分别表示对应的\<div>或者\<section>中的栏目数量，分别为二栏、三栏、四栏、五栏。例如，下面结构代码定义二栏布局。

```
<div class="ui-grid-a">
    ......
</div>
```

（2）定义内容块在栏目中的位置

基本语法：

```
ui-block-a、ui-block-b、ui-block-c、ui-block-d、ui-block-e
```

上面 class 分别表示相应内容块位于第一栏、第二栏、第三栏、第四栏或者第五栏。例如，下面代码表示内容被填充于第二栏。

```
<div class="ui-grid-a">
    <div class="ui-block-b"></div>
</div>
```

📢 注意：

因为这里的栏目数量是从两栏开始的，栏目数量的最大值是 5 栏，所以表示布局分为五栏的序号为 d，CSS 定义为 ui-grid-d。因为标记内容所在栏目的位置是从第一栏开始的，所以第五栏所对应的为 e，CSS 会表示为 ui-block-e。这是用户很容易疏忽的地方。

【示例 1】　本示例演示如何使用 CSS 定义实现两栏布局。

```
<div data-role="page">
    <div data-role="header">
        <h1>两栏布局</h1>
    </div>
    <div data-role="content">
        <div class="ui-grid-a">
            <div class="ui-block-a"><p>第一栏</p></div>
            <div class="ui-block-b"><p>第二栏</p></div>
        </div>
    </div>
</div>
```

运行上面代码，则预览效果如图 6.1 所示。

📢 提示：

在分栏布局中，各个内容的宽度通常是平均分配的。对于不同的栏数，各个分栏的宽度比例说明如下。

- ↘ 二栏布局：每栏内容所占的宽度为 50%。
- ↘ 三栏布局：每栏内容所占的宽度大约为 33%。
- ↘ 四栏布局：每栏内容所占的宽度为 25%。
- ↘ 五栏布局：每栏内容所占的宽度为 20%。

📢 注意：

分栏越多，每栏在屏幕中的尺寸就越小，这在移动应用开发中需格外小心。如果在屏幕尺寸较小的手机浏览器上显示四栏或者五栏的布局，并且每个分栏中都是相对字数较多的文字或图片内容，则可能会因为界面呈现局促而降低用户体验。如果在多栏布局中，每个分栏包含的是一个含义清晰美观的图标按钮，则可能会赢得更好的用户体验。

【示例 2】　分栏布局默认不会显示边框线。在某些应用场景中，为了能够明晰显示布局的边界，可以使用 CSS 将内容的背景设置为白色，而将边框设为实线框，设计效果如图 6.2 所示。

```
<head>
<style type="text/css">
/*自定义 CSS,用以标识两栏布局边框范围*/
.ui-content div div p{
```

```
    background-color:#fff;
    border: 1px solid #93FB40;
}
</style>
</head>
<body>
<div data-role="page">
    <div data-role="header">
        <h1>两栏布局</h1>
    </div>
    <div data-role="content">
        <div class="ui-grid-a">
            <div class="ui-block-a"><p>第一栏</p></div>
            <div class="ui-block-b"><p>第二栏</p></div>
        </div>
    </div>
</div>
</body>
```

图 6.1　设计两栏布局

图 6.2　设计多栏边框

【示例 3】　如果需要移动应用支持更多的分栏，则可以通过增加分栏来实现。在下面的五栏布局中，依次加入标记为 ui-block-c 到 ui-block-e 的 CSS 定义，实现了第三栏到第五栏的定义，演示效果如图 6.3 所示。

```
<div data-role="page">
    <div data-role="header">
        <h1>五栏布局</h1>
    </div>
    <div data-role="content">
        <div class="ui-grid-d">
            <div class="ui-block-a"><p>第一栏</p></div>
            <div class="ui-block-b"><p>第二栏</p></div>
            <div class="ui-block-c"><p>第三栏</p></div>
            <div class="ui-block-d"><p>第四栏</p></div>
            <div class="ui-block-e"><p>第五栏</p></div>
        </div>
    </div>
</div>
```

◀》注意：

jQuery Mobile 中使用这样的方式定义分栏数量，最多可以定义 5 个分栏。如果用户需要更多的分栏布局，则需要自己开发 CSS 布局来实现。

【示例 4】　如果希望设计多行多列布局，通常并不需要重复设置多个<div class="ui-grid-b">标签，而只需顺序排列包含有 ui-block-a/b/c/d/e 定义的 div 即可。下面示例设计一个三行三列的表格布局页面，效果如图 6.4 所示。

```
<div data-role="page">
    <div data-role="header">
        <h1>三行三列表格布局</h1>
    </div>
    <div data-role="content">
        <div class="ui-grid-b">
            <div class="ui-block-a"><p>1 行 1 栏</p></div>
            <div class="ui-block-b"><p>1 行 2 栏</p></div>
            <div class="ui-block-c"><p>1 行 3 栏</p></div>
            <div class="ui-block-a"><p>2 行 1 栏</p></div>
            <div class="ui-block-b"><p>2 行 2 栏</p></div>
            <div class="ui-block-c"><p>2 行 3 栏</p></div>
            <div class="ui-block-a"><p>3 行 1 栏</p></div>
            <div class="ui-block-b"><p>3 行 2 栏</p></div>
            <div class="ui-block-c"><p>3 行 3 栏</p></div>
        </div>
    </div>
</div>
```

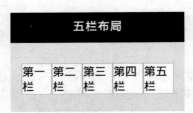

图 6.3   设计五栏布局

图 6.4   设计 3 行 3 列表格布局

扫一扫，看视频

6.1.2 案例：设计两栏页面

【示例 1】   在本示例中，将要创建一个两列网格。要创建一个两列(50%/50%)布局，首先需要一个
容器(class="ui-grid-a")，然后添加两个内容块(ui-block-a 和 ui-block-b 的 class)。

```
<div class="ui-grid-a">
    <div class="ui-block-a"></div>
    <div class="ui-block-b"> </div>
</div>
```

【操作步骤】

第 1 步，启动 Dreamweaver CC，选择【文件】|【新建】命令，打开【新建文档】对话框。在左侧
列表框中选择【启动器模板】选项，设置【示例文件夹】为【Mobile 起始页】，【示例页】为【jQuery Mobile
（本地）】，【文档类型】为 HTML5，然后单击【创建】按钮，完成文档的创建操作。

第 2 步，按 Ctrl+S 快捷键，保存文档为 index.html。切换到代码视图，清除第 2、3、4 页容器结构，
保留第一个 page 容器，在页面容器的标题栏中输入标题文本"<h1>网格化布局</h1>"。

```
<div data-role="header">
    <h1>网格化布局</h1>
</div>
```

第 3 步，清除内容容器及其包含的列表视图容器，选择【插入】|【Div】命令，打开【插入 Div】对话框，设置【插入】为【在标签结束之前】，然后在后面选择【<div id="page">】，在 Class 下拉列表框中选择【ui-grid-a】，插入一个两列版式的网格包含框，设置如图 6.5 所示。

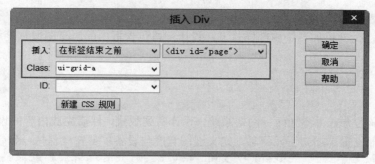

图 6.5 设计网格布局框

第 4 步，把光标置于<div class="ui-grid-a">标签内，选择【插入】|【Div】命令，打开【插入 Div】对话框，在 Class 下拉列表框中选择【ui-block-a】，设计第一列包含框，设置如图 6.6 所示。

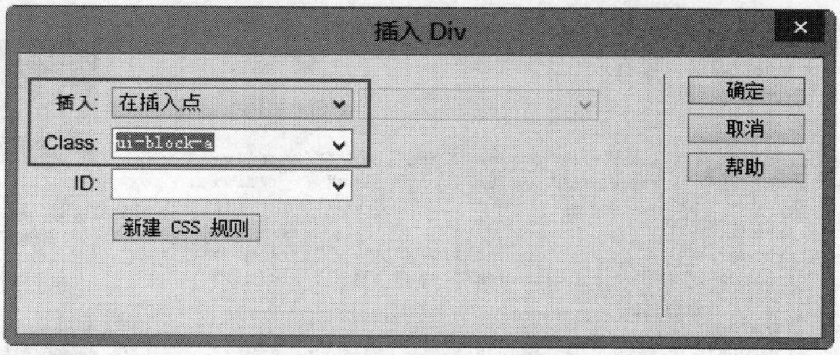

图 6.6 设计网格第一列包含框

第 5 步，把光标置于<div class="ui-grid-a">标签后面，选择【插入】|【Div】命令，打开【插入 Div】对话框，在 Class 下拉列表框中选择【ui-block-b】，设计第二列包含框，设置如图 6.7 所示。

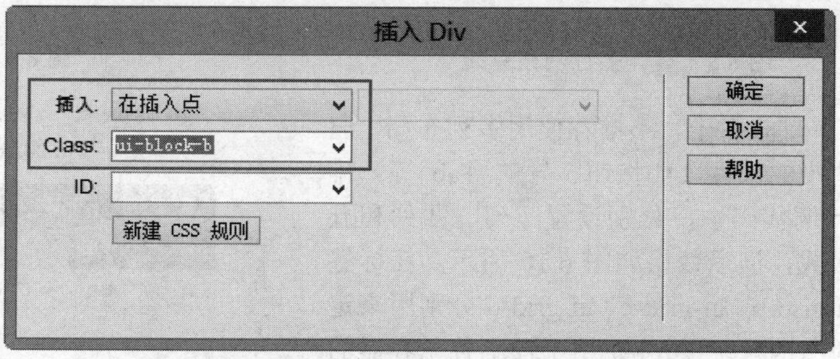

图 6.7 设计网格第二列包含框

第 6 步，把光标分别置于第一列和第二列包含框中，选择【插入】|【图像】|【图像】命令，在包含框中分别插入图像 images/2.png 和 images/4.png。完成设计的两列网格布局代码如下所示。

```
<div data-role="page" id="page">
    <div data-role="header">
        <h1>网格化布局</h1>
    </div>
```

```
    <div class="ui-grid-a">
        <div class="ui-block-a"> <img src="images/2.png" alt=""/> </div>
        <div class="ui-block-b"> <img src="images/4.png" alt=""/> </div>
    </div>
</div>
```

第 7 步，在文档头部添加一个内部样式表，设计网格包含框内的所有图像宽度均为 100%，代码如下所示。

```
<style type="text/css">
.ui-grid-a img { width: 100%; }
</style>
```

第 8 步，以同样的方式再添加两行网格系统，设计两列版式，然后完成内容的设计，如图 6.8 所示。

第 9 步，在头部位置添加如下元信息，定义视图宽度与设备屏幕宽度保持一致。

```
<meta name="viewport" content="width=device-width,initial-scale=1" />
```

第 10 步，完成设计之后，在移动设备中预览该 index.html 页面，可以看到如图 6.9 所示的两列版式效果。

```
15  <div data-role="page" id="page">
16      <div data-role="header">
17          <h1>网格化布局</h1>
18      </div>
19      <div class="ui-grid-a">
20          <div class="ui-block-a"> <img src="images/2.png" alt=""/> </div>
21          <div class="ui-block-b"> <img src="images/4.png" alt=""/> </div>
22      </div>
23      <div class="ui-grid-a">
24          <div class="ui-block-a"> <img src="images/1.png" alt=""/> </div>
25          <div class="ui-block-b"> <img src="images/3.png" alt=""/> </div>
26      </div>
27      <div class="ui-grid-a">
28          <div class="ui-block-a"> <img src="images/6.png" alt=""/> </div>
29          <div class="ui-block-b"> <img src="images/8.png" alt=""/> </div>
30      </div>
31      <div class="ui-grid-a">
32          <div class="ui-block-a"> <img src="images/5.png" alt=""/> </div>
33          <div class="ui-block-b"> <img src="images/7.png" alt=""/> </div>
34      </div>
35  </div>
```

图 6.8　设计多行网格系统　　　　　　　　图 6.9　设计两列版式效果

【示例 2】　在移动设备上，不推荐使用多列布局，但有时可能需要把一些小的部件（如按钮、导航 Tab 等）排成一行。在下面的示例代码中，分别设置三列、四列和五列不同的网格布局版式，演示效果如图 6.10 所示。在标签的 Class 类样式中 ui-grid-b、ui-grid-c、ui-grid-d 分别用来定义三列、四列和五列网格系统，ui-bar 用于控制各子容器的间距，ui-bar-a、ui-bar-b、ui-bar-c 用于设置各子容器的主题样式。

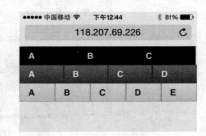

图 6.10　设计两列版式效果

```
<body>
<div data-role="page" id="page">
    <div class="ui-grid-b">
        <div class="ui-block-a">
            <div class="ui-bar ui-bar-a">A</div>
```

```
        </div>
        <div class="ui-block-b">
            <div class="ui-bar ui-bar-a">B</div>
        </div>
        <div class="ui-block-c">
            <div class="ui-bar ui-bar-a">C</div>
        </div>
    </div>
    <div class="ui-grid-c">
        <div class="ui-block-a">
            <div class="ui-bar ui-bar-b">A</div>
        </div>
        <div class="ui-block-b">
            <div class="ui-bar ui-bar-b">B</div>
        </div>
        <div class="ui-block-c">
            <div class="ui-bar ui-bar-b">C</div>
        </div>
        <div class="ui-block-d">
            <div class="ui-bar ui-bar-b">D</div>
        </div>
    </div>
    <div class="ui-grid-d">
        <div class="ui-block-a">
            <div class="ui-bar ui-bar-c">A</div>
        </div>
        <div class="ui-block-b">
            <div class="ui-bar ui-bar-c">B</div>
        </div>
        <div class="ui-block-c">
            <div class="ui-bar ui-bar-c">C</div>
        </div>
        <div class="ui-block-d">
            <div class="ui-bar ui-bar-c">D</div>
        </div>
        <div class="ui-block-e">
            <div class="ui-bar ui-bar-c">E</div>
        </div>
    </div>
</div>
</body>
```

6.2　设计折叠块

折叠内容块是指特定标记内的图文内容或表单可以被折叠起来。它通常由两部分组成：头部按钮和可折叠内容。当用户需要操作的时候，直接单击头部按钮即可展开或者折叠所包含的内容。

6.2.1　定义折叠块

由于移动设备的屏幕相对较小，字号通常也比较小，如果将内容全部展开，篇幅可能会很长，此时定位内容也需要手工不断翻屏，这将影响阅读体验。使用可折叠内容块，可以帮助用户很快定位到相关主题，展开可折叠内容块之后就可以直接阅读或执行相应操作。因此，使用可折叠内容块改善了阅读体验。

使用 jQuery Mobile 建立的可折叠内容块通常由如下 3 部分组成。

- ➥ 定义 data-role 属性为 collapsible 的 DOM 对象，用以标记折叠内容块的范围。
- ➥ 以标题标签定义可折叠内容块的标题。在可折叠内容块中，这个标题将呈现为一个用以控制展开或折叠的按钮。
- ➥ 可折叠内容块的内容。

结构代码如下所示。

```
<div data-role="collapsible">
    <h1>折叠按钮</h1>
    <p>折叠内容</p>
</div>
```

这里使用了 h1 标题。事实上，任何 h1～h6 级别的标题在第一行都将呈现为折叠内容块的头部按钮。通常，jQuery Mobile 界面呈现不会因为采用了低级别的标题（如 h6）而导致可折叠内容块中头部按钮的字体或字号发生改变。

例如，下面代码与上面代码的解析效果是一样的。

```
<div data-role="collapsible">
    <h6>折叠按钮</h6>
    <p>折叠内容</p>
</div>
```

【示例】　在可折叠内容块中，折叠按钮的左侧会有一个"+"号，表示该标题可以点开。在标题的下面放置需要折叠显示的内容，通常使用段落标签。当单击标题中的"+"号时，显示元素中的内容，标题左侧中"+"号变成"-"号；再次单击时，隐藏元素中的内容，标题左侧中"-"号变成"+"号，演示效果如图 6.11所示。

（a）折叠容器收缩

（b）折叠容器展开

图 6.11　设计可折叠内容块

【操作步骤】

第 1 步，启动 Dreamweaver CC，选择【文件】|【新建】命令，打开【新建文档】对话框。在该左侧列表框中选择【启动器模板】选项，设置【示例文件夹】为【Mobile 起始页】，【示例页】为【jQuery Mobile（本地）】，【文档类型】为 HTML5，然后单击【创建】按钮，完成文档的创建操作。

第 2 步，按 Ctrl+S 快捷键，保存文档为 index.html。切换到代码视图，清除第 2、3、4 页容器结构，保留第一个 page 容器，在页面容器的标题栏中输入标题文本 "<h1>生活化折叠展板</h1>"。

```
<div data-role="header">
    <h1>生活化折叠展板</h1>
</div>
```

第 3 步，清除内容容器及其包含的列表视图容器，切换到代码视图，在标题栏下面输入下面代码，定义折叠面板容器。其中 data-role="collapsible" 属性声明当前标签为折叠容器，在折叠容器中，标题标签作为折叠标题栏显示，标题级别可以是任意级别的标题，可在 h1~h6 之间选择，根据需求进行设置。然后使用段落标签定义折叠容器的内容区域。

```
<div data-role="collapsible">
    <h1>居家每日精选</h1>
    <p><img src="images/1.png" alt=""/></p>
</div>
```

📢 提示：

在折叠容器中通过设置 data-collapsed 属性值，可以调整容器折叠的状态。该属性默认值为 true，表示标题下的内容是隐藏的，为收缩状态；该属性值设置为 false，标题下的内容是显示的，为下拉状态。

第 4 步，在文档头部添加一个内部样式表，设计折叠容器内的所有图像宽度均为 100%，代码如下所示。设计的代码如图 6.12 所示。

```
<style type="text/css">
#page img { width: 100%; }
</style>
```

```
10  <style type="text/css">
11  #page img { width: 100%; }
12  </style>
13  </head>
14  <body>
15  <div data-role="page" id="page">
16      <div data-role="header">
17          <h1>生活化折叠展板</h1>
18      </div>
19      <div data-role="collapsible">
20          <h1>居家每日精选</h1>
21          <p><img src="images/1.png" alt=""/></p>
22      </div>
23  </div>
24  </body>
25  </html>
```

图 6.12　设计折叠容器代码

第 5 步，在头部位置添加如下元信息，定义视图宽度与设备屏幕宽度保持一致。

```
<meta name="viewport" content="width=device-width,initial-scale=1" />
```

第 6 步，完成设计之后，在移动设备中预览该 index.html 页面，可以看到如图 6.11 所示的折叠版式效果。

6.2.2 定义嵌套折叠块

扫一扫，看视频

虽然每个可折叠内容块只能作用于一个内容块区域，但是它也可以通过级联方式包含其他可折叠内容块，这是一种树状信息组织。不过，由于通过树状方式组织内容要求移动设备浏览器足够宽，否则无法正常展现一级级的树状结构，因此所有树状结构在移动设备的界面呈现中并不方便。相比之下，使用嵌套的可折叠内容块既可以有效地以类似的方式组织内容的结构，也能在有限的显示空间中获得不错的用户体验。

📢 注意：

建议这种嵌套最多不超过 3 层，否则，用户体验和页面性能就变得比较差。

【示例】 新建一个 HTML5 页面，在内容区域中添加 3 个 data-role 属性值为 collapsible 的折叠块，分别以嵌套的方式进行组合。单击第一层标题时，显示第二层折叠块内容；单击第二层标题时，显示第三层折叠块内容。详细代码如下所示，预览效果如图 6.13 所示。

```html
<!doctype html>
<html>
<head>
<meta charset="utf-8">
<meta name="viewport" content="width=device-width,initial-scale=1" />
<link  href="jquery-mobile/jquery.mobile.theme-1.3.0.min.css"  rel="stylesheet"
type="text/css">
<link  href="jquery-mobile/jquery.mobile.structure-1.3.0.min.css"  rel="stylesheet"
type="text/css">
<script src="jquery-mobile/jquery-1.8.3.min.js" type="text/javascript"></script>
<script  src="jquery-mobile/jquery.mobile-1.3.0.min.js"  type="text/javascript">
</script>
</head>
<body>
<div data-role="page" id="page">
    <div data-role="header">
        <h1>折叠嵌套</h1>
    </div>
    <div data-role="collapsible">
        <h1>一级折叠面板</h1>
        <p>家用电器</p>
        <div data-role="collapsible">
            <h2>二级折叠面板</h2>
            <p>大家电</p>
            <div data-role="collapsible">
                <h3>三级折叠面板</h3>
                <p>平板电视/空调/冰箱/洗衣机/家庭影院/DVD/迷你音响/烟机/灶具/热水器/消毒柜/
洗碗机/酒柜/冷柜/家电配件</p>
            </div>
        </div>
    </div>
</div>
</body>
</html>
```

 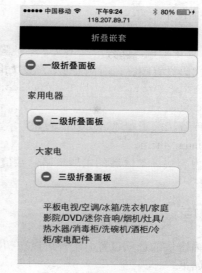

（a）折叠容器收缩　　　　　　　（b）折叠容器展开

图 6.13　嵌套折叠容器演示效果

🔊 提示：

在实现具有嵌套关系的可折叠内容块时，需要注意以下几个问题。

➘ 外层嵌套可折叠内容块和内部可折叠内容块最好使用不同的主题风格，以便使用者分辨不同的可折叠内容块级别。

➘ 各层可折叠内容块通过声明 data-content-theme 属性定义内容区域的显示风格，这样的设置能在可折叠内容块的内容边界处出现一个边框线。这个边框线相对明显地分割了各级嵌套内容，方便用户阅读内容块区域的内容。

扫一扫，看视频

6.2.3　设置属性

可折叠内容块可以通过定义 DOM 容器属性实现常用的设置，而不需要开发 JavaScrip 脚本进行设计，例如界面样式、内容块样式和标题文字等。具体说明如下。

（1）data-collapsed

设置为折叠状态或展开状态，其默认值为 true，表示折叠状态，如果其值为 false，则为展开状态。例如：

```
<div data-role="collapsible" data-collapsed="true">
```

下面代码设置为折叠状态：

```
<div data-role="collapsible" data-collapsed="false">
```

（2）data-mini

jQuery Mobile 1.1.0 开始支持这个属性，用于设置内容区域表单组件呈现为标准尺寸或者压缩尺寸。其默认值为 false，表单元素以标准尺寸呈现；如果将其值设置为 true，则表单元素呈现为压缩尺寸。例如：

```
<div data-role="collapsible" data-mini="true">
```

（3）data-iconpos

设置可折叠内容块标题的图标位置，具体可选值如下。

➘ left：图标位于左侧，为默认值。

➘ right：图标位于右侧。

- top：图标位于上方。
- bottom：图标位于下方。
- notext：理论上说，此种情况下文字会被隐藏而只显示图标。

例如，下面代码设置图标在右侧显示，效果如图 6.14 所示。

```
<div data-role="collapsible" data-iconpos="right">
```

（4）data-theme

设置可折叠内容块的主题风格，数值为 a~z。

（5）data-content-theme

设置可折叠内容块内部区域的主题风格，数值为 a~z。

图 6.14　设计折叠按钮在右侧

6.2.4　设置选项

扫一扫，看视频

通过可折叠内容块的选项设置，用户可以在初始化过程中通过 JavaScript 对可折叠内容块进行样式定制。具体说明如下。

（1）collapsed：设置默认状态为折叠状态或展开状态，其默认值为 true，表示可折叠内容块的默认状态为折叠状态；如果将其值设置为 false，则为展开状态。例如：

```
//初始化指定的折叠选项
$( ".selector" ).collapsible({ collapsed: false });
 // getter
var collapseCueText = $( ".selector" ).collapsible( "option", "collapsed" );
 // setter
$( ".selector" ).collapsible( "option", "collapsed", false );
```

（2）mini：设置内容区域表单组件呈现为标准尺寸或者压缩尺寸。jQuery Mobile 1.1.0 开始支持这个选项，其默认值为 false，表单元素以标准尺寸呈现；如果将其值设置为 true，则表单元素呈现为压缩尺寸。

（3）inset：设置类型。默认值为 true，如果设置该选项为 false，元素将是无角、全幅的外观。如果可折叠容器的值是 false，可折叠的部分的值是从父折叠集继承，默认情况下折叠区域有插图的外观（两头有圆角等）。若要让它们全屏宽度无角造型，这个选项可以通过在 HTML 中添加 data-inset="false" 属性来设置。

```
//初始化指定的选项
$( ".selector" ).collapsible({ inset: false });
// getter
var collapseCueText = $( ".selector" ).collapsible( "option", "inset" );
// setter
$( ".selector" ).collapsible( "option", "inset", false );
```

（4）collapsedIcon：设置折叠图标。默认值为"plus"，即在折叠状态下，设置折叠头部标题的图标是"+"。这个也可以通过在 HTML 中添加 data-collapsed-icon="arrow-r"属性来设定图标为"向右的箭头"。例如：

```
//初始化指定的选项
$( ".selector" ).collapsible({ collapsedIcon: "arrow-r" });
// getter
var collapseCueText = $( ".selector" ).collapsible( "option", "collapsedIcon" );
// setter
$( ".selector" ).collapsible( "option", "collapsedIcon", "arrow-r" );
```

（5）expandIcon：设置展开图标。默认值为"minus"，即在展开状态下，设置折叠头部标题的图标是

"–"号。这个也可以通过在 HTML 中添加 data-expand-icon="arrow-d" 属性来设定图标为"向下的箭头"。例如：

```
//初始化指定的选项
$( ".selector" ).collapsible({ expandIcon: "arrow-d" });
// getter
var collapseCueText = $( ".selector" ).collapsible( "option", "expandIcon" );
// setter
$( ".selector" ).collapsible( "option", "expandIcon", "arrow-d" );
```

（6）iconpos：设置可折叠内容块标题图标的位置，主要有如下可选项。left，定义图标位于文字左侧，这是默认值；right，定义图标位于文字右侧；top，定义图标位于文字上方；bottom，定义图标位于文字下方；notext，定义无文字而只有图标。

（7）corners：设置圆角。默认值为 true，即边界半径是圆角的。若设置为 false，则取消半径圆角，成为全屏的直角。这个也可以通过在 HTML 中添加 data-corners="false" 属性来实现。例如：

```
$( ".selector" ).collapsible({ corners: false });
// getter
var collapseCueText = $( ".selector" ).collapsible( "option", "corners" );
// setter
$( ".selector" ).collapsible( "option", "corners", false );
```

（8）theme：设置可折叠内容块的主题风格，数值为 $a \sim z$。

（9）contentTheme：设置可折叠内容块内部区域的主题风格，数值为 $a \sim z$。注意，这个选项值和属性 data-content-theme 命名风格略有差别。

（10）collapseCueText：折叠操作的提示文字，其默认值为 click to collapse contents（单击以折叠内容块）。例如：

```
//初始化指定的折叠提示信息
$( ".selector" ).collapsible({ collapseCueText: " collapse with a click" });
// getter
var collapseCueText = $( ".selector" ).collapsible( "option", "collapseCueText" );
// setter
$( ".selector" ).collapsible( "option", "collapseCueText", " collapse with a
click" );
```

（11）expandCueText：展开操作的提示文字，其默认值为 expand with a click（单击以展开内容块）。例如：

```
//初始化指定的展开提示信息
$( ".selector" ).collapsible({ expandCueText: " expand with a click" });
// getter
var collapseCueText = $( ".selector" ).collapsible( "option", "expandCueText" );
// setter
$( ".selector" ).collapsible( "option", "expandCueText", " expand with a click" );
```

（12）heading：设置显示的标题定义，其默认值为 h1、h2、h3、h4、h5、h6、legend。如果该选项被设置，而在可折叠内容块中没有标记呈现的标题，则可折叠内容块不会呈现。

（13）initSelector：设置选择器，以选择可以被可折叠内容块渲染的 DOM 容器。

如果 jQuery Mobile 程序在初始化的时候指定了 initSelector 选择器所调取的属性，而在 data-role="collapsible" 的 DOM 容器却没有声明相应 CSS 属性的定义，则这个可折叠内容块将不会被渲染。

【示例 1】 因为本示例设置 initSelector 选项为.mycollapsible，所以只有设置这个 CSS 的 class 属性值的 DOM 容器，才可以被渲染成可折叠内容块。第一个可折叠内容块的 DOM 容器中的内容在界面中被呈现为可折叠内容块的样子。而第二个可折叠内容块因为没有设置 class 为.mycollapsible，所以没有被渲染成可折叠内容块的样子，演示效果如图 6.15 所示。

```html
<!doctype html>
<html>
<head>
<meta charset="utf-8">
<meta name="viewport" content="width=device-width,initial-scale=1" />
<link  href="jquery-mobile/jquery.mobile.theme-1.3.0.min.css"  rel="stylesheet"
type="text/css">
<link  href="jquery-mobile/jquery.mobile.structure-1.3.0.min.css"  rel="stylesheet"
type="text/css">
<script src="jquery-mobile/jquery-1.8.3.min.js" type="text/javascript"></script>
<script>
$( document ).on( "mobileinit", function() {
    $.mobile.collapsible.prototype.options.initSelector = ".mycollapsible";
});
</script>
<script  src="jquery-mobile/jquery.mobile-1.3.0.min.js"  type="text/javascript">
</script>
</head>
<body>
<div data-role="page" id="page">
    <div data-role="header">
        <h1>设置选项</h1>
    </div>
    <div data-role="collapsible" class="mycollapsible">
        <h1>折叠按钮</h1>
        <p>折叠内容</p>
    </div>
    <div data-role="collapsible">
        <h1>折叠按钮</h1>
        <p>折叠内容</p>
    </div>
</div>
</body>
</html>
```

📢 提示：

使用可折叠内容块的 heading 选项时，需要用户比较谨慎，因为只有被声明为可折叠内容块标题的内容才会成为标题，而其他文字则会按照系统默认定义的呈现方式呈现。

【示例 2】 本示例可折叠内容块中有两个标题，按照通常情况，第一个标题会被作为标题显示，如果 heading 选项所对应的 CSS 属性被设置在第二个标题上，那么第二个标题的内容被作为可折叠内容块的标题呈现出来，演示效果如图 6.16 所示。

```html
<!doctype html>
<html>
<head>
<meta charset="utf-8">
<meta name="viewport" content="width=device-width,initial-scale=1" />
<link  href="jquery-mobile/jquery.mobile.theme-1.3.0.min.css"  rel="stylesheet"
type="text/css">
<link  href="jquery-mobile/jquery.mobile.structure-1.3.0.min.css"  rel="stylesheet"
```

```
type="text/css">
<script src="jquery-mobile/jquery-1.8.3.min.js" type="text/javascript"></script>
<script>
$( document ).on( "mobileinit", function() {
    $.mobile.collapsible.prototype.options.heading = ".header";
});
</script>
<script src="jquery-mobile/jquery.mobile-1.3.0.min.js" type="text/javascript">
</script>
</head>
<body>
<div data-role="page" id="page">
    <div data-role="header">
        <h1>设置选项</h1>
    </div>
    <div data-role="collapsible" class="mycollapsible">
        <h1>一级标题</h1>
        <h2 class="header">二级标题</h2>
        <p>折叠内容</p>
    </div>
</div>
</body>
</html>
```

图 6.15　自定义折叠块

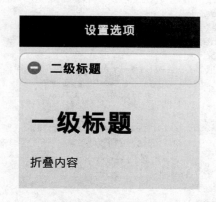

图 6.16　自定义折叠标题块

通常，在可折叠内容块中没有声明 heading 选项的情况下，应该是第一个标题标签所包含的内容被呈现为可折叠内容块的标题，而不应该是第二个。由于对前面代码进行初始化的时候，声明特定 class 属性的内容才可以用作标题，所以第一个<h1>标签的内容没有呈现为标题，而在它之后的<h2 class="header">所包含的内容成了这个可折叠内容块的标题。

6.2.5　设置事件

可折叠内容块的事件用以响应操作行为。常用的事件主要包括 3 种，分别说明如下。

- ↘ create：可折叠内容块被创建时触发。
- ↘ collapse：可折叠内容块被折叠时触发。
- ↘ expand：可折叠内容块被展开时触发。

只要打开包含有可折叠内容块的页面，折叠或展开事件就会被触发一次。这个事件触发发生在可折

扫一扫，看视频

109

叠内容块生成的时候，事件的触发也与是否手工展开或者折叠没有直接关系。所以，在进行可折叠内容块的事件绑定时，需要注意绑定程序的位置。

【示例】　本示例设计一个简单折叠块，然后为其绑定折叠和展开事件响应，并弹出提示框提示当前操作，演示效果如图 6.17 所示。

```
<!doctype html>
<html>
<head>
<meta charset="utf-8">
<meta name="viewport" content="width=device-width,initial-scale=1" />
<link href="jquery-mobile/jquery.mobile.theme-1.3.0.min.css" rel="stylesheet"
type="text/css">
<link href="jquery-mobile/jquery.mobile.structure-1.3.0.min.css" rel="stylesheet"
type="text/css">
<script src="jquery-mobile/jquery-1.8.3.min.js" type="text/javascript"></script>
<script src="jquery-mobile/jquery.mobile-1.3.0.min.js" type="text/javascript">
</script>
<script>
$(document).ready(function(e){
    $(document).delegate(".mycollapsible", "expand", function(){
        alert('内容被展开');
    });
    $(document).delegate(".mycollapsible", "collapse", function(){
        alert('内容被折叠');
    });
});
</script>
<style type="text/css"></style>
</head>
<body>
<div data-role="page" id="page">
    <div data-role="header">
        <h1>设置事件</h1>
    </div>
    <div data-role="collapsible" class="mycollapsible">
        <h1>折叠按钮</h1>
        <p>折叠内容</p>
    </div>
</div>
</body>
</html>
```

(a) 展开　　　　　(b) 折叠

图 6.17　绑定折叠块事件

6.3 设计折叠组

折叠块可以编组，只需要在一个 data-role 属性为 collapsible-set 的容器中添加多个折叠块，从而形成一个组。在折叠组中只有一个折叠块是打开的，类似于单选按钮组，当打开别的折叠块时，其他折叠块自动收缩，效果如图 6.18 所示。

（a）默认状态　　　　　　　（b）折叠其他选项

图 6.18 设计折叠组

【操作步骤】

第 1 步，启动 Dreamweaver CC，选择【文件】|【新建】命令，打开【新建文档】对话框。在左侧列表框中选择【启动器模板】选项，设置【示例文件夹】为【Mobile 起始页】，【示例页】为【jQuery Mobile（本地）】，【文档类型】为 HTML5，然后单击【创建】按钮，完成文档的创建。

第 2 步，按 Ctrl+S 快捷键，保存文档为 index.html。切换到代码视图，清除第 2、3、4 页容器结构，保留第一个 page 容器，在页面容器的标题栏中输入标题文本"<h1>网址导航</h1>"。

```
<div data-role="header">
    <h1>网址导航</h1>
</div>
```

第 3 步，清除内容容器及其包含的列表视图容器，切换到代码视图，在标题栏下面输入下面代码，定义折叠组容器。其中 data-role="collapsible-set"属性声明当前标签为折叠组容器。

```
<div data-role="collapsible-set">
</div>
```

第 4 步，在折叠组容器中插入 4 个折叠容器，代码如下所示。其中在第一个折叠容器中定义 data-collapsed="false"属性，设置第一个折叠容器默认为展开状态。

```
<div data-role="collapsible-set">
    <div data-role="collapsible" data-collapsed="false">
        <h1>视频</h1>
        <p><a href="#">优酷网</a></p>
        <p><a href="#">奇艺高清</a></p>
        <p><a href="#">搜狐视频</a></p>
```

```
    </div>
    <div data-role="collapsible">
        <h1>新闻</h1>
        <p><a href="#">CNTV</a></p>
        <p><a href="#">环球网</a></p>
        <p><a href="#">路透中文网</a></p>
    </div>
    <div data-role="collapsible">
        <h1>邮箱</h1>
        <p><a href="#">163 邮箱</a></p>
        <p><a href="#">126 邮箱</a></p>
        <p><a href="#">阿里云邮箱</a></p>
    </div>
    <div data-role="collapsible">
        <h1>网购</h1>
        <p><a href="#">淘宝网</a></p>
        <p><a href="#">京东商城</a></p>
        <p><a href="#">亚马逊</a></p>
    </div>
</div>
```

第 5 步，在头部位置添加如下元信息，定义视图宽度与设备屏幕宽度保持一致。

```
<meta name="viewport" content="width=device-width,initial-scale=1" />
```

第 6 步，完成设计之后，在移动设备中预览该 index.html 页面，可以看到如图 6.18 所示的折叠组版式效果。

📢 **提示：**

折叠组中所有的折叠块在默认状态下都是收缩的，如果想在默认状态下使某个折叠区块为下拉状态，只要将该折叠区块的 **data-collapsed** 属性值设置为 false。例如，在本实例中，将标题为 "视频" 的折叠块的 data-collapsed 属性值设置为 false。由于同处在一个折叠组内，所以这种下拉状态在同一时间只允许有一个。

6.4　实　战　案　例

下面将通过几个案例练习如何在项目应用中实现多样的移动页面布局。

6.4.1　设计课程表

扫一扫，看视频

分栏布局在仅需要限定宽度而对高度没有特殊要求的情况下是很有优势的，本节设计一个课程表，体验这种分栏布局的优势。

本例为显示星期的栏目和显示课程的栏目设置了不同颜色的主题，以区分它们，其他地方基本上就按照默认的样式进行，示例演示效果如图 6.19 所示，生成的课程表整齐，接近原生界面。

本示例完整代码如下所示。

		课程表		
周一	周二	周三	周四	周五
数学	语文	英语	数学	英语
数学	化学	语文	英语	英语
物理	体育	生物	政治	数学
化学	语文	语文	数学	英语

图 6.19　设计课程表

```
<!doctype html>
<html>
<head>
```

```
<meta charset="utf-8">
<meta name="viewport" content="width=device-width,initial-scale=1" />
<link  href="jquery-mobile/jquery.mobile.theme-1.3.0.min.css"  rel="stylesheet"
type="text/css">
<link  href="jquery-mobile/jquery.mobile.structure-1.3.0.min.css"  rel="stylesheet"
type="text/css">
<script src="jquery-mobile/jquery-1.8.3.min.js" type="text/javascript"></script>
<script  src="jquery-mobile/jquery.mobile-1.3.0.min.js"  type="text/javascript">
</script>
</head>
<body>
<div data-role="page">
    <div data-role="header">
        <h1>课程表</h1>
    </div>
    <div data-role="content">
        <div class="ui-grid-d">
            <div class="ui-block-a"><div class="ui-bar ui-bar-a" style="height:
30px">
                <h1>周一</h1>
            </div></div>
            <div class="ui-block-b"><div class="ui-bar ui-bar-a" style="height:
30px">
                <h1>周二</h1>
            </div></div>
            <div class="ui-block-c"><div class="ui-bar ui-bar-a" style="height:
30px">
                <h1>周三</h1>
            </div></div>
            <div class="ui-block-d"><div class="ui-bar ui-bar-a" style="height:
30px">
                <h1>周四</h1>
            </div></div>
            <div class="ui-block-e"><div class="ui-bar ui-bar-a" style="height:
30px">
                <h1>周五</h1>
            </div></div>
            <div class="ui-block-a"><div class="ui-bar ui-bar-c">
                <h1>数学</h1></div></div>
            <div class="ui-block-b"><div class="ui-bar ui-bar-c">
                <h1>语文</h1></div></div>
            <div class="ui-block-c"><div class="ui-bar ui-bar-c">
                <h1>英语</h1></div></div>
            <div class="ui-block-d"><div class="ui-bar ui-bar-c">
                <h1>数学</h1></div></div>
            <div class="ui-block-e"><div class="ui-bar ui-bar-c">
                <h1>英语</h1></div></div>
            <div class="ui-block-a"><div class="ui-bar ui-bar-c">
                <h1>数学</h1></div></div>
            <div class="ui-block-b"><div class="ui-bar ui-bar-c">
                <h1>化学</h1></div></div>
            <div class="ui-block-c"><div class="ui-bar ui-bar-c">
```

```
        <h1>语文</h1></div></div>
    <div class="ui-block-d"><div class="ui-bar ui-bar-c">
    <h1>英语</h1></div></div>
    <div class="ui-block-e"><div class="ui-bar ui-bar-c">
    <h1>英语</h1></div></div>
    <div class="ui-block-a"><div class="ui-bar ui-bar-c">
    <h1>物理</h1></div></div>
    <div class="ui-block-b"><div class="ui-bar ui-bar-c">
    <h1>体育</h1></div></div>
    <div class="ui-block-c"><div class="ui-bar ui-bar-c">
    <h1>生物</h1></div></div>
    <div class="ui-block-d"><div class="ui-bar ui-bar-c">
    <h1>政治</h1></div></div>
    <div class="ui-block-e"><div class="ui-bar ui-bar-c">
    <h1>数学</h1></div></div>
    <div class="ui-block-a"><div class="ui-bar ui-bar-c">
    <h1>化学</h1></div></div>
    <div class="ui-block-b"><div class="ui-bar ui-bar-c">
    <h1>语文</h1></div></div>
    <div class="ui-block-c"><div class="ui-bar ui-bar-c">
    <h1>语文</h1></div></div>
    <div class="ui-block-d"><div class="ui-bar ui-bar-c">
    <h1>数学</h1></div></div>
    <div class="ui-block-e"><div class="ui-bar ui-bar-c">
    <h1>英语</h1></div></div>
    </div>
  </div>
</div>
</body>
</html>
```

本示例没有加入对第几节课进行描述的栏目，因为一周正常情况有 5 天上课时间，但是在 jQuery Mobile 中默认最多只能分成 5 栏，这也是 jQuery Mobile 分栏的缺陷所在。

扫一扫，看视频

6.4.2 设计九宫格

九宫格是移动设备中常用的界面布局形式，利用 jQuery Mobile 网格技术打造一款具有九宫格布局的界面比较简单。本节示例展示了如何快速定制一个九宫格界面，演示效果如图 6.20 所示。

本示例完整代码如下所示。

图 6.20　设计九宫格界面

```
<!doctype html>
<html>
<head>
<meta charset="utf-8">
<meta name="viewport" content="width=device-width,initial-scale=1" />
```

```
<link href="jquery-mobile/jquery.mobile.theme-1.3.0.min.css" rel="stylesheet"
type="text/css">
<link href="jquery-mobile/jquery.mobile.structure-1.3.0.min.css" rel="stylesheet"
type="text/css">
<script src="jquery-mobile/jquery-1.8.3.min.js" type="text/javascript"></script>
<script src="jquery-mobile/jquery.mobile-1.3.0.min.js" type="text/javascript">
</script>
</head>
<body>
<div data-role="page">
    <div data-role="header" data-position="fixed">
        <a href="#">返回</a>
        <h1>九宫格界面</h1>
        <a href="#">设置</a>
    </div>
    <div data-role="content">
        <fieldset class="ui-grid-b">
            <div class="ui-block-a">
                <img src="images/1.png" width="100%" height="100%"/>
            </div>
            <div class="ui-block-b">
                <img src="images/2.png" width="100%" height="100%"/>
            </div>
            <div class="ui-block-c">
                <img src="images/3.png" width="100%" height="100%"/>
            </div>
            <div class="ui-block-a">
                <img src="images/4.png" width="100%" height="100%"/>
            </div>
            <div class="ui-block-b">
                <img src="images/5.png" width="100%" height="100%"/>
            </div>
            <div class="ui-block-c">
                <img src="images/6.png" width="100%" height="100%"/>
            </div>
            <div class="ui-block-a">
                <img src="images/7.png" width="100%" height="100%"/>
            </div>
            <div class="ui-block-b">
                <img src="images/8.png" width="100%" height="100%"/>
            </div>
            <div class="ui-block-c">
                <img src="images/9.png" width="100%" height="100%"/>
            </div>
        </fieldset>
    </div>
</div>
</body>
</html>
```

上面代码比较简单，没有什么复杂的内容，只是一个分栏布局。本例中由于每一个栏目仅包含一张图片，而每张图片的尺寸都是一样的，因此没有必要通过设置栏目的高度来保证布局的完整。如果重置各个栏目之间的间距，可以通过在页面中重写 ui-block-a、ui-block-b 和 ui-block-c 样式的方法改变它们之间的间距，也可以通过修改图片的空白区域使图标变小。

6.4.3　设计通讯录

上节示例演示了使用<fieldset>标签分栏显示内容的方法，但是 jQuery Mobile 分栏布局的各个栏目的宽度都是平均分配的，这一点仍然限制了用户开发的自由。如果想在一行中插入不同宽度的内容，就需要通过 CSS 改变 jQuery Mobile 对原有控件的定义，以改变它们的外观。

本节示例设计一款简单的手机通讯录，介绍如何利用 CSS 改变分栏布局的方法，示例效果如图 6.21 所示。

本示例完整代码如下所示。

图 6.21　设计通讯录界面

```
<!doctype html>
<html>
<head>
<meta charset="utf-8">
<meta name="viewport" content="width=device-width,initial-scale=1" />
<link href="jquery-mobile/jquery.mobile.theme-1.3.0.min.css" rel="stylesheet" type=
"text/css">
<link href="jquery-mobile/jquery.mobile.structure-1.3.0.min.css" rel="stylesheet"
type="text/css">
<script src="jquery-mobile/jquery-1.8.3.min.js" type="text/javascript"></script>
<script src="jquery-mobile/jquery.mobile-1.3.0.min.js" type="text/javascript"></script>
<style type="text/css">
.ui-grid-b .ui-block-a { width: 25%; }          /*定义第 1 栏宽度 */
.ui-grid-b .ui-block-b { width: 50%; }          /*定义第 2 栏宽度 */
.ui-grid-b .ui-block-c { width: 25%; }          /*定义第 3 栏宽度 */
.ui-bar-c { height: 60px; }                     /*定义每一栏高度固定为 60 像素 */
.ui-bar-c h1 {                                  /*定义每一栏标题样式 */
    font-size: 20px;
    line-height: 26px;
}
</style>
</head>
<body>
<div data-role="page">
    <div data-role="content">
        <fieldset class="ui-grid-b">
            <div class="ui-block-a">
                <div class="ui-bar ui-bar-c"> <img src="images/1.jpg" height="100%"
/> </div>
            </div>
            <div class="ui-block-b">
                <div class="ui-bar ui-bar-c">
                    <h1>张三</h1>
```

```
                    <p>13522221111</p>
                </div>
            </div>
            <div class="ui-block-c">
                <div class="ui-bar ui-bar-c"> <img src="images/2.png" height="100%"
/> </div>
            </div>
            <div class="ui-block-a">
                <div class="ui-bar ui-bar-c"> <img src="images/2.jpg" height="100%"
/> </div>
            </div>
            <div class="ui-block-b">
                <div class="ui-bar ui-bar-c">
                    <h1>李四</h1>
                    <p>13522221112</p>
                </div>
            </div>
            <div class="ui-block-c">
                <div class="ui-bar ui-bar-c"> <img src="images/1.png" height="100%"
/> </div>
            </div>
            <div class="ui-block-a">
                <div class="ui-bar ui-bar-c"> <img src="images/3.jpg" height="100%"
/> </div>
            </div>
            <div class="ui-block-b">
                <div class="ui-bar ui-bar-c">
                    <h1>王五</h1>
                    <p>13522221113</p>
                </div>
            </div>
            <div class="ui-block-c">
                <div class="ui-bar ui-bar-c"> <img src="images/1.png" height="100%"
/> </div>
            </div>
        </fieldset>
    </div>
</div>
</body>
</html>
```

上面代码将每一行分成了 3 栏，这 3 栏所占的比例分别为 25%、50%和 25%，jQuery Mobile 通过读取 CSS 中 ui-block-a、ui-block-b 和 ui-block-c 3 个样式对 div 的样式进行渲染，可以重写这 3 个样式，由于目前对样式没有太多的要求，因此仅重写了宽度。

jQuery Mobile 的分栏有一个不是非常完善的地方，用户可以试着去掉内部样式表中.ui-bar-c { height: 60px; }样式，运行后的效果如图 6.22 所示。从图中可以清楚地看出，在没有设置高度的情况下，各栏目仅使自己的高度适应其中的内容而不考虑与相邻的元素高度匹配。因此，在使用分栏布局时，如果不是在各栏目中使用相同的元素，就一定要设置栏目的高度。

为了更好地呼应本节的主题，本例没有直接通过修改标签的 style 来设计样式，而是依旧采用修改 CSS 的方式来修改字体的样式。

6.4.4 设计 QQ 好友列表

除分栏之外，还有一种更强大的方式，可以让用户在尽量小的空间内装下更多的内容，那就是折叠。说到折叠，一个经典的例子就是 QQ 上的好友列表，可以通过分组将好友分成不同的组，然后将所有的好友列表隐藏起来，只有在需要查找该组中的好友时才将它展开。

本节示例将利用 jQuery Mobile 的折叠组组件来实现一个类似 QQ 的可折叠好友列表，示例效果如图 6.23 所示。

图 6.22　高度不一的分栏布局效果

图 6.23　设计可折叠的 QQ 好友列表

本示例完整代码如下所示。

```html
<!doctype html>
<html>
<head>
<meta charset="utf-8">
<meta name="viewport" content="width=device-width,initial-scale=1" />
<link  href="jquery-mobile/jquery.mobile.theme-1.3.0.min.css"  rel="stylesheet"
type="text/css">
<link  href="jquery-mobile/jquery.mobile.structure-1.3.0.min.css"  rel="stylesheet"
type="text/css">
<script src="jquery-mobile/jquery-1.8.3.min.js" type="text/javascript"></script>
<script src="jquery-mobile/jquery.mobile-1.3.0.min.js" type="text/javascript"> </script>
<style type="text/css">
.ui-grid-a .ui-block-a { width: 25%; }          /*定义第1栏宽度 */
.ui-grid-a .ui-block-b { width: 75%; }          /*定义第2栏宽度 */
.ui-bar { height: 96px; }                       /*定义每一栏高度均为96 像素 */
.ui-block-b .ui-bar-c h1 {                       /*定义每一栏字体样式 */
    font-size: 14px;
```

```
        line-height: 22px;
}
.ui-block-b .ui-bar-c p { line-height: 20px; } /*定义字体行高 */
</style>
</head>
<body>
<div data-role="page">
    <div data-role="content">
        <div data-role="collapsible-set">
            <div data-role="collapsible" data-collapsed="false">
                <h3>同事</h3>
                <p>
                    <fieldset class="ui-grid-a">
                        <div class="ui-block-a">
                            <div class="ui-bar ui-bar-c"> <img src="images/1.jpg"
width="100%" /> </div>
                        </div>
                        <div class="ui-block-b">
                            <div class="ui-bar ui-bar-c">
                                <h1>张三</h1>
                                <p>点燃艺术火花的，与其说是灵感，不如说是邪念。</p>
                            </div>
                        </div>
                        <div class="ui-block-a">
                            <div class="ui-bar ui-bar-c"> <img src="images/2.jpg"
width="100%" /> </div>
                        </div>
                        <div class="ui-block-b">
                            <div class="ui-bar ui-bar-c">
                                <h1>李四</h1>
                                <p>世界上根本没有专属这回事---那只是你为你想得到的东西付出的代
价。</p>
                            </div>
                        </div>
                    </fieldset>
                </p>
            </div>
            <div data-role="collapsible" data-collapsed="true">
                <h3>好友</h3>
                <p>
                    <fieldset class="ui-grid-a">
                        <div class="ui-block-a">
                            <div class="ui-bar ui-bar-c"> <img src="images/3.jpg"
width="100%" /> </div>
                        </div>
                        <div class="ui-block-b">
                            <div class="ui-bar ui-bar-c">
```

```
            <h1>王五</h1>
            <p>世界上唯一会随着时光的流逝而越变越美好的东西就是回忆。</p>
          </div>
        </div>
      </fieldset>
    </p>
  </div>
 </div>
 </div>
</div>
</body>
</html>
```

单击视图上的"同事"或者"好友"，其中的内容就会自动展开，而另一栏中的内容则会自动折叠。虽然界面有一定的区别，但在功能上已经实现了类似 QQ 的好友列表。

内容区域主要是分栏布局的设置，以使好友列表保持左侧头像、右侧好友名和个性签名的两栏式布局。虽然其中<div data-role="collapsible-set">定义了该部分是可以折叠的，但并不是指此标签作为一个整体来折叠，而是将它作为一个容器。例如，"同事"或者"好友"两个列表都是可以折叠的，并且它们都是被包裹在<div data-role="collapsible-set"></div>中，只有<div data-role="collapsible" data-collapsed="true">标签内的内容才是作为最小单位被折叠的。

仅能折叠也是不够的，因为当所有的内容都被折叠隐藏了，还需要一个标签来告诉用户被隐藏的内容是什么，这就需要为每一处折叠的内容做一个"标题"，这就是<h3>标签的作用所在。

data-collapsed 属性的值是不同的，将两组标签中的 data-collapsed 全部设置为 false，这是不允许的，即便如此也只有一组栏目是展开的，因为同一时刻只有一组内容才可以被展开。

如果同时让这些折叠项全部展开，可以去掉<div data-role="collapsible-set">标签，就会发现两个折叠项可以同时展开。这个道理很简单，因为 collapsible-set 并没有折叠内容的作用，它只是一个容器，具有两个作用。

➥ 将折叠的栏目按组容纳在其中。

➥ 保证其中内容的同时仅有一项是被展开的。

用户也可以设置折叠图标及其位置，例如，定义第一个折叠图标为上下箭头，则代码如下所示。

```
<div data-role="collapsible" data-collapsed="false" data-collapsed-icon="arrow-d"
data-expanded-icon="arrow-u">
```

定义第二个折叠图标的位置位于右侧，则代码如下所示。

```
<div data-role="collapsible" data-collapsed="true" data-iconpos="right">
```

演示效果如图 6.24 所示。

6.4.5 设计 Metro 版式

扫一扫，看视频

Metro 是微软从纽约交通站牌中获得灵感而创造的一种简洁的界面，它的本意是以文字的形式承载更多的信息，这一点在 Windows XP 和 Windows 7 的设计上均有所体现。然而，真正让 Metro 界面被国内设计所关注，还是 Windows 8 中以色块为主的排版方式，以及 WP (Windows Phone)系列手机的主界面。

【示例1】 本示例利用 jQuery Mobile 的分栏功能将每一行分为两部分，然后利用分栏时每一栏的高度恰好满足其中所填充内容高度这一特点，在其中放入一张大约是正方形的图片，这就形成了 Metro 的布局。在实际使用时还可以通过修改每一栏所占的比例来调整色块所排列的位置。示例代码如下所示，演示效果如图 6.25 所示。

图 6.24　自定义折叠图标样式

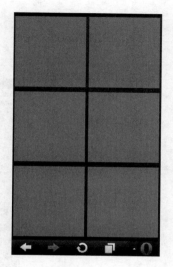

图 6.25　自定义 Metro 版式效果

```
<!doctype html>
<html>
<head>
<meta charset="utf-8">
<meta name="viewport" content="width=device-width,initial-scale=1" />
<link  href="jquery-mobile/jquery.mobile.theme-1.3.0.min.css"  rel="stylesheet"
type="text/css">
<link  href="jquery-mobile/jquery.mobile.structure-1.3.0.min.css"  rel="stylesheet"
type="text/css">
<script src="jquery-mobile/jquery-1.8.3.min.js" type="text/javascript"></script>
<script  src="jquery-mobile/jquery.mobile-1.3.0.min.js"  type="text/javascript">
</script>
<style type="text/css">
.ui-grid-a .ui-block-a, .ui-grid-a .ui-block-b { margin: 1%;width: 48%;}
</style>
</head>
<body>
<div data-role="page" data-theme="a">
    <fieldset class="ui-grid-a">
        <div class="ui-block-a"> <img src="images/metro.png" width="100%" height=
"100%"/> </div>
        <div class="ui-block-b"> <img src="images/metro.png" width="100%" height=
"100%"/> </div>
        <div class="ui-block-a"> <img src="images/metro.png" width="100%" height=
"100%"/> </div>
        <div class="ui-block-b"> <img src="images/metro.png" width="100%" height=
"100%"/> </div>
        <div class="ui-block-a"> <img src="images/metro.png" width="100%" height=
"100%"/> </div>
        <div class="ui-block-b"> <img src="images/metro.png" width="100%" height=
"100%"/> </div>
    </fieldset>
</div>
```

```
</body>
</html>
```

【示例2】 虽然示例1利用 jQuery Mobile 分栏实现 Metro 界面的效果，但是这种方法有极大的缺陷，即不能根据需要调整色块的高度。本示例使用 CSS 重新设计 Metro 界面，效果如图 6.26 所示。

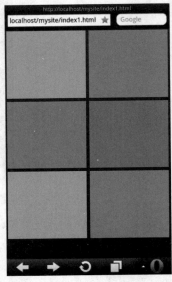

图 6.26　重定义 Metro 布局效果

示例完整代码如下所示。

```
<!doctype html>
<html>
<head>
<meta charset="utf-8">
<meta name="viewport" content="width=device-width,initial-scale=1" />
<link  href="jquery-mobile/jquery.mobile.theme-1.3.0.min.css"  rel="stylesheet"
type="text/css">
<link  href="jquery-mobile/jquery.mobile.structure-1.3.0.min.css"  rel="stylesheet"
type="text/css">
<script src="jquery-mobile/jquery-1.8.3.min.js" type="text/javascript"></script>
<script  src="jquery-mobile/jquery.mobile-1.3.0.min.js"  type="text/javascript">
</script>
<script>
$(document).ready(function(){
    $top_height=$("div[data-role=header]").height();          //获取头部栏的高度
    $bottom_height=$("div[data-role=footer]").height();       //获取底部栏的高度
    $body_height=$(window).height()-$top_height-$bottom_height;
    //获取屏幕减去头部栏和底部栏的高度
    //将获取的高度设置到页面中
    $body_height=$body_height-10;
    $body_height=$body_height+"px";
    $("div[data-role=metro_body]").width("100%").height($body_height);
});
</script>
<style type="text/css">
* {margin: 0px; padding: 0px;}                    /*消除页面默认的间隔效果*/
```

```
.metro_color1 { background-color: #ef9c00; }          /*设置第 1 个色块的颜色*/
.metro_color2 { background-color: #2ebf1b; }          /*设置第 2 个色块的颜色*/
.metro_color3 { background-color: #00aeef; }          /*设置第 3 个色块的颜色*/
.metro_color4 { background-color: #ed2b84; }          /*设置第 4 个色块的颜色*/
.metro_rec {width: 48%; height: 30%;float: left; margin: 1%;} /*设置色块的宽度和高
度*/
</style>
</head>
<body>
<div data-role="page" data-theme="a">
    <div data-role="metro_body">
        <div class="metro_color1 metro_rec"> </div> <!--第 1 个色块-->
        <div class="metro_color2 metro_rec"> </div> <!--第 2 个色块-->
        <div class="metro_color3 metro_rec"> </div> <!--第 3 个色块-->
        <div class="metro_color4 metro_rec"> </div> <!--第 4 个色块-->
        <div class="metro_color1 metro_rec"> </div> <!--第 5 个色块-->
        <div class="metro_color2 metro_rec"> </div> <!--第 6 个色块-->
    </div>
</div>
</body>
</html>
```

本例在界面中设计了 4 种颜色来区分色块，并定义了每个色块的宽度为整个屏幕宽度的 48%，高度为外侧容器的 30%。然后通过 JavaScript 动态定义色块高度，先获得页面可用部分的高度（屏幕高度减去头部栏和尾部栏所占的部分），可以直接将这个高度设置为 6 个色块外部容器的高度，然后根据 CSS 的设置，每个色块自动占据其中的 30%，这就保证了屏幕中的色块始终不会超出屏幕的范围，并且在底部留有一定的空隙。

第 7 章 使 用 按 钮

按钮是移动 Web 界面中最常用到的交互组件，通过点击按钮，可以提交内容，或者打开对话框等。在 jQuery Mobile 中，按钮除了具有传统网页中的按钮功能外，一般超链接也会以按钮的样式呈现，因为按钮提供了更大的目标，当点击链接的时候比较适合手指触摸。本章重点介绍 jQuery Mobile 按钮的使用和设计技巧。

【学习重点】
- 内联按钮。
- 按钮图标。
- 迷你按钮。
- 按钮组。
- 设置按钮属性、选项、方法和事件。
- 自定义按钮。

扫一扫，看视频

7.1 定 义 按 钮

在移动 Web 应用中，按钮有如下两种形式。
- ↳ 表单按钮，如提交、重置等功能的按钮。
- ↳ 超链接：将超链接美化成按钮的样式，点击后页面会跳转到指定页面或位置。

在 jQuery Mobile 中，定义按钮的一般原则如下。
- ↳ 默认的按钮类型，如\<input type="reset" /\>，会自动转化为按钮样式。
- ↳ 对于超链接，添加按钮属性 data-role="button"，就可以将超链接美化为按钮样式。

【示例】 下面代码分别为不同标签定义按钮，演示效果如图 7.1 所示。

图 7.1 不同标签的按钮样式

```
<a href="#about" data-role="button">超级链接</a>
<button>表单按钮</button>
<input type="submit" value="提交按钮" />
<input type="reset" value="重置按钮" />
```

📢 提示：

在 jQuery Mobile 中把一个链接变成 Button 的效果，只需要在标签中添加 data-role="button"属性即可。jQuery Mobile 会自动为该标签添加样式类属性，设计成可单击的按钮形状。

另外，对于表单按钮对象来说，无需添加 data-role 属性，jQuery Mobile 会自动把\<\<input\>标签中 type 属性值为 submit、reset、button、image 等对象设计成按钮样式。

扫一扫，看视频

7.2 定义内联按钮

在默认情况下，jQuery Mobile 按钮几乎占满整个屏幕的宽度，一行只能容纳一个按钮，这在屏幕较小的移动设备下便于触控操作，而在屏幕较大的移动设备中，按钮尺寸就显得过大了，而内联按钮能有效改善这样的用户体验。

对于内联按钮来说，其宽度受按钮文字的数量影响。如果按钮中的文字较少，那么内联按钮的宽度也会相应变窄。这样多个内联按钮就可以方便地并列排在一起，而不是自上而下依次排列。

在按钮标签中，将 data-inline 属性设置为 true，则按钮宽度将适应按钮文字宽度而缩小。而按钮排列顺序也不再只是按照自上而下的顺序排列，在一行能够容纳多个按钮的情况下按钮将按照自左向右的顺序依次排列。

图 7.2 定义内联按钮样式

【示例】 本示例代码定义 4 个内联按钮，呈现效果如图 7.2 所示。

```
<a href="#about" data-role="button" data-inline="true">超级链接</a>
<button data-inline="true">表单按钮</button>
<input type="submit" value="提交按钮" data-inline="true" />
<input type="reset" value="重置按钮" data-inline="true" />
```

7.3 定义按钮图标

jQuery Mobile 定义了一个 data-icon 属性，使用该属性，可以设计标准化的按钮图标。

扫一扫，看视频

7.3.1 图标样式

data-icon 可以指定不同的属性值，不同的属性值所呈现的图标也不同，具体说明如表 7.1 所示。

表 7.1 data-icon 属性值列表

属 性 值	说 明	样 式
data-icon="plus"	加号	✚
data-icon="minus"	减号	▬
data-icon="delete"	删除	✖
data-icon="arrow-l"	左箭头	❮
data-icon="arrow-r"	右箭头	❯
data-icon="arrow-u"	上箭头	︿
data-icon="arrow-d"	下箭头	﹀
data-icon="check"	检查	✔
data-icon="gear"	齿轮	✿
data-icon="forward"	前进	↻
data-icon="back"	后退	↺
data-icon="grid"	网格	▦
data-icon="star"	星形	★
data-icon="alert"	警告	⚠
data-icon="info"	信息	ℹ
data-icon="home"	首页	⌂
data-icon="search"	搜索	⚲

【示例】 定义 17 个按钮，分别应用不同的按钮图标，则效果如图 7.3 所示。

```
<button data-icon="plus" data-inline="true">加号: data-icon="plus"</button>
<button data-icon="minus" data-inline="true">减号: data-icon="minus"</button>
<button data-icon="delete" data-inline="true">删除: data-icon="delete"</button>
<button data-icon="arrow-l" data-inline="true">左箭头: data-icon="arrow-l"</button>
<button data-icon="arrow-r" data-inline="true">右箭头: data-icon="arrow-r"</button>
<button data-icon="arrow-u" data-inline="true">上箭头: data-icon="arrow-u"</button>
<button data-icon="arrow-d" data-inline="true">下箭头: data-icon="arrow-d"</button>
<button data-icon="check" data-inline="true">检查: data-icon="check"</button>
<button data-icon="gear" data-inline="true">齿轮: data-icon="gear"</button>
<button data-icon="forward" data-inline="true">前进: data-icon="forward"</button>
<button data-icon="back" data-inline="true">后退: data-icon="back"</button>
<button data-icon="grid" data-inline="true">网格: data-icon="grid"</button>
<button data-icon="star" data-inline="true">星形: data-icon="star"</button>
<button data-icon="alert" data-inline="true">警告: data-icon="alert"</button>
<button data-icon="info" data-inline="true">信息: data-icon="info"</button>
<button data-icon="home" data-inline="true">首页: data-icon="home"</button>
<button data-icon="search" data-inline="true">搜索: data-icon="search"</button>
```

图 7.3　定义按钮图标样式

7.3.2　图标位置

扫一扫，看视频

使用 data-iconpos 属性可以设置图标在按钮中的位置，取值说明如下。

- ↘ left：图标位于按钮左侧（默认值）。通常不用设置，因为默认位置就是屏幕左侧。
- ↘ right：图标位于按钮右侧。
- ↘ top：图标位于按钮上方正中。
- ↘ bottom：图标位于按钮下方正中。
- ↘ notext：只显示图标，而不显示按钮文字。

图 7.4　定义按钮图标位置

【示例】 本示例定义 5 个按钮，添加加号按钮图标，然后分别设置在按钮的不同位置进行显示，效果如图 7.4 所示。

```
<button data-icon="plus" data-iconpos="bottom">按钮图标位置:data-iconpos="bottom"
</button>
<button data-icon="plus" data-iconpos="top">按钮图标位置:data-iconpos="top"</button>
```

```
<button data-icon="plus" data-iconpos="left">按钮图标位置:data-iconpos="left" </button>
<button data-icon="plus" data-iconpos="right">按钮图标位置:data-iconpos="right"
</button>
<button data-icon="plus" data-iconpos="notext">按钮图标位置:data-iconpos="notext"
</button>
```

📢 提示:

如果只设置图标,而不希望包括任何文字,则可以设置属性 data-iconpos 为 notext。在上图中,最后一个按钮就是这种样式。

7.4 定义迷你按钮

在一些场景中,如按钮和其他表单组件被放置在折叠内容块中,由于移动设备自身的屏幕尺寸限制,加之折叠内容块的显示区域比移动设备浏览器的显示区域小,如果使用标准尺寸的按钮和表单组件,那么内容布局和呈现将拥挤而不便操作。为此,可以定义 data-mini 属性为 true 的方式,将按钮或者表单组件以 mini 方式呈现。

【示例】 本示例代码比较普通按钮与迷你按钮大小不同,效果如图 7.5 所示。

```
<button data-icon="plus" data-iconpos="left">data-iconpos="left"</button>
<button data-icon="plus" data-iconpos="right">data-iconpos="right"</button>
<button data-icon="plus" data-iconpos="left" data-mini="true">data-mini="true"
</button>
<button data-icon="plus" data-iconpos="right" data-mini="true">data-mini="true"
</button>
```

图 7.5 比较迷你按钮和普通按钮大小

📢 提示:

其他表单元素也可以设置为 mini 尺寸,如文本框和复选框。

📢 注意:

从 Query Mobile 1.2.0 开始,工具栏中的按钮将默认以 mini 方式显示。而在之前的 jQuery Mobile 1.1.1 或更早的版本中,按钮默认的尺寸是正常尺寸,除非开发者特别设置按钮为 mini 方式。在涉及将 jQuery Mobile 早期程序迁移到 jQuery Mobile 1.2.0 或之后版本的时候,需要注意这个变化。

7.5 定义按钮组

把一组相关的按钮组织在一起,通过捆绑就形成按钮组,按钮组中的按钮可以横向排列或纵向排列。

【示例 1】 定义按钮组的方法:在 div 容器中,将 data-role 属性设置为 controlgroup,即可将一组按钮以纵向方式排列在一起。示例代码如下，效果如图 7.6 所示。

```
<div data-role="controlgroup">
    <a href="#about" data-role="button">超级链接</a>
    <button>表单按钮</button>
    <input type="submit" value="提交按钮" />
    <input type="reset" value="重置按钮" />
</div>
```

【示例2】 如果希望以横向方式排列，只需设置 data-type 属性为 horizontal 即可。示例代码如下，效果如图 7.7 所示。

```
<div data-role="controlgroup" data-type="horizontal">
    <a href="#about" data-role="button">超级链接</a>
    <button>表单按钮</button>
    <input type="submit" value="提交按钮" />
</div>
```

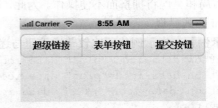

图 7.6 定义按钮组   图 7.7 定义按钮组横向排列

提示：

如果需要将按钮组设置为 mini 样式，则在按钮组容器中添加 data-mini="true"属性即可，代码如下所示。

```
<div data-role="controlgroup" data-type="horizontal" data-mini="true">
    <a href="#about" data-role="button">超级链接</a>
    <button>表单按钮</button>
    <input type="submit" value="提交按钮" />
</div>
```

在按钮组中，也可以为按钮加入图标，或者使用纯粹的图标按钮。

注意：

在 jQuery Mobile 1.1.1 或者之前版本的移动 Web 应用中，不建议使用无文字的图标按钮。因为无文字的图标按钮尺寸非常小，不方便触控操作。这个问题在 jQuery Mobile 1.2.0 之后的版本中得到改善。

7.6 设 置 按 钮

在编写 HTML 的时候，可以通过设定属性控制按钮的样式，也可以通过 JavaScript 根据上下文环境对按钮进行样式控制和事件响应。下面分别从属性、选项、方法和事件这几个方面介绍按钮的设定。

7.6.1 定义属性

按钮属性用来定制按钮的样式，一般设置在按钮容器标签中。按钮属性包括按钮大小、按钮图标样式、按钮图标位置、按钮配色风格等，具体说明如下。

➥ data-corners：设置按钮外形为直角或圆角，默认为 true，表示圆角外形。

　　例如，<button data-corners="false">直角按钮</button>。

➥ data-icon：设置按钮图标样式，默认为 null，表示不显示图标。

　　详细介绍参考 7.3.1 节内容。

➥ data-iconpos：设置图标按钮位置，默认为 left，表示图标位于按钮左侧。

　　详细介绍参考 7.3.2 节内容。

➥ data-iconshadow：设置图标按钮是否呈现阴影效果，默认为 true，表示显示阴影效果。

　　例如，<button data-iconshadow="false">无阴影图标</button>。

➥ data-inline：设置按钮是否为内联按钮，默认为 null，表示不启用内联按钮样式。

　　详细介绍参考 7.2 节内容。

➥ data-mini：设置按钮是否为 mini 尺寸，默认为 false，表示正常尺寸显示。

　　详细介绍参考 7.4 节内容。

➥ data-shadow：设置按钮为阴影方式显示，默认为 true，表示显示按钮外侧阴影。

　　例如，<button data-shadow="false">无阴影按钮</button>。

➥ data-theme：设置按钮显示的主题风格，默认为 null，表示继承上层主题风格。

　　例如，<button data-theme="b">蓝色按钮风格</button>。

7.6.2　定义选项

　　大部分按钮选项与属性所实现的效果是相似的。通常按钮选项通过 jQuery 筛选器选择，并将效果批量施加在特定 DOM 对象上。按钮选项和属性的简单对照说明如下。

➥ corners：对应属性 data-corners，设置按钮外形为直角或者圆角。

➥ icon：对应属性 data-icon，设置按钮图标样式。

➥ iconpos：对应属性 data-iconpos，设置图标按钮位置。

➥ iconshadow：对应属性 data-iconshadow，设置图标按钮是否呈现阴影效果。

➥ inline：对应属性 data-inline，设置按钮是否为内联按钮。

➥ mini：对应属性 data-mini，设置按钮是否为 mini 尺寸。

➥ shadow：对应属性 data-shadow，设置按钮为阴影方式显示。

➥ theme：对应属性 data-theme，设置按钮显示 theme 风格。

📢 提示：

在 jQuery Mobile 中，initSelector 选项是唯一没有按钮属性对应的选项，它用于美化特定 CSS 选择器指定的按钮。jQuery Mobile 会将 initSelector 中的选择器所指向的 DOM 美化成按钮样式。

　　initSelector 默认值是 5 种按钮对象：button、[type='button']、[type='submit']、[type='reset']和[type='image']。

　　在没有设置 initSelector 选项的情况下，jQuery Mobile 会默认将这 5 种匹配对象美化成 jQuery Mobile 按钮样式。因此，用户可以通过设定 initSelector 选项值（值为 jQuery 选择器字符串），实现对特定 DOM 对象的按钮化显示。

7.6.3　定义方法和事件

　　对于 Form 类型的按钮，可以通过按钮方法对其执行启用、禁用或刷新操作。具体说明如下。

➥ enable：启用一个被禁用的按钮。

➥ disable：禁用一个 Form 按钮。

扫一扫，看视频

➡ **refresh**：刷新按钮，用于更新按钮显示样式。

【示例】 下面示例设计两个按钮，为第一个按钮绑定 click 事件，定义当单击该按钮时，设置第二个按钮为禁用状态，完整代码如下所示，效果如图 7.8 所示。

```html
<!DOCTYPE html>
<html>
<head>
<meta charset="utf-8">
<title>jQuery Mobile Web 应用程序</title>
<link  href="jquery-mobile/jquery.mobile.theme-1.3.0.min.css"  rel="stylesheet"
type="text/css"/>
<link  href="jquery-mobile/jquery.mobile.structure-1.3.0.min.css"  rel="stylesheet"
type="text/css"/>
<script src="jquery-mobile/jquery-1.8.3.min.js" type="text/javascript"></script>
<script  src="jquery-mobile/jquery.mobile-1.3.0.min.js"  type="text/javascript">
</script>
<script type="text/javascript">
$(function(){
    $("#control").click(function(){
        $("#btn").button('disable');
    })
})
</script>
</head>
<body>
<button id="control">控制按钮</button>
<button data-theme="b" id="btn">蓝色按钮风格</button>
</body>
</html>
```

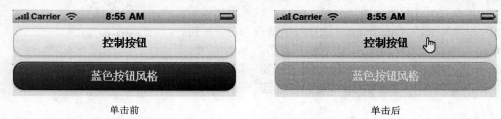

单击前   单击后

图 7.8 调用方法禁用按钮

📢 注意：

在 jQuery Mobile 中，按钮方法只能用于表单按钮，而不可用于按钮样式的超链接。

📢 提示：

在创建按钮时，将触发 create 事件。

7.7 自定义按钮

jQuery Mobile 允许用户根据需要定制按钮，以满足特定场景应用。

扫一扫，看视频

7.7.1　自定义按钮图标

除了可以使用 Query Mobile 提供的按钮图标之外，用户可以自定义按钮图标，下面介绍如何自定义按钮图标。

【操作步骤】

第 1 步，使用 Photoshop 绘制出 PNG-8 格式的 18×18 像素和 36×36 像素的图标文件。可以使用透明背景的格式，这样有利于与页面和按钮主题风格集成。

第 2 步，在自定义 CSS 样式中添加特定的图标样式。例如，在<hrad>标签中插入<style type="text/css">标签，定义内部样式表，然后输入下面自定义 Email 图标的 CSS 样式。

```
<style type="text/css">
.ui-icon-email{
    background-image: url(images/email18.png);
    background-size: 18px 18px;
}
</style>
```

📢 **注意：**

按钮图标样式命名需要以**.ui-icon** 开头，这样便于 *jQuery Mobile* 识别，并将其作为按钮图标加载。

第 3 步，在按钮图标中应用自定义按钮图标样式，代码如下所示。

```
<button data-icon="email">电子邮件</button>
```

📢 **注意：**

在实现自定义按钮图标时，需要将样式名称的.ui-icon 前缀部分去掉，将名称剩下的部分 email 赋值给 data-icon 属性。

如果用户使用的是 iPhone 4 及其以上版本设备中，由于这些设备采用高分辨率屏幕，所以最好能够开发一套用于高分辨率的按钮，以保证用户体验良好，一般情况下，按钮的分辨率为 36×36 像素。

第 4 步，对不同移动设备浏览器的分辨率而加载不同的 CSS 定义，这属于 CSS3 的媒体查询技术。具体演示代码如下所示。

```
@media only screen and(-webkit-min-device-pixel-ratio: 2){
    .ui-icon-email{
        background-image: url(images/email36.png);
        background-size: 18px 18px;
    }
}
```

📢 **提示：**

如果浏览器检测到当前的显示设备的分辨率比较高，就会应用媒体查询中所指向的按钮图标样式。

第 5 步，保存 HTML 文档，在浏览器中预览，则自定义图标效果如图 7.9 所示。

图 7.9　自定义按钮图标

扫一扫，看视频

7.7.2　文本换行显示

在很多应用场景中，可能需要在按钮上放置长文本，从而使得界面拥挤，甚至引起布局变化，此时就需要对超长的文字进行换行显示。

【示例】　jQuery Mobile 默认设定按钮文字不换行显示，超出文本将省略掉。如果需要将按钮文字换行显示，可以重新定义 ui-btn-inner 样式。

```
<head>
<style type="text/css">
.ui-btn-inner{
    white-space: normal!important;
}
</style>
</head>
<body>
<button>海水朝朝朝朝朝朝朝落 浮云长长长长长长长消</button>
```

在 CSS 中，!important 表示 CSS 优先级，这里用以提升 white-space: normal 的优先级，从而使得按钮文字支持换行显示。比较效果如图 7.10 所示。

（a）默认不换行显示　　　　　　　（b）自定义换行显示

图 7.10　自定义按钮文字换行显示

7.8　实　战　案　例

本节通过两个案例演示如何在 Dreamweaver CC 中快速、可视化设计 jQuery Mobile 按钮。

7.8.1　设计按钮

扫一扫，看视频

在 jQuery Mobile 中，按钮默认显示为块状，自动填充一行，如图 7.11（b）所示。如果要取消块状显示，只需添加 data-inline 属性，设置属性值设为 true 即可，按钮将会在一行内并列显示。

（a）行内显示状态　　　　　　　（b）默认块状显示状态

图 7.11　示例效果

【操作步骤】

第 1 步，启动 Dreamweaver CC，选择【文件】|【新建】命令，打开【新建文档】对话框。在左侧列表框中选择【启动器模板】选项，设置【示例文件夹】为【Mobile 起始页】，【示例页】为【jQuery Mobile（本地）】，【文档类型】为 HTML5，然后单击【创建】按钮，完成文档的创建操作，如图 7.12 所示。

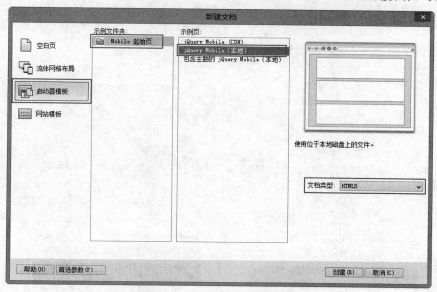

图 7.12　新建 jQuery Mobile 起始页

第 2 步，按 Ctrl+S 快捷键，保存文档为 index.html。然后根据 Dreamweaver CC 提示保存相关的框架文件。

第 3 步，切换到代码视图，清除第 2、3、4 页容器结构，保留第一个 page 容器，然后在标题栏输入"<h1>按钮组件</h1>"，定义页面标题。页脚栏内容保持不变。

```
<div data-role="header">
    <h1>按钮组件</h1>
</div>
```

第 4 步，清除内容栏内的列表视图结构，分别插入一个超链接和表单按钮对象，为超链接标签定义 data-role="button" 和 data-inline="true" 属性，为表单按钮对象添加 data-inline="true" 属性。

```
<div data-role="content">
    <a href="#" data-role="button" data-inline="true">超链接按钮</a>
    <input type="button"  data-inline="true" value="表单按钮" />
</div>
```

第 5 步，在头部位置添加如下代码，定义视图宽度与设备屏幕宽度保持一致。

```
<meta name="viewport" content="width=device-width,initial-scale=1" />
```

第 6 步，完成设计之后，在移动设备中预览该 index.html 页面，可以看到如图 7.11 左图所示的行内按钮效果。

提示：

（1）如果要将多个按钮控制在一行内显示，可以在多个按钮外包裹一个 <div> 容器，添加 data-inline 属性，属性值设为 true，示例代码如下，显示效果如图 7.13 所示。

```
<div data-role="content">
    <div data-inline="true">
```

```
            <a href="#" data-role="button" data-inline="true">按钮 1</a>
            <input type="button" data-inline="true" value="按钮 2" />
            <input type="submit" data-inline="true" value="按钮 3" />
            <input type="reset" data-inline="true" value="按钮 4" />
    </div>
</div>
```

（2）如果设计多个按钮自动均分视图宽度，可以使用网格化版式进行设计。例如，在下面代码中，将两个按钮分别置于两列网格中，演示效果如图 7.14 所示。

```
<div data-role="content">
    <div class="ui-grid-a">
        <div class="ui-block-a">
            <a href="#" data-role="button" data-inline="true">按钮 1</a>
        </div>
        <div class="ui-block-b">
            <input type="button" data-inline="true" value="按钮 2" />
        </div>
    </div>
</div>
```

图 7.13　按钮行内浮动显示　　　　　图 7.14　网格化显示按钮

（3）如果设计按钮并列显示，同时保持与设备屏幕等宽，则可以删除 data-inline="true"属性，示例代码如下所示，同时定义第一个按钮为激活状态，演示效果如图 7.15 所示。

```
<div data-role="content">
    <div class="ui-grid-a">
        <div class="ui-block-a">
            <a href="#" data-role="button">按钮 1</a>
        </div>
        <div class="ui-block-b">
            <input type="button"  value="按钮 2" />
        </div>
    </div>
</div>
```

> 📖 **技巧:**
> 在 Dreamweaver CC 中选择【插入】|【jQuery Mobile】|【按钮】命令,打开【按钮】对话框。在该对话框中可以设置插入按钮的个数、使用标签类型、按钮显示位置、布局方式、附加图标等选项,如图 7.16 所示。

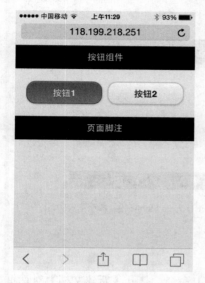

图 7.15 设计按钮行内等宽显示效果

图 7.16 设置【按钮】对话框

该对话框各选项说明如下。

❧ 按钮:选择插入按钮的个数,可选 1~10。

❧ 按钮类型:定义按钮使用的标签,包括链接(<a>)、按钮(<button>)、输入(<input>)三个标签选项。

❧ 输入类型:当在"按钮类型"选项中选择"输入"选项,则该项有效,可以设置按钮(<input type="button" />)、提交(<input type="submit" />)、重置(<input type="reset" />)和图像(<input type="image" />)4 种输入型按钮。

❧ 位置:当设置"按钮"选项为大于等于 2 的值时,当前项目有效,可以设置按钮是以组的形式显示,还是以内联的形式显示。

❧ 布局:当设置"按钮"选项为大于等于 2 的值时,当前项目有效,可以设置按钮是以垂直方式显示,还是水平方式显示。

❧ 图标:定义按钮图标,包含 jQuery Mobile 所有内置图标。

❧ 图标位置:设置图标显示位置,包括左对齐、右对齐、顶端、底部、默认值和无文本。默认值为左对齐,无文本表示仅显示图标,不显示按钮文字。

7.8.2 设计按钮组

按钮组容器是 data-role 属性值为 controlgroup 的标签,按钮组内的按钮可以按照垂直或水平方式显示,在默认情况下,按钮组是以垂直方式显示一组按钮列表,可以通过 data-type 属性重置按钮显示方式。

下面示例将创建一个按钮组,并以水平方式的形式展示两个按钮列表,效果如图 7.17 所示。

扫一扫,看视频

135

（a）iPhone 预览效果　　　　（b）Opera Mobile 模拟器预览效果

图 7.17　示例效果

【操作步骤】

第 1 步，启动 Dreamweaver CC，选择【文件】|【新建】命令，打开【新建文档】对话框。在左侧列表框中选择【启动器模板】选项，设置【示例文件夹】为【Mobile 起始页】，【示例页】为【jQuery Mobile（本地）】，【文档类型】为 HTML5，然后单击【创建】按钮，完成文档的创建。

第 2 步，按 Ctrl+S 快捷键，保存文档为 index.html。然后根据 Dreamweaver CC 提示保存相关的框架文件。

第 3 步，切换到代码视图，清除第 2、3、4 页容器结构，保留第一个 page 容器，然后在标题栏输入"<h1>按钮组组件</h1>"，定义页面标题，页脚栏内容保持不变。

```
<div data-role="header">
    <h1>按钮组组件</h1>
</div>
```

第 4 步，清除内容栏内的列表视图结构，然后选择【插入】|【jQuery Mobile】|【按钮】命令，打开【按钮】对话框。将【按钮】设置为 2，即插入两个案例；设置【按钮类型】为【输入】，即定义<input>标签按钮；设置【输入类型】为【提交】，即定义<input type="submit" />类型标签；设置【位置】为【组】，【布局】为【水平】；设置【图标】为【刷新】，【图标位置】保持默认值，设置如图 7.18 所示。

第 5 步，单击【确定】按钮，关闭【按钮】对话框，在代码视图中可以看到新插入的代码段。

```
<div data-role="controlgroup" data-type="horizontal">
    <input type="submit" value="提交" data-icon="refresh" />
    <input type="submit" value="提交" data-icon="refresh" />
</div>
```

第 6 步，修改部分代码配置，设置第一个按钮为<input type="reset">，即定义刷新按钮类型，值为"重置"；修改第二个按钮的图标类型为 data-icon="check"。同时在属性面板中设置 Class 为"ui-btn-active"，修改后的完整代码如下所示。

```
<div data-role="controlgroup" data-type="horizontal">
    <input type="reset" value="重置" data-icon="refresh" />,
    <input type="submit" value="提交" data-icon="check"  class="ui-btn-active" />
</div>
```

第 7 步，在头部位置添加如下元信息，定义视图宽度与设备屏幕宽度保持一致。

```
<meta name="viewport" content="width=device-width,initial-scale=1" />
```

第 8 步，完成设计之后，在移动设备中预览该 index.html 页面，可以看到如图 7.17 所示的按钮分组效果。在默认情况下所有按钮向左边靠拢，自动缩放到各自适合的宽度，最左边按钮的左侧与最右边按钮的右侧两个角使用圆角的样式。

📢 **提示：**

> 为按钮组容器设置 data-type 属性可以定义按钮布局方向，包括水平分布（horizontal）和垂直分布（vertical），默认状态显示为垂直分布状态。例如，在上面示例中设置 data-type="vertical"，或者删除 data-type 属性声明，则可以看到如图 7.19 所示的预览效果。

```
<div data-role="controlgroup" data-type="vertical">
    <input type="reset" value="重置" data-icon="refresh" />
    <input type="submit" value="提交" data-icon="check"  class="ui-btn-active" />
</div>
```

图 7.18　设置【按钮】对话框

图 7.19　按钮组垂直分布效果

从上面示例可以看到，当按钮列表被按钮组标签包裹时，每个被包裹的按钮都会自动删除自身 margin 属性值，调整按钮之间的距离和背景阴影，并且只在第一个按钮上面的两个角和最后一个按钮下面的两个角使用圆角的样式，这样使整个按钮列表在显示效果上更加像一个组的集合。

第 8 章　设计工具栏

jQuery Mobile 提供了一整套标准的工具栏组件，在 Web 移动应用中只需为标签添加相应的属性，就可以直接使用，极大地提高了开发效率。工具栏包括页眉栏、导航栏和页脚栏，它们分别置于视图窗口的页眉区、内容区或页脚区，并通过添加不同样式和设定属性，满足各种页面设计需求。

【学习重点】
- 定义工具栏。
- 设置工具栏显示模式。
- 设计页眉工具栏（页眉栏）和页脚工具栏（页脚栏）。
- 设计导航工具栏（导航栏）。
- 设置工具栏属性、选项、方法和事件。

8.1　使用工具栏

在 Web 移动开发中，工具栏是常用的一种界面容器，一些常用的页面元素会集成在其中，如标题、后退按钮或者某些常用的链接。

8.1.1　定义工具栏

扫一扫，看视频

在 jQuery Mobile 中，工具栏主要包括页眉工具栏和页脚工具栏。页脚工具栏方便单手触控操作，在很多移动应用中，常用功能都会放在这个工具栏中；页眉工具栏会作为页眉和导航功能使用。

定义页眉工具栏和页脚工具栏比较容易，具体方法如下。

- 如果要实现页眉工具栏，只需在 div 容器中添加 data-role 属性值为 header 即可。
- 如果要实现页脚工具栏，只需在 div 容器中添加 data-role 属性值为 footer 即可。

【示例】　在下面示例代码中，页眉工具栏所在的 div 容器的 data-role 属性被设置为 header，页脚工具栏的div 容器的 data-role 属性被设置为 footer，并且页眉工具栏和页脚工具栏都设置属性 data-position 为 fixed，演示效果如图 8.1 所示。

```
<!DOCTYPE html>
<html>
<head>
<meta charset="utf-8">
<title>jQuery Mobile Web 应用程序</title>
<link  href="jquery-mobile/jquery.mobile.theme-1.3.0.min.css"  rel="stylesheet"
type="text/css"/>
<link  href="jquery-mobile/jquery.mobile.structure-1.3.0.min.css"  rel="stylesheet"
type="text/css"/>
<script src="jquery-mobile/jquery-1.8.3.min.js" type="text/javascript"></script>
<script  src="jquery-mobile/jquery.mobile-1.3.0.min.js"  type="text/javascript">
</script>
</head>
<body>
<div data-role="page" id="page">
    <div data-role="header" data-position="fixed">
```

```
    <h1>页眉工具栏</h1>
  </div>
  <div data-role="content">
    <img src="images/1.jpg" width="100%" />
  </div>
  <div data-role="footer" data-position="fixed">
    <h4>页脚工具栏</h4>
  </div>
</div>
</body>
</htm
```

扫一扫，看视频

8.1.2 定义显示模式

jQuery Mobile 工具栏包括固定模式和内联模式两种显示模式。在默认情况下，工具栏不会被设为固定模式，而是以内联模式呈现在界面上，如果需要以固定模式呈现工具栏，则需要为工具栏添加 data-position="fixed"属性。

在固定模式的工具栏中，当用户轻击移动设备浏览器时，会显示或者隐藏工具栏，固定工具栏在浏览器屏幕中的位置也是固定的，页眉工具栏总是位于浏览器屏幕最上方，而页脚工具栏总是位于浏览器屏幕最下方，如图 8.1 所示。

在内联模式的工具栏中，页眉工具栏将出现在页面正文内容的上方，紧跟在正文之后的是页脚工具栏，并且随着正文内容的长短，工具栏的位置也会发生变化，效果如图 8.2 所示。

图 8.1 固定模式

图 8.2 内联模式

🔊 提示：

> 如果工具栏被设置为固定模式，则每次轻击浏览器，工具栏就会被显示或者隐藏。如果工具栏是内联模式，则任何时候工具栏都会被呈现在页面中。

8.2 设计页眉栏

页眉工具栏是 page 视图中第一个容器，位于视图顶部。页眉工具栏一般由标题和按钮组成，其中按钮可以使用后退按钮，也可以添加表单按钮，并可以通过设置相关属性控制按钮的相对位置。

8.2.1 定义页眉栏

页眉栏由标题文字和左右两侧的按钮构成。标题文字通常使用<h>标签定义，字数范围在1~6之间；按钮常用<h1>标签定义，无论字数多少，在同一个移动应用项目中都要保持一致。标题文字的左右两边可以分别放置一或两个按钮，用于标题中的导航操作。

【示例1】　本示例演示如何使用 Dreamweaver CC 快速定义页眉栏。

【操作步骤】

第1步，启动 Dreamweaver CC，选择【文件】|【新建】命令，打开【新建文档】对话框。在左侧列表框中选择【启动器模板】选项，设置【示例文件夹】为【Mobile 起始页】，示例页为【jQuery Mobile（本地）】，【文档类型】为 HTML5，然后单击【创建】按钮，完成文档的创建操作，如图 8.3 所示。

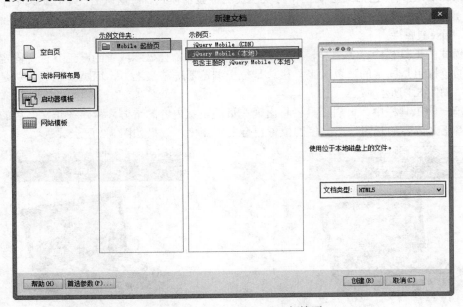

图 8.3　新建 jQuery Mobile 起始页

第2步，按 Ctrl+S 快捷键，保存文档为 index3.html。此时，Dreamweaver CC 会弹出对话框提示保存相关的框架文件，如图 8.4 所示。

图 8.4　复制相关文件

第3步，在编辑窗口中，可以看到 Dreamweaver CC 新建了包含 4 个页面的 HTML5 文档，其中第一个页面为导航列表页，第 2～4 页为具体的详细页视图。在站点中新建了 jquery-mobile 文件夹，包括了所有需要的相关技术文件和图标文件。

　　第 4 步，切换到代码视图，清除第 2、3、4 页容器结构，保留第一个 page 容器，在容器中添加一个 data-role 属性为 header 的<div>标签，定义页眉栏结构。在页眉栏中添加一个<h1>标签，定义标题，标题文本设置为"标题栏文本"，如图 8.5 所示。

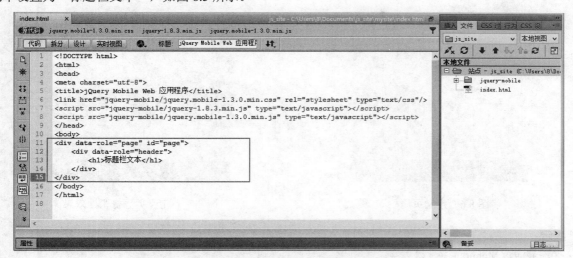

图 8.5　定义页眉栏结构

🔊 提示：

每个视图容器中只能有一个页眉栏，通过添加一个 page 容器的<div>标签，在容器中添加一个 data-role 属性，设置属性值为"header"，就可以在页眉栏中添加标题、按钮或者标题文本了。标题文本一般应包含在标题标签中。

第 5 步，在头部位置添加如下代码，定义视口宽度与设备屏幕宽度保持一致。

```
<meta name="viewport" content="width=device-width,initial-scale=1" />
```

【示例 2】　由于移动设备的浏览器分辨率不尽相同，如果尺寸过小，而页眉栏的标题内容又很长时，jQuery Mobile 会自动调整需要显示的标题内容，隐藏的内容以"..."的形式显示在页眉栏中，如图 8.6 所示。

```
<div data-role="page" id="page">
    <div data-role="header">
        <h1>标题栏文本长度过长</h1>
    </div>
</div>
```

【示例 3】　页眉栏默认的主题样式为"a"，如果要修改主题样式，只需要在页眉栏标签中添加 data-theme 属性，设置对应的主题样式值即可。例如，设置 data-theme 属性值为"b"，代码如下所示，预览效果如图 8.7 所示。

```
<div data-role="page" id="page">
    <div data-role="header" data-theme="b">
        <h1>标题栏文本长度过长</h1>
    </div>
</div>
```

图 8.6　定义页眉栏

图 8.7　定义页眉栏主题效果

📢 提示：

关于 jQuery Mobile 更多主题内容，请参阅后面章节的详细介绍。

📖 技巧：

为了方便交互，在页面切换后 jQuery Mobile 会在标题左侧自动生成一个后退按钮，这样可以简化开发难度，但是有些时候因为应用的需求而不需要这个后退按钮，可以在页眉工具栏上添加 data-backbtn="false"属性阻止后退按钮的自动创建。

【示例 4】　页眉工具栏的左侧和右侧分别可以放置一个按钮，在阻止自动生成的后退按钮后，就可以在后退按钮的位置自定义按钮了。

```
<div data-role="header" data-position="inline" data-backbtn="false" >
    <a href="index.html" data-icon="delete">Cancel</a>
    <h1>标题</h1>
    <a href="index.html" data-icon="check">Save</a>
</div>
```

📢 提示：

如果需要自定义默认的后退按钮中的文本，就可以用 data-back-btn-text="previous"属性来实现，或者通过扩展的方式实现：$.mobile.page.prototype.options.backBtnText = "previous"。

📢 注意：

如果没有使用标准的结构创建页眉栏，那么 jQuery Mobile 将不会自动生成默认的按钮。

8.2.2　定义导航按钮

扫一扫，看视频

在页眉栏中可以手动编写代码添加按钮，按钮标签可以为任意元素。由于页眉栏空间的局限性，所添加按钮都是内联类型。

【示例 1】　新建 HTML5 文档，在页面中添加两个 page 视图容器，ID 值分别为"a"、"b"。在两个容器的页眉栏中分别添加两个按钮，左侧为"上一张"，右侧为"下一张"，单击第 1 个容器的"下一张"按钮时，切换到第 2 个容器；单击第 2 个容器的"上一张"按钮时，又返回到第 1 个容器，演示效果如图 8.8 所示。

（a）初始预览效果 （b）下一张显示效果

图 8.8 导航按钮演示效果

【操作步骤】

第 1 步，启动 Dreamweaver CC，选择【文件】|【新建】命令，打开【新建文档】对话框。在左侧列表框中选择【启动器模板】选项，设置【示例文件夹】为【Mobile 起始页】，【示例页】为【jQuery Mobile（本地）】，【文档类型】为 HTML5，然后单击【创建】按钮，完成文档的创建操作。

第 2 步，按 Ctrl+S 快捷键，保存文档为 index.html。此时，Dreamweaver CC 会弹出对话框提示保存相关的框架文件。

第 3 步，切换到代码视图，清除第 3、4 页容器结构，保留第 1、2 页容器结构，修改第 1 个容器的 ID 值为 a，第 2 个容器的 ID 值为 b，同时修改两个容器中页眉栏和内容栏中所有内容，删除页脚栏，代码如下所示。

```
<div data-role="page" id="a">
    <div data-role="header"></div>
    <div data-role="content"></div>
</div>
<div data-role="page" id="b">
    <div data-role="header"></div>
    <div data-role="content"></div>
</div>
```

第 4 步，为页眉栏添加 data-position 属性，设置属性值为"inline"。然后在页眉栏中添加标题和按钮，代码如下。使用 data-position="inline"定义页眉栏行内显示，使用 data-icon 属性定义按钮显示，在页眉栏指向箭头，其值为"arrow-l"表示向左，"arrow-r"表示向右。

```
<div data-role="page" id="a">
    <div data-role="header" data-position="inline">
        <a href="#" data-icon="arrow-l">上一张</a>
        <h1>秀秀</h1>
        <a href="#b" data-icon="arrow-r">下一张</a>
```

```
      </div>
</div>
<div data-role="page" id="b">
    <div data-role="header" data-position="inline">
        <a href="#a" data-icon="arrow-l">上一张</a>
        <h1>嘟嘟</h1>
        <a href="#" data-icon="arrow-r">下一张</a>
    </div>
</div>
```

第 5 步，添加内容栏，在内容栏中插入图像，定义类样式.w100，设计宽度为 100%显示，然后为每个内容栏中插入的图像应用.w100 类样式，设置如图 8.9 所示。

```
<head>
<style type="text/css">
.w100 {
    width:100%;
}
</style>
</head>
<body>
<div data-role="page" id="a">
    <div data-role="header" data-position="inline">…</div>
    <div data-role="content">
        <img src="images/1.jpg" class="w100" />
     </div>
</div>
<div data-role="page" id="b">
    <div data-role="header" data-position="inline">…</div>
    <div data-role="content">
        <img src="images/2.jpg" class="w100" />
    </div>
</div>
</body>
```

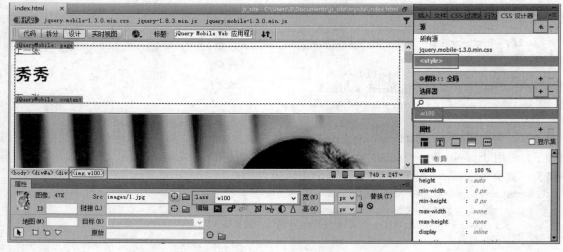

图 8.9　在内容栏插入图像并应用 w100 类样式

第 6 步，在头部位置添加如下元信息，定义视图宽度与设备屏幕宽度保持一致。

```
<meta name="viewport" content="width=device-width,initial-scale=1" />
```

第 7 步，最后，在移动设备中预览该首页，可以看到图 8.8（a）所示的效果。点按"下一张"按钮，即可显示下一张视图，显示效果如图 8.30（b）所示；点按"上一张"按钮，将返回显示。

📢 **提示：**

在页眉栏中通过添加 inline 属性进行定位。使用这种定位模式，无需编写其他 JavaScript 或 CSS 代码，可以确保头部栏在更多的移动浏览器中显示。

页眉栏中的<a>是首个标签，默认位置是在标题的左侧，默认按钮个数只有一个。当在标题左侧添加两个链接按钮时，左侧链接按钮会按排列顺序保留第 1 个，第 2 个按钮会自动放置在标题的右侧。因此，在页眉栏中放置链接按钮时，鉴于内容长度的限制，尽量在页眉栏的左右两侧分别放置一个链接按钮。

给 page 视图容器添加 data-add-back-btn 属性，可以在页眉栏的左侧增加一个默认名为 Back 的后退按钮。此外，还可以通过修改 page 视图容器的 data-back-btn-text 属性值，设置后退按钮中显示的文字。

【**示例 2**】　新建跨页导航演示示例。

【**操作步骤**】

第 1 步，启动 Dreamweaver CC。新建 HTML5 文档，第 2 步，选择【文件】|【新建】命令，打开【新建文档】对话框。在左侧列表框中选择【启动器模板】选项，设置【示例文件夹】为【Mobile 起始页】，【示例页】为【jQuery Mobile（本地）】，【文档类型】为 HTML5，然后单击【创建】按钮，完成文档的创建。按 Ctrl+S 快捷键，保存文档为 index1.html。

第 3 步，切换到代码视图，清除第 1 页列表视图容器结构，保留第 2、3、4 页容器结构，修改页眉栏和内容栏文字，分别用于显示"首页"、"第二页"、"尾页"内容。设计当切换到"下一页"时，头部栏的"后退"按钮文字为默认值 Back，切换到尾页时，页眉栏的后退按钮文字为"上一页"，演示效果如图 8.10 所示。

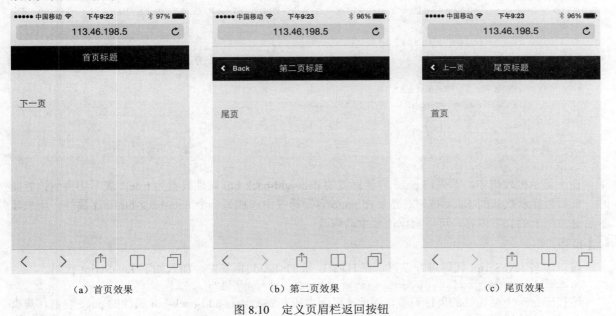

（a）首页效果　　　　　　　　　（b）第二页效果　　　　　　　　　（c）尾页效果

图 8.10　定义页眉栏返回按钮

示例完整代码如下。

```html
<!DOCTYPE html>
<html>
<head>
<meta charset="utf-8">
<title>jQuery Mobile Web 应用程序</title>
<meta name="viewport" content="width=device-width,initial-scale=1" />
<link        href="jquery-mobile/jquery.mobile-1.3.0.min.css"        rel="stylesheet"
type="text/css"/>
<script src="jquery-mobile/jquery-1.8.3.min.js" type="text/javascript"></script>
<script  src="jquery-mobile/jquery.mobile-1.3.0.min.js"  type="text/javascript">
</script>
</head>
<body>
<div data-role="page" id="page2" data-add-back-btn="true">
    <div data-role="header">
        <h1>首页标题</h1>
    </div>
    <div data-role="content">
        <p><a href="#page3">下一页</a></p>
    </div>
</div>
<div data-role="page" id="page3" data-add-back-btn="true">
    <div data-role="header">
        <h1>第二页标题</h1>
    </div>
    <div data-role="content">
        <p><a href="#page4">尾页</a></p>
    </div>
</div>
<div data-role="page" id="page4" data-add-back-btn="true" data-back-btn-text="上
一页">
    <div data-role="header">
        <h1>尾页标题</h1>
    </div>
    <div data-role="content">
        <p><a href="#page2">首页</a></p>
    </div>
</div>
</body>
</html>
```

在上面示例代码中，首先将 page 容器标签的 data-add-back-btn 属性设置为 true，表示切换到该容器时，页眉栏显示默认的 Back 按钮；然后在 page 容器标签中添加另一个 data-back-btn-text 属性，用来显示后退按钮上的文字内容，可以根据需要手动修改。

📖 技巧：

可以编写 JavaScript 代码进行设置，在 HTML 页的<head>标签中，加入如下 JavaScript 代码。

```javascript
$.mobile.page.prototype.options.backBtnText = "后退";
```

该代码是一个全局性的属性设置，因此，页面中所有添加 data-add-back-btn 属性的 page 容器，其页眉栏中后退按钮的文字内容都为以上代码设置的值，即"后退"。如果需要修改，就可以在页面中找到对应的 page 容器，添加 data-back-btn-text 属性进行单独设置。

如果浏览的当前页面并没有可以后退的页面，那么，即使在页面的 page 容器中添加了 data-add-back-btn 属性，也不会出现后退按钮。

8.2.3 定义按钮位置

在页眉栏中，如果只放置一个链接按钮，不论放置在标题的左侧还是右侧，其最终显示都在标题的左侧。如果想改变位置，需要为<a>标签添加 ui-btn-left 或 ui-btn-right 类样式，前者表示按钮居标题左侧（默认值），后者表示按钮居标题右侧。

【示例】 针对上一节第一个示例，对页眉栏中"上一张"、"下一张"两个按钮位置进行设定。在第 1 个 page 容器中，仅显示"下一张"按钮，设置显示在页眉栏右侧；切换到第 2 个 page 容器中时，只显示"上一张"按钮，设置显示在页眉栏左侧，预览效果如图 8.11 所示。

（a）页眉栏按钮居右显示　　　　　　　（b）页眉栏按钮居左显示

图 8.11　定义页眉栏按钮显示位置效果

修改后的结构代码如下。

```
<div data-role="page" id="a">
   <div data-role="header" data-position="inline">
     <h1>秀秀</h1>
     <a href="#b" data-icon="arrow-r" class="ui-btn-right">下一张</a>
   </div>
   <div data-role="content">
     <img src="images/1.jpg" class="w100" />
   </div>
</div>
<div data-role="page" id="b">
   <div data-role="header" data-position="inline">
     <a href="#a" data-icon="arrow-l" class="ui-btn-left">上一张</a>
     <h1>嘟嘟</h1>
```

```
   </div>
   <div data-role="content">
      <img src="images/2.jpg" class="w100" />
   </div>
</div>
```

📢 提示：

ui-btn-left 和 ui-btn-right 两个类样式常用来设置页眉栏中标题两侧的按钮位置，这在只有一个按钮并且想放置在标题右侧时非常有用。另外，通常情况下，需要将该链接按钮的 data-add-back-btn 属性值设置为 false，以确保在 page 容器切换时不会出现后退按钮，影响标题左侧按钮的显示效果。

8.3　设计导航栏

使用 data-role="navbar"属性可以定义导航栏，导航栏可以位于视图任意位置。导航栏容器一般最多可以放置 5 个导航按钮，超出的按钮自动显示在下一行，导航栏中的按钮可以引用系统的图标，也可以自定义图标。

8.3.1　定义导航栏

扫一扫，看视频

导航栏一般位于页视图的页眉栏或者页脚栏。在导航容器内，通过列表结构定义导航项目，如果需要设置某导航项目为激活状态，只需在该标签添加 ui-btn-active 类样式即可。

【示例 1】　新建 HTML5 文档，在页眉栏添加一个导航栏，在其中创建 3 个导航按钮，分别在按钮上显示"采集""画板"和"推荐用户"文本，并将第一个按钮设置为选中状态，示例演示效果如图 8.12 所示。

【操作步骤】

第 1 步，启动 Dreamweaver CC，选择【文件】|【新建】命令，打开【新建文档】对话框。在左侧列表框中选择【启动器模板】项，设置【示例文件夹】为【Mobile 起始页】，【示例页】为【jQuery Mobile（本地）】，【文档类型】为 HTML5，然后单击【创建】按钮，完成文档的创建操作。

第 2 步，按 Ctrl+S 快捷键，保存文档为 index.html。然后根据 Dreamweaver CC 提示保存相关的框架文件。

图 8.12　定义导航栏

第 3 步，切换到代码视图，清除第 2、3、4 页容器结构，保留第一个 page 容器，然后在页眉栏输入下面代码，定义导航栏结构。

```
<div data-role="navbar">
   <ul>
      <li><a href="page2.html">采集</a></li>
      <li><a href="page3.html">画板</a></li>
      <li><a href="page4.html">推荐用户</a></li>
   </ul>
</div>
```

第 4 步，选中第一个超链接标签，然后在属性面板中设置"类"为 ui-btn-active，激活第一个导航按钮，设置如图 8.13 所示。

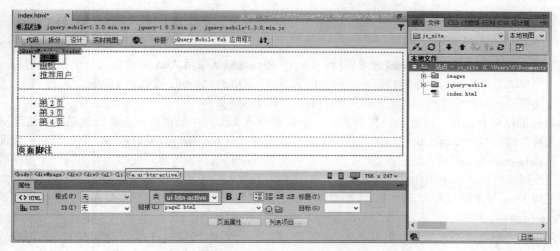

图 8.13 定义激活按钮类样式

第 5 步，删除内容容器中的列表视图结构（<ul data-role="listview">），选择【插入】|【图像】|【图像】命令，插入图像 images/1.jpg，清除自动定义的 width 和 height 属性后，为当前图像定义一个类样式，设计其宽度为 100%显示，设置如图 8.14 所示。

图 8.14 插入并定义图像类样式

第 6 步，在头部位置添加如下元信息，定义视口宽度与设备屏幕宽度保持一致。

```
<meta name="viewport" content="width=device-width,initial-scale=1" />
```

第 7 步，在移动设备中预览该首页，可以看到如图 8.14 所示的导航按钮效果。

本实例将一个简单的导航栏容器通过嵌套的方式放置在页眉栏容器中，形成顶部导航栏的页面效果。在导航栏的内部容器中，每个导航按钮的宽度都是一致的，因此，每增加一个按钮，都会将原先按钮的宽度按照等比例的方式进行均分。即如果原来有 2 个按钮，它们的宽度为浏览器宽度的 1/2，再增加 1 个按钮时，原先的 2 个按钮宽度又变成了 1/3，依此类推。当导航栏中按钮的数量超过 5 个时，将自动换行显示。

🔊 提示：

导航容器是一个可以每行容纳最多 5 个按钮的按钮组控件，可以使用一个拥有 data-role="navbar"属性的<div>

标签来包裹这些按钮。在默认的按钮上添加 class="ui-btn-active"，如果按钮的数量超过 5 个，导航容器将会自动以合适的数量分配成多行显示。

为了实现在移动设备上的无缝客户体验，jQuery Mobile 默认采用 Ajax 方式载入一个目的链接页面。因此，当在浏览器中点击一个链接打开一个新的页面时，jQuery Mobile 接收这个链接，通过 Ajax 方式请求链接页面，并把请求得到的内容注入到当前页面的 DOM 里。

这样的结果就是用户交互始终保存在同一个页面中。新页面中的内容也会轻松地显示到这个页面里。这种平滑的客户体验相比于传统打开一个新的页面并等待数秒的方式要好很多。当一个新的页面作为新的 data-role="page"插入到主页面时，主页面会有效地缓存取到的内容。使得当要访问一个页面时能够尽快地显示出来。这个工作过程非常复杂，但是作为开发人员不需要了解其中工作的具体细节。如果不想采用 Ajax 技术加载页面，而以原生的页面加载方式打开一个链接页面，只需要在打开的链接上添加 rel="external"属性即可。

除了将导航栏放在头部外，也可以将它放在底部，形成页脚导航栏。在头部导航栏中，页眉栏容器可以保留标题和按钮，只需要将导航栏容器以嵌套的方式放在页眉栏即可。下面通过一个简单的实例介绍在页眉栏同时设计标题、按钮和导航栏组件。

【示例 2】 以上面示例为基础，另存 index.html 为 index1.html，在页眉栏中添加一个标题，命名为"花瓣"，设置导航栏中第一个按钮为空链接，第二个按钮为内部链接"#page3"，第三个按钮为内部链接"#page4"，代码如下。

```
<div data-role="header">
    <h1>花瓣</h1>
    <div  data-role="navbar">
      <ul>
          <li><a href="#page"  class="ui-btn-active">采集</a></li>
          <li><a href="#page3">画板</a></li>
          <li><a href="#page4">推荐用户</a></li>
      </ul>
    </div>
</div>
```

然后，复制第一个页视图容器结构，定义两个新的页视图容器，分别命名 ID 值为"page3"和"page4"，调整导航栏的激活按钮，使其与对应页视图按钮相一致。最后，修改内容栏显示图像，定义第二个视图显示图像为 images/2.jpg，第三个视图显示图像为 images/3.jpg，编辑的代码如下所示。

```
<div data-role="page" id="page3">
    <div data-role="header">
        <h1>花瓣</h1>
        <div  data-role="navbar">
          <ul>
              <li><a href="#page">采集</a></li>
              <li><a href="#page3" class="ui-btn-active">画板</a></li>
              <li><a href="#page4">推荐用户</a></li>
          </ul>
        </div>
    </div>
    <div data-role="content">
        <img src="images/2.jpg" class="w100" />
    </div>
```

```
    <div data-role="footer">
        <h4>页面脚注</h4>
    </div>
</div>
<div data-role="page" id="page4">
    <div data-role="header">
        <h1>花瓣</h1>
        <div  data-role="navbar">
          <ul>
              <li><a href="#page">采集</a></li>
              <li><a href="#page3">画板</a></li>
              <li><a href="#page4" class="ui-btn-active">推荐用户</a></li>
          </ul>
        </div>
    </div>
    <div data-role="content">
        <img src="images/3.jpg" class="w100" />
    </div>
    <div data-role="footer">
        <h4>页面脚注</h4>
    </div>
</div>
```

最后，在移动设备中预览该首页，可以看到如图 8.15 所示的导航效果。当点按不同的导航按钮时，会自动切换到对应的视图页面。

　　(a) 第一页效果　　　　　　　　　(b) 第二页效果　　　　　　　　　(c) 第三页效果

图 8.15　页眉栏和导航栏同时显示效果

在实际开发过程中，常常在页眉栏中嵌套导航栏，而不仅显示标题内容和左右两侧的按钮，特别是在导航栏中选项按钮添加了图标时，只显示页面页眉栏中导航栏，用户体验和视觉效果都是不错的。

8.3.2　定义导航图标

在导航栏中，每个导航按钮一般通过<a>标签定义，如果要给导航栏中的导航按钮添加图标，只需要在对应的<a>标签中增加 data-icon 属性，并在 jQuery Mobile 自带图标集合中选择一个图标名作为该属性的值，图标名称和图标样式说明可参考上一章介绍。

【示例】　针对上一节示例，分别为导航栏每个按钮绑定一个图标，其中第一个按钮图标为信息图标，第二个按钮图标为警告图标，第三个按钮图标为车轮图标，代码如下所示，按钮图标预览效果如图 8.16 所示。

```
<div data-role="page" id="page">
    <div data-role="header">
        <h1>花瓣</h1>
        <div data-role="navbar">
            <ul>
                <li><a href="page2.html" data-icon="info" class="ui-btn-active">采
集</a></li>
                <li><a href="page3.html" data-icon="alert">画板</a></li>
                <li><a href="page4.html" data-icon="gear">推荐用户</a></li>
            </ul>
        </div>
    </div>
    <div data-role="content">
        <img src="images/1.jpg" class="w100" />
    </div>
    <div data-role="footer">
        <h4>页面脚注</h4>
    </div>
</div>
```

图 8.16　为导航栏按钮添加图标效果

在上面示例代码中，首先给链接按钮添加 data-icon 属性，然后选择一个图标名。导航链接按钮上便添加了对应的图标。用户还可以手动控制图标在链接按钮中的位置和自定义按钮图标。

8.3.3 定义图标位置

在导航栏中，图标默认放置在按钮文字的上面，如果需要调整图标的位置，只需要在导航栏容器标签中添加 data-iconpos 属性，使用该属性可以统一控制整个导航栏容器中图标的位置。

【示例】 data-iconpos 属性默认值为 top，表示图标在按钮文字的上面，还可以设置 left、right 和 bottom，分别表示图标在导航按钮文字的左边、右边和下面，效果如图 8.17 所示。

图 8.17 定义导航图标位置

【操作步骤】

第 1 步，启动 Dreamweaver CC，选择【文件】|【新建】命令，打开【新建文档】对话框。在左侧列表框中选择【启动器模板】选项，设置【示例文件夹】为【Mobile 起始页】，示例页为【jQuery Mobile（本地）】，【文档类型】为 HTML5，然后单击【创建】按钮，完成文档的创建操作。

第 2 步，按 Ctrl+S 快捷键，保存文档为 index.html。切换到代码视图，清除第 2、3、4 页容器结构，保留第一个 page 容器，在容器中添加一个 data-role 属性为 header 的<div>标签，定义页眉栏结构。在页眉栏中添加一个导航结构。使用 data-role="navbar"属性定义导航栏容器，使用 data-iconpos="left"属性设置导航栏按钮图标位于按钮文字的左侧。然后，在导航栏中添加 3 个导航列表项目，定义 3 个按钮，第一个按钮图标为 data-icon="home"，即显示为首页效果，并使用 ui-btn-active 类激活该按钮样式；第二个按钮图标为 data-icon="alert"，即显示为警告效果；第三个按钮图标为 data-icon="info"，即显示为信息效果。

```
<div data-role="header">
    <div data-role="navbar" data-iconpos="left">
        <ul>
            <li><a href="#page2" data-icon="home" class="ui-btn-active">首页</a></li>
            <li><a href="#page3" data-icon="alert">警告</a></li>
            <li><a href="#page4" data-icon="info">信息</a></li>
        </ul>
    </div>
</div>
```

第 3 步，清除内容容器内的列表视图容器，添加一个导航栏。使用 data-iconpos="right"属性设置导航栏按钮图标位于按钮文字的右侧。然后，在导航栏中添加 3 个导航列表项目，定义 3 个按钮，第一个按钮图标为 data-icon="home"，即显示为首页效果；第二个按钮图标为 data-icon="alert"，即显示为警告效果；第三个按钮图标为 data-icon="info"，即显示为信息效果。最后，选择【插入】|【图像】|【图像】命令，在导航栏后面插入图像 images/1.jpg，定义一个类样式 w100，设置 width 为 100%，绑定类样式到图像标签上。

```
<div data-role="content">
    <div data-role="navbar" data-iconpos="right">
        <ul>
            <li><a href="#page2" data-icon="home" class="ui-btn-active">首页</a></li>
            <li><a href="#page3" data-icon="alert">警告</a></li>
            <li><a href="#page4" data-icon="info">信息</a></li>
        </ul>
    </div>
    <img src="images/1.jpg" class="w100" />
</div>
```

第 4 步，清除页脚工具栏内的标题信息，添加一个导航栏。使用 data-iconpos="bottom"属性设置导航栏按钮图标位于按钮文字的底部。然后，在导航栏中添加 3 个导航列表项目，定义 3 个按钮，第一个按钮图标为 data-icon="home"，即显示为首页效果；第二个按钮图标为 data-icon="alert"，即显示为警告效果；第三个按钮图标为 data-icon="info"，即显示为信息效果。

```
<div data-role="footer">
    <div data-role="navbar"  data-iconpos="bottom">
        <ul>
            <li><a href="#page2" data-icon="home" class="ui-btn-active">首页</a></li>
            <li><a href="#page3" data-icon="alert">警告</a></li>
            <li><a href="#page4" data-icon="info">信息</a></li>
        </ul>
    </div>
</div>
```

第 5 步，在头部位置添加如下元信息，定义视图宽度与设备屏幕宽度保持一致。

```
<meta name="viewport" content="width=device-width,initial-scale=1" />
```

第 6 步，完成设计之后，在移动设备中预览该 index.html 页面，可以看到如图 8.17 所示的导航按钮效果。

📢 提示：

> data-iconpos 是一个全局性的属性，该属性针对的是整个导航栏容器，而不是导航栏内某个导航链接按钮图标的位置。data-iconpos 可以针对整个导航栏内全部的链接按钮，改变导航栏按钮图标的位置。

8.3.4 自定义导航图标

用户可以根据开发需要自定义导航按钮的图标，实现的方法：创建 CSS 类样式，自定义按钮图标，添加链接按钮的图标地址与显示位置，然后绑定到按钮标签上即可。

【示例】 下面示例具体演示如何在视图中定义导航图标，本示例演示效果如图 8.18 所示。

（a）自定义导航按钮图标样式   （b）保留默认的按钮图标圆角阴影效果

图 8.18 示例效果

【操作步骤】

第 1 步，启动 Dreamweaver CC，选择【文件】|【新建】命令，打开【新建文档】对话框。在左侧列表框中选择【启动器模板】选项，设置【示例文件夹】为【Mobile 起始页】，【示例页】为【jQuery Mobile（本地）】，【文档类型】为 HTML5，然后单击【创建】按钮，完成文档的创建操作。

第 2 步，按 Ctrl+S 快捷键，保存文档为 index.html。切换到代码视图，清除第 2、3、4 页容器结构，保留第一个 page 容器，在容器中添加一个 data-role 属性为 header 的<div>标签，定义页眉栏结构。定义标题名称为"播放器"，在页眉栏中添加一个导航结构。使用 data-role="navbar"属性定义导航栏容器，使用 data-iconpos="left"属性设置导航栏按钮图标位于按钮文字的左侧。然后，在导航栏中添加 3 个导航列表项目，定义 3 个按钮，设置 3 个按钮图标为自定义 data-icon="custom"。

```
<div data-role="header">
    <h1>播放器</h1>
    <div data-role="navbar" data-iconpos="left">
        <ul>
            <li><a href="#page1" data-icon="custom">播放</a></li>
            <li><a href="#page2" data-icon="custom">暂停</a></li>
            <li><a href="#page3" data-icon="custom">停止</a></li>
        </ul>
    </div>
</div>
```

第 3 步，清除内容容器内的列表视图容器，添加一个导航栏。使用 data-iconpos="top"属性设置导航栏按钮图标位于按钮文字的顶部。然后，在导航栏中添加 4 个导航列表项目，定义 4 个按钮，设置 4 个按钮图标为自定义 data-icon="custom"。

第 4 步，把光标置于内容容器尾部，选择【插入】|【图像】|【图像】命令，在内容容器内导航栏后面插入图像 images/1.png，定义一个类样式 w100，设置 width 为 100%，绑定类样式到图像标签上。

```
<div data-role="content">
    <div data-role="navbar" data-iconpos="top">
        <ul>
            <li><a href="#page4" data-icon="custom">开始</a></li>
            <li><a href="#page5" data-icon="custom">后退</a></li>
            <li><a href="#page6" data-icon="custom">前进</a></li>
            <li><a href="#page7" data-icon="custom">结束</a></li>
        </ul>
    </div>
    <img src="images/1.png" class="w100" />
</div>
```

第 5 步，自定义按钮图标。在文档头部位置使用<style type="text/css">标签定义内部样式表，定义一个类样式 play，在该类别下编写 ui-icon 类样式。ui-icon 类样式有两行代码，第一行通过 background 属性设置自定义图标的地址和显示方式，第二行通过 background-size 设置自定义图标显示的长度与宽度。

该类样式设计自定义按钮图标，居中显示，禁止重复平铺，定义背景图像宽度为 16px，高度为 16px。如果背景图像已经设置好了大小，也可以不声明背景图像大小。整个类样式代码如下。

```
.play .ui-icon {
    background: url(images/play.png) 50% 50% no-repeat;
    background-size: 16px 16px;
}
```

其中 play 是自定义类样式，ui-icon 是 jQuery Mobile 框架内部类样式，用来设置导航按钮的图标样式。重写 ui-icon 类样式，只需要在前面添加一个自定义类样式，然后把该类样式绑定到按钮标签<a>上面，代码如下所示。

```
<li><a href="#page1" data-icon="custom" class="play">播放</a></li>
```

第 6 步，以同样的方式定义 pause、stop、begin、back、forward 和 end，除了背景图像 URL 不同外，声明的样式代码基本相同，代码如下所示。最后，把这些类样式绑定到对应的按钮标签上，如图 8.19 所示。

```
.pause .ui-icon {
    background: url(images/pause.png) 50% 50% no-repeat;
    background-size: 16px 16px;
}
.stop .ui-icon {
    background: url(images/stop.png) 50% 50% no-repeat;
    background-size: 16px 16px;
}
.begin .ui-icon {
    background: url(images/begin.jpg) 50% 50% no-repeat;
    background-size: 16px 16px;
}
.back .ui-icon {
    background: url(images/back.jpg) 50% 50% no-repeat;
    background-size: 16px 16px;
}
.forward .ui-icon {
    background: url(images/forward.jpg) 50% 50% no-repeat;
    background-size: 16px 16px;
}
.end .ui-icon {
    background: url(images/end.jpg) 50% 50% no-repeat;
    background-size: 16px 16px;
}
```

```
50  <div data-role="page" id="page">
51    <div data-role="header">
52      <h1>播放器</h1>
53      <div data-role="navbar" data-iconpos="left">
54        <ul>
55          <li><a href="#page1" data-icon="custom" class="play">播放</a></li>
56          <li><a href="#page2" data-icon="custom" class="pause">暂停</a></li>
57          <li><a href="#page3" data-icon="custom" class="stop">停止</a></li>
58        </ul>
59      </div>
60    </div>
61    <div data-role="content">
62      <div data-role="navbar" data-iconpos="top">
63        <ul>
64          <li><a href="#page4" data-icon="custom" class="begin">开始</a></li>
65          <li><a href="#page5" data-icon="custom" class="back">后退</a></li>
66          <li><a href="#page6" data-icon="custom" class="forward">前进</a></li>
67          <li><a href="#page7" data-icon="custom" class="end">结束</a></li>
68        </ul>
69      </div>
70      <img src="images/1.png" class="w100" />
71    </div>
72  </div>
```

图 8.19　为导航按钮绑定类样式

第 7 步，在文档头部的内部样式表中，重写自定义图标的基础样式，清除默认的阴影和圆角特效，代码如下所示，然后为导航栏容器绑定 custom 类样式，如图 8.20 所示。如果不清除默认的圆角阴影特效，则显示效果如图 8.18（b）所示。

```
.custom .ui-btn .ui-icon {
    box-shadow: none!important;
    -moz-box-shadow: none!important;
    -webkit-box-shadow: none!important;
    -webkit-border-radius: 0 !important;
    border-radius: 0 !important;
}
```

```
50  <div data-role="page" id="page">
51      <div data-role="header">
52          <h1>播放器</h1>
53          <div  data-role="navbar" data-iconpos="left"  class="custom">
54              <ul>
55                  <li><a href="#page1" data-icon="custom" class="play">播放</a></li>
56                  <li><a href="#page2" data-icon="custom" class="pause">暂停</a></li>
57                  <li><a href="#page3" data-icon="custom" class="stop">停止</a></li>
58              </ul>
59          </div>
60      </div>
61      <div data-role="content">
62          <div  data-role="navbar" data-iconpos="top"  class="custom">
63              <ul>
64                  <li><a href="#page4" data-icon="custom" class="begin">开始</a></li>
65                  <li><a href="#page5" data-icon="custom" class="back">后退</a></li>
66                  <li><a href="#page6" data-icon="custom" class="forward">前进</a></li>
67                  <li><a href="#page7" data-icon="custom" class="end">结束</a></li>
68              </ul>
69          </div>
70          <img src="images/1.png" class="w100" />
71      </div>
72  </div>
```

图 8.20　为导航容器绑定 custom 类样式

第 8 步，在头部位置添加如下元信息，定义视图宽度与设备屏幕宽度保持一致。

```
<meta name="viewport" content="width=device-width,initial-scale=1" />
```

第 9 步，完成设计之后，在移动设备中预览该 index.html 页面，可以看到如图 8.18（a）所示的自定义导航按钮效果。

8.4　设计页脚栏

页脚工具栏和页眉工具栏的结构基本相同，只需把 data-role 属性值设置为"footer"即可。与页眉工具栏相比，页脚工具栏包含的对象更自由，在页脚工具栏上只要添加一个 class="ui-bar"类样式，就可以将页脚变成一个工具条，不用设置任何样式就可以在其中添加整齐的按钮。

8.4.1　定义页脚栏

与页眉栏一样，在页脚栏中也可以嵌套导航按钮，jQuery Mobile 允许使用控件组容器包含多个按钮，以减少按钮间距（控件组容器通过 data-role 属性值为 controlgroup 定义），同时为控件组容器定义 data-type 属性，设置按钮组的排列方式，如当值为 horizontal 时，表示容器中的按钮按水平顺序排列。

【示例 1】　本示例演示如何快速设计页脚栏，以及定义包含按钮组，效果如图 8.21 所示。

【操作步骤】

第 1 步，启动 Dreamweaver CC，选择【文件】|【新建】命令，打开【新建文档】对话框。在左侧列表框中选择【启动器模板】选项，设置【示例文件夹】为【Mobile 起始页】，示例页为【jQuery Mobile（本地）】，【文档类型】为 HTML5，然后单击【创建】按钮，完成文档的创建操作。

第 2 步，按 Ctrl+S 快捷键，保存文档为 index.html。切换到代

扫一扫，看视频

图 8.21　设计页脚栏按钮

码视图,清除第 2、3、4 页容器结构,保留第一个 page 容器,在页面容器的页眉栏中输入标题文本"<h1>普吉岛</h1>"。

```
<div data-role="header">
    <h1>普吉岛</h1>
</div>
```

第 3 步,清除内容容器内的列表视图容器,选择【插入】|【图像】|【图像】命令,在内容容器内导航栏后面插入图像 images/1.png,定义一个类样式 w100,设置 width 为 100%,绑定类样式到图像标签上。

```
<div data-role="content">
    <img src="images/1.png" class="w100" />
</div>
```

第 4 步,在页脚栏设计一个控件组<div data-role="controlgroup">,定义 data-type="horizontal"属性,设计按钮组水平显示。然后在该容器中插入 3 个按钮超链接,使用 data-role="button"属性声明按钮效果,使用 data-icon="home"为第一个按钮添加图标,代码如下所示。

```
<div data-role="footer">
    <div data-role="controlgroup" data-type="horizontal">
        <a href="#" data-role="button" data-icon="home">首页</a>
        <a href="#" data-role="button">业务合作</a>
        <a href="#" data-role="button">媒体报道</a>
    </div>
</div>
```

第 5 步,在内部样式表中定义一个 center 类样式,设计对象内的内容居中显示,然后把该类样式绑定到<div data-role="controlgroup">标签上。

```
<style type="text/css">
.center {text-align:center;}
</style>

<div data-role="controlgroup" data-type="horizontal" class="center">
```

第 6 步,在头部位置添加如下元信息,定义视图宽度与设备屏幕宽度保持一致。

```
<meta name="viewport" content="width=device-width,initial-scale=1" />
```

第 7 步,完成设计之后,在移动设备中预览该 index.html 页面,可以看到如图 8.21 所示的页脚栏按钮组效果。

【示例 2】 在示例 1 中,由于页脚栏中的按钮放置在<div data-role="controlgroup">容器中,所以按钮间没有任何空隙。如果想要给页脚栏中的按钮添加空隙,则不需要使用容器包裹,只需给页脚栏容器添加一个 ui-bar 类样式即可,代码如下,预览效果如图 8.22 所示。

```
<div data-role="footer" class="ui-bar">
    <a href="#" data-role="button" data-icon="home">首页</a>
    <a href="#" data-role="button">业务合作</a>
    <a href="#" data-role="button">媒体报道</a>
</div>
```

📖 技巧:

通过使用 data-id 属性可以让多个页面使用相同的页脚。

8.4.2 嵌入表单

扫一扫,看视频

除了在页脚栏中添加按钮组外,还会在页脚栏中添加表单对象,如下拉列表、文本框、复选框和单选按钮等,为了确保表单对象在页脚栏正常显示,应该为页脚栏容器定义 ui-bar 类样式,为表单对象之间设计一定的间距,同时还设置 data-position 属性值为 inline,以统一表单对象的显示位置。

【示例】 本示例演示在页脚栏中插入一个下拉菜单,为用户提供服务导航功能,演示效果如图 8.23 所示。

图 8.22 设计不嵌套按钮组容器效果

图 8.23 设计表单

【操作步骤】

第 1 步,启动 Dreamweaver CC,选择【文件】|【新建】命令,打开【新建文档】对话框。在左侧列表框中选择【启动器模板】选项,设置【示例文件夹】为【Mobile 起始页】,【示例页】为【jQuery Mobile(本地)】,【文档类型】为 HTML5,然后单击【创建】按钮,完成文档的创建操作。

第 2 步,按 Ctrl+S 快捷键,保存文档为 index.html。切换到代码视图,清除第 2、3、4 页容器结构,保留第一个 page 容器,在页面容器的页眉栏中输入标题文本 "<h1>衣服精品选</h1>"。

```
<div data-role="header">
    <h1>衣服精品选</h1>
</div>
```

第 3 步,清除内容容器内的列表视图容器,选择【插入】|【图像】|【图像】命令,在内容容器内导航栏后面插入图像 images/1.png,定义一个类样式 w100,设置 width 为 100%,绑定类样式到图像标签上。

```
<div data-role="content">
    <img src="images/1.png" class="w100" />
</div>
```

第 4 步,在页脚栏中清除默认的文本信息,然后选择【插入】|【表单】|【选择】命令,在页脚栏中插入一个选择框。

```
<div data-role="footer">
<select></select>
</div>
```

第 5 步,选中 <select> 标签,在属性面板中设置 Name 为 daohang,然后单击【列表值】按钮,打开【列表值】对话框,单击加号按钮 ，添加选项列表,设置如图 8.24 所示,添加完毕单击【确定】按钮,完成列表项目的添加,最后在属性面板的 Selected 列表框中单击选中 "达人搭配" 选项,设置该项为默认选中项目。添加的代码如下所示。

```
<div data-role="footer">
        <select name="daohang" id="daohang">
```

```
        <option value="0">首页</option>
        <option value="1" selected>达人搭配</option>
        <option value="2">美妆</option>
        <option value="3">社区</option>
        <option value="4">团购</option>
        <option value="4">海购</option>
    </select>
  </div>
```

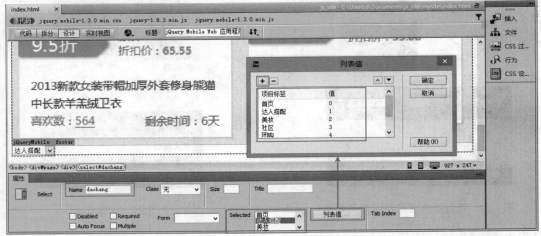

图 8.24　设计下拉列表框

第 6 步，把光标置于下拉列表框前面，选择【插入】|【表单】|【标签】命令，在列表框前面插入一个标签，在其中输入标签文本"服务导航"，然后在属性面板中设置 For 下拉列表的值为"daohang"，绑定当前标签对象到下拉列表框上，设置如图 8.25 所示。

图 8.25　插入标签并绑定到下拉列表框上

第 7 步，在【CSS 设计器】面板中新添加一个 center 类样式，设置水平居中显示。然后选中<div data-role="footer">标签，在属性面板中单击 Class 下拉列表框，从中选择"应用多个样式类"选项，打开【多类选区】对话框，从本文档所有类中勾选 ui-bar 和 center，设置如图 8.26 所示。

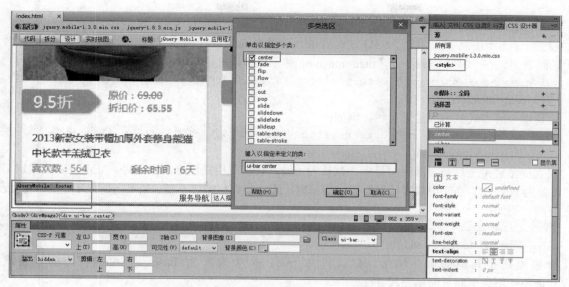

图 8.26　为页脚栏容器绑定 ui-bar 和 center 两个类样式

第 8 步，在头部位置添加如下元信息，定义视图宽度与设备屏幕宽度保持一致。

```
<meta name="viewport" content="width=device-width,initial-scale=1" />
```

第 9 步，完成设计之后，在移动设备中预览该 index.html 页面，可以看到如图 8.24 所示的页脚栏下拉菜单效果。移动终端与 PC 端的浏览器在显示表单对象时，存在一些细微的区别。例如，在 PC 端的浏览器中是以下拉列表框的形式展示，而在移动终端则是以弹出框的形式展示全部的列表内容。

8.5　设置工具栏

用户可以将页眉或页脚工具栏设置为固定工具栏，固定工具栏可以通过设置属性和选项来设定呈现形式，也可以通过方法和事件进行交互操作，下面介绍其包含的属性、选项、方法和事件。

8.5.1　设置属性

使用固定工具栏的属性，可以设定固定工具栏的呈现或操作效果。常用的固定工具栏属性说明如下。

（1）data-visible-on-page-show

设置页面被加载时，是否显示固定工具栏。默认为 true，自动呈现固定工具栏；当设置为 false 时，则隐藏固定工具栏。例如：

```
<div data-role="footer" data-position="fixed" data-visible-on-page-show= "false">……
</div>
```

📢 提示：

如果设置 data-visible-on-page-show 属性，通常会一块设置页眉工具栏和页脚工具栏，否则每次轻击屏幕，一个工具栏被隐藏而另一个工具栏被打开。

（2）data-disable-page-zoom

设置页面是否允许缩放。默认为 true，不允许对页面进行缩放；设置为 false 时，则允许对页面进行缩放。例如：

```
<div data-role="footer" data-position="fixed" data-disable-page-zoom="false">……
</div>
```

（3）data-transition

设置工具栏切换方式。默认为幻灯方式 slide。设置为 fade 时，为淡入淡出效果；设置为 none 时，为无动画效果。在一些操作系统上，data-transition 并不像预期的这样显示。例如：

```
<div data-role="footer" data-position="fixed" data-transition="slide">……</div>
```

（4）data-fullscreen

设置以全屏方式显示固定工具栏。例如：

```
<div data-role="footer" data-position="fixed" data-fullscreen ="false">……</div>
```

（5）data-tap-toggle

设置屏幕轻击之后是否隐藏与显示。默认为 true，轻击或用鼠标点击屏幕时，显示或隐藏固定工具栏；设置为 false 时，当轻击或者用鼠标点击屏幕时，固定工具栏始终不变。如果之前显示，则始终显示，反之亦然。例如：

```
<div data-role="footer" data-position="fixed" data-tap-toggle="false">……</div>
```

（6）data-update-page-padding

设置固定工具栏的页面填充，默认值为 true；如果设置为 false，则可能在方向切换或其他尺寸调整中不会更新页面填充尺寸。

8.5.2　设置选项

选项用以通过 JavaScript 脚本对固定工具栏进行设定。大多数固定工具栏选项和属性的使用类似，选项与属性的对照说明如下。

- ➘ visibleOnPageShow：对照属性 data-visible-on-page-show，设置页面被加载时，是否显示固定工具栏。
- ➘ disablePageZoom：对照属性 data-disable-page-zoom，设置页面是否允许缩放。
- ➘ transition：对照属性 data-transition，设置工具栏切换方式。
- ➘ fullscreen：对照属性 data-fullscreen，设置以全屏方式显示固定工具栏。
- ➘ tapToggle：对照属性 data-tap-toggle，设置屏幕轻击之后是否隐藏与显示。
- ➘ updatePagePadding：对照属性 data-update-page-padding，设置固定工具栏的页面填充。

除上述与固定工具栏属性功能接近的选项之外，固定工具栏还有一些选项没有对应的属性，使用过程中需要通过 JavaScript 对其进行控制。具体说明如下。

（1）tapToggleBlacklist

如果轻击在特定 CSS 样式之上，则不会隐藏或展开固定工具栏。默认值为"a, .ui-header-fixed, .ui-footer-fixed"。

【示例 1】　下面这段代码用于实现轻击在 input 对象上，不会隐藏或展开固定工具栏。

```
$(".headerToolbar").fixedtoolbar({
    tapToggleBlacklist: "a, input, .ui-header-fixed, .ui-footer-fixed"
});
```

（2）hideDuringFocus

如果焦点落在特定 DOM 对象上，则自动隐藏固定工具栏。默认值为"input, select, textarea"。

【示例 2】　下面这段代码实现焦点落在 input 上时自动隐藏固定工具栏。

```
$(".headerToolbar").fixedtoolbar({
    hideDuringFocus:"input"
});
```

（3）supportBlacklist

反馈是否支持黑名单的布尔数值。

（4）initSelector

自定义 CSS 样式名称，用以声明固定工具栏。默认值为":jgmData(position='fixed')"，表示在包含有 data-ro1e 属性值为 header 或者 footer 的容器中声明属性 data-position 为 fixed，则这个容器为固定工具栏。

8.5.3 设置方法和事件

JavaScript 可以通过方法对固定工具栏进行展开、隐藏和销毁等操作，具体说明如下。

➥ show：打开指定的固定工具栏。例如，$("#footerToolbar"). fixedtoolbar('show');。

➥ hide：隐藏指定的固定工具栏。例如，$("#footerToolbar"). fixedtoolbar('hide');。

➥ toggle：切换固定工具栏的显示或隐藏状态。例如，$("#footerToolbar"). fixedtoolbar('toggle');。

➥ updatePagePadding：更新页面填充。例如，$("#footerToolbar"). fixedtoolbar('updatePagePadding');。

➥ destroy：恢复固定工具栏元素到初始状态。注意，这里不是销毁或者删除。例如，$("#footer- Toolbar").fixedtoolbar('destory');。

图 8.27 使用固定工具栏方法

📢 注意：

> 只有页面的内容高度超过屏幕高度时，固定工具栏的这些方法的使用效果才会表现出来，否则固定工具栏将始终出现在浏览器上，不会消失。

【示例】 本示例演示了固定工具栏的使用方法，包括显示、隐藏、状态切换、更新填充和恢复到初始状态等操作，演示效果如图 8.27 所示。

```
<!DOCTYPE html>
<html>
<head>
<meta charset="utf-8">
<title>jQuery Mobile Web 应用程序</title>
<link href="jquery-mobile/jquery.mobile.theme-1.3.0.min.css" rel="stylesheet" type=
"text/css"/>
<link  href="jquery-mobile/jquery.mobile.structure-1.3.0.min.css"  rel="stylesheet"
type="text/css"/>
<script src="jquery-mobile/jquery-1.8.3.min.js" type="text/javascript"></script>
<script  src="jquery-mobile/jquery.mobile-1.3.0.min.js"  type="text/javascript">
</script>
<script type="text/javascript">
$(document).ready(function(e){
    $("#footerToolbar").fixedtoolbar({        //扩展黑名单
        tapToggleBlacklist:"a, button, input, select, textarea,.ui-header-fixed,.
ui-footer-fixed"
    });
});
function btnShowToolbar(){                     //打开页脚的固定工具栏
    $("#footerToolbar").fixedtoolbar('show');
}
function btnHideToolbar(){                     //隐藏页脚的固定工具栏
```

```
    $("#footerToolbar").fixedtoolbar('hide');
}
function btnToggleToolbar(){                    //切换页脚的固定工具栏显示状态
    $("#footerToolbar").fixedtoolbar('toggle');
}
function btnUpdatePagePaddingToolbar(){         //更新页脚工具栏填充区域
    $("#footerToolbar").fixedtoolbar('updatePagePadding');
}
function btnDestoryToolbar(){                    //恢复页脚工具栏的初始状态
    $("#footerToolbar").fixedtoolbar('destory');
}
</script>
<style type="text/css"></style>
</head>
<body>
<section id="MainPage" data-role="page" data-title="导航工具栏">
    <div data-role="header" data-position="fixed">
        <h1>固定工具栏方法</h1>
    </div>
    <div data-role="content">
        <p>通过自定义方法对固定工具栏执行操作。</p>
            <button onClick="btnShowToolbar();">Show 方法</button>
            <button onClick="btnHideToolbar();">Hide 方法</button>
            <button onClick="btnToggleToolbar();">Toggle 方法</button>
            <button onClick="btnUpdatePagePaddingToolbar();">UpdatePagePadding 方法
</button>
            <button onClick="btnDestoryToolbar();">Destory 方法</button>
    </div>
    <div data-role="footer" id="footerToolbar" data-position="fixed">
        <h2>页脚工具栏</h2>
    </div>
</section>
</body>
</html>
```

在上面示例代码中，各个固定工具栏方法是通过按钮来触发的，而按钮并不在固定工具栏 **tapToggleBlacklist** 选项默认设定的范围之中，这也就意味着每次触碰按钮时，除了执行固定工具栏方法外，还会触发固定工具栏显示或者隐藏。为此，在程序中特别对 **tapToggleBlacklist** 进行扩展，将按钮、输入框、选择框和文本框等元素也添加到黑名单中，以保证应用正确执行。

◀» 提示：

当建立固定工具栏的时候，将触发 **create** 事件。

8.6 实 战 案 例

第 7 章介绍了如何设计按钮，本章介绍了如何使用工具栏，下面通过几个案例介绍如何灵活使用这些 jQuery Mobile 组件。

8.6.1 设计播放器界面

本案例使用一组内联按钮设计一个简单播放器的控制面板。实现功能：选取页面中的一行，使其中并排放置 4 个大小相同的按钮，分别显示为播放、暂停、前进和后退。案例演示效果如图 8.28 所示。

除了操作面板之外，本例利用按钮的分组功能设计了一个简单的音乐内容面板，其中包括正在播放音乐的名称、作者来源等消息。界面偏上部分的音乐内容面板，简单地将 4 个按钮分在了一组，在这一组按钮的外面包了一个 div 标签，其中将属性 data-role 设置为 controlgroup。在页面中可以清楚地看到 4 个按钮被紧紧地链接在了一起，最外侧加上了圆弧，看上去非常大气。

界面下面是操作面板，依然是将 4 个按钮分在一组，不同的是这次要给外面的 div 标签多设置一组属性 data-type="horizontal'，将排列方式设置成横向。

当然，用户也可以给某个按钮设置主题，例如，为"播放"按钮加上不同的颜色，使之更加醒目，更易于用户操作。

案例完整代码如下所示。

图 8.28　设计播放器界面

```html
<!doctype html>
<html>
<head>
<meta charset="utf-8">
<meta name="viewport" content="width=device-width,initial-scale=1" />
<link href="jquery-mobile/jquery.mobile.theme-1.3.0.min.css" rel="stylesheet"
type="text/css">
<link href="jquery-mobile/jquery.mobile.structure-1.3.0.min.css" rel="stylesheet"
type="text/css">
<script src="jquery-mobile/jquery-1.8.3.min.js" type="text/javascript"></script>
<script src="jquery-mobile/jquery.mobile-1.3.0.min.js" type="text/javascript">
</script>
</head>
<body>
<div data-role="page" data-theme="a">
   <div data-role="header">
      <a href="#">返回</a>
      <h1>音乐播放器</h1>
   </div>
   <div data-role="content">
      <div data-role="controlgroup">
         <a href="#" data-role="button">《想念你》 </a>
         <a href="#" data-role="button">
            <img src="images/1.jpg" style="width:100%;"/>
         </a>
         <a href="#" data-role="button">李健</a>
      </div>
      <div data-role="controlgroup" data-type="horizontal" data-mini="true">
         <a href="#" data-role="button">前进</a>
         <a href="#" data-role="button">播放</a>
         <a href="#" data-role="button">暂停</a>
```

```
        <a href="#" data-role="button">后退</a>
    </div>
  </div>
  <div data-role="footer">
      <h1>暂无歌词</h1>
  </div>
</div>
</body>
</html>
```

扫一扫，看视频

8.6.2 设计 QWER 键盘界面

在 jQuery Mobile 布局中，控件大多都是单独占据页面中的一行，按钮自然也不例外，但是仍然有一些方法能让多个按钮组成一行。本例使用 data-inline="true"属性定义按钮行内显示，通过多个按钮设计一个简单的 QWER 键盘界面，效果如图 8.29 所示。

图 8.29　设计 QWER 键盘界面

案例完整代码如下所示。

```
<!doctype html>
<html>
<head>
<meta charset="utf-8">
<meta name="viewport" content="width=device-width,initial-scale=1" />
<link  href="jquery-mobile/jquery.mobile.theme-1.3.0.min.css"  rel="stylesheet"
type="text/css">
<link  href="jquery-mobile/jquery.mobile.structure-1.3.0.min.css"  rel="stylesheet"
type="text/css">
<script src="jquery-mobile/jquery-1.8.3.min.js" type="text/javascript"></script>
<script  src="jquery-mobile/jquery.mobile-1.3.0.min.js"  type="text/javascript">
</script>
</head>
<body>
<div data-role="page">
    <div data-role="header">
        <h1>设计 QWER 键盘</h1>
    </div>
    <div data-role="content">
```

```
        <a href="#" data-role="button" data-corners="false" data-inline="true">
Tab</a>
        <a href="#" data-role="button" data-corners="false" data-inline="true">Q</a>
        <a href="#" data-role="button" data-corners="false" data-inline="true">W</a>
        <a href="#" data-role="button" data-corners="false" data-inline="true">E</a>
        <a href="#" data-role="button" data-corners="false" data-inline="true">R</a>
        <a href="#" data-role="button" data-corners="false" data-inline="true">T</a>
        <a href="#" data-role="button" data-corners="false" data-inline="true">Y</a>
        <a href="#" data-role="button" data-corners="false" data-inline="true">U</a>
        <a href="#" data-role="button" data-corners="false" data-inline="true">I</a>
        <a href="#" data-role="button" data-corners="false" data-inline="true">O</a>
        <a href="#" data-role="button" data-corners="false" data-inline="true">P</a>
        <br/>
        <a href="#" data-role="button" data-corners="false" data-inline="true">Caps
Lock</a>
        <a href="#" data-role="button" data-corners="false" data-inline="true">A</a>
        <a href="#" data-role="button" data-corners="false" data-inline="true">S</a>
        <a href="#" data-role="button" data-corners="false" data-inline="true">D</a>
        <a href="#" data-role="button" data-corners="false" data-inline="true">F</a>
        <a href="#" data-role="button" data-corners="false" data-inline="true">G</a>
        <a href="#" data-role="button" data-corners="false" data-inline="true">H</a>
        <a href="#" data-role="button" data-corners="false" data-inline="true">J</a>
        <a href="#" data-role="button" data-corners="false" data-inline="true">K</a>
        <a href="#" data-role="button" data-corners="false" data-inline="true">L</a>
        <a href="#" data-role="button" data-corners="false" data-inline="true">;</a>
        <br/>
        <a href="#" data-role="button" data-corners="false" data-inline="true">Shift
</a>
        <a href="#" data-role="button" data-corners="false" data-inline="true">Z</a>
        <a href="#" data-role="button" data-corners="false" data-inline="true">X</a>
        <a href="#" data-role="button" data-corners="false" data-inline="true">C</a>
        <a href="#" data-role="button" data-corners="false" data-inline="true">V</a>
        <a href="#" data-role="button" data-corners="false" data-inline="true">B</a>
        <a href="#" data-role="button" data-corners="false" data-inline="true">N</a>
        <a href="#" data-role="button" data-corners="false" data-inline="true">M</a>
        <a href="#" data-role="button" data-corners="false" data-inline="true"><</a>
        <a href="#" data-role="button" data-corners="false" data-inline="true">></a>
        <a href="#" data-role="button" data-corners="false" data-inline="true">/</a>
    </div>
    <div data-role="footer">
        <h1>设计键盘界面</h1>
    </div>
</div>
</body>
</html>
```

　　属性 data-inline="true"可以使按钮的宽度变得仅包含按钮中标题的内容，而不是占据整整一行，但是这样也会带来一个缺点，就是 jQuery Mobile 中的元素将不知道该在何处换行，本例使用
标签强制按钮换行显示。另外，在使用了该属性之后，按钮将不再适应屏幕的宽度，可以看到图 8.29 右侧还有一定的空白，这是因为页面的宽度超出了按钮宽度的总和。而当页面宽度不足以包含按钮宽度时，则会出现混乱结果。这是因为在使用了属性 data-inline="true"之后，每个按钮已经将本身的宽度压缩到了最小，这时如果还要显示全部内容就只能自动换行了。

在按钮中同时加入属性 data-comers="false"，定义按钮显示为方形，这样键盘按键显得更加好看、逼真。但是，不要在标题栏中使用这种方形的按钮，那样效果会很难看，而在页面中的方形按钮还是很漂亮的。

◀》提示：

虽然使用 jQuery Mobile 中的分栏布局功能要比这种方式好得多，但是由于分栏布局只能产生规整的布局，所以在实际使用时还要根据实际情况来决定具体使用哪种方案比较合适。

第 9 章　使 用 表 单

表单是 HTML 中最常用的对象之一，通常用于向服务器提交输入内容，或者用于页面交互。jQuery Mobile 为原生的 HTML 表单元素封装了新的表现形式，对触屏设备的操作进行了优化。在框架页面中会自动将<form>标签渲染成 jQuery Mobile 风格的组件，表单所实现的功能和以往的 HTML 表单完全一样，但是经过美化的界面更加简洁，实现起来也更加简单。

【学习重点】
- 表单样式。
- 输入框。
- 单选按钮和复选框。
- 滑块和开关按钮。
- 选择菜单。
- 禁用表单对象和隐藏标签。

9.1　表 单 样 式

扫一扫，看视频

jQuery Mobile 对 HTML 表单进行全新的打造，提供了一套基于 HTML 的表单对象，但适合触摸操作的替代框架。在 jQuery Mobile 中，所有的表单对象由原始代码升级为 jQuery Mobile 组件，然后调用组件内置方法与属性，实现在 jQuery Mobile 下表单的各项操作。

【示例 1】　在默认情况下，用户不需要专门美化表单样式，jQuery Mobile 会自动完成。下面示例设计一个登录表单，表单中各个元素经过 jQuery Mobile 美化之后，将呈现与其他页面元素风格一致的样式，如输入框和按钮等，效果如图 9.1 所示。

图 9.1　设计登录表单

```
<form>
    <input type-"text" name="name" id="name" placeholder="登录名" />
    <input type="Password" name="password" id="password" placeholder="密码" />
    <fieldset class="ui-grid-a">
        <div class="ui-block-a">
            <button type="reset" data-theme="d">取消</button>
        </div>
        <div class="ui-block-b">
            <button type="submit" data-theme="a">提交</button>
        </div>
    </fieldset>
</form>
```

◀» 注意：

由于在单个页面中可能会出现多个页面视图容器，为了保证表单在提交数据时的唯一性，必须确保每一个表单对象的 ID 值是唯一的。

【示例 2】　在某些情况下，可能需要使用 HTML 原生的标签样式，为了阻止 jQuery Mobile 框架对该标签的自动渲染，可以为标签定义 data-role 属性，设置值为"none"。使用这个属性参数就会让表单元素以 HTML 原生的样式显示。下面示例设计登录表单保持 HTML 默认样式呈现，效果如图 9.2 所示。

```html
<form>
    <input type-"text" name="name" id="name" placeholder="登录名" data-role="none" />
    <input type="Password" name="password" id="password" placeholder="密码" data-role="none" />
    <fieldset class="ui-grid-a">
        <div class="ui-block-a">
            <button type="reset" data-theme="d"  data-role="none">取消</button>
        </div>
        <div class="ui-block-b">
            <button type="submit" data-theme="a"  data-role="none">提交</button>
        </div>
    </fieldset>
</form>
```

【示例 3】 在默认状态下，jQuery Mobile 会自动替换标准的 HTML 表单对象，如文本框、复选框、单选按钮和列表框等。以自定义的样式工作在触摸设备上，这样易用性更强。例如，复选框和单选按钮将会变得很大，易于点选；点击列表框时，将会弹出一组大按钮列表选项，提供给用户选择，效果如图 9.3 所示。

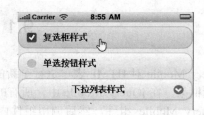

图 9.2　设计原生表单样式　　　　　　　　图 9.3　设计复选框、单选按钮和下拉列表样式

```html
<form>
    <label>
        <input type="checkbox" />
        复选框样式 </label>
    <label>
        <input type="radio" />
        单选按钮样式 </label>
    <select>
        <option>下拉列表样式</option>
    </select>
</form>
```

jQuery Mobile 支持新的 HTML5 表单对象，如 search 和 range。同时，jQuery Mobile 还支持组合单选按钮和组合复选框。利用<fieldset>标签，添加属性 data-role="controlgroup"，可以创建一组单选按钮或复选框，jQuery Mobile 自动格式化样式，使其看上去更时尚。一般来说，用户仅需要以正常的方式创建表单，jQuery Mobile 会帮助完成全部设计工作。

9.2　输　入　框

按照功能，输入框可细分为 14 种类型，具体说明如下。

➘ text：文本输入框。
➘ password：密码输入框。
➘ number：数字输入框。
➘ email：电子邮件输入框。
➘ url：URL 地址输入框。
➘ tel：电话号码输入框。
➘ time：时间输入框。
➘ date：日期输入框。
➘ week：周输入框。
➘ month：月份输入框。
➘ datetime：时间日期输入框。
➘ datetime-local：本地时间日期输入框。
➘ color：颜色输入框。
➘ search：查询框。

每种输入框均可以通过如下形式在 jQuery Mobile 中使用。

```
<input type="text" name="name" id="name" value="" />
```

每种输入框的 type 属性可能不同，但是借助 jQuery Mobile 的渲染效果，它们的呈现样式都是一致的：高度增加、补白增大、圆角、润边及带阴影。这样的输入框更易于触摸使用。

扫一扫，看视频

9.2.1　设计输入框

Dreamweaver CC 为 jQuery Mobile 提供了强大的可视化功能支持，本节将通过一个示例演示如何在 Dreamweaver CC 中快速设计一个表单页面。

【操作步骤】

第 1 步，启动 Dreamweaver CC，选择【文件】|【新建】命令，打开【新建文档】对话框，如图 9.4 所示。在左侧列表框中选择【空白页】选项，设置【页面类型】为 HTML，【文档类型】为 HTML5，然后单击【创建】按钮，完成文档的创建。

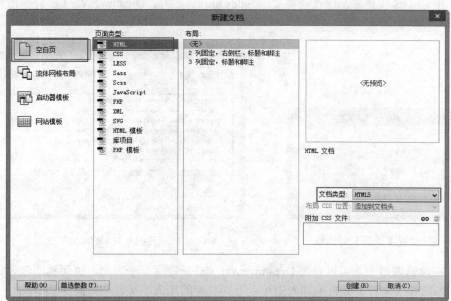

图 9.4　新建 HTML5 类型文档

第 2 步，按 Ctrl+S 快捷键，保存文档为 index.html。选择【插入】|【jQuery Mobile】|【页面】命令，打开【jQuery Mobile 文件】对话框，保留默认设置，单击【确定】按钮，完成在当前文档中插入视图页，设置如图 9.5 所示。

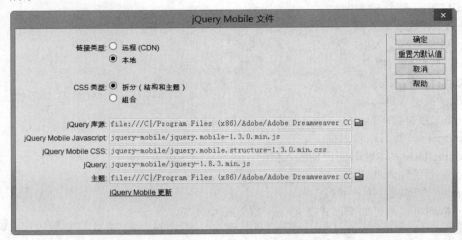

图 9.5　设置【jQuery Mobile 文件】对话框

📢 提示：

在【jQuery Mobile 文件】对话框中，链接类型包括远程（CDN）和本地，远程设置 jQuery Mobile 库文件放置于远程服务器上，而本地设置 jQuery Mobile 库文件放置于本地站点上。CSS 类型包括拆分和组合，如果选择拆分时，则把 jQuery Mobile 结构和主题样式拆分放置于不同的文件中，而选择组合则会把结构和主题样式都合并到一个 CSS 文件。

第 3 步，单击【确定】按钮，关闭【jQuery Mobile 文件】对话框，然后打开【页面】对话框。在该对话框中设置页面的 ID 值，同时设置页面视图是否包含标题栏和页脚栏（脚注）。在此保持默认设置，单击【确定】按钮，完成在当前 HTML5 文档中插入页面视图结构，设置如图 9.6 所示。

第 4 步，按 Ctrl+S 快捷键，保存当前文档 index.html。此时，Dreamweaver CC 会弹出对话框提示保存相关的框架文件，如图 9.7 所示。

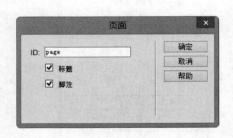

图 9.6　设置【页面】对话框

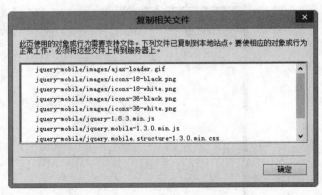

图 9.7　复制相关文件

第 5 步，在编辑窗口中，可以看到 Dreamweaver CC 新建了一个页面，页面视图包含标题栏、内容框和页脚栏，同时在【文件】面板的列表中可以看到复制的相关库文件，如图 9.8 所示。

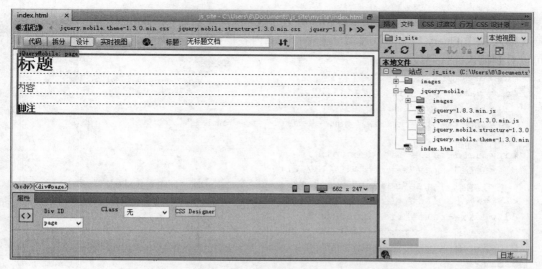

图 9.8　使用 Dreamweaver CC 新建 jQuery Mobile 视图页面

第 6 步，切换到代码视图，可以看到视图页的 HTML 结构代码，此时用户可以根据需要删除部分结构，或者添加更多视图页结构，也可以删除列表页结构。并根据需要填入页面显示内容，修改标题文本为"文本输入框"。

```
<div data-role="page" id="page">
    <div data-role="header">
        <h1>文本输入框</h1>
    </div>
    <div data-role="content">内容</div>
    <div data-role="footer">
        <h4>脚注</h4>
    </div>
</div>
```

第 7 步，选中内容栏中的"内容"文本，清除内容栏内的文本，然后选择【插入】|【jQuery Mobile】|【电子邮件】命令，在内容框中插入一个电子邮件文本输入框，如图 9.9 所示。

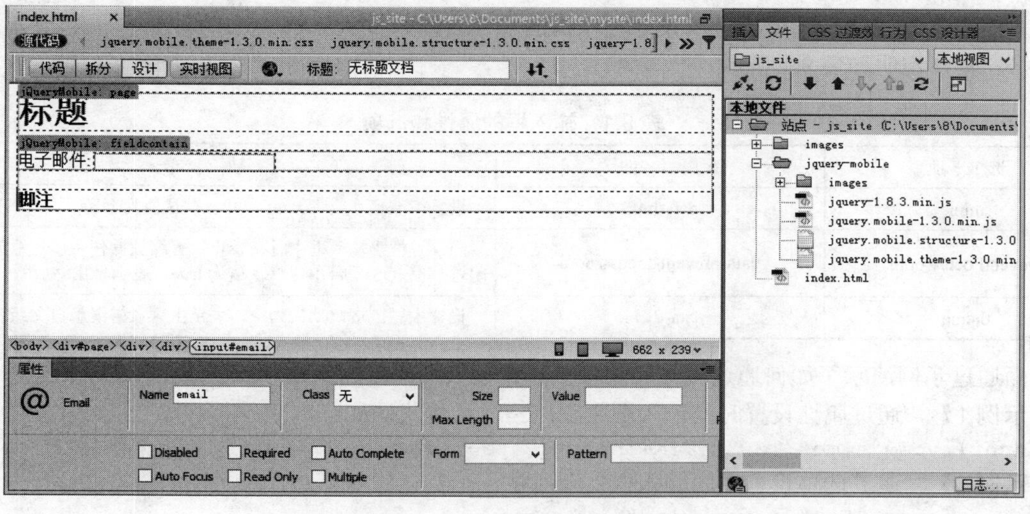

图 9.9　插入电子邮件文本框

第 8 步，继续选择【插入】|【jQuery Mobile】|【搜索】命令，在内容框中插入一个搜索文本输入框；再选择【插入】|【jQuery Mobile】|【数字】命令，在内容框中插入一个数字文本输入框。此时在代码视图中可以看到插入的代码段。

```html
<div data-role="content">
    <div data-role="fieldcontain">
        <label for="email">电子邮件:</label>
        <input type="email" name="email" id="email" value=""  />
    </div>
    <div data-role="fieldcontain">
        <label for="search">搜索:</label>
        <input type="search" name="search" id="search" value=""  />
    </div>
    <div data-role="fieldcontain">
        <label for="number">数字:</label>
        <input type="number" name="number" id="number" value=""  />
    </div>
</div>
```

第 9 步，在头部位置添加下面一行信息，定义视图宽度与设备屏幕宽度保持一致。

```html
<meta name="viewport" content="width=device-width,initial-scale=1" />
```

第 10 步，完成设计之后，在移动设备中预览该 index.html 页面，可以看到如图 9.10 图所示的文本输入框。

从预览效果可以看到搜索输入框最左侧有一个圆形的搜索图标，当输入框中有内容字符时，它的最右侧会出现一个圆形的叉号按钮，单击该按钮时，可以清空输入框中的内容。在数字输入框中，单击最右端的上下两个调整按钮，可以动态改变文本框的值。

图 9.10　设计表单页面

扫一扫，看视频

9.2.2　设置属性和选项

输入框的属性与选项的实现功能大致相同，重复的部分这里就不再赘述了。使用这些属性和选项，可以设定输入框的尺寸、缩放控制以及主题风格。具体说明如表 9.1 所示。

表 9.1　输入框的属性和选项

选 项	属 性	功 能
mini	data-mini	设置标准尺寸或者 mini 尺寸，默认值为 false
preventFocusZoom	data-prevent-focus-zoom	当焦点位于输入框中时，禁止执行缩放操作，以免缩放后输入困难。在 iOS 平台中，默认值为 true，表示禁止缩放
theme	data-theme	设置主题风格，默认为空，表示主题风格继承自父级容器

下面通过示例演示了如何通过属性和选项来设置输入框的主题风格。

【示例 1】　通过属性设置时间输入框主题风格，示例代码如下。

```html
<input type="time" id="myTimeInput" data-theme="e" />
```

【示例 2】　通过选项设置时间输入框主题风格，示例代码如下。

```javascript
<script type="text/javascript">
$('#myTimeInput').slider({
```

```
    theme: "e"
});
</script>
```

扫一扫，看视频

📢 提示：

> 除了上表提到的 3 个选项外，输入框还有一个选项，那就是 initSelector 选项，用以设定自定义的选择器。如果设定了 initSelector，那么只有选择器指定的输入框才会被 j'Query Mobile 进行样式渲染和通过选项、属性及方法等进行控制。

9.2.3 设置方法和事件

在文本输入框中，主要包括 enable 和 disable 两个方法，其中 enable 用于启用一个已禁用的输入框，而 disable 用于禁用一个输入框。

【示例】 下面示例代码实现对某个输入框的禁用操作。

```
$('#myTimeInput').textinput('disable');
```

输入框支持创建事件。在创建输入框时，会触发 create 事件。

9.3 单 选 按 钮

单选按钮可以包含若干个多选一的选项，使用者每次只能选择一个选项。提交表单时，选中的单选按钮会随表单向服务器提交数据。

扫一扫，看视频

9.3.1 设计单选按钮

jQuery Mobile 重新打造了单选按钮样式，以适应触摸屏界面的操作习惯，通过设计更大的单选按钮，以便更容易点击和触摸。

【示例 1】 在没有被选中状态下，jQuery Mobile 单选按钮呈现为灰色；而选中的单选按钮则会高亮显示，不管选中与否，按钮的文字都不会发生变化，效果如图 9.11 所示。

（a）单选按钮组初始显示状态　　　　　　　（b）选中【高级】选项后的界面效果

图 9.11 单选按钮效果

【操作步骤】

第 1 步，启动 Dreamweaver CC，选择【文件】|【新建】命令，新建 HTML5 文档。按 Ctrl+S 快捷键，保存文档为 index.html。在当前文档中，设计使用<fieldset>容器包含一个单选按钮组，该按钮组有 3 个单选按钮，分别对应"初级""中级""高级" 3 个选项。单击某个单选按钮，将在标题栏中显示被选中按钮的提示信息。

第 2 步，选择【插入】|【jQuery Mobile】|【页面】命令，打开【jQuery Mobile 文件】对话框，保留默认设置，单击【确定】按钮，在当前文档中插入一个视图页。

第 3 步，按 Ctrl+S 快捷键，保存当前文档为 index. html。并根据提示保存相关的框架文件。在编辑窗口中，可以看到 Dreamweaver CC 新建一个页面，页面视图包含标题栏、内容框和页脚栏，同时在【文件】面板的列表中可以看到复制的相关库文件。

第 4 步，修改标题文本为"单选按钮"。首先选中内容栏中的"内容"文本，按 Delete 键清除内容栏内的文本；然后选择【插入】|【jQuery Mobile】|【单选按钮】命令，打开【单选按钮】对话框；设置【名称】为 radio1，【单选按钮】个数为 3，即定义包含 3 个按钮的组，设置【布局】为【水平】，如图 9.12 所示。

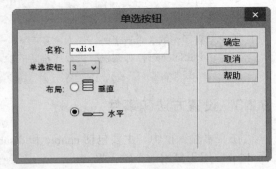

图 9.12 【单选按钮】对话框

第 5 步，单击【确定】按钮，关闭【单选按钮】对话框，此时在编辑窗口的内容框（<div data-role="content">）中插入 3 个按钮组，如图 9.13 所示。

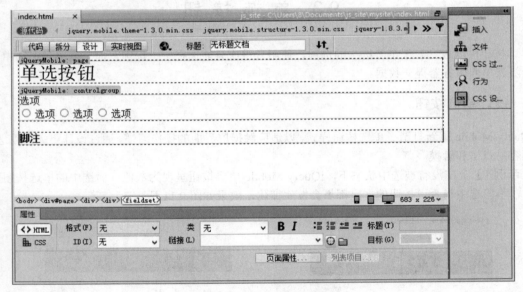

图 9.13 插入单选按钮组

第 6 步，切换到代码视图，可以看到新添加的单选按钮组代码。修改其中标签名称，以及每个单选按钮标签<input type="radio">的 value 属性值，代码如下所示。

```html
<div data-role="content">
    <div data-role="fieldcontain">
        <fieldset data-role="controlgroup" data-type="horizontal">
            <legend>级别</legend>
            <input type="radio" name="radio1" id="radio1_0" value="1" />
            <label for="radio1_0">初级</label>
            <input type="radio" name="radio1" id="radio1_1" value="2" />
            <label for="radio1_1">中级</label>
            <input type="radio" name="radio1" id="radio1_2" value="3" />
            <label for="radio1_2">高级</label>
```

```
        </fieldset>
    </div>
</div>
```

在上面代码中，data-role="controlgroup"属性定义<fieldset>标签为单选按钮组容器，data-type="horizontal"定义了单选按钮的水平排列方式。在<fieldset>标签内，通过<legend>标签定义单选按钮组的提示性文本，每个单选按钮<input type="radio">与<label>标签关联，通过 for 属性实现绑定。

第 7 步，在头部位置输入下面脚本代码，通过$(function(){})定义页面初始化事件处理函数，然后使用$("input[type='radio']")找到每个单选按钮，使用 on()方法为其绑定 change 事件处理函数，在切换单选按钮时触发的事件处理函数中先使用$(this).next("label").text()获取当前单选按钮相邻的标签文本，然后使用该值加上"用户"，作为一个字符串，使用 text()方法传递给标题栏的标题。

```
<script>
$(function(){
    $("input[type='radio']").on("change",
        function(event, ui) {
            $("div[data-role='header'] h1").text($(this).next("label").text() + "
用户");
        })
})
</script>
```

第 8 步，在头部位置添加如下元信息，定义视图宽度与设备屏幕宽度保持一致。

```
<meta name="viewport" content="width=device-width,initial-scale=1" />
```

第 9 步，完成设计之后，在移动设备中预览该 index.html 页面，可以看到当切换单选按钮时，标题栏中的标题名称会随之发生变化，提示当前用户的级别。

📢 提示：

使用<label>标签包含<input type="radio">标签，可以定义 jQuery Mobile 单选按钮，也可以通过 for 属性把<label>标签和<input type="radio">标签捆绑在一起。jQuery Mobile 会把<label>标签放大显示，当用户触摸某个单选按钮时，单击的是该单选按钮对应的<label>标签。

在移动应用中，为方便用户作出选择，单选按钮通常以按钮组的形式呈现。要实现按钮组，需要将各个单选按钮置于<fieldset>容器中，并设置 data-role="controlgroup"。

通常，一个 fieldset 只作为一个按钮组使用。如果有多组不同的单选按钮，则可以在不同的 fieldset 容器中分别放置各组单选按钮。

当多个单选按钮被<fieldset data-role="controlgroup">标签包裹后，无论是垂直分布，还是水平分布，单选按钮组四周都呈现圆角样式，以一个整体组的形式显示在页面中。

【示例 2】 单选按钮组有垂直布局和水平布局两种布局方式。在默认情况下，单选按钮是自上而下依次排列的。如果想水平排列单选按钮，则需要在<filedset>容器中声明 data-type 属性为horizontal。下面示例为容器定义 data-type="vertical"属性，设计单选按钮组垂直分布，效果如图 9.14 所示。

图 9.14 设计单选按钮组垂直分布

```
<fieldset data-role="controlgroup" data-type="vertical">
    <legend>级别</legend>
    <input type="radio" name="radio1" id="radio1_0" value="1" />
    <label for="radio1_0">初级</label>
    <input type="radio" name="radio1" id="radio1_1" value="2" />
    <label for="radio1_1">中级</label>
```

```
    <input type="radio" name="radio1" id="radio1_2" value="3" />
    <label for="radio1_2">高级</label>
</fieldset>
```

📢 注意：

单选按钮水平分布会受浏览器分辨率的影响。如果一行文字较多，可能出现换行，从而影响呈现效果。

9.3.2 设置属性和选项

单选按钮有两个选项，分别用于设定单选按钮的尺寸和主题风格，说明如表 9.2 所示。

表 9.2 单选按钮的属性和选项

选　项	属　性	功　能
mini	data-mini	设置标准尺寸或者 mini 尺寸，默认值为 false
theme	data-theme	设置主题风格，默认为空，表示主题风格继承自父级容器

【示例 1】　下面代码通过属性设置单选按钮的主题风格。

```
<input type="radio" name="myRadio" id="myRadio" value="1" data-theme="e" />
```

【示例 2】　下面代码通过选项设置单选按钮主题风格。

```
<script>
$('#myRadio').checkboxradio({
    theme: 'e'
});
</script>
```

9.3.3 设置方法和事件

在单选按钮的相关操作中，主要包括 3 个方法。具体说明如下。

➥ enable：启用已禁用的单选按钮。

➥ disable：禁用某个单选按钮。

➥ refresh：刷新单选按钮。

【示例】　如果使用 JavaScript 修改某个单选按钮的值，设置后必须对应整个单选按钮组进行刷新，以确保使对应的样式同步。

下面示例以 9.3.1 节第一个示例为基础，演示如何使用 JavaScript 脚本初始化单选按钮。第一个选项默认为选中状态，然后调用 refresh() 方法，刷新单选按钮组。

```
$(function(){
$("input[type='radio']:first").attr("checked",true)
    .checkboxradio("refresh");
})
```

在上面代码中，设置第一个单选按钮为被选中状态，然后刷新整个单选按钮组，则页面显示效果如图 9.15 所示，页面初始自动选中第一个按钮。

单选按钮支持创建事件，在创建单选按钮时，会触发 create 事件。单击某个单选按钮时，将触发对应的 change 事件，并在该事件中可以获取单选按钮对应的值。

图 9.15　页面初始化自动选中第一个按钮

9.4 复 选 框

扫一扫，看视频

与单选按钮不同，复选框支持同时选择多个不同的选项。被选中的复选框（即包含有对勾的矩形框）呈高亮显示，没有被选中的复选框则会呈现为灰色。

【示例1】 使用\<label\>标签包含\<input type="checkbox"\>标签，可以定义 jQuery Mobile 复选框。在移动应用中，为方便用户做出选择，复选框通常以组的形式呈现。要实现复选框组，需要将多个复选框置于\<fieldset\>容器中，并设置 data-role="controlgroup"。设计方法与单选按钮组的设计方法相似。

下面示例演示如何使用 Dreamweaver CC 快速设计复选框组。

【操作步骤】

第 1 步，启动 Dreamweaver CC，选择【文件】|【新建】命令，新建 HTML5 文档。按 Ctrl+S 快捷键，保存文档为 index.html。在当前文档中，使用\<fieldset \>容器包含一个复选框组。该框组有 3 个复选框，分别对应 JavaScript、CSS3 和 HTML5 3 个选项。选中某个复选框，将在标题栏中同时显示被选中复选框的提示信息。

第 2 步，选择【插入】|【jQuery Mobile】|【页面】命令，打开【jQuery Mobile 文件】对话框，保留默认设置，单击【确定】按钮，在当前文档中插入一个视图页。

第 3 步，按 Ctrl+S 快捷键，保存当前文档 index.html。此时根据提示对话框保存相关的框架文件。在编辑窗口中，可以看到 Dreamweaver CC 新建一个页面，页面视图包含标题栏、内容框和页脚栏，同时在【文件】面板中可以看到复制的相关库文件。

第 4 步，修改标题文本为"复选框"。选中内容栏中的"内容"文本，按 Delete 键清除内容栏内的文本；然后选择【插入】|【jQuery Mobile】|【复选框】命令，打开【复选框】对话框；设置【名称】为 checkbox1，【复选框】的个数为 3，即定义包含 3 个复选框的组，设置【布局】为【水平】，如图 9.16 所示。

图 9.16 【复选框】对话框

第 5 步，单击【确定】按钮，关闭【复选框】对话框，此时在编辑窗口的内容框（\<div data-role="content"\>）中插入 3 个复选框，如图 9.17 所示。

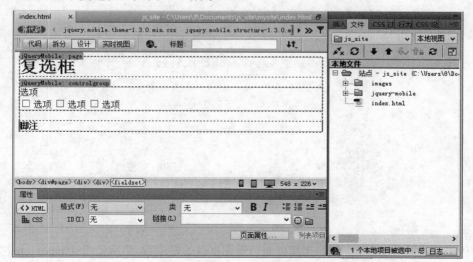

图 9.17 插入复选框组

第 6 步，切换到代码视图，可以看到新添加的复选框组代码。修改其中标签名称，以及每个复选框 <input type="checkbox"> 的 value 属性值，代码如下所示。

```
<div data-role="content">
  <div data-role="fieldcontain">
    <fieldset data-role="controlgroup" data-type="horizontal">
      <legend>技术特长</legend>
      <input type="checkbox" name="checkbox1" id="checkbox1_0" class="custom"
value="js" />
      <label for="checkbox1_0">JS</label>
      <input type="checkbox" name="checkbox1" id="checkbox1_1" class="custom"
value="css" />
      <label for="checkbox1_1">CSS3</label>
      <input type="checkbox" name="checkbox1" id="checkbox1_2" class="custom"
value="html" />
      <label for="checkbox1_2">HTML5</label>
    </fieldset>
  </div>
</div>
```

在上面的代码中，data-role="controlgroup" 属性定义 <fieldset> 标签为复选框组容器，data-type= horizontal" 定义了复选框水平排列方式。在 <fieldset> 标签内，通过 <legend> 标签定义复选框的提示性文本，每个复选框 <input type="checkbox"> 与 <label> 标签关联，通过 for 属性实现绑定。

第 7 步，在头部位置输入下面脚本代码。脚本的设计思路为如果获取被选中的复选框按钮的状态，需要遍历整个按钮组，根据各个选项的选中状态，以递加的方式记录被选中的复选框值。由于复选框也可以取消选中状态，因此，用户选中后又取消时，需要再次遍历整个按钮组，以重新递加的方式记录所有被选中的复选框值。

```
<script>
$(function(){
  $("input[type='checkbox']").on("change",
    function(event, ui) {
      var str=""
      $("input[type='checkbox']").each(function() {
        if (this.checked) {
          str += $(this).next("label").text() + ",";
        }
      });
      if(str)
        str ="特长: " + str.slice(0,str.length-1);
      else
        str ="复选框" ;
      $("div[data-role='header'] h1").text( str);
    })
})
</script>
```

在上面代码中，通过 $(function(){}) 定义页面初始化事件处理函数，然后使用 $("input type='checkbox']") 找到每个复选框，使用 on() 方法为其绑定 change 事件处理函数，在点选复选框时在触发的事件处理函数中，使用 each() 方法迭代每个复选框，判断是否被点选。如果点选，则先使用 $(this).next("label").text() 获取当前复选框按钮相邻的标签文本，并把该文本信息递加到变量 str 中。

最后，对变量 str 进行处理，如果 str 变量中存储有信息，则清理掉最后一个字符（逗号），如果没有信息，则设置默认值为"复选框"。使用 text() 方法，把 str 变量存储的信息传递给标题栏的标题标签。

第 8 步，在头部位置添加如下元信息，定义视图宽度与设备屏幕宽度保持一致。

```
<meta name="viewport" content="width=device-width,initial-scale=1" />
```

第 9 步，完成设计之后，在移动设备中预览该 index.html 页面，可以看到图 9.18 图所示的复选框组效果，当点选不同的复选框时，标题栏中的标题名称会随之发生变化，提示当前用户的特长。

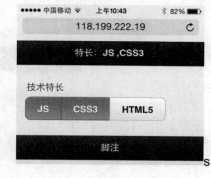

（a）复选框组初始显示状态　　　　　　（b）选中多个复选框后界面效果

图 9.18　设计的复选框按钮组效果

在默认情况下，多个复选框组成的复选框组放置在标题下面，通过 jQuery Mobile 自动删除每个复选框间的 margin 属性值，使其紧密显示为一个整体。

【示例 2】　复选框组有两种布局方式：垂直布局和水平布局。复选框组默认是垂直显示，可以为组容器添加 data-type="horizontal" 属性，定义水平显示。

下面示例为 <fieldset data-role="controlgroup"> 定义 data-type="vertical" 属性，设计复选框组垂直显示，效果如图 9.19 所示。

```
<div data-role="content">
  <div data-role="fieldcontain">
    <fieldset data-role="controlgroup" data-type="vertical">
      <legend>技术特长</legend>
      <input type="checkbox" name="checkbox1" id="checkbox1_0" class="custom"
value="js" />
      <label for="checkbox1_0">JS</label>
      <input type="checkbox" name="checkbox1" id="checkbox1_1" class="custom"
value="css" />
      <label for="checkbox1_1">CSS3</label>
      <input type="checkbox" name="checkbox1" id="checkbox1_2" class="custom"
value="html" />
      <label for="checkbox1_2">HTML5</label>
    </fieldset>
  </div>
</div>
```

水平布局和垂直布局显示样式明显不同。当水平显示时，以组的形式呈现；当垂直显示时，则以列表样式呈现，并添加复选框图标作为前缀，后面跟随标签文本，每个复选框占据一行，显示为单行按钮效果，多个复选框组成一组。

图 9.19　垂直显示的复选框组效果

📢 提示：

> 虽然复选框和单选按钮在功能和样式上存在诸多不同，但是各个属性、选项、方法与事件的定义是完全一样的。除了 jQuery 选择器所指向的 DOM 对象不同外，单选按钮和复选框的选项、方法和属性都一样，所以不再重复介绍。

【示例3】　如果使用 JavaScript 修改某个复选框的状态，设置后必须对整个复选框组进行刷新，以确保使对应的样式同步，实现的代码如下所示。

```
<script>
$(function(){
    $("input[type='checkbox']:lt(2)").attr("checked",true)
    .checkboxradio("refresh");
})
</script>
```

在上面代码中，设置第一个和第二个复选框为被选中状态，然后刷新整个复选框组，以确保整体的样式与选中的复选框保持同步。则页面显示效果如图 9.20 所示，页面初始自动选中第一、二个复选框。

图 9.20　页面初始化自动选中第一、二个复选框

9.5 滑 块

一般情况下，每次移动滑块，数字会增加 1。如果滑块数值范围很大，如从 0～10000，而移动设备的屏幕宽度固定，则每次移动滑块时，数字增长可能比较快。

9.5.1 设计滑块

使用<input type="range">标签可以定义滑块组件，在 jQuery Mobile 中滑块组件由两部分组成，一部分是可调整大小的数字输入框，另一部分是可拖动修改输入框数字的滑块。滑块元素可以通过 min 和 max 属性来设置滑块的取值范围。

【示例 1】 下面示例演示如何使用 Dreamweaver CC 快速设计滑块，并通过 JavaScript 设计实现：当滑动滑块时，可以动态调整色条的宽度。

第 1 步，启动 Dreamweaver CC，选择【文件】|【新建】命令，打开【新建文档】对话框。在该对话框中选择"空白页"项，设置页面类型为"HTML"，设置文档类型为"HTML5"，然后单击【创建】按钮，完成文档的创建操作。

第 2 步，按 Ctrl+S 快捷键，保存文档为 index.html。选择【插入】|【jQuery Mobile】|【页面】命令，打开【jQuery Mobile 文件】对话框，保留默认设置，单击【确定】按钮，完成在当前文档中插入视图页。

第 3 步，单击【确定】按钮，关闭【jQuery Mobile 文件】对话框，然后打开【页面】对话框。在该对话框中设置页面的 ID 值，同时设置页面视图是否包含标题栏和页脚栏（脚注）。在此保持默认设置，单击【确定】按钮，完成在当前 HTML5 文档中插入页面视图结构。

第 4 步，按 Ctrl+S 快捷键，保存当前文档 index.html。此时，Dreamweaver CC 会弹出对话框提示保存相关的框架文件，单击【确定】按钮完成框架文件的保存操作。

第 5 步，在编辑窗口中，可以看到 Dreamweaver CC 新建一个页面，页面视图包含标题栏、内容框和页脚栏，同时在【文件】面板的列表中可以看到复制的相关库文件。

第 6 步，修改标题文本为"滑块"。选中内容栏中的"内容"文本按 Delete 键清除内容栏内的文本，然后选择【插入】|【jQuery Mobile】|【滑块】命令，在内容框中插入一个滑块组件，如图 9.21 所示。

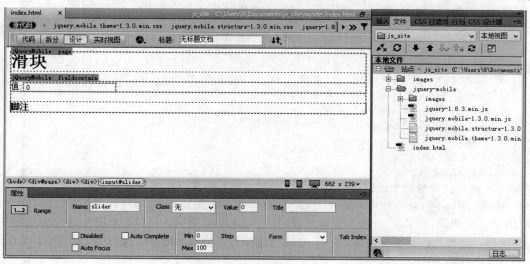

图 9.21 插入滑块表单组件

在代码视图中可以看到新添加的滑块表单对象代码。

```
<div data-role="content">
    <div data-role="fieldcontain">
        <label for="slider">值:</label>
        <input type="range" name="slider" id="slider" value="0" min="0" max="100" />
    </div>
</div>
```

第7步，选择【插入】|【Div】命令，打开【插入 Div】对话框。设置 ID 值为 box，单击【新建 CSS 规则】按钮，打开【新建 CSS 规则】对话框。保持默认设置，单击【确定】按钮，打开【#box 的 CSS 规则定义】对话框。设置背景样式 Background-color: #FF0000，即定义背景颜色为红色；设置方框样式：Height: 20px、Width: 0px，即高度为 20 像素，宽度为 0 像素，如图 9.22 所示。

第8步，切换到代码视图，在头部位置输入下面脚本代码，通过$(function(){})定义页面初始化事件处理函数，使用$("#slider")找到滑块组件，使用 on()方法为其绑定 change 事件处理函数，在滑块值发生变化的事件处理函数中，先使用$(this).val()获取当前滑块的值，然后使用该值设置上一步添加的盒子宽度。

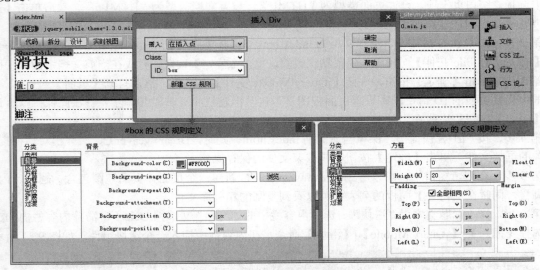

图 9.22　插入并设置盒子样式

```
<script>
$(function(){
    $("#slider").on("change",function(){
        var val = $(this).val();
        $("#box").css("width",val + "%");
    })
})
</script>
```

第9步，在头部位置添加如下元信息，定义视图宽度与设备屏幕宽度保持一致。

```
<meta name="viewport" content="width=device-width,initial-scale=1" />
```

第10步，完成设计之后，在移动设备中预览该 index.html 页面，可以看到图 9.23 所示的滑块效果，当拖动滑块时，会实时改动滑块的值，在 0～100 之间变化，然后利用该值改变盒子的宽度，盒子的宽度在 0%～100%之间随之变化。

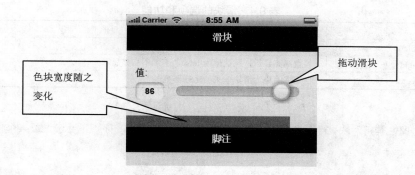

图 9.23　设计滑块效果

滑块可以设置最小值和最大值，以约束滑块的数据范围。在滑块对象中，min 属性用于设定最小值，max 属性用于设定最大值，value 属性用于设定默认值。

拖动滑块，或者单击数字输入框中的＋或一号可以修改滑块值。此外，在键盘上按方向键或按 PageUp、PageDown、Home 及 End 键，也可以调节滑块值的大小。当然，通过 JavaScript 代码也可以设置滑块的值，但必须在完成设置后对滑块的样式进行刷新。

【示例 2】　下面示例通过 JavaScript 设置滑块的值为 50。

```
<script>
$(function(){
    $("#slider").val(50).slider("refresh");
})
</script>
```

上述代码将当前滑块的值设置为 50，然后调用 slider("refresh") 方法，刷新滑块的样式，使其滑动到 50 的刻度上，与数字输入框的值相对应，效果如图 9.24 所示。

9.5.2　设置属性和选项

在尺寸和主题风格设定方面，滑块的属性与选项所实现的功能大致类似。表 9.3 列出了滑块属性、选项及其功能的对应关系。

图 9.24　使用 JavaScript 脚本控制滑块的显示值

扫一扫，看视频

表 9.3　滑块的属性、选项和功能

选　项	属　性	功　能
mini	data-mini	设置标准尺寸或者 mini 尺寸，默认值为 false
theme	data-theme	设置主题风格，默认为空，表示主题风格继承自父级容器
trackTheme	data-track-theme	设置滑块轨道主题风格，默认为空，继承自父级容器

【示例 1】　下面代码通过属性设置滑块轨道的主题风格。

```
<input type="range" id="mySlider" value="0" min="0" max="100" data-track-theme="e" />
```

【示例 2】　下面代码通过选项设置滑块轨道主题风格。

```
<script>
$('#mySlider').slider({
    trackTheme: "e"
});
</script>
```

此外，滑块中有一些选项是没有对应属性的，如表 9.4 所示。

表 9.4　滑块的选项和功能

选　项	功　能
disable	设置禁用滑块，默认值为 false，表示不禁用
highlight	设置高亮显示，默认值为 false，表示不高亮显示
initSelector	自定义渲染为滑块效果的选择器范围

扫一扫，看视频

📢 提示：

如果需要通过属性禁用滑块，可以设置滑块的 CSS 样式为 ui-disabled，而不是通过设置某个特定的禁用属性以实现。

```
<input type="range" id="mySlider" value="0" min="0" max="100" data-track-theme="e"
class="ui-disabled" />
```

9.5.3　设置方法和事件

与滑块相关的操作中，主要涉及启用、禁用和刷新功能，相关方法及作用说明如下。

➥　enable：启用滑块。
➥　disable：禁用滑块。
➥　refresh：刷新滑块样式。

【示例 1】　下面代码实现了对某个滑块的禁用操作。

```
$('#mySlider').slider('disable');
```

在 jQuery Mobile 1.2.0 之前，滑块只支持 create 事件，这个事件在滑块创建时触发。在 jQuery Mobile 1.2.0 之后，滑块增加了两个新的事件：sliderstart 和 sliderstop，它们分别表示滑块调整开始和滑块调整结束。

【示例 2】　本示例代码实现了 sliderstart 和 sliderstop 这两个事件。当开始拖动滑块时，会触发 sliderstart 事件，并提示用户"开始移动滑块点"。当滑块移动停止时，会触发 sliderstop 事件，并提示用户"滑块移动结束点"，演示效果如图 9.25 所示。

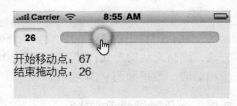

图 9.25　应用 sliderstart 和 sliderstop 事件

```
<script>
$(function(){
    $("#slider").bind('slidestart',function(event){
        $("#start").text("开始移动点："+$(this).val());
    });
    $("#slider").bind('slidestop',function(event){
        $("#stop").text("结束拖动点："+$(this).val());
    });
});
</script>

<input type="range" name="slider" id="slider" value="0" min="0" max="100" />
<div id="start"></div>
<div id="stop"></div>
```

9.6　开　关　按　钮

扫一扫，看视频

开关按钮的功能类似于单选按钮或者下拉菜单的功能。从用户体检的角度来说，开关按钮更加直观。

一般在移动设备中比较常见，用以提供配置设置。

【示例1】 jQuery Mobile 借助<select>标签设计开关按钮，当<select>标签定义了 data-role="slider" 属性时，可以将该下拉列表的两个<option>选项样式变成一个开关按钮。第一个<option>选项为开状态，返回值为 true 或 1；第二个<option>选项为关状态，返回值为 false 或 0。

示例设计步骤如下。当开关按钮打开时，将加粗显示字体；当开关按钮关闭时，取消字体加粗显示，效果如图 9.26 所示。

（a）关闭开关时标签字体正常显示　　　　（b）打开开关时标签字体加粗显示

图 9.26　应用开关按钮示例效果

【操作步骤】

第 1 步，启动 Dreamweaver CC，选择【文件】|【新建】命令，打开【新建文档】对话框。在左侧列表框中选择【空白页】选项，设置【页面类型】为 HTML，【文档类型】为 HTML5，然后单击【创建】按钮，完成文档的创建。

第 2 步，按 Ctrl+S 快捷键，保存文档为 index.html。选择【插入】|【jQuery Mobile】|【页面】命令，打开【jQuery Mobile 文件】对话框。保留默认设置，单击【确定】按钮，完成在当前文档中插入视图页。

第 3 步，单击【确定】按钮，关闭【jQuery Mobile 文件】对话框，然后打开【页面】对话框。在该对话框中设置页面的 ID 值，同时设置页面视图是否包含标题栏和页脚栏（脚注）。在此保持默认设置，单击【确定】按钮，完成在当前 HTML5 文档中插入页面视图结构。

第 4 步，按 Ctrl+S 快捷键，保存当前文档 index.html。此时，Dreamweaver CC 会弹出对话框提示保存相关的框架文件，单击【确定】按钮完成框架文件的保存操作。

第 5 步，在编辑窗口中，可以看到 Dreamweaver CC 新建一个页面，页面视图包含标题栏、内容框和页脚栏，同时在【文件】面板的列表中可以看到复制的相关库文件。

第 6 步，修改标题文本为"翻转切换开关"。选中内容栏中的"内容"文本按 Delete 键清除内容栏内的文本，然后选择【插入】|【jQuery Mobile】|【翻转切换开关】命令，在内容框中插入一个翻转切换开关组件，如图 9.27 所示。

在代码视图中可以看到新添加的翻转切换开关表单对象代码。

```
<div data-role="content">
   <div data-role="fieldcontain">
     <label for="flipswitch">选项:</label>
     <select name="flipswitch" id="flipswitch" data-role="slider">
        <option value="off">关</option>
        <option value="on">开</option>
     </select>
   </div>
</div>
```

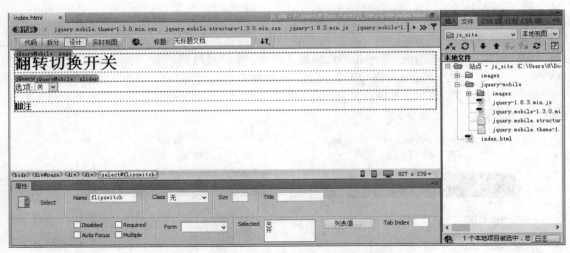

图 9.27 插入翻转切换开关表单组件

第 7 步，修改翻转切换开关表单组件中标签文本为"粗体显示："，设计利用翻转切换开关控制视图字体的粗细显示配置。

第 8 步，切换到代码视图，在头部位置输入下面脚本代码，通过$(function(){})定义页面初始化事件处理函数，使用$("#flipswitch")找到翻转切换开关表单组件，使用 on()方法为其绑定 change 事件处理函数。在切换开关的值发生变化时触发事件处理函数，先使用$(this).val()获取当前切换开关的值，然后使用该值作为设置条件。如果打开开关，则以加粗标签字体显示，否则以普通字体显示。

```
<script>
$(function(){
    $("#flipswitch").on("change",function(){
        var val = $(this).val();
        if(val == "on")
            $("#page label").css("font-weight","bold");
        else
            $("#page label").css("font-weight","normal");
    })
})
</script>
```

第 9 步，在头部位置添加如下元信息，定义视图宽度与设备屏幕宽度保持一致。

```
<meta name="viewport" content="width=device-width,initial-scale=1" />
```

第 10 步，完成设计之后，在移动设备中预览该 index.html 页面，可以看到图 9.26 所示的切换开关效果。当拖动滑块时，会实时打开或关闭开关，然后利用该值作为条件进行逻辑判断，以便决定是否加粗标签字体。

【示例 2】 在单击开关按钮时，会触发 change 事件，在该事件中可以获取切换后的值，即 ID 值为 flipswitch 的翻转开关中被选中项的值。注意，不是显示的文本内容。

如果使用 JavaScript 设置翻转开关的值，完成设置后必须进行刷新，代码如下所示。

```
(function(){
    $("#flipswitch")[0].selectedIndex = 1;
    $("#flipswitch").slider("refresh");
})
```

在上面代码中，将第一个选项设置为选中状态，然后刷新组件，显示更新结果。

9.7　选 择 菜 单

选择菜单从功能上更接近于单选按钮或者复选框，用户可以在一定范围内选择特定的内容。与单选按钮或者复选框的呈现方式不同，选择菜单并不将所有内容直接呈现在浏览器上，只有用户单击选择菜单时，备选内容才会呈现出来。

扫一扫，看视频

9.7.1　设计下拉菜单

jQuery Mobile 重新定制了<select>标签样式，使选择菜单操作更符合触摸体验。整个菜单由按钮和菜单两部分组成，当用户单击按钮时，对应的菜单选择器会自动打开，选其中某一项后，菜单自动关闭，被单击的按钮的值将自动更新为菜单中用户所点选的值。

【示例 1】　本示例设计一个选择菜单，当点选菜单项目时，会使用菜单选项值更新标题文本，演示效果如图 9.28 所示。

第 1 步，启动 Dreamweaver CC，新建 HTML5 文档，保存文档为 index.html。在选择菜单组容器中添加 3 个菜单项目，第一个用于选择"年"，第二个用于选择"月"，第三个用于选择"日"。当单击按钮并选中某选项后，标题中将显示选中的日期信息。

（a）菜单组初始显示状态　　　　　　　　　（b）选中菜单后标题栏实时显示信息

图 9.28　设计的选择菜单演示效果

第 2 步，选择【插入】|【jQuery Mobile】|【页面】命令，打开【jQuery Mobile 文件】对话框，保留默认设置，单击【确定】按钮，在当前文档中插入一个视图页。

第 3 步，修改标题文本为"下拉菜单"。选中内容栏中的"内容"文本，按 Delete 键清除内容栏内的文本，然后选择【插入】|【jQuery Mobile】|【选择】命令，在编辑窗口插入一个下拉菜单框，如图 9.29 所示。

第 4 步，选中列表框对象，在属性面板中单击【列表值】按钮，打开【列表值】对话框。单击 ➕ 按钮，添加 3 个列表项目；然后在【项目标签】和【值】栏中分别输入 2013、2014 和 2015；最后单击【确定】按钮完成菜单项目的定义，如图 9.30 所示。

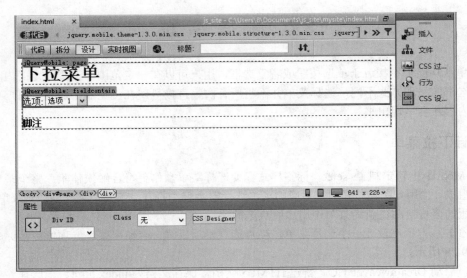

图 9.29　插入下拉菜单框

图 9.30　定义列表项目

第 5 步，模仿上面两步操作，继续在页面中插入两个菜单选择框，并在属性面板中修改对应的列表项目值，修改菜单标签的文本。

第 6 步，切换到代码视图，可以看到新添加的菜单框代码。代码如下所示。

```
<div data-role="content">
    <div data-role="fieldcontain">
        <label for="selectmenu" class="select">年</label>
        <select name="selectmenu" id="selectmenu">
            <option value="2013">2013</option>
            <option value="2014">2014</option>
            <option value="2015">2015</option>
        </select>
        <label for="selectmenu2" class="select">月</label>
        <select name="selectmenu2" id="selectmenu2">
            <option value="1">1 月</option>
```

```
        <option value="2">2 月</option>
        <option value="3">3 月</option>
        ……
    </select>
    <label for="selectmenu3" class="select">日</label>
    <select name="selectmenu3" id="selectmenu3">
        <option value="1">1</option>
        <option value="2">2</option>
        <option value="3">3</option>
        ……
    </select>
    </div>
</div>
```

在上面代码中，<div data-role="fieldcontain">标签定义了一个表单容器，使用<select>标签定义 3 个菜单项目，每个菜单对象与前面的<label>标签关联，通过 for 属性实现绑定。

第 7 步，在头部位置输入下面脚本代码。脚本的设计思路为当菜单值发生变化时，则逐一获取年、月、日菜单的值，然后更新标题栏标题信息，以正确、实时地显示当前菜单框选择的日期值。

```
<script>
$(function(){
    var year,mobth,day,str;
    $("#selectmenu, #selectmenu2, #selectmenu3").on("change",
        function() {
            year = parseInt($("#selectmenu").val());
            month = parseInt($("#selectmenu2").val());
            day = parseInt($("#selectmenu3").val());
            if(year)
                str = year;
            if(month)
                str += "-" + month;
            if(day)
                str += "-" +day;
            $("div[data-role='header'] h1").text(str);
        })
})
</script>
```

在上面代码中，通过 $(function(){}) 定义页面初始化事件处理函数，然后使用 $("#selectmenu, #selectmenu2, #selectmenu3")获取页面中年、月和日菜单选择框，使用 on()方法为其绑定 change 事件处理函数，在点选菜单时将触发事件处理函数，逐一获取年、月和日菜单项目的显示值，然后把它们组合在一起递加给变量 str。最后，把 str 变量存储的信息传递给标题栏的标题标签。

第 8 步，在头部位置添加如下元信息，定义视图宽度与设备屏幕宽度保持一致。

```
<meta name="viewport" content="width=device-width,initial-scale=1" />
```

第 9 步，完成设计之后，在移动设备中预览该 index.html 页面，可以看到图 9.28 所示的菜单效果，当选择菜单项目的值时，标题栏中的标题名称会随之变化，提示当前用户选择的日期值。

【示例 2】 多个菜单可以分组进行显示，此时可以设计为水平布局或垂直布局。当水平显示时，菜单会显示为按钮组效果，并在右侧显示提示性的下拉图标，效果如图 9.31 所示。

图 9.31 设计菜单组布局样式

把多个菜单分组显示，只需要在多个\<select>标签外面包裹\<fieldset data-type="horizontal">标签，并添加 data-role="controlgroup"，定义表单控件组容器。

```
<fieldset data-role="controlgroup" data-type="horizontal">
    <label for="selectmenu" class="select">年</label>
    <select name="selectmenu" id="selectmenu"> </select>
    <label for="selectmenu2" class="select">月</label>
    <select name="selectmenu2" id="selectmenu2"> </select>
    <label for="selectmenu3" class="select">日</label>
    <select name="selectmenu3" id="selectmenu3"></select>
</fieldset>
```

◀》提示：

data-type 定义水平或者垂直布局显示，当值为"horizontal"时表示水平布局，当值为"vertical"时表示垂直布局。

【示例3】 通过为选择菜单添加 ata-native-menu 属性，设置属性值为 false，则可以设计更具个性的选择菜单。例如，在下面代码中为\<select>标签添加 data-native-menu，设置值为 false，代码如下所示。

```
<fieldset data-role="controlgroup" data-type="vertical">
    <label for="selectmenu" class="select">年</label>
    <select name="selectmenu" id="selectmenu" data-native-menu="false">
        ......
    </select>
    <label for="selectmenu2" class="select">月</label>
    <select name="selectmenu2" id="selectmenu2" data-native-menu="false">
        ......
    </select>
    <label for="selectmenu3" class="select">日</label>
    <select name="selectmenu3" id="selectmenu3" data-native-menu="false">
        ......
    </select>
```

```
</fieldset>
```

　　在为选择菜单的 data-native-menu 属性值设置为 false 后，它就变成了一个自定义类型的选择菜单。用户单击年份按钮时，页面中会弹出一个菜单形式的对话框，在对话框中选择某选项后，触发选择菜单的 change 事件，该事件中将在页面中显示用户所选择的菜单选择值，同时对话框自动关闭，并更新对应菜单按钮中所显示的内容。显示效果如图 9.32 所示。

　　（a）选择年份　　　　　　　　　　（b）选择月份　　　　　　　　　　（c）选择后的效果

图 9.32　设计自定义菜单样式

　　在设计选择菜单的 change 事件处理函数时，应先检查用户是否选择了某个选项，如果没有选择，应作相应的提示信息或检测，以确保获取数据的完整性。

9.7.2　设计列表框

　　当为 <select> 标签添加 multiple 属性后，选择菜单对象会转换为多项列表框，jQuery Mobile 支持列表框组件，允许在菜单基础上进一步设计多项选择的列表框。如果将某个选择菜单的 multiple 属性值设置为 true，单击该按钮在弹出的菜单对话框中，全部菜单选项的右侧会出现一个可勾选的复选框，用户通过单击该复选框，可以选中任意多个选项。选择完成后，单击左上角的"关闭"按钮，已弹出的对话框会关闭，对应的按钮自动更新为用户所选择的多项内容值。

扫一扫，看视频

　　【示例 1】

　　第 1 步，启动 Dreamweaver CC，新建 HTML5 文档，保存文档为 index.html。

　　第 2 步，选择【插入】|【jQuery Mobile】|【页面】命令，打开【jQuery Mobile 文件】对话框，保留默认设置，单击【确定】按钮，在当前文档中插入一个视图页。

　　第 3 步，修改标题文本为"列表框"。选中内容栏中的"内容"文本，按 Delete 键清除内容栏内的文本，然后选择【插入】|【jQuery Mobile】|【选择】命令，在编辑窗口中插入一个下拉菜单框。

　　第 4 步，选中列表框对象，在属性面板中选中 Multiple 复选框，然后单击【列表值】按钮，打开【列表值】对话框，单击 ➕ 按钮，添加 5 个列表项目，再在【项目标签】和【值】栏中分别输入文本和对应的反馈值，如图 9.33 所示。

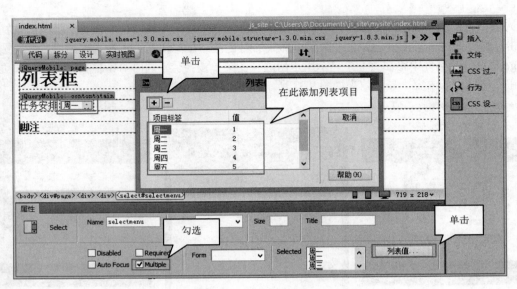

图 9.33　定义列表项目

第 5 步，单击【确定】按钮，关闭【列表值】对话框完成设计，切换到代码视图，可以看到新添加的菜单框代码。代码如下所示。

```html
<div data-role="content">
    <div data-role="fieldcontain">
        <label for="selectmenu" class="select">任务安排</label>
        <select name="selectmenu" id="selectmenu" multiple="true">
            <option value="1">周一</option>
            <option value="2">周二</option>
            <option value="3">周三</option>
            <option value="4">周四</option>
            <option value="5">周五</option>
        </select>

    </div>
</div>
```

在上面代码中，<div data-role="fieldcontain">标签定义了一个表单容器，使用<select>标签定义 5 个菜单项目，每个菜单对象与前面的<label>标签关联，通过 for 属性实现绑定。

第 6 步，在头部位置添加如下元信息，定义视图宽度与设备屏幕宽度保持一致。

```html
<meta name="viewport" content="width=device-width,initial-scale=1" />
```

第 7 步，完成设计之后，在移动设备中预览该 index.html 页面，可以看到图 9.34 所示的菜单效果，当选择菜单项目的值时，标题栏中的标题名称会随之发生变化，提示当前用户选择的日期值。

📢 提示：

在点选多项选择列表框对应的按钮时，不仅会显示所选择的内容值，而且超过两项选择时，在下拉图标的左侧还会有一个圆形的标签，在标签中显示用户所选择的选项总数。另外，在弹出的菜单选择对话框中，选择某一个选项后，对话框不会自动关闭，必须单击左上角圆形的【关闭】按钮，才算完成一次菜单的选择。单击【关闭】按钮后，各项选择的值会变成一行用逗号分隔的文本，显示在对应按钮中。如果按钮长度不够，多余部分将显示成省略号。

（a）选择多项列表　　　　　　　（b）选中多项列表后的效果

图 9.34　设计的多选列表框效果

【示例 2】　为了能够兼容不同设备和浏览器，建议为<select>标签添加 data-native-menu="false"属性，激活菜单对话框，否则在部分浏览器中该组件显示无效果。当添加 data-native-menu="false"属性声明之后，在 iPhone5S 中的点选效果如图 9.35 所示，会展开一个菜单选择对话框，而不是系统默认的菜单选项视图。

【示例 3】　与所有的表单组件对象一样，无论是选择菜单还是多项选择列表框，如果使用 JavaScript 代码控制选择菜单所选中的值，必须对该选择菜单刷新一次，从而使对应的样式与选择项同步，代码如下所示。

```html
<script>
$(function(){
    $("#selectmenu")[0].selectedIndex = 1;
    $("#selectmenu").selectmenu("refresh");
})
</script>
```

上面代码将设置第 2 个选项为选中状态，同时刷新整个选择列表框，使选择值与列表框样式同步，效果如图 9.36 所示。

图 9.35　打开菜单选择对话框　　　　　　图 9.36　设置默认显示被选中的选项

9.7.3 选择项目分组

选择菜单中的内容可以分组显示，经过分组之后，一类内容被归纳在一起，这样有助于用户在不同分组中进行快速选择。每个分组菜单的标题和这个分组中的菜单项存在大致一个字符的缩进，这样使用者可以一目了然地识别出菜单的不同分组。如果分组之后的内容比较多，用户也可以通过上下滑动屏幕来看到更多菜单中的内容。

【示例】　要实现菜单内容的分组，需要先将各个分组菜单项依次放置在 optgroup 容器中，然后将 optgroup 按顺序放在 select 容器中就可以了。optgourp 的 label 属性值会作为分组名称显示在菜单分组的列表中。本示例代码如下。

```
<div data-role="fieldcontain">
    <label for="select-choice" class="select">常用技术:</label>
    <select name="select-choice" id="select-choice" data-native-menu="false">
        <optgroup label="页面开发">
            <option value="HTML">HTML</option>
            <option value="JavaScript">JavaScript</option>
            <option value="CSS">CSS</option>
        </optgroup>
        <optgroup label="应用服务器开发">
            <option value="ASP.NET MVC">ASP.NET MVC</option>
            <option value="PHP">PHP</option>
            <option value="JSP">JSP</option>
        </optgroup>
        <optgroup label="数据库">
            <option value="MySQL">MySQL</option>
            <option value="SQL Server">SQL Server</option>
            <option value="SQLite">SQLite</option>
        </optgroup>
        <optgroup label="操作系统">
            <option value="Linux">Linux</option>
            <option value="Windows">Windows</option>
            <option value="Android">Android</option>
        </optgroup>
    </select>
</div>
```

不同分组的内容会缩进显示，如图 9.37 所示。其中"页面开发"组内容包含有 HTML、JavaScript 和 CSS 这 3 个菜单项，它们比"页面开发"这几个字向右缩进了几个像素。

图 9.37　为选择项目分组

9.7.4 禁用选择项目

在某种场景下，可能需要禁用某个选择项目，此时可以单独为某个项目设置 disabled 属性即可。

【示例】 本示例禁用了第 3 个菜单项的功能，禁用之后，该项目显示为灰色，效果如图 9.38 所示。

```
<div data-role="fieldcontain">
    <label for="select-choice" class="select">Web 技术:</label>
    <select name="select-choice" id="select-choice" data-native-menu="false">
        <option value="HTML">HTML</option>
        <option value="JavaScript">JavaScript</option>
        <option value="CSS" disabled>CSS</option>
    </select>
</div>
```

图 9.38 禁用选择项目

9.7.5 设置属性和选项

用户可以使用选择菜单的属性和选项设定选择菜单的外形、图标和主题风格等样式，具体说明如表 9.5 所示。

表 9.5 选择菜单的选项、属性和功能

选 项	属 性	功 能
corners	data-corners	设置选择菜单按钮是否为圆角矩形。默认为 true，为圆角矩形。如果设置为 false，则为直角矩形
icon	data-icon	设置选择菜单按钮的图标样式，默认为向下按钮 arrow-d
iconpos	data-iconpos	设置选择菜单按钮的图标位置，默认为右侧 right
iconshadow	data-iconshadow	设置按钮阴影，默认为显示阴影 true。如果设置为 false，则不显示阴影
inline	data-inline	设置是否以内联方式显示选择菜单按钮。默认为 null，不以内联方式显示，也可以设置为 false 表示这个含义。设置为 true，表示以内联方式显示
mini	data-mini	设置标准尺寸或者 mini 尺寸。默认为 false，表示以标准尺寸显示
nativemenu	data-native-menu	设置是否以原生样式显示菜单。默认为 true，以原生样式显示菜单。设置为 false 时，表示不以原生样式显示菜单，此时可能导致显示速度变慢。但是在多选菜单中，必须将此选项设置为 false 才可以正常工作
preventFocusZoom	data-prevent-focus-zoom	当焦点位于选择菜单中时，禁止执行缩放操作，以免缩放后输入困难。在 iOS 平台中，默认为 true，表示禁止缩放
shadow	data-shadow	设置选择菜单按钮的阴影效果。默认为 true，表示显示阴影效果。设置为 false 时，表示不显示阴影效果
theme	data-theme	设置主题风格。默认为空，主题风格继承自父级容器

【示例 1】 本示例设计选择菜单不使用原生菜单样式，定义直角矩形按钮（data-corners="false"），按钮中的图标为星型图标（data-icon="star"），效果如图 9.39 所示。

```
<select id="selectMenu" data-native-menu= "false"
data-corners="false" data-icon= "star">
    <option value="HTML">HTML</option>
    <option value="JavaScript">JavaScript</option>
    <option value="CSS">CSS</option>
</select>
```

图 9.39　定义直角、星形图标按钮

【示例 2】　本示例通过选项设置选择菜单按钮样式为星形。

```
<script>
$(function(){
    $( "#selectMenu" ).selectmenu({
        icon: "star"
    });
})
</script>
```

此外，还有两个特别的菜单选项，具体说明如下。

（1）initSelector

该选项用以设置自定义的选择器。当使用 initSelector 设定选择器后，jQuery Mobile 就会在执行初始化的时候，将这些选择器所对应的 DOM 对象初始化为选择菜单。

📢 注意：

一旦设定了选择器，jQuery Mobile 默认的选择菜单标签就可能不再起作用了。

（2）overlayTheme

该选项用于设定基于对话框选择菜单覆盖层的主题风格。

扫一扫，看视频

9.7.6　设置方法和事件

在选择菜单相关的操作中，主要涉及启用、禁用、刷新、打开和关闭等功能，相应方法说明如下。

❧　enable：启用选择菜单。

❧　disable：禁用选择菜单。

❧　refresh：刷新菜单样式。

❧　open：打开选择菜单。

❧　close：关闭选择菜单。

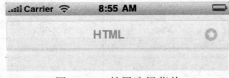

图 9.40　禁用选择菜单

【示例】　下面示例调用 disable 方法禁用选择菜单，效果如图 9.40 所示。

```
$(function(){
    $( "#selectMenu" ).selectmenu('disable');
})
```

选择菜单支持 create 事件，该事件在创建选择菜单时触发。

9.8　使　用　表　单

9.8.1　禁用表单对象

如果要禁用某个表单元素，可以通过设置 CSS 为 ui-disabled 来实现。

【示例】　在本示例中，文本框和查询框被标记为 us-disabled，则表单对象呈现为灰色，无法输入或使用，如图 9.41 所示。表单元素被禁用之后，基于其上的输入、事件、方法等操作将被一同禁用掉。

```
<div data-role="fieldcontain">
    <label for="name">文本框:</label>
    <input type-"text" name="name" id="name" value="" class="ui-disabled" />
</div>
<div data-role="fieldcontain" class="ui-disabled">
    <label for="search">查询框:</label>
    <input type="search" name-"search" id="search" value="" />
</div>
```

比较两个禁用对象，会发现它们略有不同。第一个输入框的
文本不是灰色的，而第二个文本和输入框都是灰色的。这是由于
第一个文本输入框的元素被禁用，而标签元素并没有被设置为
ui-disabled 样式，所以在第一个输入框中，只有文本输入框被禁用。

在第二个查询输入框的代码中，由于禁用样式 ui-disabled 被
应用于 fieldcontain 容器上，因此所有包含在这个 fieldcontain 容器
中的表单元素都是被禁用的状态，查询输入框的文本以及输入框
都呈现为灰色。

图 9.41　禁用表单对象

9.8.2　隐藏标签

jQuery Mobile 提供了一种隐藏标签的功能，用来适应移动设备的屏幕尺寸局限。使用该功能后，表
单的标签就不会被独立显示，而是在输入框中显示。要实现隐藏标签，大致需要如下两步。

第 1 步，在需要隐藏标签的<div data-role="filedcontain">容器中加入 class="ui-hide-label"类。

第 2 步，在输入框中添加 placeholder 属性，并将标签的内容赋值给该属性。

【示例】　本示例做一个对比，设计两组相同的表单对象，其中在第一组表单容器中添加
class="ui-hide-label"，而第二组表单容器中没有添加 ui-hide-label 类，则比较效果如图 9.42 所示。

```
<h3>包含 ui-hide-label 类</h3>
<div data-role="fieldcontain" class="ui-hide-label">
    <label for="name">文本输入框:</label>
    <input type="text" name="name" id="name" value="" placeholder="文本输入框" />
</div>
<div data-role="fieldcontain" class="ui-hide-label">
    <label for="search">查询输入框:</label>
    <input type="search" name="search" id="search" value="" placeholder="查询输入
框" />
</div>
<h3>不包含 ui-hide-label 类</h3>
<div data-role="fieldcontain">
    <label for="name">文本输入框:</label>
    <input type="text" name="name" id="name" value="" placeholder="文本输入框" />
</div>
<div data-role="fieldcontain">
    <label for="search">查询输入框:</label>
    <input type="search" name="search" id="search" value="" placeholder="查询输入
框" />
</div>
```

图 9.42　隐藏标签效果比较

9.8.3　设计迷你表单

扫一扫，看视频

jQuery Mobile 提供了一套小尺寸的表单元素，方便用于特定的应用场景，如折叠内容块、工具栏或列表视图中，它们就是 mini 尺寸的表单样式。在这些特定应用场景中，如果使用正常尺寸的表单元素，则会使布局变得拥挤，而将小号表单对象放入折叠内容块、工具栏或者列表视图中，界面呈现效果会更加舒适。

📢 注意：

> jQuery Mobile 1.1.1 及其之前的版本中，工具栏按钮默认为正常尺寸。自 jQuery Mobile 1.2.0 之后，工具栏按钮将默认为 mini 尺寸。

要实现 mini 尺寸的表单元素，可以在表单元素中设置 data-mini 属性为 true。

【示例】　本示例使用 data-mini="true"设计一个 mini 尺寸的登录表单，演示效果如图 9.43 所示。

图 9.43　设计迷你表单

```
<div data-role="fieldcontain">
    <input type="text" id="name" value="" placeholder="登录名" data-mini="true" />
    <input type="password" id="password" value="" placeholder="密码" data-mini=
"true" />
    <div style="margin-top:16px">
        <fieldset class="ui-grid-a">
            <div class="ui-block-a">
                <button type="reset" data-theme="d">取消</button>
            </div>
            <div class="ui-block-b">
                <button type="submit" data-theme="a">提交</button>
            </div>
        </fieldset>
    </div>
</div>
```

9.9 实 战 案 例

本节包括两个案例分别为表单验证和文件上传。在表单验证中，用户在提交内容时，会首先进行内容验证。只有在内容验证通过后，才会将表单内容提交到服务器。在文件上传中，会介绍如何在 jQuery Mobile 环境中实现移动设备文件向服务器的上传。

9.9.1 表单验证

在开发 jQuery Mobile 移动应用时，用户可以通过 jQuery Validation 插件实现表单验证。在本示例中，设计只有输入的登录内容符合一定规则，如登录名和密码都不能为空，登录表单的内容才会被提交到服务器。

📢 提示：

> jQuery Validation 插件为表单提供了强大的验证功能，让客户端表单验证变得更简单，同时提供了大量的定制选项，满足应用程序各种需求。该插件在 2006 年 jQuery 早期的时候就已经出现，并一直更新至今，目前版本是 1.14.0。

【操作步骤】

第 1 步，启动 Dreamweaver CC，新建 HTML5 文档，保存文档为 index.html。

第 2 步，在页面头部区域引入 jQuery 和 Query Mobile 库文件。

```
<script src="jquery-mobile/jquery-1.8.3.min.js" type="text/javascript"></script>
<script src="jquery-mobile/jquery.mobile-1.3.0.min.js" type="text/javascript">
</script>
```

第 3 步，访问 jQuery Validation 插件官网（http://jqueryvalidation.org/），下载 jquery.validate.js 插件文件，然后在文档中引入。

```
<script src="js/jquery.validate.js" type="text/javascript"></script>
```

第 4 步，在需要进行验证的表单元素中通过 class 设置规则。例如，内容不得为空，则设置 class 为 required。

```
<form id="signupForm" method="get" action="">
    <p>
        <label for="name">姓名：</label>
        <input id="name" name="name" class="required" />
    </p>
    <p>
        <label for="email">E-Mail</label>
        <input id="email" name="email" class="required email" />
    </p>
    <p>
        <input class="submit" type="submit" value="提交"/>
    </p>
</form>
```

第 5 步，在 JavaScript 脚本中调用 validate()方法，激活插件，同时可以根据需要有选择性地汉化错误提示信息，方法是通过插件扩展的方式覆盖掉默认的错误提示信息。

```
<script>
jQuery.extend(jQuery.validator.messages, {
    required: "必填字段",
    email: "请输入正确格式的电子邮件"
});
```

```
$(function(){
    $("#signupForm").validate();
})
</script>
```

第6步，在内部样式表中，可以有选择性地重新定义错误提示信息的显示样式。

```
<style type="text/css">
label.error{
    color: red;
    font-size: 12px;
}
</style>
```

第7步，保存文档，然后在移动设备中预览，则显示效果如图 9.44 所示。

图 9.44　验证表单

🔊 **提示：**

> jQuery Validate 插件用法复杂，详细说明和用法请参考官方网站 API 文档。

9.9.2　文件上传

jQuery Mobile 应用可以实现基于表单的文件上传操作，但是与桌面浏览器实现文件上传有所不同。由于 Query Mobile 默认通过 Ajax 方式实现页面加载，而文件上传则需要将内容提交到服务器上，所以需要在表单中设置 data-ajax 为 false，禁用 Ajax 方式进行表单提交。

同桌面浏览器内容上传一样，也需要设置内容上传的编码方式 enctype 为 multipart/form-data。在进行内容选择的时候，受到操作系统安全性限制，并不是任何文件都会被选中并上传，只有特定的用户文件才可能被选中上传。

【示例】　本示例设计一个文件上传表单，在该表单中包含一个 `<input type="file">` 控件，为该控件设置 data-ajax="false" 属性，同时插入一个提交按钮。这样在本地选择一个文件之后，单击提交按钮就可以把本地文件上传到服务器端，演示效果如图 9.45 所示。最后，用户只需要在服务器端编写 upload_file.php 文件代码，使用 PHP 接收文件数据就可以了。

图 9.45　文件上传

```
<div data-role="page" id="upload" >
    <div data-role="header"  >
        <h1>内容上传</h1>
        <a href="#pageone" data-rolr = button data-icon="home" class="ui-btn-left" >
首页</a> </div>
    <div data-role="content" >
```

```
        <form action="upload_file.php" method="post" enctype="multipart/form-data"
data-ajax="false">
            <input id="uploadimg" name="file" type="file" runat="server" method=
"post" enctype="multipart/form-data" data-inline="true" data-ajax="false" />
            <center>
                <button data-inline="true" >上传</button>
            </center>
        </form>
    </div>
    <div data-role="footer" data-position="fixed" data-fullscreen="true">
        <h1>版权信息</h1>
    </div>
</div>
```

9.9.3 设计 QQ 登录界面

本例模拟安卓版 QQ 登录界面，该页面结构简单，且美观大气。页面由一个图片、两个文本框、一个按钮以及若干个复选框组成，不过本例对这个界面做出进一步简化，去掉页面中的复选框，演示效果如图 9.46 所示。

在使用表单元素前，首先需要在页面中加入一个表单标签，只有这样，标签内的控件才会被 jQuery Mobile 默认读取为表单元素，action 属性指向的是接收提交数据的地址，当数据被提交时，就会发送到这里。method 属性标注了数据提交的方法，有 post 和 get 两种方法可供选用。设计的表单结构如下。

图 9.46 设计 QQ 登录界面

```
<body>
<div data-role="page">
    <div data-role="content" class="bg"> <img src="images/qq.png" />
        <form action="#" method="post">
            <input type="text" name="zhanghao" id="zhanghao" value="账号： " />
            <input type="text" name="mima" id="mima" value="密码： " />
            <a href="#" data-role="button" data-theme="b" id="login" onclick="but_
click();">登录</a>
        </form>
    </div>
</div>
</body>
```

编写 JavaScript 脚本，利用文本框的 id 来获取控件，然后利用 val()方法获取文本框中的内容，在这里限制了文本框中的值不能为空，实际上还应该利用正则表达式来限制账号只能为数字，并且使密码内容隐藏，但是由于这些内容与本节内容关系不大，因此不做过多讲解。

```
<script>
function but_click(){
    var temp1=$("#zhanghao").val();
    if(temp1=="账号： "){
        alert("请输入 QQ 号码！")
    }else{
        var zhanghao=temp1.substring(3,temp1.length);
        var temp2=$("#mima").val();
```

```
        if(temp2=="密码: "){
            alert("请输入密码! ");
        }else{
            var mima=temp2.substring(3,temp2.length);
            alert("提交成功"+", 你的 QQ 号码为"+zhanghao+", 你的 QQ 密码为"+mima);
        }
    }
}
</script>
```

📢 提示：

jQuery Mobile 实际上已经为用户封装了一些用来限制文本框中内容的控件，如将账号文本框的 type 改成 number，虽然外表看不出有什么区别，但在手机中运行该页面，对该文本框进行输入时，会自动切换到数字键盘，而当将 type 属性修改为 password 时，会自动将文本框中的内容转化为圆点，以防止你的密码被旁边的人看到。

单击"登录"按钮，会弹出一个对话框，其中显示了文本框中的账号和密码信息，如图 9.47 所示。

localhost
提交成功,你的QQ号码为456789,你的QQ密码为111
确认
登录

图 9.47 提示登录信息

9.9.4 设计调查问卷

本节案例设计制作一个简单的调查问卷，练习各种文本框的使用。控件 textarea 是一种定义了多行文本的文本编辑控件，它可以根据其中的内容自动调整自身的高度，同时也可以通过拖曳的方式对其大小进行调整。

jQuery Mobile 支持 HTML5 新增的文本框类型，简单说明如下。

- ➥ type="search"：将在文本框左侧生成带有搜索图标的按钮。
- ➥ type="number"：默认文本框中输入内容为数字。
- ➥ type="date"：默认文本框中输入内容为日期。
- ➥ type="month"：默认文本框中输入内容为月数
- ➥ type="week"：默认文本框中输入内容为周一至周日中的某一天。
- ➥ type="time"：默认文本框中输入内容为时刻。
- ➥ type="datetime"：默认文本框中输入内容为日期和时间。
- ➥ type="tel"：默认文本框中输入内容为电话号码。
- ➥ type="email"：默认文本框中输入内容为邮件地址。
- ➥ type="url"：默认文本框中输入内容为网址。
- ➥ type="password"：默认将文本框中输入内容转换为圆点显示。
- ➥ type="file"：默认该文本框可以通过单击来选取设备中的文件。

虽然 jQuery Mobile 支持上述所有 HTML5 文本框对象，但是它只是为提高用户体验而做出的改进。例如，在标注有 type="number"的文本框中，依然可以输入汉字，这就需要用户利用脚本来编写相应的内容限制用户的输入，这对应用的安全性以及用户体验至关重要。

本节案例的完整代码如下所示。

```
<!doctype html>
<html>
<head>
<meta charset="utf-8">
<meta name="viewport" content="width=device-width,initial-scale=1" />
```

```
<link    href="jquery-mobile/jquery.mobile.theme-1.3.0.min.css"    rel="stylesheet"
type="text/css">
<link    href="jquery-mobile/jquery.mobile.structure-1.3.0.min.css"    rel="stylesheet"
type="text/css">
<script src="jquery-mobile/jquery-1.8.3.min.js" type="text/javascript"></script>
<script    src="jquery-mobile/jquery.mobile-1.3.0.min.js"    type="text/javascript">
</script>
</head>
<body>
<div data-role="page">
    <div data-role="header">
        <h1>调查问卷</h1>
    </div>
    <div data-role="content">
        <form action="#" method="post">
            <!-- placeholder 属性的内容会在编辑框内以灰色显示-->
            <input type="text" name="xingming" id="xingming" placeholder="请输入你的
姓名："/>
            <!--当data-clear-btn 的值为 true 时，当该编辑框被选中-->
            <!--可以单击右侧的按钮将其中的内容清空-->
            <input    type="tel"    name="dianhua"    id="dianhua"    data-clear-btn="true"
placeholder="请输入你的电话号码：">
            <label for="adjust">请问您对本书有何看法？</label>
            <!--这里用到了 textarea 而不是 input-->
            <textarea name="adjust" id="adjust"></textarea>
            <!--通过 for 属性与 textarea 进行绑定-->
            <label for="where">请问您是在哪里得到这本书的？</label>
            <!--使用 label 时要使用 for 属性指向其对应控件的 id-->
            <textarea name="where" id="where"></textarea>
            <a href="#" data-role="button">提交</a>
        </form>
    </div>
</div>
</body>
</html>
```

运行结果如图 9.48 所示。当在文本框中输入内容时，页面会发生一定的变化，如页面上方输入姓名和电话的两个文本框中的文字会自动消失，要求填写电话信息的文本框右侧会出现一个"删除"的图标，单击该图标，文本框中的内容会被自动删除。另外，页面下方两个文本框的内容会随着其中内容的行数而自动增加高度。

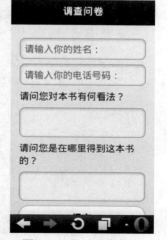

9.9.5 设计调色板

本节案例设计一个调色板，介绍怎样利用滑块来控制数据。其中视图底部的 3 个滑块分别代表 RGB 颜色中的一个，通过拖动它们可以改变红绿蓝这 3 种颜色的值，从而改变整体的颜色，运行结果如图 9.49 所示。

扫一扫，看视频

图 9.48　设计调查问卷

图 9.49 设计调查问卷

在人机交互中，滑块是一个非常重要的组件，当给予用户某些自定义选择，如音量或屏幕亮度时，滑块控件是非常好的选项。

本节案例的完整代码如下所示。

```
<!doctype html>
<html>
<head>
<meta charset="utf-8">
<meta name="viewport" content="width=device-width,initial-scale=1" />
<link  href="jquery-mobile/jquery.mobile.theme-1.3.0.min.css"  rel="stylesheet"
type="text/css">
<link  href="jquery-mobile/jquery.mobile.structure-1.3.0.min.css"  rel="stylesheet"
type="text/css">
<script src="jquery-mobile/jquery-1.8.3.min.js" type="text/javascript"></script>
<script  src="jquery-mobile/jquery.mobile-1.3.0.min.js"  type="text/javascript">
</script>
<script>
function set_color(){
    var red = $("#red").val();                    //获取红色数值
    var green = $("#green").val();                 //获取绿色数值
    var blue =$("#blue").val();                    //获取蓝色数值
    var color = "RGB("+red+","+green+","+blue+")"; //生成 rgb 表示的颜色字符串
    $(".color").css("background-color",color);     //设计内容框背景色
}
</script>
<style type="text/css">
.color{height:100%; min-height:400px;}
</style>
</head>
<body>
<div data-role="page" onclick="al();">
    <div data-role="header">
        <h1>调色板</h1>
```

```
    </div>
    <div data-role="content" class="color">
    </div>
    <div data-role="footer" data-position="fixed">
        <form>
            <input name="red" id="red" min="0" max="255" value="0" type="range"
onchange="set_color();" />
            <input name="green" id="green" min="0" max="255" value="0" type="range"
onchange="set_color();" />
            <input name="blue" id="blue" min="0" max="255" value="0" type="range"
onchange="set_color();" />
        </form>
    </div>
</div>
</body>
</html>
```

9.9.6 设计登录对话框

本节案例设计一个登录对话框，当用户单击页面中央的"登录"按钮之后就会弹出一个对话框，如图 9.50 所示，这个对话框中包含两个文本框和一个"登录"按钮。

（a）登录按钮

（b）登录对话框

图 9.50　设计登录对话框

完整代码如下所示。

```
<!doctype html>
<html>
<head>
<meta charset="utf-8">
<meta name="viewport" content="width=device-width,initial-scale=1" />
<link  href="jquery-mobile/jquery.mobile.theme-1.3.0.min.css"  rel="stylesheet"
type="text/css">
<link  href="jquery-mobile/jquery.mobile.structure-1.3.0.min.css"  rel="stylesheet"
type="text/css">
<script src="jquery-mobile/jquery-1.8.3.min.js" type="text/javascript"></script>
```

```
<script  src="jquery-mobile/jquery.mobile-1.3.0.min.js"  type="text/javascript">
</script>
</head>
<body>
<div data-role="page">
   <div data-role="header">
       <h1>请点击登录按钮</h1>
   </div>
   <div data-role="content">
       <a href="#popupLogin" data-rel="popup" data-role="button">登录</a>
       <div data-role="popup" id="popupLogin" data-theme="a" class="ui-corner-all">
          <form>
              <div style="padding:10px 20px;">
                 <h3>请输入用户名和密码</h3>
                 <label for="un" class="ui-hidden-accessible">用户名:</label>
                 <input name="user" id="un" value="" placeholder="用户名" type="text">
                 <label for="pw" class="ui-hidden-accessible">Password:</label>
                 <input  name="pass"  id="pw"  value=""  placeholder="密 码"  type=
"password">
                 <button type="submit" data-icon="check" data-theme="b">登录</button>
             </div>
          </form>
       </div>
   </div>
</div>
</body>
</html>
```

本实例实现方法非常简单，只是将表单所用到的内容全部移到了对话框所在的 div 标签中即可。还可以通过修改 div 的 style 属性来设计对话框的高度和宽度。

第 10 章　设计列表视图

列表视图常用于移动应用的列表内容管理，它以列表的方式将内容有序地排列和管理起来。此外，列表视图也可以作为页面导航使用。在有限的移动设备屏幕尺寸下，用户可以使用列表视图方便地实现导航菜单的功能。

【学习重点】

- 嵌套列表、分类列表、数字列表。
- 拆分按钮列表、缩微图与图标列表。
- 气泡提示、只读列表、过滤列表内容。
- 插页列表、折叠列表。
- 自动分类列表视图。
- 列表内容排版和布局。
- 列表视图属性、选项、方法和事件。

10.1　简　单　列　表

为列表框添加 data-role="listview"属性，jQuery Mobile 会自动创建列表视图，列表视图是 jQuery Mobile 中功能强大的一个特性，它会使标准的列表结构应用更广泛。列表视图包括简单列表、嵌套列表和编号列表等。

10.1.1　认识列表视图

在列表视图中，jQuery Mobile 对列表结构进行重新渲染，设计列表框的宽度与屏幕同比缩放，在列表项的右侧可以添加一个带箭头的链接图标。经过渲染后，列表项更适合触摸操作，当单击某个项目时，jQuery Mobile 通过 Ajax 方式异步请求一个对应的 URL 地址，并在 DOM 中创建一个新的页面，借助默认切换效果显示该页面。

下面这些情景会在列表视图中呈现，同时在后面章节中也将分别进行介绍。

- 简单的文件列表：会有一个好看的盒环绕着每一个列表项。
- 链接列表：框架会自动为每一个链接添加一个箭头（>），显示在链接按钮的右侧。
- 嵌套列表：如果在一个<li>标签中嵌套另一个<ul>标签，jQuery Mobile 会为这个嵌套列表自动建立一个 page，并为它的包含框<li>标签自动增加一个链接，这样很容易实现树状菜单选项，设置功能等。
- 分隔线的按钮列表：在一个<li>标签中存放两个链接，可以建立一个垂直分隔条，用户可单击左侧或右侧的列表选项，展现不同的内容。
- 记数气泡：如果在列表选项中添加 class="ui-li-count"，则框架会在其中生成一个小泡泡图标显现于列表选项的右侧，并在小泡泡中显示一些内容。类似在收信箱中看到已经收到的信息条数。
- 查找过滤：如果在<ul>标签或<ol>标签中添加 data-filter="true"属性，则这个列表项就具备查询的功能。查询过滤文本框会显示在列表项的上面，允许用户根据条件将一个大的列表项变小（过滤显示）。

➥ 列表分隔：将列表项分割，可以在任意列表项上添加属性 data-role="list-divider"。

➥ 列表缩微图和图标：将<img>标签放在列表项的开始， jQuery Mobile 会以缩略图的形式来展现，图片的大小为 80×80 像素。如果添加 class="ui-li-icon"类样式，则<img>标签的大小将会以 16×16 像素的图标显示。

➥ data-inset="true"将格式化列表块为圆角化，如果使用这种样式，则列表条目的宽度将拉伸为与浏览器窗口的宽度一致。

10.1.2 定义列表视图

定义列表视图的方法是在<ul>或<ol>标签中添加 data-role="listview"属性就可以让列表框以视图的方式进行渲染。

【示例 1】 下面代码定义一个简单的列表视图，演示效果如图 10.1 所示。

```
<ul data-role="listview">
    <li>列表项目 1</li>
    <li>列表项目 2</li>
    <li>列表项目 3</li>
</ul>
```

◀》提示：

上面列表也称为只读列表，只读列表的内容不包含任何超链接，只是单纯的列表功能。

【示例 2】 在很多实际应用场景中，列表视图也可以作为导航来使用。如果需要列表视图具有导航功能，直接在列表项中加入相应超链接即可，演示效果如图 10.2 所示。

```
<ul data-role="listview">
    <li><a href="#">列表项目 1</a></li>
    <li><a href="#">列表项目 2</a></li>
    <li><a href="#">列表项目 3</a></li>
</ul>
```

图 10.1 定义简单的列表视图　　　　图 10.2 定义带有导航功能的列表视图

在包含有超链接的列表视图中，在超链接的右侧默认会出现一个向右的箭头图标，以表示这个列表项是一个超链接。

10.1.3 设计简单列表视图

下面借助 Dreamweaver CC 快速创建一个列表视图。本示例将在页面中添加一个简单列表结构，在列表容器中添加 3 个内容分别为"微博'"微信"和"Q+"的选项。

【操作步骤】

第 1 步，启动 Dreamweaver CC，选择【文件】|【新建】命令，打开【新建文档】对话框，新建 HTML5文档。

第 2 步，按 Ctrl+S 快捷键，保存文档为 index.html。选择【插入】|【jQuery Mobile】|【页面】命令，

打开【jQuery Mobile 文件】对话框，保留默认设置，如图 10.3 所示。

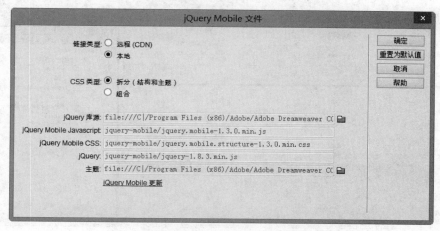

图 10.3 设置【jQuery Mobile 文件】对话框

第 3 步，单击【确定】按钮，关闭【jQuery Mobile 文件】对话框，然后打开【页面】对话框。在该对话框中设置页面的 ID 值，同时设置页面视图是否包含标题栏和页脚栏（脚注）。在此保持默认设置，单击【确定】按钮，完成在当前 HTML5 文档中插入页面视图结构，如图 10.4 所示。

图 10.4 设置【页面】对话框

第 4 步，按 Ctrl+S 快捷键，保存当前文档 index.html。此时，Dreamweaver CC 会弹出对话框提示保存相关的框架文件，如图 10.5 所示。

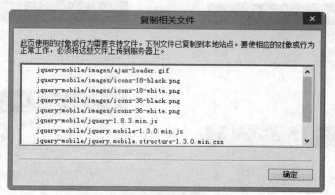

图 10.5 复制相关文件

第 5 步，在编辑窗口中，Dreamweaver CC 新建了一个页面视图，页面视图包含标题栏、内容框和页脚栏，同时在【文件】面板的列表中可以看到复制的相关库文件，如图 10.6 所示。

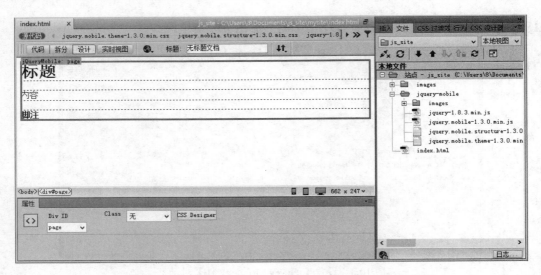

图 10.6　使用 Dreamweaver CC 新建 jQuery Mobile 视图页面

第 6 步，设置标题栏中标题文本为"简单列表"。选中
内容栏中的"内容"文本，按 Delete 键清除内容栏内的文本，
然后选择【插入】|【jQuery Mobile】|【列表视图】命令，打
开【列表视图】对话框，如图 10.7 所示。

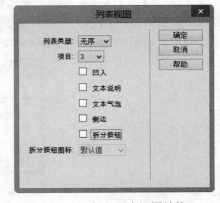

🔊 提示：

（1）列表类型：定义列表结构的标签，"无序"使用<ul>标
签设计列表视图包含框，"有序"使用<ol>标签设计列表视图
包含框。
（2）项目：设置列表包含的项目数，即定义多少个<li>标签。
（3）凹入：设置列表视图是否凹入显示，通过 data-inset 属性
定义，默认值为 false。凹入效果和不凹入效果对比如图 10.8
所示。

图 10.7　插入列表视图结构

（a）凹入效果（data-inset="true"）

（b）不凹入效果（data-inset="falses"f）

图 10.8　凹入与不凹入效果对比

❯ 文本说明：选中该复选框，将在每个列表项目中添加标题文本和段落文本。例如，下面代码分
别演示带文本说明和不带文本说明的列表项目结构。

带文本说明：

```
<li><a href="#">
```

```
    <h3>页面</h3>
    <p>Lorem ipsum</p>
</a></li>
```
不带文本说明：
```
<li><a href="#">页面</a></li>
```
（5）文本气泡：选中该复选框，将在每个列表项目右侧添加一个文本气泡，如图 10.9 所示。使用代码定义，只需要在每个列表项目尾部添加"<span class="ui-li-count">1</span></a>"标签文本即可，该标签包含一个数字文本。
```
<ul data-role="listview">
    <li><a href="#">页面<span class="ui-li-count">1</span></a></li>
    <li><a href="#">页面<span class="ui-li-count">1</span></a></li>
    <li><a href="#">页面<span class="ui-li-count">1</span></a></li>
</ul>
```

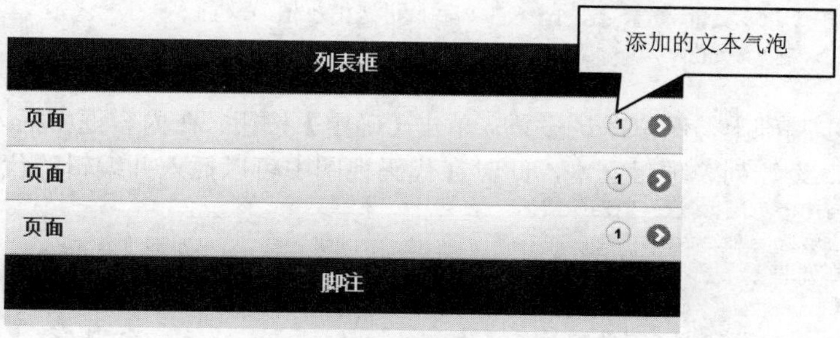

图 10.9 文本气泡

（6）侧边：选中该复选框，将在每个列表项目右侧添加一个侧边文本，如图 10.10 所示。使用代码定义，只需要在每个列表项目尾部添加"<p class="ui-li-aside">侧边</p>"标签文本即可，该标签包含一个提示性文本。
```
<ul data-role="listview">
    <li><a href="#">页面
        <p class="ui-li-aside">侧边</p>
    </a></li>
    <li><a href="#">页面
        <p class="ui-li-aside">侧边</p>
    </a></li>
    <li><a href="#">页面
        <p class="ui-li-aside">侧边</p>
    </a></li>
</ul>
```

图 10.10 侧边文本

（7）拆分按钮：选中该复选框，将在每个列表项目右侧添加按钮图标，效果如图10.11所示。

（8）选中"拆分按钮"复选框后，可以在【拆分按钮图标】下拉列表中选择一种图标类型，使用代码定义，只需要在每个列表项目尾部添加"<a href="#">默认值</a>"标签，然后在<ul>标签中添加 data-split-icon="alert" 属性声明，该属性值为一个按钮图标类型名称，如图10.12所示。

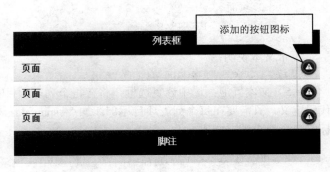

图 10.11 添加按钮图标

```
<ul data-role="listview" data-split-icon="alert">
    <li><a href="#">页面</a><a href="#">默认值</a></li>
    <li><a href="#">页面</a><a href="#">默认值</a></li>
    <li><a href="#">页面</a><a href="#">默认值</a></li>
</ul>
```

第7步，在第6步基础上，保留默认设置，单击【确定】按钮，在内容框中插入一个列表视图结构。然后修改标题栏标题，设计列表项目文本，此时在代码视图中可以插入并编辑的代码段如下。

```
<div data-role="page" id="page">
    <div data-role="header">
        <h1>简单列表</h1>
    </div>
    <div data-role="content">
        <ul data-role="listview" data-split-icon="alert">
            <li><a href="#">微博</a></li>
            <li><a href="#">微信</a></li>
            <li><a href="#">Q+</a></li>
        </ul>
    </div>
    <div data-role="footer">
        <h4>脚注</h4>
    </div>
</div>
```

第8步，在头部位置添加如下元信息，定义视图宽度与设备屏幕宽度保持一致。

```
<meta name="viewport" content="width=device-width,initial-scale=1" />
```

第9步，完成设计之后，在移动设备中预览该 index.html 页面，可以看到图10.13所示的列表效果。

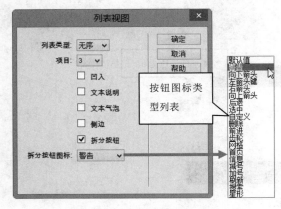

图 10.12 选择按钮图标类型

图 10.13 设计简单的列表视图

10.2 嵌 套 列 表

嵌套列表就是多于一个层次的列表，即一级列表之下包含着二级或更多级的列表。嵌套可以是一层，也可以是多层。通常，嵌套深度不会很大，否则会影响逐层进入和逐层返回的用户体验。

10.2.1 定义嵌套列表

如果定义嵌套列表，只需在简单列表视图的基础上嵌套新的一层列表即可，而下一级的嵌套列表会继承上一级的属性设置。例如，上一级的列表视图设置了某个主题样式，那么下一级所嵌套的列表会继承这些主题样式的设置。

【示例】 本示例在市级列表基础上，实现了嵌套列表的功能，显示下一级区级列表，效果如图 10.14 所示。

```
<ul data-role="listview">
    <li>北京市
        <ul>
            <li>海淀区</li>
            <li>东城区</li>
            <li>西城区</li>
        </ul>
    </li>
    <li>上海市
        <ul>
            <li>黄浦区</li>
            <li>静安区</li>
            <li>徐汇区</11>
        </ul>
    </li>
</ul>
```

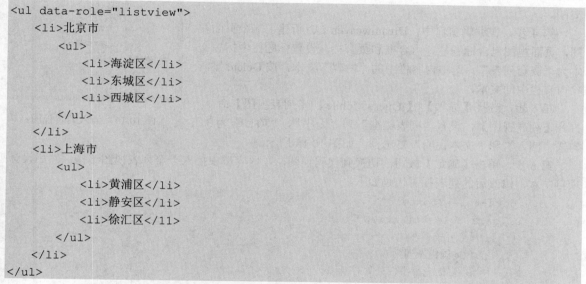

图 10.14 定义嵌套列表

在这个 jQuery Mobile 嵌套列表视图中，每个城市嵌套有下一级的区县列表。可以发现，每个列表条目右侧出现了指向下一级列表的向右箭头图标，单击可以进入下一级列表视图。

📢 提示：

在嵌套列表中，如果要从下级列表返回到上一级，在 Android 系统中可以直接使用手机下方的返回键。但是对于 iOS 操作系统的浏览器来说，就没有那么方便了。此时可以通过加入触控操作实现返回或者跳转到后续页面，如轻扫或者单击按钮，相关内容可参见下面小节。

10.2.2 设计嵌套列表视图

【示例1】 下面以示例形式演示在 Dreamweaver CC 操作环境下快速设计嵌套列表视图,设计在页面中添加一个列表结构,然后在每个列表项目中嵌套一个子列表结构。

【操作步骤】

第1步,启动 Dreamweaver CC,选择【文件】|【新建】命令,新建 HTML5 文档。

第2步,按 Ctrl+S 快捷键,保存文档为 index.html。选择【插入】|【jQuery Mobile】|【页面】命令,打开【jQuery Mobile 文件】对话框,保留默认设置,单击【确定】按钮。

第3步,在打开的【页面】对话框中保持默认设置,单击【确定】按钮,完成在当前 HTML5 文档中插入页面视图结构。按 Ctrl+S 快捷键,保存当前文档为 index.html,并根据提示保存相关的框架文件。

第4步,在编辑窗口中,Dreamweaver CC 新建了一个页面视图,页面视图包含标题栏、内容框和页脚栏。设置标题栏中标题文本为"嵌套列表"。选中内容栏中的"内容"文本,按 Delete 键清除内容栏中的文本,

第5步,选择【插入】|【jQuery Mobile】|【列表视图】命令,打开【列表视图】,设置"列表类型"为"无序","项目"为3,勾选"凹入"和"文本说明"复选框,如图 10.15 所示。

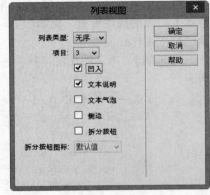

图 10.15 插入列表视图结构

第6步,单击【确定】按钮,切换到代码视图,在内容框中插入一个列表视图结构。然后设计列表项目文本,修改后的列表视图代码如下。

```html
<div data-role="content">
    <ul data-role="listview" data-inset="true">
        <li><a href="#">
            <h3>国内新闻</h3>
            <p>生活无小事,处处有新闻</p>
        </a></li>
        <li><a href="#">
            <h3>国际新闻</h3>
            <p>天下大事,浓缩于此</p>
        </a></li>
        <li><a href="#">
            <h3>热点新闻</h3>
            <p>最关心的热点新闻</p>
        </a></li>
    </ul>
</div>
```

第7步,把光标置于第一个列表项目中,选择【插入】|【jQuery Mobile】|【列表视图】命令,打开【列表视图】对话框,设置【列表类型】为【无序】,【项目】为3,如图 10.16 所示。单击【确定】按钮,即可在当前项目中嵌套一个列表结构。

第8步,以同样的方式,为第二个列表项目嵌套一个列表结构,同时在代码视图下修改每个列表项目的文本,修改之后的嵌套列表结构如图 10.17 所示。

图 10.16 插入嵌套列表视图结构

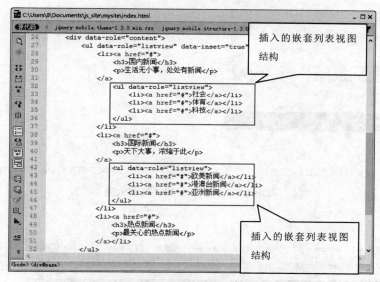

图 10.17 设计完成的嵌套列表视图结构代码

第 9 步，在头部位置添加如下元信息，定义视图宽度与设备屏幕宽度保持一致。

```
<meta name="viewport" content="width=device-width,initial-scale=1" />
```

第 10 步，完成设计之后，在移动设备中预览该 index.html 页面，可以看到图 10.18 所示的列表效果。当用户单击外层列表中某个选项内容时，将弹出一个新建的页面，页面中显示与外层列表项目相对应的子列表内容。这个动态生成的列表主题样式为蓝色，以区分外层列表，表示为嵌套的二级列表。

📢 提示：

> 列表的嵌套可以包含多层，但从视觉效果和用户体验角度来说，建议不要超过三层。无论有多少层，jQuery Mobile 都会自动处理页面打开与链接的效果。

【示例 2】 在示例 1 中，当进入嵌套列表视图中时，标题栏标题为外层列表项目包含的文本。如果希望这个标题栏文本仅显示列表项目的标题文本，则可以清除掉外层列表项目中包含的超链接（<a href="#"），修改的代码如下所示，显示效果如图 10.19 所示。

```
<li>
    <h3>国内新闻</h3>
    <p>生活无小事，处处有新闻</p>
```

```
    <ul data-role="listview">
        <li><a href="#">社会</a></li>
        <li><a href="#">体育</a></li>
        <li><a href="#">科技</a></li>
    </ul>
</li>
```

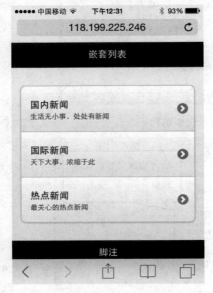
（a）嵌套列表结构首页

（b）展开嵌套列表结构页面视图

图 10.18　设计嵌套列表视图效果

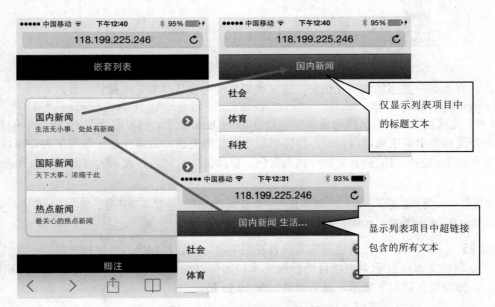

图 10.19　在标题栏中仅显示项目标题文本

10.3 数 字 列 表

数字列表的主要特点：在每个列表项之前呈现序数标记，数字从 1 开始，自上而下依次递增。定义数字列表时，需要使用 ol（有序列表）元素，这有别于之前使用 ul（无序列表）元素实现的列表功能，同时还要在<ol>标签中添加 data-role="listview"属性。

📢 **提示：**

为了显示有序的列表效果，jQuery Mobile 使用 CSS 样式给数字列表添加了自定义编号。如果浏览器不支持这种样式，jQuery Mobile 会调用 JavaScript 为列表写入编号，以确保数字列表的效果能够安全显示。

【**示例**】　设计在页面中添加一个有序列表结构，显示新歌排行榜。

【**操作步骤**】

第 1 步，启动 Dreamweaver CC，选择【文件】|【新建】命令，新建 HTML5 文档。

第 2 步，按 Ctrl+S 快捷键，保存文档为 index.html。选择【插入】|【jQuery Mobile】|【页面】命令，按默认设置在编辑窗口中新建了一个页面视图，页面视图包含标题栏、内容框和页脚栏。设置标题栏中标题文本为"新歌榜 TOP100"。选中内容栏中的"内容"文本，按 Delete 键清除内容栏中的文本。

第 3 步，选择【插入】|【jQuery Mobile】|【列表视图】命令，打开【列表视图】对话框，设置【列表类型】为【有序】，【项目】为 10，选中【凹入】和【侧边】复选框，设置如图 10.20 所示。

第 4 步，单击【确定】按钮，切换到代码视图，在内容框中插入一个列表视图结构。然后设计列表项目文本，修改后的列表视图代码如下。

```
<div data-role="content">
    <ol data-role="listview" data-inset="true">
    <li><a href="#">爸爸去哪儿<p class="ui-li-aside"> 群星</p></a></li>
    <li><a href="#">爱，不解释儿<p class="ui-li-aside"> 张杰</p></a></li>
    <li><a href="#">爱无反顾儿<p class="ui-li-aside"> 姚贝娜</p></a></li>
    <li><a href="#">房间儿<p class="ui-li-aside"> 刘瑞琦</p></a></li>
    <li><a href="#">动人的传说儿<p class="ui-li-aside"> 杭娇</p></a></li>
    <li><a href="#">泼墨儿<p class="ui-li-aside"> 周华健</p></a></li>
    <li><a href="#">一起摇摆儿<p class="ui-li-aside"> 汪峰</p></a></li>
    <li><a href="#">就当是你儿<p class="ui-li-aside"> 许诺</p> </a></li>
    <li><a href="#">Summer 儿<p class="ui-li-aside"> 吉克隽</p></a></li>
    <li><a href="#">不值得儿<p class="ui-li-aside"> 曾一鸣</p></a></li>
    </ol>
</div>
```

第 5 步，完成设计之后，在移动设备中预览该 index.html 页面，可以看到图 10.21 所示的列表效果。

📢 **注意：**

jQuery Mobile 已全面支持 HTML5 的新特征和属性，在 HTML5 中<ol>标签的 start 属性是允许使用的，该属性定义有序编号的起始值，但考虑到浏览器的兼容性，jQuery Mobile 对该属性暂时不支持。此外，HTML5 不建议使用<ol>标签的 type 和 compact 属性，jQuery Mobile 也不支持这两个属性。

图 10.20　插入列表视图结构

图 10.21　设计数字列表视图

扫一扫，看视频

10.4　分　类　列　表

分类列表就是通过分类标记将不同类别的内容集中放在一个列表中。分类列表视图是基于基本的列表视图增加分类标签而实现的，分类标签也是列表的一部分。

定义方法：将包含有分类提示的文字放置于<li data-role="list-divider">标签中，然后将分类标签（<li data-role="list-divider">）插入到列表项目之间，分隔不同类别的列表项目。在分类列表中，其他部分的内容和之前所介绍的列表视图是一样的。

【示例】　设计一个分类信息列表，在列表中包含不同类别的信息，为了方便用户浏览，使用分类标签对列表信息进行了分类。

第1步，启动 Dreamweaver CC，新建 HTML5 文档，保存为 index.html。选择【插入】|【jQuery Mobile】|【页面】命令，在当前文档中插入一个页面视图，然后设置标题为"分类信息"。

第2步，选择【插入】|【jQuery Mobile】|【列表视图】命令，在内容栏中插入一个列表结构，设置"项目"为7，修改每个列表项目的文本信息，代码如下所示。

```
<div data-role="page" id="page">
   <div data-role="header">
      <h1>分类信息</h1>
   </div>
   <div data-role="content">
      <ul data-role="listview">
         <li><a href="#">苹果/三星/小米</a></li>
         <li><a href="#">台式机/配件</a></li>
         <li><a href="#">数码相机/游戏机</a></li>
         <li><a href="#">计算机</a></li>
         <li><a href="#">会计</a></li>
         <li><a href="#">房屋出租</a></li>
```

```
            <li><a href="#">房屋求租</a></li>
        </ul>
    </div>
    <div data-role="footer">
        <h4>脚注</h4>
    </div>
</div>
```

第 3 步，在第 1、4 和 6 个列表项目前面插入一个<li data-role="list-divider">，如图 10.22 所示。

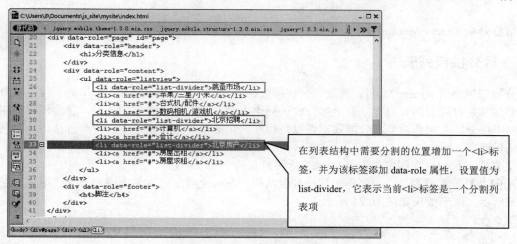

图 10.22　插入分类列表分隔符

第 4 步，完成设计之后，在移动设备中预览 index.html 页面，可以看到图 10.23 所示的列表分类效果。普通列表项的主题色为浅灰色，分类列表项的主题色为蓝色，通过主题颜色的区别，形成层次上的包含效果，该列表项的主题颜色也可以通过修改<ul>标签中的 data-divider-theme 属性值进行修改。

图 10.23　设计分类列表效果

扫一扫，看视频

注意：

分类列表只是将列表内容进行视觉归纳，对于结构本身没有任何影响。由于添加的分隔符 <li data-role="list-divider">属于无语义标签，因此不要滥用，且在一个列表中不宜过多使用分割列表项，每一个分割列表项下的列表项数量不能太少。

10.5 扩展列表视图功能

本节将介绍 jQuery Mobile 对列表视图的功能进行增强的一些特性。

10.5.1 拆分按钮列表

拆分按钮列表是 jQuery Mobile 列表的一种排版样式。在拆分按钮列表中，每个列表视图被分为两部分，前半部分是普通的列表内容，后半部分位于列表内容右侧，作为独立的一列，包含图标按钮等。列表视图前半部分的文字和后半部分的图标可以是相同的超链接，也可以是不同的超链接，完全基于应用的使用场景而定。

定义方法：在列表视图中，为每个<<li>标签包含两个<a>标签。

【示例 1】 本示例是一个简单的导航列表结构，在每个导航信息后面添加一个"更多"超链接，代码如下所示，演示效果如图 10.24 所示。

```
<ul data-role="listview">
    <li><a href="#">今日聚焦</a><a href="#" data-icon="plus">更多</a></li>
    <li><a href="#">本地新闻</a><a href="#" data-icon="plus">更多</a></li>
    <li><a href="#">新闻观察</a><a href="#" data-icon="plus">更多</a></11>
</ul>
```

前半部分：列表信息

后半部分：按钮图标

图 10.24 定义拆分按钮列表

如上图所示，两个超链接按钮之间通常有一条竖直的分割线，分割线左侧为缩短长度后的选项链接按钮，右侧为增加的<a>标签按钮。<a>标签的显示效果为一个带图标的按钮，可以通过为<ul>标签添加 data-split-icon 属性设置一个图标名称，来改变所有按钮的图标类型，也可以在每个超链接中添加 data-split-icon 属性，定义单独的按钮图标类型。

注意：

在拆分按钮列表视图中，分割线左侧的宽度可以随着移动设备分辨率的不同进行等比缩放，而右侧仅包含一个图标的链接按钮，它的宽度是固定不变的。jQuery Mobile 允许列表项目可以分成两部分，即在<li>标签中只允许有两个<a>标签，如果添加更多的<a>标签，只会把最后一个<a>标签作为分割线右侧部分。

【示例 2】 本示例使用 Dreamweaver CC 在页面中快速设计一个拆分按钮列表视图，同时添加一个计数器效果。

第 1 步，启动 Dreamweaver CC，选择【文件】|【新建】命令，新建 HTML5 文档，保存文档为 index1.html。

第 2 步，选择【插入】|【jQuery Mobile】|【页面】命令，按默认设置在编辑窗口中新建了一个页面

视图。设置标题栏中标题文本为"拆分按钮列表项"，选中内容栏中的"内容"文本，按 Delete 键清除内容栏内的文本。

第 3 步，选择【插入】|【jQuery Mobile】|【列表视图】命令，打开【列表视图】对话框，设置【列表类型】为【无序】，【项目】为 3，选中【文本气泡】和【拆分按钮】复选框，然后在【拆分按钮图标】下拉列表框中选择【加号】选项，设置如图 10.25 所示。

第 4 步，单击【确定】按钮，切换到代码视图，在内容框中插入一个列表视图结构。然后设计列表项目文本，修改后的列表视图代码如下。

```
<div data-role="content">
    <ul data-role="listview" data-split-icon="plus">
        <li><a href="#">赞<span class="ui-li-count">20</span></a><a href="#">默认值
</a></li>
        <li><a href="#">转发<span class="ui-li-count">115</span></a><a href="#">默
认值</a></li>
            <li><a href="#">评论<span class="ui-li-count">56</span></a><a href="#">
默认值</a></li>
    </ul>
</div>
```

在上面的代码片段中，每个列表项<li>标签包含两个<a>标签，第一个超链接定义列表项链接信息，第二个超链接定义一个独立操作的按钮图标。

第 5 步，完成设计之后，在移动设备中预览该 index.html 页面，可以看到图 10.26 所示的列表效果。

图 10.25　插入列表视图结构

图 10.26　设计拆分按钮列表视图

10.5.2　缩微图和图标列表

缩微图列表是指在列表项的前面包含一个缩略图，实现时，只需在列表项文字之前加入一个缩略图即可，即在列表项目前面添加<img>标签，作为<li>标签的第一个子元素，则 jQuery Mobile 会将该图片自动缩放成边长为 80 像素的正方形，显示为缩略图。

如果<img>标签导入的图片是一个图标，则需要给该标签添加一个 ui-li-icon 的类样式，才能在列表的最左侧正常显示该图标。

【示例】　本示例在普通列表视图的每个列表项中插入一个<img>标签，同时在第二个<img>标签中定义 class="ui-li-icon"类，分别定义第一个列表项为缩微图，第二个列表项为图标，演示效果如图 10.27 所示。

扫一扫，看视频

图 10.27　定义缩微图和图标列表

```
<ul data-role="listview">
    <li><a href="#"><img src="images/1.png" />缩微图列表</a></li>
    <li><a href="#"><img src="images/1.png" class="ui-li-icon" />图标列表</a></li>
</ul>
```

📢 提示：

从用户体验设计的角度而言，在列表视图中使用图标和缩略图存在一些细微的差别，具体如下所示。
①图标列表中的图标向右和向下缩进更多。
②在图标列表中，图标尺寸通常更小，不会撑高列表。在缩微图列表中，如果缩略图高度较大，则会撑高列表。

因此，<img>标签导入的图标尺寸大小应该控制在 16 像素以内。如果图标尺寸过大，虽然会被自动缩放，但会与图标右侧的标题文本不协调，从而影响用户的体验。

扫一扫，看视频

10.5.3　气泡提示

在列表视图中，可以加入提示数据或者一段短小的提示消息，用以指导用户操作，它们将被 jQuery Mobile 以气泡形式进行显示。

实现气泡提示时，需要在列表的基础上完成两个步骤。

第 1 步，将列表内容文字置于超链接标签<a>之中，如<a href="index.html">列表项文字</a>。

第 2 步，在超链接标签<a>内部，列表文字之后添加气泡提示标签<span class-"ui-li-count">和气泡提示内容</span>。

【示例】　本示例在嵌套列表视图添加了两个气泡提示，分别用于显示提示文字和数字，演示效果如图 10.28 所示。

```
<ul data-role="listview">
    <li><a href="#">新品上架<span class="ui-li-count">new</span></a>
        <ul>
            <li>电器</li>
            <li>数码</li>
            <li>图书</li>
            <li>家居</li>
        </ul>
    </11>
    <li><a href="#">特价大卖<span class="ui-li-count">78</span></a> </li>
</ul>
```

📢 注意：

不建议在嵌套列表中使用气泡提示。如果使用嵌套列表，则会在下一级嵌套列表中显示气泡提示文字。这个提示文字的显示会使得嵌套列表的标题看上去不知所云，如图 10.29 所示，在嵌套列表的标题中，新品上架是上一级列表的文字，new 则是气泡提示的文字。在嵌套列表中，这两部分文字都被显示了出来。

图 10.28　定义气泡提示信息

图 10.29　在嵌套列表标题中会显示气泡信息

如果需要同时实现嵌套列表与气泡提示的呈现效果，可以开发多个列表页面，通过超链接，而非嵌套列表的方式将这些列表组织起来。当单击一个列表中的超链接时，页面会跳转到新的页面。

📢 **提示：**

> 气泡提示的内容既可以是数字，也可以是文字。如果是一段文字提示，通常只是短语，不建议放置大段文字。如果文字过长，因为移动设备的屏幕尺寸较小，界面会很难看。

扫一扫，看视频

10.5.4 列表过滤

由于移动设备界面尺寸的限制，当列表条目很多的时候，用户很难快速定位到列表内容，过滤列表内容就是为这种场景设计的。随着用户的输入，包含用户输入文字的条目会被自动检索和显示出来，不论列表条目有多少。这个时候，用户输入列表中可能包含的是一个字母、词根或者单词，列表自动过滤出包含这段文字的内容，并将显示范围缩小到一个更精准的范围。这样，使用者就可以在这个有限的范围内快速定位所感兴趣的内容。

实现列表视图过滤功能的方法：在列表视图容器中声明 data-filter 属性为 true。声明之后，jQuery Mobile 将自动在列表开始的位置添加一个输入框，使用者可以基于这个输入框过滤列表中的内容。

【**示例 1**】 本示例设计一个简单的列表视图，为<ul>标签添加 data-filter="true"属性，开启列表过滤功能，如 10.30（a）所示，在搜索框中输入关键字"江"后，则列表视图显示过滤后的列表信息，每条列表信息都包含"江"字，如 10.30（b）所示。

```
<ul data-role="listview" data-filter="true">
    <li>上海市</li>
    <li>江苏省</li>
    <li>浙江省</li>
    <li>安徽省</li>
    <li>福建省</li>
    <li>江西省</li>
    <li>山东省</li>
</ul>
```

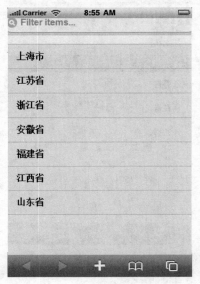

（a）过滤前

（b）过滤后

图 10.30 列表信息过滤

如果列表中的内容比较多，即便使用过滤条件，依然需要从大量列表中进行人工筛选。如果在过滤列表的基础上增加分类功能，那么检索内容的效率会更快。

实现支持分类功能的过滤视图，需要如下两步。

第 1 步，按照分类原则将列表条目排列在一起。

第 2 步，在各类列表条目之前添加分类类目。

【示例 2】 设计一个分类列表视图，列表信息包括华北、华东和东北 3 个地区的省市列表信息，在分类类目标签中添加 data-role="list-divider"属性，具体代码如下所示，演示效果如图 10.31 所示。

```
<ul data-role="listview" data-filter="true">
    <li data-role="list-divider">【华北】</li>
    <li>北京市</li>
    <li>天津市</li>
    <li>河北省</li>
    <li>山西省</li>
    <li>内蒙古自治区</li>
    <li data-role="list-divider">【东北】</li>
    <li>辽宁省</li>
    <li>吉林省</li>
    <li>黑龙江省</li>
    <li data-role="list-divider">【华东】</li>
    <li>上海市</li>
    <li>江苏省</li>
    <li>浙江省</li>
    <li>安徽省</li>
    <li>福建省</li>
    <li>江西省</li>
    <li>山东省</li>
</ul>
```

(a) 过滤前　　　　　　　　　　　　　(b) 过滤后

图 10.31　分类列表信息过滤

从上图可以看到，在支持分类的过滤列表中，用户可以对不同类别的列表条目进行分类。在列表内容被呈现的时候，将会显示分类类目。在输入过滤条件的时候，分类类目中的文字不会被过滤筛选。如果列表条目中的内容符合过滤条件，在呈现列表条目的时候，所属分类类目也将被一同呈现。

在很多情况下，列表中的条目有多种不同的表达方式，例如，山西简称晋，但在列表视图中只显示"山西"。jQuery Mobile 提供了一种隐藏数据过滤的方式，能够将所有这些信息作为索引条件进行数据过滤筛选。基于这样的方式所开发的移动应用，用户只需要输入相应的关键字。此时当查找"晋"的时候，就会得到"山西"这个列表条目。

实现隐含数据过滤，需要列表条目上添加 data-filtertext 属性，并将所相关的关键词数值列在这个属性值中，多个关键字之间通过空格进行分隔。

【示例 3】 本示例是在示例 2 基础上，使用 data-filtertext 属性为部分省份添加简称索引，详细代码如下所示，演示效果如图 10.32 所示。

```
<ul data-role="listview" data-filter="true">
    <li data-role="list-divider">【华北】</li>
    <li>北京市</li>
    <li>天津市</li>
    <li data-filtertext="冀">河北省</li>
    <li data-filtertext="晋">山西省</li>
    <li>内蒙古自治区</li>
    <li data-role="list-divider">【东北】</li>
    <li>辽宁省</li>
    <li>吉林省</li>
    <li>黑龙江省</li>
    <li data-role="list-divider">【华东】</li>
    <li data-filtertext="沪">上海市</li>
    <li>江苏省</li>
    <li>浙江省</li>
    <li data-filtertext="皖">安徽省</li>
    <li data-filtertext="闽">福建省</li>
    <li data-filtertext="赣">江西省</li>
    <li data-filtertext="鲁">山东省</li>
</ul>
```

（a）过滤前　　　　　　　　　　　　（b）过滤后

图 10.32　分类列表信息过滤

扫一扫，看视频

10.6　优化列表视图外观

本节将介绍 jQuery Mobile 对列表视图的外观进行优化的一些特性。

10.6.1　插页列表

插页列表是在 jQuery Mobile 1.2 中增加的新特性，在列表视图的外边呈现一个圆角矩形框，用户可以很清楚地知道列表视图的范围，这样的界面呈现很适合内容相对较多的页面。

实现插页列表效果的方法是在列表容器中声明 data-inset 属性值为 true。

【示例】　本示例为一个普通的列表视图容器添加 data-inset="true"属性，预览效果如图 10.33 所示。

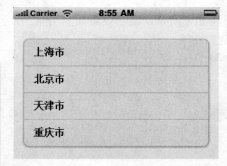

图 10.33　设计插页列表视图

```
<div data-role="content">
    <ul data-role="listview" data-inset="true">
        <li>上海市</11>
        <li>北京市</11>
        <li>天津市</11>
        <li>重庆市</11>
    </ul>
</div>
```

插页列表是以内联方式呈现的，所以插页列表的内容显得比较宽松，而普通的列表视图因为不是以内联方式呈现的，所以列表信息会挤占一行，显得很局促。

因为能够通过内联方式很好地与页面内容集成在一起，并能帮助呈现出标准化的用户界面，所以插页列表是使用最为广泛的列表视图之一。

插页列表可以与几乎所有其他列表视图集成，以呈现出不同的插页列表样式，包括以下几种。

①普通插页列表。

②数字插页列表。

③气泡提示插页列表。

④缩略图插页列表。

⑤拆分按钮插页列表。

⑥图标插页列表。

⑦支持检索内容的插页列表。

⑧分组插页列表（jQuery Mobile 1.2.0 开始提供）。

这些列表视图在没有超链接的时候，都将呈现为只读插页列表的样式。

📢 注意：

> 在 jQuery Mobile 1.2.0 和之前版本中，所呈现的只读插页列表只是略微有点差异。在 jQuery Mobile 1.2.0 的只读插页列表中，列表字体、间距、列表背景颜色等发生了一些调整。经过调整之后，jQuery Mobile 1.2.0 的插页列表更方便用户阅读其中的内容。

10.6.2　折叠列表

扫一扫，看视频

折叠列表视图是列表视图的一种，它能够将列表折叠起来，仅显示列表的名称，如果需要可以单击列表的名称而将折叠的列表展开。

实现折叠列表的方法：在列表视图之外增加一个 data-role 为 collapsible 的 div 容器。在容器中，通过标题标签声明折叠视图的名称。

📢 提示：

在 jQuery Mobile 1.2.0 之前的版本中不支持折叠列表。

【示例1】　本示例定义一个简单的折叠列表，列表标题为"直辖市"，列表内容包含 4 条列表项，效果如图 10.34 所示。

```
<div data-role="collapsible">
    <h1>直辖市</h1>
    <ul data-role="listview">
        <li>上海市</11>
        <li>北京市</11>
        <li>天津市</11>
        <li>重庆市</11>
    </ul>
</div>
```

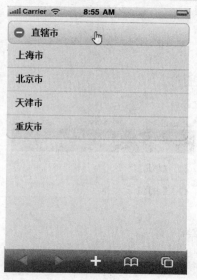

（a）折叠　　　　　　　　（b）展开

图 10.34　设计简单的折叠列表效果

📢 提示：

折叠列表中包含的列表视图可以是之前介绍的各种列表视图。例如，分类列表、数字列表、拆分按钮列表、缩略图和图标列表、气泡提示列表和只读列表等。

如果需要将多个折叠列表视图以集合的形式排列在一起，可以使用折叠列表集合，这个折叠列表集合的呈现效果就好像多个列表标题又组成一个列表。打开每个折叠列表的标题之后，又会呈现其中的视图内容。

实现折叠列表集合的方法：首先建立 data-role 属性值为 collapsible-set 的 div 容器，然后在这个 div 容器中，顺序排列了各个折叠列表视图。

【示例2】　本示例演示了如何使用<div data-role="collapsible-set">容器定义一个折叠列表集合，演示效果如图 10.35 所示。

```
<section id="mainPage" data-role="page" data-title="列表视图">
    <header data-role="header">
```

```
        <h1>行政区划</h1>
    </header>
    <div data-role="collapsible-set">
        <div data-role="collapsible">
            <h2>【华北】</h2>
            <ul data-role="listview">
                <li>北京市</li>
                <li>天津市</li>
                <li>河北省</li>
                <li>山西省</li>
                <li>内蒙古自治区</li>
            </ul>
        </div>
        <div data-role="collapsible">
            <h2>【东北】</h2>
            <ul data-role="listview">
                <li>辽宁省</li>
                <li>吉林省</li>
                <li>黑龙江省</li>
            </ul>
        </div>
    </div>
</section>
```

（a）折叠

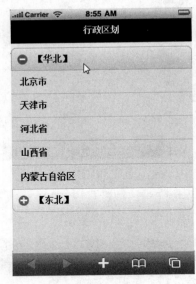

（b）展开

图 10.35　设计折叠列表容器效果

在折叠列表集合中，各个折叠列表视图默认是折叠起来的。每次只能展开一个折叠列表视图，当展开第二个时，前一个会自动折叠起来。

【示例 3】　默认的折叠列表集合都是以内联样式呈现的，除非特别声明列表视图是非内联的。声明折叠列表集合为非内联方式时，需要在折叠列表集合的容器中将 data-inset 属性设置为 false。代码如下所示，演示效果如图 10.36 所示。

```
<div data-role="collapsible-set" data-inset="false">
```

```
<div data-role="collapsible">
    ……
</div>
<div data-role="collapsible">
    ……
</div>
</div>
```

📢 **提示:**

折叠列表和折叠内容块从 HTML 的属性定义到呈现样式上都非常接近，折叠列表或折叠列表集合是面向列表视图设计的，而折叠内容块或折叠内容集合是面向文本、图片等内容设计的。

10.6.3 自动分类列表

从 1.2.0 版本开始，jQuery Mobile 提供了能够自动分类的列表视图。基于自动分类列表视图，对于列表条目相邻的内容，如果第一个字符或第一个汉字相同，那么会被自动分类在一起，而分类标签就是第一个字符或者第一个汉字。这样的功能设计有助于用户快速识别与定位所要查找的内容，如果与检索列表内容的功能配合使用，或者将折叠列表与自动分类列表视图混合使用，则可能明显改善列表内容查找的用户体验。

扫一扫，看视频

图 10.36　设计折叠列表容器非内联样式效果

实现自动分类列表视图，需要两个步骤。

第 1 步，在列表内容输出的时候，需要排序之后再输出到列表视图中，否则，即便存在两个列表条目，它们的首字母或第一个汉字相同，但是不相邻在一起，也无法实现自动分类之后在一起呈现的效果。

第 2 步，在列表视图容器中，声明 data-autodividers 属性值为 true。

```
<ul data-role="listview" data-autodividers="true">
```

【示例 1】　本示例是一个简单的列表视图，使用 data-autodividers="true"属性开启自动分类功能，演示效果如图 10.37 所示。

```
<section id="mainPage" data-role="page" data-title="列表视图">
    <header data-role="header">
        <h1>自动分类列表</h1>
    </header>
    <div data-role="content">
        <ul data-role="listview" data-autodividers="true">
            <li>border-width</li>
            <li>border-style</li>
            <li>border-color</li>
            <li>flex-shrink</li>
            <li>flex-basis</li>
            <li>flex-flow</li>
        </ul>
    </div>
</section>
```

📢 **提示:**

自动分类列表视图和上面介绍的列表视图有以下两个不同之处。

➥　在列表视图容器中，自动分类列表视图增加了 data-autodividers ="true"属性，这在列表视图中是没有的。

➥　在列表视图中，可以在列表项目中通过设定 data-role 属性值为 list-divider 来标记这个条目是分类标签，这在自动分类列表视图中是不需要的。

【示例 2】 自动分类列表可以与折叠列表混合使用，以方便用户快速定位内容。在本示例中，折叠列表的 div 容器被定义在外层，自动分类列表的 ul 容器被定义在内层，代码如下所示，演示效果如图 10.38 所示。

```html
<div data-role="collapsible">
    <h2>盒模型属性</h2>
    <ul data-role="listview" data-autodividers="true">
        <li>border-width</li>
        <li>border-style</li>
        <li>border-color</li>
        <li>flex-shrink</li>
        <li>flex-basis</li>
        <li>flex-flow</li>
    </ul>
</div>
```

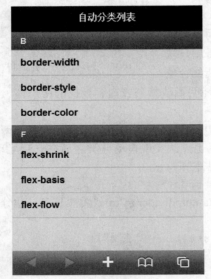

图 10.37　设计自动分类列表

图 10.38　混合使用自动分类列表和折叠列表

📢 注意：

在生成自动分类列表视图的列表内容时，最好根据首字母或者第一个汉字进行排序。如果列表内容不按照首字母或者第一个汉字排序，则可能会出现两个首字母或第一个汉字名称相同的分组，且位于自动分类列表的不同位置。

10.7　设置列表视图

在开发列表视图功能的时候，可以通过 JavaScript 对其界面风格样式与主题进行设定，也可以通过列表视图方法刷新或获得下一级页面的内容。

10.7.1　属性

列表视图提供众多属性，用以定义列表视图的不同页面元素的样式。常用的列表视图属性说明如下。

（1）data-count-theme

设置气泡提示主题风格，默认为 c。例如：

```
<ul data-role="listview" data-count-theme="e">
```

（2）data-dividertheme

设置分类列表中分类栏目的显示主题风格，默认为 b。此属性只对分类列表有效，对其他类型列表无效。例如：

```
<ul data-role="listview" data-dividertheme="e">
```

（3）data-filter

设置是否显示检索工具栏，默认为 false，不显示检索工具栏。设置为 true，则显示检索工具栏。例如：

```
<ul data-role="listview" data-filter="true">
```

（4）data-filter-placeholder

设置检索工具栏的背景文字，默认为 Filter items...。此属性只对具有检索功能的列表有效。如果列表没有检索功能，则此属性无效。例如：

```
<ul data-role="listview" data-filter="true" data-filter-placeholder="查找">
```

（5）data-filter-theme

设置检索工具栏的主题样式，默认为 b 主题样式。此属性只对具有检索功能的列表有效。如果列表没有检索功能，则此属性无效。例如：

```
<ul data-role="listview" data-filter="true" data-filter-theme="e">
```

（6）data-header-theme

设置嵌套列表表头的主题样式风格，默认为 b 风格。例如：

```
<ul data-role="listview" data-filter="true" data-header-theme-="e">
```

（7）data-inset

设置为插页风格，默认为 false，不使用插页风格。设置为 true，使用插页风格样式。例如：

```
<ul data-role="listview" data-inset="true">
```

（8）data-split-icon

设置拆分按钮图标样式。经过设置，拆分图标按钮在没有设置图标样式的情况下，默认使用被设置的图标样式。这里也可以使用自定义图标样式。默认为向右箭头 arrow-r。例如：

```
<ul data-role="listview" data-split-icon="plus">
```

（9）data-split-theme

设置拆分按钮的列表主题样式，默认为 b。例如：

```
<ul data-role="listview" data-split-theme="e">
```

（10）data-theme

设置列表主题样式，默认情况下，主题样式继承上一级容器的主题样式。例如：

```
<ul data-role="listview" data-theme="e">
```

10.7.2 选项

在 jQuery Mobile 中，列表的选项与属性的功能大致相当。选项通常在 JavaScript 中的初始化中用到，例如在 mobileinit 事件中进行选项设定，则可以对相应页面中各个列表视图进行统一的样式和行为设定。

由于列表选项与属性大多类似，就不对类似的内容重复介绍了。表 10.1 是列表选项与属性的对照表。

在 jQuery Mobile 中，有两个选项没有对应的属性，具体说明如下。

➔ initSelector：用于对特定 CSS 选择器指定的列表进行美化，其默认值为 jqmData(role='listview')。用户可以设定特定的 CSS 样式名称，设定之后，jQuery Mobile 会对其进行列表样式美化。而在这样的页面下，data-role="listview" 也不再起作用。

❥ filterCallback：用以设定回调函数来增强 jQuery Mobile 检索列表的实现功能。

表 10.1　列表的属性和选项

选　项	属　性	功　　能
countTheme	data-count-theme	设置气泡提示主题风格
dividerTheme	data-divider-theme	设置分类列表中分类栏目的显示主题风格
filter	data-filter	设置是否显示检索工具栏
filterPlaceholder	data-filter-placeholder	设置检索工具栏的背景文字
filterTheme	data-filter-theme	设置检索工具栏的主题样式
headerTheme	data-header-theme	设置嵌套列表表头的主题样式风格
inset	data-inset	设置为插页风格
splitIcon	data-split-icon	设置分立按钮图标样式
splitTheme	data-split-theme	设置分立按钮列表主题样式
theme	data-theme	设置列表主题样式

10.7.3　方法和事件

列表视图提供了两个方法来获得子页或者刷新列表视图样式，简单说明如下。

❥ childPages：获得嵌套列表子页的对象。

❥ refresh：刷新列表视图样式。

此外，在创建列表视图时，会触发 ceate 事件。

10.8　实　战　案　例

在 Web 移动应用开发时，实战技巧将有助于用户更好体验列表视图的应用价值。本节将通过多个案例介绍如何使用 jQuery Mobile 进行高级开发。

10.8.1　设计表单登录页

扫一扫，看视频

列表视图可以用来美化表单样式，经过美化之后，表单元素的布局更加规整，表单操作起来更加方便。在众多列表视图样式中，使用最多的是插页列表或只读列表视图。对于表单元素的排列方法，一般情况下设计每行显示一个表单元素。

◀)) 提示：

使用列表格式化表单布局将表单元素依次排列在列表视图中时，要注意两个问题。

❥ 作为表单元素的<li>容器需要设置 data-role="fieldcontain"属性。

❥ 如果将按钮作为列表的一部分，则需要先将其放入 fieldset 容器，然后将 fieldset 放入<1i>容器中。

【示例】　本示例设计一个简单的登录表单，代码如下所示，演示效果如图 10.39 所示。

图 10.39　设计登录表单

```
<div data-role="page" id="page">
   <div data-role="header">
      <h1>登录表单</h1>
   </div>
   <div data-role="content">
      <form>
         <ul data-role="listview" data-inset="true" id="listViewForm">
            <li data-role="fieldcontain">
               <label for="name">登录名:</label>
               <input type="text" name="name" id="name" value=""/>
            </li>
            <li data-role="fieldcontain">
               <label for="name">密码:</label>
               <input type="password" name="password" id="password" value="" />
            </li>
            <li data-role="fieldcontain">
               <fieldset class="ui-grid-a">
                  <div class="ui-block-a">
                     <button type="submit" data-theme="d">取消</button>
                  </div>
                  <div class="ui-block-b">
                     <button type="submit" data-theme="a">提交</button>
                  </div>
               </fieldset>
            </li>
         </ul>
      </form>
   </div>
</div>
```

在上面代码中，在列表容器中添加 data-inset="true"属性，使用内联样式进行布局，然后通过声明布局的样式进行布局管理。首先，在 fieldset 中通过 ui-grid-a 声明每行包含两栏，然后在各个按钮中声明 ui-block-a 为第一栏内容，ui-block-b 为第二栏内容。

10.8.2 设计电商产品页面

扫一扫，看视频

在列表视图中，使用 HTML 和 CSS 来美化排版样式，可以设计出很多有趣的列表页面效果。jQuery Mobile 格式化了 HTML 的部分标签，使其符合移动页面的语义化显示需求。

例如，为<span>标签添加 ui-li-count 类样式，可以在列表项的右侧设计一个计数器；使用<h>标签可以加强列表项中部分显示文本，而使用<p>标签可以减弱列表项中部分显示文本。配合使用<h>和<p>标签，可以定义列表项包含的内容更富层次化。如果为标签添加 ui-li-aside 类样式，可以设计附加信息文本。

要实现这种经过 HTML 排版的界面样式，首先要在各个列表条目内部进行 HTML 排版。本节示例将设计一个典型的电商产品页面。

【操作步骤】

第 1 步，启动 Dreamweaver CC，新建 HTML5 文档，保存为 index.html。选择【插入】|【jQuery Mobile】|【页面】命令，在当前文档中插入一个页面视图，然后设置标题为"格式化列表"。

第 2 步，选择【插入】|【jQuery Mobile】|【列表视图】命令，打开【列表视图】对话框，设置【列

表类型】为【无序】，【项目】为3，选中【文本说明】和【侧边】复选框，如图10.40所示。

图 10.40　插入列表视图结构

第3步，单击【确定】按钮，切换到代码视图，在内容框中插入一个列表视图结构。然后设计列表项目文本，修改后的列表视图代码如下。

```html
<div data-role="content">
    <ul data-role="listview">
        <li><a href="#">
            <h3>原价: 128.00</h3>
            <p>2013 秋季必备牛仔长裤 韩版猫爪破洞垮裤 乞丐裤 小脚牛仔裤 ...</p>
            <p class="ui-li-aside">剩余时间: 4 天</p>
        </a></li>
        <li><a href="#">
            <h3>原价: 99.00</h3>
            <p>2013 秋冬新款女韩版公主名缓复古小香风细格子修身长袖毛呢连...</p>
            <p class="ui-li-aside">剩余时间: 5 天</p>
        </a></li>
        <li><a href="#">
            <h3>原价:140.00</h3>
            <p>韩模实拍秋冬新款韩国代购修身显瘦中长款毛呢大衣 毛呢外套...</p>
            <p class="ui-li-aside">剩余时间: 3 天</p>
        </a></li>
    </ul>
</div>
```

第 4 步，切换到代码视图，在每个列表项目的<a>标签头部插入一个图片，在每个三级标题后面再插入一个三级标题<h3>标签，用来设计折扣价信息，同时在<p>标签后面再插入一个段落文本，用来设计喜欢数信息，继续插入一个段落文本，用来设计提示性图标按钮，如图10.41所示。

第 5 步，选择【窗口】|【CSS 设计器】命令，打开【CSS 设计器】面板，在【源】窗格中选择【<style>】，即在当前页面的内部样式表中定义样式。

🔊 提示：

可以单击窗格右上角的⊞按钮，添加新的样式表源——创建新的 CSS 文件、附加现有的 CSS 文件或在页面中定义。如果选择【在页面中定义】项，则会在当前页面内部样式表中定义样式，如图10.42所示。

第 6 步，在【@媒体】窗格中选择【全局】，即保持默认的样式媒体类型。单击【选择器】窗格右上角的⊞按钮，添加一个选择器，Dreamweaver 会自动在列表框中添加一个文本框。在其中输入“.img”，定义一个类样式，类名为 img，其中前缀点号（.）表示类样式类型。

```
43          <div data-role="content">
44              <ul data-role="listview">
45                  <li><a href="#"><img class="img" src="images/1.jpg" alt=""/>
                        <h3>原价:128.00</h3>
                        <h3>折扣价:115.00</h3>
                        <p>2013秋季必备牛仔长裤                  裤 小脚牛仔裤 ...</p>
49                      <p>喜欢数:3969</p>
50                      <p><img src="images/89.png" alt=""/></p>
51                      <p class="ui-li-aside">剩余时间: 4天</p>
52                  </a></li>
53                  <li><a href="#"><img class="img" src="images/2.jpg" alt=""/>
54                      <h3>原价:99.00</h3>
55                      <h3>折扣价:88.00</h3>
56                      <p>2013秋冬新款女韩版公主名缓复古小香风细格子修身长袖毛呢连...</p>
57                      <p>喜欢数:116</p>
58                      <p><img src="images/89.png"    alt=""/></p>
59                      <p class="ui-li-aside">剩余时间: 5天</p>
60                  </a></li>
61                  <li><a href="#"><img class="img" src="images/3.jpg" alt=""/>
62                      <h3>原价:140.00</h3>
63                      <h3>折扣价:133.00</h3>
64                      <p>韩模实拍秋冬新款韩国代购修身显瘦中长款毛呢大衣 毛呢外套...</p>
65                      <p>喜欢数:26</p>
66                      <p><img src="images/95.png" alt=""/></p>
67                      <p class="ui-li-aside">剩余时间: 3天</p>
68                  </a></li>
69              </ul>
70          </div>
```

插入产品缩微图

插入双标题

插入投票记录

插入折扣提示图标

图 10.41 补充结构代码

图 10.42 选择 CSS 样式表源

第 7 步,在【属性】窗格中单击【布局】按钮,切换到布局属性设置区域,设置布局样式 max-height:150px、max-width:100px,修改列表项目左侧缩微图默认的最大宽度和高度。详细设置如图 10.43 所示。

第 8 步,选中<img>标签定义的缩微图,在【属性】面板中打开【类】下拉列表框,从中选择上面定义的 img 类样式,如图 10.43 所示。

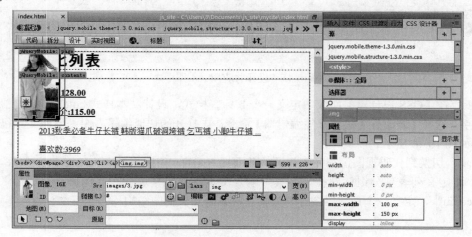

图 10.43 设计并应用 img 类样式

第 9 步，模仿上面几步操作，在【CSS 设计器】面板中定义一个 del 类样式。定义文本样式 text-decoration: line-through，定义删除线效果。然后在编辑窗口中拖选原价价格，在【属性】面板中的 Class 中应用 del 类样式，设置如图 10.44 所示。

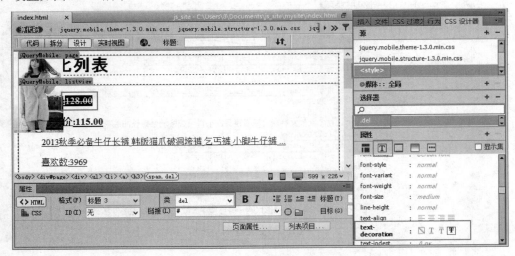

图 10.44　设计并应用 del 类样式

第 10 步，在【CSS 设计器】面板中定义一个 red 类样式，设计文本样式 color:red，并为折扣价数字应用该类样式，如图 10.45 所示。

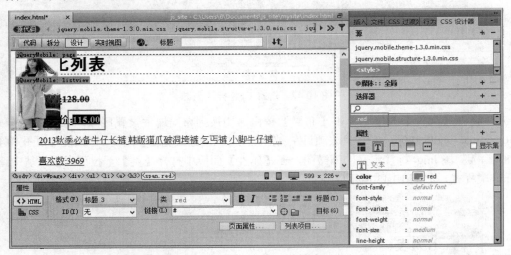

图 10.45　设计并应用 red 类样式

第 11 步，在【CSS 设计器】面板中定义一个 b 标签样式，设计文本样式 color:blue，然后拖选"喜欢数"的数字，选择【修改】|【快速标签编辑器】命令，在打开的快速编辑器中为当前文本包裹一个<b>标签，设置如图 10.46 所示。

第 12 步，切换到代码视图，在列表视图的前面插入一个<li>标签，添加 data-role 属性，设置值为 list-divider，即定义列表项分组标题栏，在其中输入文本"衣服精选榜"，然后在其后插入一个<span class="ui-li-count">，定义一个计数器图标。完善后的整个列表视图结构代码如下。

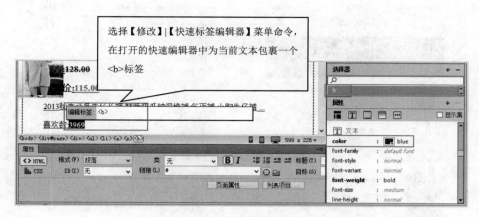

图 10.46　设计并应用<b>标签样式

```
<div data-role="content">
    <ul data-role="listview">
        <li data-role="list-divider">衣服精选榜
            <span class="ui-li-count">3</span>
        </li>
        <li><a href="#"><img class="img" src="images/1.jpg" alt=""/>
            <h3>原价:<span class="del">128.00</span></h3>
            <h3>折扣价:<span class="red">115.00</span></h3>
            <p>2013秋季必备牛仔长裤 韩版猫爪破洞垮裤 乞丐裤 小脚牛仔裤 ...</p>
            <p>喜欢数:<b>3969</b></p>
            <p><img src="images/89.png" alt=""/></p>
            <p class="ui-li-aside">剩余时间: <b>4 天</b></p>
        </a></li>
        <li><a href="#"><img class="img" src="images/2.jpg" alt=""/>
            <h3>原价:<span class="del">99.00</span></h3>
            <h3>折扣价:<span class="red">88.00</span></h3>
            <p>2013秋冬新款女韩版公主名媛复古小香风细格子修身长袖毛呢连...</p>
            <p>喜欢数:<b>116</b></p>
            <p><img src="images/89.png" alt=""/></p>
            <p class="ui-li-aside">剩余时间: <b>5 天</b></p>
        </a></li>
        <li><a href="#"><img class="img" src="images/3.jpg" alt=""/>
            <h3>原价:<span class="del">140.00</span></h3>
            <h3>折扣价:<span class="red">133.00</span></h3>
            <p>韩模实拍秋冬新款韩国代购修身显瘦中长款毛呢大衣 毛呢外套...</p>
            <p>喜欢数:<b>26</b></p>
            <p><img src="images/95.png" alt=""/></p>
            <p class="ui-li-aside">剩余时间: <b>3 天</b></p>
        </a></li>
    </ul>
</div>
```

第 13 步，完成设计之后，在移动设备中预览 index.html 页面，可以看到图 10.47 所示的列表效果。通过对列表项中的内容进行格式化，可以将大量的信息层次清晰地显示在页面中。

（a）默认显示效果　　　　　　　　（b）向上滑动页面

图 10.47　设计并应用 red 类样式

提示：

> 如果想使用搜索方式过滤列表项中的标题内容，可以将<ul>元素的 data-filter 属性值设为 true，jQuery Mobile 会在列表的上方自动增加一个搜索框，代码如下所示。

```html
<div data-role="content">
    <ul data-role="listview" data-filter="true">
        ……
    </ul>
</div>
```

当用户在搜索框中输入字符时，jQuery Mobile 会自动过滤掉不包含搜索字符内容的列表项，演示效果如图 10.48 所示。

在列表顶部显示搜索框，在搜索框中输入"128"

在列表框中仅显示过滤后列表信息

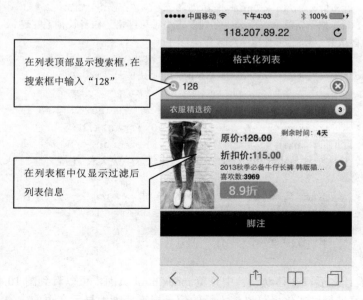

图 10.48　显示搜索框并进行信息过滤

如果通过 JavaScript 代码添加列表中的列表项，则需要调用列表的刷新方法，更新对应的样式并将添加的列表项同步到原有列表中，代码如下所示。

```
<script>
$(function(){
    $("ul").listview("refresh");
})
</script>
```

10.8.3　设计新闻列表页

扫一扫，看视频

【示例1】　本节案例设计一个简单的新闻列表，只有一个标题，演示效果如图 10.49 所示。
页面完整代码如下所示。

```
<!doctype html>
<html>
<head>
<meta charset="utf-8">
<meta name="viewport" content="width=device-width,initial-scale=1" />
<link href="jquery-mobile/jquery.mobile.theme-1.3.0.min.css" rel="stylesheet"
type="text/css">
<link href="jquery-mobile/jquery.mobile.structure-1.3.0.min.css" rel="stylesheet"
type="text/css">
<script src="jquery-mobile/jquery-1.8.3.min.js" type="text/javascript"></script>
<script src="jquery-mobile/jquery.mobile-1.3.0.min.js" type="text/javascript">
</script>
</head>
<body>
<div data-role="page">
    <div data-role="header" data-position="fixed" data-fullscreen="true">
        <a href="#">返回</a>
        <h1>今日新闻</h1>
        <a href="#">设置</a>
    </div>
    <div data-role="content">
        <ul data-role="listview">
            <li><a href="#">股价低只能私有化来拯救？好公司应看长期价值</a></li>
            <li><a href="#">高端难卖低端不赚钱 国产手机如何取舍成难题</a></li>
            <li><a href="#">张朝阳开春与媒体恳谈 称要做回正常的社会人</a></li>
            <li><a href="#">即使 Apple Pay 死了 它也会成为闪付燎原的星星之火</a></li>
            <li><a href="#">国内手游热持续数年 游戏设计水准是否水涨船高？</a></li>
            <li><a href="#">微信付费阅读功能流出 新媒体或可实现付费连载模式</a></li>
            <li><a href="#">中国移动 iPhone 开通 VoLTE 它到底是什么？</a></li>
            <li><a href="#">对升级速度忍无可忍 谷歌或将收回安卓控制权</a></li>
            <li><a href="#">苹果为何要叫板 FBI？12 个问题看懂来龙去脉</a></li>
            <li><a href="#">乐视体育或以 27 亿元签下中超 2 年独家版权</a></li>
            <li><a href="#">熬了一年 美国国防部终于要用上 Windows 10 了</a></li>
            <li><a href="#">月独立访客 8000 万 Buzzfeed 称实际数据是这个五倍</a></li>
        </ul>
    </div>
    <div data-role="footer" data-position="fixed" data-fullscreen="true">
        <div data-role="navbar">
            <ul>
```

```
        <li><a id="chat" href="#" data-icon="custom">今日新闻</a></li>
        <li><a id="email" href="#" data-icon="custom">国内新闻</a></li>
        <li><a id="skull" href="#" data-icon="custom">国际新闻</a></li>
        <li><a id="beer" href="#" data-icon="custom">设置</a></li>
      </ul>
    </div>
  </div>
</div>
</body>
</html>
```

在使用标签时，首先要在页面中加入一个<ul data-role="listview"></ul>标签，之后就可以在其中加入任意数量的<li>标签，其中的内容会以一种类似按钮的形式显示出来。

【示例2】 示例1用一个简单的新闻列表展示了 jQuery Mobile 中列表的使用方法。本示例将进一步完善上一个示例，制作一款比较精美的新闻列表，演示效果如图 10.50 所示。

图 10.49 设计新闻列表页

图 10.50 设计复杂的新闻列表页面

新闻列表一般要包括新闻的标题以及发生时间，同时还要显示出新闻的一部分内容，比较标准的新闻列表页面结构如图 10.51 所示。

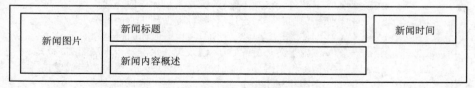

图 10.51 新闻列表标准结构

每一个新闻列表项由左、中、右 3 部分组成，左侧显示新闻图片，中间为新闻标题和新闻内容的开头或概述，右侧显示新闻发生的时间。除此之外，还应当根据新闻发生的时间对新闻进行分组。

本例完整结构代码如下所示。

```
<body>
<div data-role="page">
  <div data-role="header" data-position="fixed" data-fullscreen="true">
    <a href="#">返回</a>
    <h1>每日新闻</h1>
```

```
            <a href="#">设置</a>
    </div>
        <ul data-role="listview" style="margin-top:45px;">
            <li data-role="list-divider">8 月 1 日 星期二<span class="ui-li-count">3
</span></li>
            <li><a href="#">
                <img src="images/1.jpg" />
                <h2>谁会为中概股私有化留下的一地鸡毛买单？ </h2>
                <p>聚美优品宣布收到来自 CEO 陈欧、红杉资本等递交的私有... </p>
                <p class="ui-li-aside"><strong>6:24</strong>PM</p>
            </a></li>
            <li><a href="#">
                <img src="images/2.jpg" />
                <h2>王氏新政半年：止血的联通要有大动作 </h2>
                <p>联通公布 2016 年 1 月运营数据称，移动业务发展势头良好... </p>
                <p class="ui-li-aside"><strong>6:24</strong>PM</p>
            </a></li>
            <li><a href="#">
                <img src="images/3.jpg" />
                <h2>2015 年终盘点 6：小巨头正在崛起 </h2>
                <p>多为寄生在大阿里体系之上的互联网金融服务，这里面最... </p>
                <p class="ui-li-aside"><strong>6:24</strong>PM</p>
            </a></li>
            <li data-role="list-divider">8 月 2 日 星期三<span class="ui-li-count">3
</span></li>
            <li><a href="#">
                <img src="images/4.jpg" />
                <h2>苹果与 FBI "互撕"：国内手机厂商集体失声背后 </h2>
                <p>那么问题来了，这背后究竟反映出了什么。</p>
                <p class="ui-li-aside"><strong>6:24</strong>PM</p>
            </a></li>
            <li><a href="#">
                <img src="images/5.jpg" />
                <h2>微信即将上线付费阅读，哪些内容可以卖钱？ </h2>
                <p>微信内容体系已经与 WEB 内容和 App 内容三分天下，其尝试...</p>
                <p class="ui-li-aside"><strong>6:24</strong>PM</p>
            </a></li>
            <li><a href="#">
                <img src="images/6.jpg" />
                <h2>豆瓣：精神角落的低吟浅唱 </h2>
                <p>创建十年之后，豆瓣终于推出了它的第一支品牌广告。</p>
                <p class="ui-li-aside"><strong>6:24</strong>PM</p>
            </a></li>
        </ul>
    <div data-role="footer" data-position="fixed" data-fullscreen="true">
        <div data-role="navbar">
            <ul>
                <li><a id="chat" href="#" data-icon="custom">今日新闻</a></li>
                <li><a id="email" href="#" data-icon="custom">国内新闻</a></li>
                <li><a id="skull" href="#" data-icon="custom">国际新闻</a></li>
                <li><a id="beer" href="#" data-icon="custom">设置</a></li>
            </ul>
```

```
        </div>
    </div>
</div>
</body>
```

📢 **注意：**

为了防止手机屏幕宽度不够而导致部分内容无法正常显示，建议设置 initial-scale 的值为 0.5，甚至更小。代码如下所示。

```
<meta name="viewport" content="width=device-width,
initial-scale=0.5" />
```

可以在列表的分栏中加入消息气泡，显示该栏目中栏目的数量。另外，在使用时要充分考虑到列表内是否有足够的空间来显示全部的内容，必要时可对部分内容进行舍弃。

10.8.4 设计播放列表

在前面章节中曾经制作了一个音乐播放器的界面，看上去非常低调且华丽，但是一款播放器仅仅有一个界面是远远不够的，一个配套的播放列表也是非常重要的。

【示例1】 本节案例的播放列表中主要包含音乐的类别和名称，同时在名称的左侧插入了一张专辑图片，演示效果如图 10.52 所示。

图 10.52 音乐播放列表

本示例完整代码如下所示。

```
<!doctype html>
<html>
<head>
<meta charset="utf-8">
<meta name="viewport" content="width=device-width,initial-scale=1" />
<link href="jquery-mobile/jquery.mobile.theme-1.3.0.min.css" rel="stylesheet" type=
"text/css">
<link href="jquery-mobile/jquery.mobile.structure-1.3.0.min.css" rel="stylesheet"
type= "text/css">
<script src="jquery-mobile/jquery-1.8.3.min.js" type="text/javascript"></script>
<script src="jquery-mobile/jquery.mobile-1.3.0.min.js" type="text/javascript">
</script>
</head>
<body>
<div data-role="page" data-theme="a">
    <div data-role="header" data-position="fixed" data-fullscreen="true">
        <a href="#">返回</a>
        <h1>播放列表</h1>
        <a href="#">设置</a>
    </div>
    <ul data-role="listview">
        <li><a href="#">
            <img src="images/1.jpg">
            <h2>小猪歌</h2>
            <p>SNH48</p></a>
        </li>
```

```
            <li><a href="#">
                <img src="images/2.jpg">
                <h2>Smooth Operator</h2>
                <p>G.Soul</p></a>
            </li>
            <li><a href="#">
                <img src="images/3.jpg">
                <h2>直到那一天</h2>
                <p>刘惜君</p></a>
            </li>
            <li><a href="#">
                <img src="images/4.jpg">
                <h2>遗忘之前</h2>
                <p>徐佳莹</p></a>
            </li>
            <li><a href="#">
                <img src="images/5.jpg">
                <h2>飞光</h2>
                <p>河图</p></a>
            </li>
            <li><a href="#">
                <img src="images/6.jpg">
                <h2>老炮儿 音乐原声辑</h2>
                <p>电影原声</p></a>
            </li>
            <li><a href="#">
                <img src="images/7.jpg">
                <h2>燕归巢</h2>
                <p>许嵩</p></a>
            </li>
            <li><a href="#">
                <img src="images/8.jpg">
                <h2>望君歌</h2>
                <p>阿睿凌霓剑裳</p></a>
            </li>
        </ul>
    </div>
</body>
</html>
```

上面代码很简单，相信都能够看明白。这里简单介绍一下，在 jQuery Mobile 的列表控件中，默认如果在<li>标签中的第一个位置插入图片会把图片放大或缩小到 80×80 像素的大小，并在列表左侧显示。也就是说想把专辑图片放在右边是不容易做到的。

还有一个问题，为什么表示歌曲名称与歌手的文字会自动换成两行显示呢？难道与专辑图片的显示类似，是由于<li>中的第二个和第三个子空间会自动换行吗？

当然不是，由于这里在显示歌手名字时，使用了<p>标签将文字包裹，而<p>标签本身就隐含了换行显示的作用，因此能够将歌手的名字在第 2 行显示出来。

◀)) 提示：

jQuery Mobile 中保留了大量 HTML 中自带的属性，这些属性经常会带来意外的惊喜。

本节示例与上一节的新闻列表页类似，实际上它们是相通的，这种列表结构除了可以用于音乐播放列表，在一些新闻列表中也常常会用到，另外，在帖子列表中可以使用这种技术来实现。

【示例2】 示例1制作一个简单的音乐播放器播放列表，在实际开发中往往需要更加复杂的播放列表。例如，当前显示的是网络音乐列表，在列表的右侧有一个按钮，通过这个按钮可以将资源添加到本地播放列表进行保存，这就需要对上面示例做一些改进。

首先，在页面视图中添加一个对话框容器，代码如下。

```
<div data-role="popup" id="purchase" data-theme="d" data-overlay-theme="b"
class="ui-content" style="max-width:340px;">
    <h3>是否加入播放列表？</h3>
    <a href="#" data-role="button" data-rel="back" data-theme="b" data-icon=
"check" data-inline="true" data-mini="true">是</a>
    <a href="#" data-role="button" data-rel="back" data-inline="true" data-mini=
"true">否</a>
  </div>
```

然后，在每个列表项目中添加一个超链接，绑定到对话框，实现单击该按钮时，会弹出对话框，询问是否执行进一步的播放操作。

```
<li><a href="#">
    <img src="images/1.jpg">
    <h2>小猪歌</h2>
    <p>SNH48</p></a>
    <a href="#purchase" data-rel="popup" data-position-to="window" data-
transition="pop"></a>
    </li>
```

本例完整代码就不再显示，用户可以参考本书附赠的示例源代码。演示效果如图 10.53 所示。

（a）默认播放列表 　　　　　　　　（b）询问进一步操作

图 10.53 优化音乐播放列表

实际上本例就是在列表中再加入一个链接，但是不能再加入第3个链接，因为这与左侧的图标一样，都是 jQuery Mobile 为开发者早就设计好的，而且最后一个链接一定会自动显示在列表的右侧。

还可以利用本节示例获取网络资源，然后利用列表右侧的按钮将选中的资源加载到本地播放列表，由于本地播放列表不再需要额外的按钮，因此可以使用上一示例中给出的代码，这样所创作出的应用看上去就比较完整了。

10.8.5 设计通讯录

有序列表能够有效地对列表中的内容进行排列和查找，除了通过编号之外，还可以通过对列表进行分组来实现信息的分类以提高查找效率，其中一个非常经典的例子就是手机的通讯录。

一般用户手机里都存有很多号码，管理起来非常麻烦，因此对手机里的号码进行分组是非常有必要的。对号码分组的方式有很多，如安卓号码本身自带用姓名首字母对号码进行分组的功能，另外，按照用户的习惯，更多地是采用按照关系来分组的方式，如按照家人、同学、朋友、陌生人的方式对号码进行分组，本节示例演示效果如图 10.54 所示。

扫一扫，看视频

图 10.54　设计通讯录

示例完整代码如下所示。

```html
<!doctype html>
<html>
<head>
<meta charset="utf-8">
<meta name="viewport" content="width=device-width,initial-scale=1" />
<link  href="jquery-mobile/jquery.mobile.theme-1.3.0.min.css"  rel="stylesheet"
type="text/css">
<link  href="jquery-mobile/jquery.mobile.structure-1.3.0.min.css"  rel="stylesheet"
type="text/css">
<script src="jquery-mobile/jquery-1.8.3.min.js" type="text/javascript"></script>
<script  src="jquery-mobile/jquery.mobile-1.3.0.min.js"  type="text/javascript">
</script>
</head>
<body>
<div data-role="page">
    <div data-role="content">
      <ul data-role="listview" data-inset="true">
         <li data-role="list-divider">家人</li>
         <li><a href="#">
            <h2>老爸</h2>
            <p>13512345678</p>
            </a> </li>
         <li><a href="#">
            <h2>老妈</h2>
            <p>13512345679</p>
            </a> </li>
         ......
      </ul>
    </div>
</div>
</body>
</html>
```

　　打开页面后，可以看到号码按照家人、同事、朋友、陌生人被分成了 4 组，并将组名与号码用不同的颜色显示。

　　对列表进行分组的方式也非常简单，只要在列表的某一项中加入 data-role="list-divider"属性，该项就会成为列表中组与组之间的分隔符，以不同的样式显示出来。这种对列表分组的方式还可以用在导航类应用上，比如可以制作一款与 hao123 具有类似功能的应用，将目标网址根据网站的类别进行分类。

◀》注意：

如果在分隔符中加入链接，则不会被处理为按钮的样式，而仅给其中的文字加入链接。

第 11 章　高 级 开 发

jQuery Mobile 构建于 HTML 5 和 CSS 3 基础之上，为开发者提供了大量实用、可扩展的 API 接口。通过这些接口，可以拓展 jQuery Mobile 的初始化事件、创建自定义的命名空间、设置当前激活页的样式、配置默认页和对话框的效果、自定义页面加载与出错的提示信息等功能。另外，借助 jQuery Mobile API 拓展事件，可以在页面触摸、滚动、加载、显示与隐藏的事件中，编写特定代码，实现事件触发时需要完成的功能。本章通过理论与实例相结合的方式，介绍 jQuery Mobile 高级开发的一些技术应用。

【学习重点】
- 配置 jQuery Mobile。
- 定义事件。
- 使用方法。
- 定制组件。
- HTML5 应用。

11.1　配置 jQuery Mobile

jQuery Mobile 允许用户修改框架的基本配置，由于配置具有全局功能，jQuery Mobile 在页面加载后需要使用这些配置项以增强特性，这个加载过程早于 document.ready 事件，因此在该事件中修改基本配置是无效的，一般选择更早的 mobileinit 事件，在该事件中，可以修改基本配置项。

11.1.1　修改 gradeA 配置值

扫一扫，看视频

在 jQuery Mobile 的默认配置中，gradeA 配置项表示检测浏览器是否属于支持类型中的 A 级别，配置值为布尔型，默认为 S. support.mediaquery。除此之外，也可以通过代码检测当前的浏览器是否是支持类型中的 A 级别，接下来通过一个实例进行详细的说明。

【示例】　新建一个 HTML 页面，在页面中添加一个 ID 为 title 的<p>标签。当执行该页面的浏览器属于 A 类支持级别时，在<p>中显示相关提示信息。

【操作步骤】

第 1 步，启动 Dreamweaver CC，新建 HTML5 文档，保存文档为 index.html。

第 2 步，选择【插入】|【jQuery Mobile】|【页面】命令，打开【jQuery Mobile 文件】对话框，保留默认设置，单击【确定】按钮，在当前文档中插入视图页。

第 3 步，按 Ctrl+S 快捷键，保存当前文档 index.html，并根据提示保存相关的框架文件。

第 4 步，选中内容栏中的"内容"文本，清除内容栏内的文本，然后输入三级标题"浏览器级别"，插入一个空白段落文本标签，定义 ID 值为"title"，如图 11.1 所示。

第 5 步，切换到代码视图，在头部区域输入下面脚本代码。

```
<script>
$(function() {
    if($.mobile.gradeA())
        $("#title").html('当前浏览器为 A 类级别。');
})
</script>
```

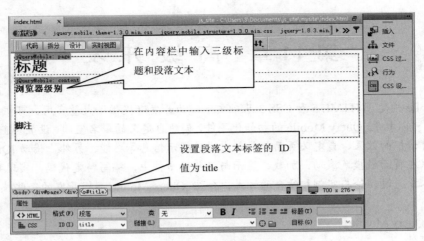

图 11.1　插入标题和段落文本

在页面初始化事件回调函数中，使用 gradeA()工具函数获取当前浏览器的级别信息，如果是 A 级类型，则在<p id="title">标签中显示提示信息。

第 6 步，在头部位置添加如下元信息，定义视图宽度与设备屏幕宽度保持一致。

```
<meta name="viewport" content="width=device-width,initial-scale=1" />
```

第 7 步，完成设计之后，在移动设备中预览 index.html 页面，将会显示如图 11.2 所示的提示信息。

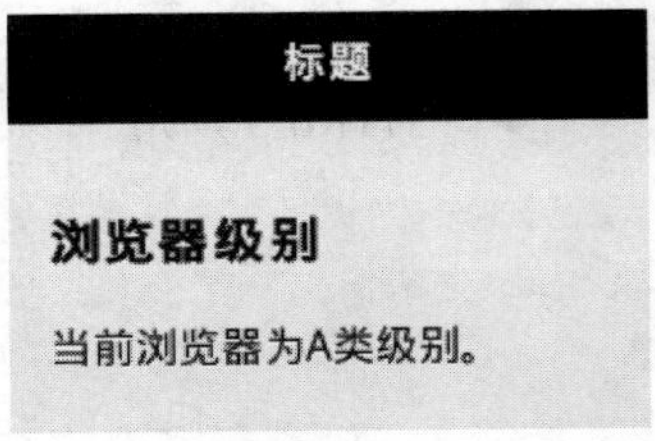

提示：

也可以重写 gradeA()函数，用来检测浏览器是否支持其他特性。例如，在<script src="jquery-mobile/jquery.mobile-1.3.0.min.js" type="text/javascript">标签之前编写如下脚本，使用函数的方式创建一个<div>标签，然后检测各类浏览器对该标签中 CSS 3 样式的支持状态，并将函数返回的值作为 gradeA 配置项的新值。

```
<script>
$(document).bind("mobileinit", function() {
    $.extend($.mobile, {
        gradeA: function() {
            var divTmp = document.createElement("div");
            divTmp.innerHTML = '<div style="-webkit-transform:rotate(360deg);-moz-transform:rotate(360deg);"></div>';
            var btnSupport = false;
            btnSupport = (divTmp.firstChild.style.webkitTransform != undefined) ||
(divTmp.firstChild.style.MozTransform != undefined);
            return btnSupport;
        }
    });
});
</script>
```

在上面 JavaScript 代码中，当触发 mobileinit 事件时，通过$.mobile 对象重置 gradeA 配置值。该配置值是一个函数的返回值。在这个函数中，先创建一个<div>标签，并在该标签中设置一个翻转 360°的 CSS 3 样式效果。然后，根据浏览器对该样式效果的支持情况，返回值 false 或 true。最后，将该值作为整个函数的返回值，对 gradeA 的配置值进行修改。如果返回值为 false，表示浏览器对该样式的支持并

标题

浏览器级别

当前浏览器为A类级别。

图 11.2　gradeA 提示信息

未达到 A 类级别，效果如图 11.3（a）所示，如果返回值为 true，表示浏览器对该样式的支持已达到 A 类级别，页面效果如图 11.3（b）所示。

（a）Opera Mobile Emulator 预览效果　　　　　（b）iBBDemo3 预览效果

图 11.3　检测浏览器支持特性

扫一扫，看视频

11.1.2　jQuery Mobile 配置项

由于 jQuery Mobile 把所有配置都封装在 $.mobile 中作为它的属性，因此改变这些属性值就可以改变 jQuery Mobile 的默认配置。当 jQuery Mobile 开始执行时，它会在 document 对象上触发 mobileinit 事件，并且这个事件远早于 document.ready 发生，因此用户需要通过如下的形式重写默认配置。

```
$(document).bind("mobileinit", function(){
    //新的配置
});
```

由于 mobileinit 事件会在 jQuery Mobile 执行后马上触发，因此用户需要在 jQuery Mobile 加载前引入这个新的默认配置，若这些新配置保存在一个名为 custom-mobile.js 的文件中，则应该按如下顺序引入 jQuery Mobile 的各个文件。

```
<script src="jquery.min.js"></script>
<script src="custom-mobile.js"></script>
<script src="jquery-mobile.min.js"></script>
```

【示例1】　下面以 Ajax 导航为例说明如何自定义 jQuery Mobile 的默认配置：

jQuery Mobile 是以 Ajax 的方式驱动网站，如果某个链接不需要 Ajax，可以为某个链接添加 data-ajax="false"属性，这是局部的设置，如果用户需要取消默认的 Ajax 方式（即全局取消 Ajax），可以自定义默认配置，代码如下。

```
$(document).bind("mobileinit", function(){
    $.mobile.ajaxEnabled = false;
});
```

jQuery Mobile 是基于 jQuery 的，因此也可以使用 jQuery 的$.extend 扩展$.mobile 对象：

```
$(document).bind("mobileinit", function(){
    $.extend($.mobile, {
        ajaxEnabled: false
    });
});
```

【**示例 2**】　使用上面的第二种方法可以很方便地自定义多个属性，如在上例的基础上同时设置 activeBtnClass，即为当前页面分配一个 class，原本的默认值为"ui-btn-active"，现在设置为"new-ui-btn-active"，代码如下。

```
$(document).bind("mobileinit", function(){
    $.extend($.mobile, {
        ajaxEnabled: false,
        activeBtnClass: "new-ui-btn-active"
    });
});
```

在上面的例子中介绍了简单同时也是最基本的 jQuery Mobile 事件，它反映了 jQuery Mobile 事件需要如何使用，同时也要注意触发事件的对象和顺序。

以下是 $.mobile 对象的常用配置选项及其默认值，作为具有里程碑意义的版本，在 jQuery Mobile 3 版本中配置项中的属性使项目开发更加灵活可控。

（1）ns

值类型：字符。

默认值：" "。

说明：自定义属性命名空间，防止和其他的命名空间冲突。将[data-属性]的命名空间变更为[data-"自定义字符"属性]。

示例：

```
$(document).bind("mobileinit", function(){
    $.extend($.mobile , { ns: 'eddy-' });
});
```

声明后需要使用新的命名空间来定义属性，如 data-eddy-role。

（2）autoInitializePage

值类型：布尔。

默认：true。

说明：在 DOM 加载完成后是否立即调用$.mobile.initializePage 对页面进行自动渲染。如果设置为 false，页面将不会被立即渲染，并且保持隐藏状态。直到手动声明$.mobile.initializePage 页面才会开始渲染，这样可以方便用户控制异步操作完成后才开始渲染页面，避免动态元素渲染失败的问题。

示例：

```
$(document).bind("mobileinit", function(){
    $.extend($.mobile , { autoInitializePage: false });
});
```

（3）subPageUrlKey

值类型：字符。

默认值："ui-page "。

说明：用于设置引用子页面时哈希表中的标识，Url 参数用来引用有 JQM 生成的子页面，例如 example.html&ui-page=subpageldentifir。在&ui-page=前的部分被 JQM 框架用来向子页面所在的 Url 发送一个 Ajax 请求。

示例：

```
$(document).bind("mobileinit", function(){
    $.extend($.mobile , { subPageUrlKey: 'ui-eddypage' });
});
```

修改后，在 URL 中"&ui-page="将被转换为"&ui-eddypage="。

（4）activePageClass

值类型：字符。

默认值：" ui-page-active"。

说明：处于活动状态的页面的 Class 名称，用于自定义活动状态的页面的样式引用。在自定义这个样式的时候必须要在样式中声明以下属性。

```
display:block !important; overflow:visible !important;
```

不熟悉 jQuery Mobile 的 CSS 框架的用户经常会遇到自定义的样式不起作用的情况，这一般是由于自定义的样式和原有 CSS 框架的继承关系不同引起的，可以在不起作用的样式后面加上!important 来提高自定义样式的优先级。

（5）activeBtnClass

值类型：字符。

默认值：" ui-btn-active"。

说明：按钮在处于活动状态时的样式，包括按钮形态的元素被单击、激活时的显示效果。用于自定义样式风格。

（6）ajaxEnabled

值类型：布尔。

默认：true。

说明：在单击链接和提交按钮时，是否使用 Ajax 方式加载界面和提交数据，如果设置为 false，链接和提交方式会使用 HTML 原生的跳转和提交方式。

（7）hashListeningEnabled

值类型：布尔。

默认：true。

说明：设置 jQuery Mobile 是否自动监听和处理 location.hash 的变化，如果设置为 false，可以使用手动的方式来处理 hash 的变化，或者简单地使用链接地址进行跳转，在一个文件中则使用 ID 标记的方式来切换页面。

（8）defaultPageTransition

值类型：字符。

默认值："slide"。

说明：设置默认的页面切换效果，如果设置为 none，页面切换将没有效果。

可选的效果说明如下。

- slide：左右滑入。
- slideup：由下向上滑入。
- slidedown：由上向下滑入。
- pop：由中心展开。
- fade：渐显。
- flip：翻转。

由于浏览器的支持程度问题，有些效果在某些浏览器中不支持。

（9）touchOverflowEnabled

值类型：布尔。

默认：false。

说明：是否使用设备的原生区域滚动特性，除了 iOS 5 之外大部分的设备还不支持原生区域滚动特性。

（10）defaultDialogTransition

值类型：字符。

默认值："pop"。

说明：设置 Ajax 对话框的弹出效果，如果设置为"none"，则没有过渡效果。可选的效果与 defaultPageTransition 属性相同。

（11）minScrollBack

值类型：数字。

默认值：150。

说明：只有滚动超出所设置的高度时才会触发滚动位置记忆功能；如果滚动高度没有超过所设置的高度，则后退到该页面滚动条会到达顶部。以此设置来减少位置记忆的数据量。

（12）loadingMessage

值类型：字符。

默认值：" loading "。

说明：设置在页面加载时出现的提示框中的文本，如果设置为 false，则不显示提示框。

（13）pageLoadErrorMessage

值类型：字符。

默认值：" Error Loading Page"。

说明：设置在 Ajax 加载失败后出现的提示框中的文字内容。

（14）gradeA()

值类型：函数返回一个布尔值。

默认值：$.support.mediaquery。

说明：用于判断浏览器是否属于 A 级浏览器。布尔类型，默认$.support.mediaquery 用于返回这个布尔值。

11.2 事　　件

在移动终端设备中，有一类事件无法触发（如鼠标事件或窗口事件），但它们又客观存在。因此，在 jQuery Mobile 中，提供了一些建于本地事件的自定义事件以此来创建一些有用的钩子，注意这些事件是建立于各种已存在的触摸事件之上，如鼠标和窗口事件。借助框架的 API 将这类型的事件扩展为专门用于移动终端设备的事件，如触摸、设备翻转和页面切换等，开发人员可以使用 live()或 bind()进行绑定。

11.2.1 触摸事件

在 jQuery Mobile 中，触摸事件包括 5 种类型，详细说明如下。

- tap（轻击）：一次快速完整地轻击页面屏幕后触发。
- taphold（轻击不放）：轻击并不放（大约一秒）后触发。
- swipe（滑动）：一秒内水平拖曳大于 30 像素，同时纵向拖曳小于 20 像素的事件发生时触发。
- swipeleft（左滑）：滑动事件为向左的方向时触发。
- swiperight（右滑）：滑动事件为向右的方向时触发。

🔊 提示：

触发 swipe 事件时需要注意下列属性。

- scrollSupressionThreshold：该属性默认值为 10 像素，水平拖曳大于该值则停止。

➤ durationThreshold：该属性默认值为 1 000ms，滑动时超过该值则停止。

✦ horizontalDistanceThreshold：该属性默认值为 30 像素，水平拖曳超出该值时才能滑动。

➥ verticalDistanceThreshold：该属性默认值为 75 像素，垂直拖曳小于该值时才能滑动。

这 4 个默认配置属性可以通过下面方法进行修改。

```
$(document).bind("mobileinit", function(){
    $.event.special.swipe.scrollSupressionThreshold ("10px")
    $.event.special.swipe.durationThreshold ("1000ms")
    $.event.special.swipe.horizontalDistanceThreshold ("30px");
    $.event.special.swipe.verticalDistanceThreshold ("75px");
});
```

【示例】 在下面示例中将使用 swipeleft 和 swiperight 事件类型设计图片滑动预览效果。

【操作步骤】

第 1 步，启动 Dreamweaver CC，新建 HTML5 文档，保存文档为 index.html。

第 2 步，选择【插入】|【jQuery Mobile】|【页面】命令，打开【jQuery Mobile 文件】对话框，保留默认设置，单击【确定】按钮，在当前文档中插入视图页。

第 3 步，按 Ctrl+S 快捷键，保存当前文档 index.html，并根据提示保存相关的框架文件。

第 4 步，选中内容栏中的"内容"文本，清除内容栏内的文本，然后选择【插入】|【Div】命令，插入一个 Class 为 outer 的<div>标签，在【CSS 设计器】面板中设计其高度为 220px，相对定位，如图 11.4 所示。

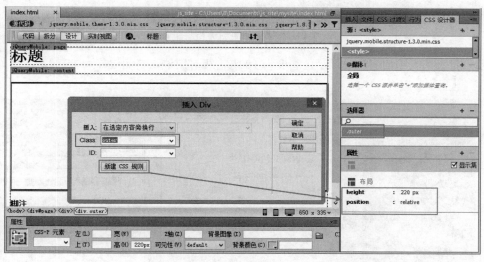

图 11.4 插入<div class="outer" >标签

第 5 步，再选择【插入】|【Div】命令，在<div class="outer" >标签内插入一个 Class 为 inner 的<div>标签，在【CSS 设计器】面板中设计其高度为 100%，相对定位，定义 overflow: visible，显示所有内容。

第 6 步，选择【插入】|【结构】|【项目列表】命令，在<div class="inner" >标签内插入一个项目列表，在每个项目中插入一个图片。在属性面板中定义项目列表的 ID 值为"pic_box"，在【CSS 设计器】面板中设计其宽度为 3 000 像素，绝对定位，定义 overflow: hidden，隐藏超出范围的内容，同时清除项目列表默认的样式，完成代码如下所示，设置如图 11.5 所示。

```
.outer ul {
    width: 3000px;
    list-style: none;
```

```
        overflow: hidden;
        position: absolute;
        top: 0px;
        left: 0;
        margin: 0;
        padding: 0
}
```

图 11.5　插入并设计列表包含框样式

第 7 步，定义列表项向左浮动显示，高度为 100%，相对定位，右侧边界为 15 像素，设置如图 11.6 所示。

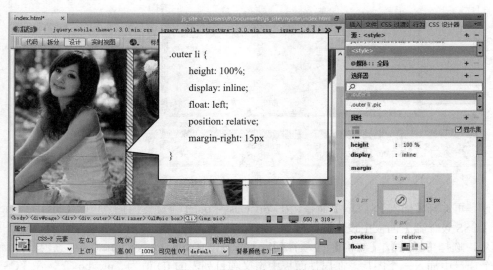

图 11.6　设计列表项目样式

第 8 步，在内部样式表中，设置图片的高度为 100%。然后切换到代码视图，在头部区域输入下面脚本代码。

```
<script>
$(function() {
```

```
    var swiptimg = {
        $index: 0,
        $width: 160,
        $swipt: 0,
        $legth: 5
    }
    var $imgul = $("#pic_box");
    $(".pic").each(function() {
        $(this).swipeleft(function() {
            if (swiptimg.$index < swiptimg.$legth) {
                swiptimg.$index++;
                swiptimg.$swipt = -swiptimg.$index * swiptimg.$width;
                $imgul.animate({ left: swiptimg.$swipt }, "slow");
            }
        }).swiperight(function() {
            if (swiptimg.$index > 0) {
                swiptimg.$index--;
                swiptimg.$swipt = -swiptimg.$index * swiptimg.$width;
                $imgul.animate({ left: swiptimg.$swipt }, "slow");
            }
        })
    })
})
</script>
```

在本实例中，首先在类名为 outer 的<div>容器中（<div class="outer">）添加一个<ul>列表，并将全部滑动浏览的图片添加至列表的<li>标签中。

然后，在页面初始化事件回调函数中，先定义一个全局性对象 swiptimg，在该对象中设置需要使用的变量，并将获取的图片加载框架标签（<ul id="pic_box">）保存在$imgul 变量中。

最后，无论是将图片绑定 swipeleft 事件还是 swiperight 事件，都要调用 each()方法遍历全部图片。在遍历时，通过"$(this)"对象获取当前的图片元素，并将它与 swipeleft 和 swiperight 事件相绑定。

在 swipeleft 事件中，先判断当前图片的索引变量 swiptimg.$index 值是否小于图片总值 swiptimg.$legth。如果成立，索引变量自动增加 1，然后将需要滑动的长度值保存到变量 swiptimg.$swipt 中。最后，通过前面保存元素的$imgul 变量调用 jQuery 的 animate()方法，以动画的方式向左边移动指定的长度。

在 swiperight 事件中，由于是向右滑动，因此先判断当前图片的索引变量 swiptimg.$index 的值是否大于 0。如果成立，说明整个图片框架已向左边滑动过，索引变量自动减少 1，然后，获取滑动时的长度值并保存到变量 swiptimg.$swipt 中。最后，通过前面保存的$imgul 变量调用 jQuery 的 animate()方法，以动画的方式向右边移动指定的长度。

第 9 步，在头部位置添加如下元信息，定义视图宽度与设备屏幕宽度保持一致。

```
<meta name="viewport" content="width=device-width,initial-scale=1" />
```

第 10 步，完成设计之后，在移动设备中预览 index.html 页面，当使用手指向左滑动图片时，会显示图 11.7（a）所示的效果，如果向右滑动则会显示图 11.7（b）所示效果。

🔊 提示：

说明每次滑动的长度值都与当前图片的索引变量相连，因此，每次的滑动长度都会不一样；另外，图片加载完成后，根据滑动的条件，必须按照先从右侧滑动至左侧，再从左侧滑动至右侧的顺序进行，其中每次滑动时的长度和图片总数变量可以自行修改。

（a）向左滑动图片　　　　　　　　　　　（b）向右滑动图片

图 11.7　范例效果

扫一扫，看视频

11.2.2　翻转事件

在智能手机等移动设备中，都有对方向变换的自动感知功能，如当手机方向从水平方向切换到垂直方向时，则会触发该事件。在 jQuery Mobile 事件中，如果手持设备的方向发生变化，即手持方向为横向或纵向时，将触发 orientationchange 事件。在 orientationchange 事件中，通过获取回调函数中返回对象的 orientation 属性，可以判断用户手持设备的当前方向。orientation 属性取值包括"portrait"和"landscape"，其中"portrait"表示纵向垂直，"landscape"表示横向水平。

【示例】　本示例将根据 orientationchange 事件判断用户移动设备的手持方向，并及时调整页面布局，以适应不同宽度的显示效果。

【操作步骤】

第 1 步，启动 Dreamweaver CC，新建 HTML5 文档，保存文档为 index.html。

第 2 步，选择【插入】|【jQuery Mobile】|【页面】命令，打开【jQuery Mobile 文件】对话框，保留默认设置，单击【确定】按钮，然后在自动打开的【页面】对话框中，取消勾选"标题"和"脚注"复选框，在当前文档中插入仅包含内容框的视图页，设置如图11.8 所示。

图 11.8　设置【页面】对话框

第 3 步，按 Ctrl+S 快捷键，保存当前文档 index.html，并根据提示保存相关的框架文件。

第 4 步，选中内容栏中的"内容"文本，清除内容栏内的文本，然后完成一个简单的新闻内容结构，包括新闻标题、新闻图片和新闻正文，代码如下所示。

```
<div data-role="page" id="page">
    <div data-role="content">
        <h2>比特币：终将消失在历史的尘埃中</h2>
        <img src="images/1.jpg" class="news_pic" />
        <p>比特币是目前全球最流行的数字货币——不仅仅是一种财富的形式，而且是一种流通的方式——
```

也是目前科技界谈论最多的话题。</p>

        <p>笔者作为一名安全研究员，对比特币协议十分钦佩。其设计可谓是密码工程学的一次惊世之作，特别是比特币工作机制的验证原理，在发挥得当的情况下，能够将量子计算机（quantum computer）可能制造的竞争所带来的损失降到最低。但是我认为，比特币的货币功能却有着一个重大的缺陷，这一点必将导致比特币永远无法成为一种广泛普及的货币。</p>

    </div>

</div>

第 5 步，选中图片，在【CSS 设计器】面板中设计其宽度为 100%，如图 11.9 所示。

图 11.9 设计新闻图片样式

第 6 步，切换到代码视图，在头部区域输入下面脚本代码。

```
<script>
$(function() {
    var $pic = $(".news_pic");
    $('body').bind('orientationchange', function(event) {
        var $oVal = event.orientation;
        if ($oVal == 'portrait') {
            $pic.css({
                "width" : "100%",
                "margin-right" :0,
                "margin-bottom" :0,
                "float" : "none"
            });
        } else {
            $pic.css({
                "width" : "50%",
                "margin-right" :12,
                "margin-bottom" :12,
                "float" : "left"
            });
        }
    })
})
</script>
```

在页面加载时，为<body>标签绑定 orientationchange 事件，在该事件的回调函数中，通过事件对象传回的 orientation 属性值检测用户移动设备的手持方向。如果为"portrait"，则定义图片宽度为 100%，图片右侧和底部边界为 0，禁止浮动显示；反之，则定义图片宽度为 50%，图片右侧和底部边界为 12 像素，向左浮动显示，从而实现根据不同的移动设备的手持方向，动态地改变图片的显示样式，以适应屏幕宽度的变化。

第 7 步，在头部位置添加如下元信息，定义视图宽度与设备屏幕宽度保持一致。

```
<meta name="viewport" content="width=device-width,initial-scale=1" />
```

第 8 步，完成设计之后，在移动设备中预览 index.html 页面，当纵向手持设备时，会显示图 11.10（a）所示的效果，如果横向手持设备，则显示图 11.10（b）所示效果。

（a）纵向手持

（b）横向手持

图 11.10　范例效果

📢 提示：

在页面中，orientationchange 事件的触发前提是必须将 $.mobile.orientationChangeEnabled 配置选项设为 true，如果改变该选项的值，将不会触发该事件，只会触发 resize 事件。

扫一扫，看视频

11.2.3　滚屏事件

当用户在设备上滚动页面时，jQuery Mobile 提供了滚动事件进行监听。jQuery Mobile 屏幕滚动事件包含两种类型，一种是开始滚动事件（scrollstart），另一种是结束滚动事件（scrollstop）。这两种类型的事件主要区别在于触发时间不同，前者是用户开始滚动屏幕中页面时触发，而后者是用户停止滚动屏幕中页面时触发。接下来通过一个完整的示例介绍如何在移动项目的页面中绑定这两个事件。

【示例】　下面示例演示了如何设计滚屏事件。

【操作步骤】

第 1 步，启动 Dreamweaver CC，新建 HTML5 文档，保存文档为 index.html。

第 2 步，选择【插入】|【jQuery Mobile】|【页面】命令，打开【jQuery Mobile 文件】对话框，保留默认设置，单击【确定】按钮，在当前文档中插入视图页。

第 3 步，按 Ctrl+S 快捷键，保存当前文档 index.html，并根据提示保存相关的框架文件。

第 4 步，选中内容栏中的"内容"文本，在属性面板中设置为二级标题，在【CSS 设计器】面板中设置布局和文本样式：height: 400px、color: blue、font-size: 30px、text-align: center、-webkit-text-shadow:
4px 4px 4px #938484、text-shadow: 4px 4px 4px #938484，定义标题高度为 400 像素，字体颜色为蓝色，
字体大小为 30 像素，文本居中对齐，并添加文本阴影，设置如图 11.11 所示。

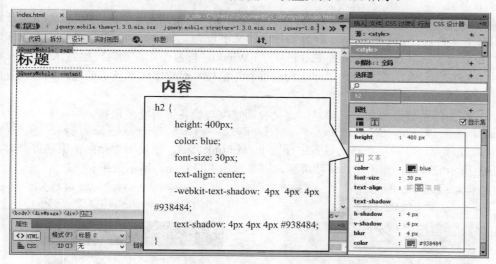

图 11.11　设计标题样式

第 5 步，选中<body>标签，在【CSS 设计器】面板中为页面定义背景图像，设置如图 11.12 所示。

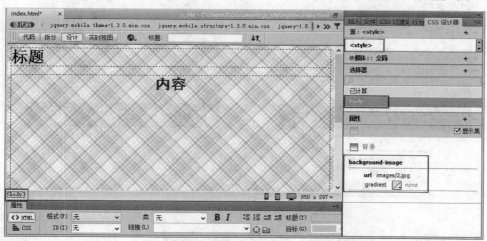

图 11.12　设计网页背景样式

第 6 步，切换到代码视图，在头部区域输入下面脚本代码。

```
<script>
$('div[data-role="page"]').live('pageinit', function(event, ui) {
    var div = $('div[data-role="content"]');
    var  h2 = $('h2');
    $(window).bind('scrollstart', function() {
        h2.text("开始滚动屏幕").css("color","red");
        div.css('background-image', 'url(images/3.jpg)');
    })
    $(window).bind('scrollstop', function() {
        h2.text("停止滚动屏幕").css("color","blue");
```

```
        div.css('background-image', 'url(images/2.jpg)');
    })
})
</script>
```

在触发 pageinit 事件时，为 Window 对象绑定 scrollstart 和 scrollstop 事件。Window 屏幕开始滚动时触发 scrollstart 事件，在该事件中将<h2>标签包含的文字设为"开始滚动屏幕"字样，设置字体颜色为红色，同时设置内容框背景图像为 images/3.jpg；当 Window 屏幕停止滚动时，触发 scrollstop 事件，在该事件中将<h2>标签包含的文字设为"停止滚动屏幕"字样，设置字体颜色为蓝色，同时设置内容框背景图像为 images/2.jpg。

第 7 步，在头部位置添加如下元信息，定义视图宽度与设备屏幕宽度保持一致。

```
<meta name="viewport" content="width=device-width,initial-scale=1" />
```

第 8 步，完成设计之后，在移动设备中预览 index.html 页面，当使用手指向下滚动屏幕时，会显示图 11.13（a）所示的效果，如果停止滚动屏幕，则显示图 11.13（b）所示效果。

（a）开始滚动屏幕   （b）停止滚动屏幕

图 11.13　范例效果

📢 提示：

iOS 系统中的屏幕在滚动时将停止 DOM 的操作，停止滚动后再按队列执行已终止的 DOM 操作，因此，在这样的系统中，屏幕的滚动事件将无效。

扫一扫，看视频

11.2.4　页面显示/隐藏事件

当在不同页面间或同一个页面不同容器间相互切换时，将触发页面中的显示或隐藏事件。具体包括 4 种事件类型。

➥ pagebeforeshow，页面显示前事件，当页面在显示之前、实际切换正在进行时触发，该事件回调函数传回的数据对象中包含一个 prevPage 属性，该属性是一个 jQuery 集合对象，它可以获取正在切换远离页的全部 DOM 元素。

➥ pagebeforehide，页面隐藏前事件，当页面在隐藏之前、实际切换正在进行时触发，此事件回调函数传回的数据对象中包含一个 nextPage 属性，该属性是一个 jQuery 集合对象，它可以获取正在切换目标页的全部 DOM 元素。

➥ pageshow，页面显示完成事件，当页面切换完成时触发，此事件回调函数传回的数据对象中包含一个 prevPage 属性，该属性是一个 jQuery 集合对象，它可以获取正在切换远离页的全部 DOM 元素。

➥ pagehide，页面隐藏完成事件，当页面隐藏完成时触发，此事件回调函数传回的数据对象中有一个 nextPage 属性，该属性是一个 jQuery 集合对象，它可以获取正在切换目标页的全部 DOM 元素。

【示例】　在本示例中将新建一个 HTML 页面，在页面中添加两个 page 容器，在每个容器中添加一个<a>标签，然后在两容器间进行切换。在切换过程中绑定页面的显示和隐藏事件，通过浏览器的控制台显示各类型事件执行的详细信息。

【操作步骤】

第 1 步，启动 Dreamweaver CC，新建 HTML5 文档，保存文档为 index.html。

第 2 步，选择【插入】|【jQuery Mobile】|【页面】命令，打开【jQuery Mobile 文件】对话框，保留默认设置，单击【确定】按钮，在当前文档中插入视图页。

第 3 步，继续选择【插入】|【jQuery Mobile】|【页面】命令，在下面再插入一个视图页。其中第一个视图页 ID 值为 page，第二个视图页 ID 值为 page2。

第 4 步，按 Ctrl+S 快捷键，保存当前文档 index.html，并根据提示保存相关的框架文件。

第 5 步，分别在两个视图内容框中定义一个超链接，设置类型为锚点链接，分别指向对方的 ID 值，同时在锚点链接的下面分别插入一幅图片，以便识别不同页面，代码如下所示。

```html
<div data-role="page" id="page">
    <div data-role="header">
        <h1>标题</h1>
    </div>
    <div data-role="content">
        <a href="#page2">下一页</a>
        <img src="images/1.jpg" alt=""/>
    </div>
    <div data-role="footer">
        <h4>脚注</h4>
    </div>
</div>
<div data-role="page" id="page2">
    <div data-role="header">
        <h1>标题</h1>
    </div>
    <div data-role="content">
        <a href="#page">上一页</a>
        <img src="images/2.jpg" alt=""/>
    </div>
    <div data-role="footer">
        <h4>脚注</h4>
    </div>
</div>
```

第 6 步，切换到代码视图，在头部区域输入下面脚本代码。

```html
<script>
$(function() {
    $('div').live('pagebeforehide', function(event, ui) {
```

```
        console.log('1. ' + ui.nextPage[0].id + ' 正在显示中... ');
    });
    $('div').live('pagebeforeshow', function(event, ui) {
        console.log('2. ' + ui.prevPage[0].id + ' 正在隐藏中... ');
    });
    $('div').live('pagehide', function(event, ui) {
        console.log('3. ' + ui.nextPage[0].id + ' 显示完成! ');
    });
    $('div').live('pageshow', function(event, ui) {
        console.log('4. ' + ui.prevPage[0].id + ' 隐藏完成! ');
    })
})
</script>
```

在上面代码中将<div>容器与各类型的页面显示和隐藏事件相绑定。在这些事件中，通过调用 console 的 logo 方法，记录每个事件中回调函数传回的数据对象属性，这些属性均是 jQuery 对象。在显示事件中，该对象可以获取切换之前页面（prevPage）的全部 DOM 元素。在隐藏事件中，该对象可以获取切换之后页面（nextPage）的全部 DOM 元素，各事件中获取的返回对象不同。

第 7 步，在头部位置添加如下元信息，定义视图宽度与设备屏幕宽度保持一致。

```
<meta name="viewport" content="width=device-width,initial-scale=1" />
```

第 8 步，完成设计之后，在移动设备中预览 index.html 页面，会显示图 11.14（a）所示的效果，如果点击链接，则显示图 11.14（b）所示效果。

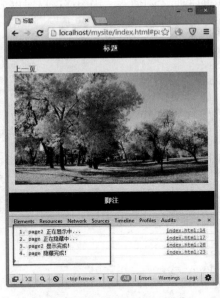

（a）在 iPhone5 中预览效果　　　　　　　　　（b）在 Chrome 控制台中查看信息

图 11.14　范例效果

提示：

除上面介绍的事件之外，jQuery Mobile 还提供了其他页面事件，说明如下。

❧ **pagebeforeload**：该事件在加载请求发出前触发，在绑定的回调函数中可以调用 preventDefault()方法，表示由该事件来处理 load 事件。

❧ **pagload**：该事件当前页面加载成功并创建了全部的 DOM 元素后触发，被绑定的回调函数返回一个数据对象。该对象有两个参数，其中第二个参数包含如下信息：url 表示调用地址，absurl 表示绝对地址。

- **pageloadfailed**：该事件当页面加载失败时触发，默认情况下触发该事件后，jQuery Mobile 将以页面的形式显示出错信息。

- **pagcbeforechange**：当页面在切换或改变之前触发该事件，在回调函数中包含两个数据对象参数，其中第一个参数 toPage 表示指定内/外部的页面绝对/相对地址，第二个参数 options 表示使用 changePage()时的配置选项。

- **pagechange**：当完成 changePage()方法请求的页面并完成 DOM 元素加载时触发该事件。在触发任何 pageshow 或 pagehide 事件之前，此事件已完成了触发。

- **pagechangefailed**：当使用 changcPage()方法请求页面失败时，其回调函数与 pagebeforechange 事件一样，数据对象包含相同的两个参数。

- **pagebeforecreate**：当页面在初始化数据之前触发，在触发该事件之前，jQuery Mobile 的默认部件将自动初始化数据，另外，通过绑定 pagebeforecreate 事件然后返 false，可以禁止页面中的部件自动操作。

- **pagecreate**：当页面在初始化数据之后触发，是用户在自定义自己的部件或增强子部件中标记时，最常调用的一个事件。

- **pageinit**：当页面的数据初始化完成且还没有加载 DOM 元素时触发该事件。在 jQuery Mobile 中，Ajax 会根据导航把每个页面的内容加载到 DOM 中。因此，要在任何新页面中加载并执行脚本，就必须绑定 pageinit 事件而不是 ready 事件。

- **pageremove**：当试图从 DOM 中删除一个外部页面时触发该事件，在该事件的回调函数中可以调用事件对象的 preventDefault()方法防止删除页面被访问。

- **updatelayout**：当动态显示或隐藏内容的组成部分时触发该事件，该事件以冒泡的形式通知页面中需要同时更新的其他组件。

11.3 方 法

jQuery Mobile 通过 API 拓展了很多事件，同时 jQuery Mobile 也借助$.mobile 对象提供了不少简单的方法，其中有些方法在前面章节有过介绍，本节重点介绍有关 URL 地址的转换、验证、域名比较以及纵向滚动的相关方法。

11.3.1 转换路径

有时需要将文件的访问路径进行统一转换，将一些不规范的相对地址转换为标谁的绝对地址，jQuery Mobile 允许通过调用$.mobile 对象的 makePathAbsolute()来实现该项功能。该方法的语法格式如下。

```
$.mobile.path.makePathAbsolute(relPath, absPath)
```

makePathAbsolute()方法包含两个必填参数，其中参数 relPath 为字符型，表示相对文件的路径，参数 absPath 为字符型，表示绝对文件的路径。

该方法的功能是以绝对路径为标准，根据相对路径所在目录级别，将相对路径转成一个绝对路径，返回值是一个转换成功的绝对路径字符串。

与 makePathAbsolute()相类似，makeUrlAbsolute()方法是将一些不规范的 URL 地址，转成统一标准的绝对 URL 地址，该方法调用的格式如下。

```
$.nobile.path.makeUrlAbsolute(relUrl, absUrl)
```

该方法的参数与 makePathAbsolute()方法的参数功能相同。下面通过一个示例比较两个方法的用法和不同。

【示例】 下面示例演示了如何转换路径。

【操作步骤】

第 1 步，启动 Dreamweaver CC，新建 HTML5 文档，保存文档为 index.html。

第 2 步，选择【插入】|【jQuery Mobile】|【页面】命令，打开【jQuery Mobile 文件】对话框，设置视图页 ID 值为 page1，取消选中【脚注】复选框，单击【确定】按钮，在当前文档中插入视图页，如图 11.15 所示。

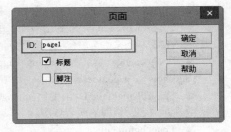

图 11.15　设置页面视图的 ID 值

第 3 步，继续选择【插入】|【jQuery Mobile】|【页面】命令，在下面再插入一个视图页，设置视图页 ID 值为 page2。

第 4 步，按 Ctrl+S 快捷键，保存当前文档 index.html，并根据提示保存相关的框架文件。

第 5 步，分别在两个视图标题栏中插入一个导航条（<div data-role="navbar">），然后插入一个列表结构，设计两个按钮，分别链接到视图 1 和视图 2，代码如下所示。

```
<div data-role="header">
    <div data-role="navbar">
      <ul>
          <li><a href="#page1" class="ui-btn-active">转换路径</a></li>
          <li><a href="#page2">转换 Url</a></li>
      </ul>
    </div>
</div>
```

第 6 步，在视图 1 的内容框中输入下面代码，设计三行文本，其中在第一行中设置绝对路径模式，第二行文本中插入一个文本框，允许用户输入相对路径的文件名称，第三行文本中提供一个<span>标签，用来显示处理后的绝对路径信息。

```
<div data-role="content">
    <p>绝对路径：<span id="page1-a">/mysite/index.html</span></p>
    <p>相对路径：</p>
    <input id="page1-txt" type="text"/>
    <p>转换结果：</p>
    <span id="page1-b"></span>
</div>
```

第 7 步，以同样的方式在视图 2 中也设计 3 行文本，设计思路相同，具体代码如图 11.16 所示。

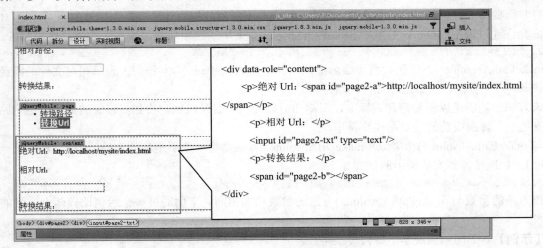

图 11.16　设计内容框结构

第 8 步，在头部位置设计如下脚本。

```
<script>
$("#page1").live("pagecreate", function() {
    $("#page1-txt").bind("change", function() {
        var strPath = $("#page1-a").html();
        var absPath = $.mobile.path.makePathAbsolute($(this).val(), strPath);
        $("#page1-b").html(absPath)
    })
})
$("#page2").live("pagecreate", function() {
    $("#page2-txt").bind("change", function() {
        var strPath = $("#page2-a").html();
        var absPath = $.mobile.path.makeUrlAbsolute($(this).val(), strPath);
        $("#page2-b").html(absPath)
    })
})
</script>
```

在上面代码中分别为视图 1 和视图 2 绑定 pagecreate 事件，该事件在视图页被创建时触发。在该事件回调函数中，为文本框绑定 changge 事件，当在文本框中输入字符时，会触发该事件，在事件回调函数中使用$.mobile.path.makePathAbsolute()和$.mobile.path.makeUrlAbsolute()方法把用户输入的文件名转换为绝对路径表示形式。

第 9 步，在头部位置添加如下元信息，定义视图宽度与设备屏幕宽度保持一致。

```
<meta name="viewport" content="width=device-width,initial-scale=1" />
```

第 10 步，完成设计之后，在移动设备中预览 index.html 页面，然后在第一个视图的文本框中输入文件名，则在下面会显示被转换为绝对路径的字符串，如图 11.17（a）所示的效果，单击导航条中第二个按钮，切换到第二个视图，在其中文本框中输入文件名，会被转换为绝对路径，效果如图 11.17（b）所示。

（a）转换绝对路径　　　　　　　　（b）转换为绝对 URL

图 11.17　范例效果

11.3.2　比较域名

在 jQuery Mobile 中，除提供 URL 地址验证的方法外，还可以通过 isSameDomain()方法比较两个任意 URL 地址字符串内容是否为同一个域名，该方法的语法格式如下。

```
$.mobile .path.isSameDomain (url1, ur12)
```

参数 url1、url2 为字符型，且为必填项目，其中 url1 是一个相对的 URL 地址。另一个参数 url2 是一个相对或绝对的 URL 地址。当 url1 与 ur12 的域名相同时，返回 true，否则返回 false。

【示例】 在本示例中将新建一个 HTML 页面，添加一个 page 容器，并在容器中增加两个文本框。当用户在两个文本框中输入不同 URL 地址后，将调用 isSameDomain()方法对这两个地址进行比较，如果是相同域名则在页面中显示提示信息。

【操作步骤】

第 1 步，启动 Dreamweaver CC，新建 HTML5 文档，保存文档为 index.html。

第 2 步，选择【插入】|【jQuery Mobile】|【页面】命令，打开【jQuery Mobile 文件】对话框，设置视图页 ID 值为 page1，取消选中【脚注】复选框，单击【确定】按钮，在当前文档中插入视图页，如图 11.18 所示。

第 3 步，按 Ctrl+S 快捷键，保存当前文档 index.html，并根据提示保存相关的框架文件。

第 4 步，在视图 1 的内容框中输入下面代码，设计三行文本，其中在第一行和第二行段落中各插入一个文本框，允许用户输入路径字符串，第三行文本中提供一个<span>标签，用来显示比较靠后的路径是否同在一个作用域下面。

图 11.18 设置页面视图的 ID 值

```html
<div data-role="content">
    <p>地址 1: <input id="txt1" type="text"/></p>
    <p>地址 2: <input id="txt2" type="text"/></p>
    <p>比较结果: <span id="bijiao"></span></p>
</div>
```

第 5 步，在头部位置设计如下脚本。

```javascript
<script>
$("#page1").live("pagecreate", function() {
    $("#txt1,#txt2").live("change", function() {
        var $txt1 = $("#txt1").val();
        var $txt2 = $("#txt2").val();
        if ($txt1 != "" && $txt2 != "") {
            var blnResult = $.mobile.path.isSameDomain($txt1, $txt2) ? "域名相同" : "
不在同一域名下";
            $("#bijiao").html(blnResult)
        }
    })
});
</script>
```

在上面代码中分别为视图 1 绑定 pagecreate 事件，该事件在视图页被创建时触发。在该事件回调函数中，为文本框 1 和文本框 2 绑定 change 事件，当在文本框中输入字符时，会触发该事件，在事件回调函数中使用$.mobile.path.isSameDomain ()方法比较用户输入的两个文件名所在域是否相同，并进行提示。

第 6 步，在头部位置添加如下元信息，定义视图宽度与设备屏幕宽度保持一致。

```html
<meta name="viewport" content="width=device-width,initial-scale=1" />
```

第 7 步，完成设计之后，在移动设备中预览 index.html 页面，然后在第一个视图的文本框中分别输入不同的文件路径，则在下面会显示是否为同一域名文件，如图 11.19 所示。

（a）不同的域名　　　　　　　　（b）相同的域名

图 11.19　范例效果

扫一扫，看视频

11.3.3　纵向滚动

jQuery Mobile 在$.mobile 对象中定义了一个纵向滚动的方法 silentScroll()，该方法在执行时不会触发滚动事件，但是可以滚动至 Y 轴的一个指定位置。语法格式如下。

```
$.mobile.silentScroll (yPos)
```

参数 yPos 为整数，默认值为 0，用来指定在 Y 轴上滚动的位置。如果参数值为 10，则表示整个屏幕向上滚动到 Y 轴的 10 像素的位置。

【示例】　在本示例中将新建一个 HTML 页面，添加一个<span>标签，并将它的初始内容设置为"开始"，然后定义为按钮，单击该按钮时，它的内容变成不断增加的动态数值，并且整个屏幕也按照该值的距离不断向上滚动，直到该值显示为 50 时停止。

【操作步骤】

第 1 步，启动 Dreamweaver CC，新建 HTML5 文档，保存文档为 index.html。

第 2 步，选择【插入】|【jQuery Mobile】|【页面】命令，打开【jQuery Mobile 文件】对话框，设置视图页 ID 值为 page1，取消选中【脚注】复选框，单击【确定】按钮，在当前文档中插入视图页。

第 3 步，按 Ctrl+S 快捷键，保存当前文档 index.html，并根据提示保存相关的框架文件。

第 4 步，在视图 1 的内容框中使用 data-role="button"属性，为<a>标签设计一个按钮，代码如下。

```
<div data-role="content">
    <span id="a1" data-role="button">开始滚动屏幕</span>
</div>
```

第 5 步，在头部位置设计如下脚本。

```
<script>
var interval, n = 0;
$("#page1").live("pagecreate", function() {
    $("#a1").live("click", function() {
        interval = window.setInterval(autoScroll, 500);
    })
})
function autoScroll() {
    if (n < 51) {
        $.mobile.silentScroll(n);
```

```
    $("#a1").html(n);
    n = n + 1;
} else {
    window.clearInterval(interval);
}
}
</script>
```

在上面代码中分别为视图 1 绑定 pagecreate 事件，该事件在视图页被创建时触发。在该事件回调函数中，为按钮绑定 click 事件，当单击按钮时会触发该事件，在单击事件回调函数中使用 window. setInterval()方法设计一个定时器，定义每半秒钟调用一次 autoScroll 函数，在该函数中使用$.mobile. silentScroll(n)方法滚动设备屏幕到指定的位置。

第 6 步，在头部位置添加如下元信息，定义视图宽度与设备屏幕宽度保持一致。

```
<meta name="viewport" content="width=device-width,initial-scale=1" />
```

第 7 步，完成设计之后，在移动设备中预览 index.html 页面，然后单击"开始滚动屏幕"按钮，可以看到屏幕不断向上滚动，并显示滚动的 Y 轴位置，如图 11.20 所示。

（b）开始滚动前   （b）向上滚动 35 像素的位置

图 11.20   范例效果

11.4   设计 UI 样式

jQuery Mobile 提供了很多组件，为了满足不同个性设置要求，用户可以对这些组件定义定制，本节通过几节示例展示组件定制的基本方法。

11.4.1   关闭列表项箭头

扫一扫，看视频

在 jQuery Mobile 中，<ul>列表是使用频率最高的标签之一，几乎所有需要加载大量格式化数据的时候都会考虑使用该标签。为了单击列表选项时链接到某个页面，在列表的<li>选项中，常常会增加一个</a>标签用于实现单击列表项展开链接的功能。但是，当添加</a>标签后，jQuery Mobile 默认会在列表项的最右侧自动增加一个圆形背景的小箭头，用来表示列表中的选项是一个超链接。在实际开发过程中，用户可以通过修改数据集中的图标属性 data-icon 关闭该小箭头图标。

【操作步骤】

第 1 步，启动 Dreamweaver CC，新建 HTML5 文档，保存文档为 index.html。

第 2 步，选择【插入】|【jQuery Mobile】|【页面】命令，打开【jQuery Mobile 文件】对话框，设置视图页 ID 值为 page1，取消选中【脚注】复选框，单击【确定】按钮，在当前文档中插入视图页。

第 3 步，按 Ctrl+S 快捷键，保存当前文档 index.html，并根据提示保存相关的框架文件。

第 4 步，清除视图 1 的内容框中文本，然后选择【插入】|【jQuery Mobile】|【列表视图】命令，打开【列表视图】对话框，按默认设置在页面中插入一个列表视图结构，如图 11.21 所示。

第 5 步，切换到代码视图，为每个列表项目<li>标签添加 data-icon="false"属性，设置 data-icon 属性值为 false，关闭列表项目右侧的箭头，如图 11.22 所示。

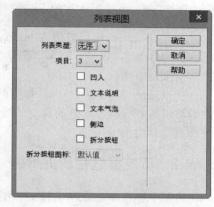

图 11.21　设置【列表视图】对话框

图 11.22　设置 data-icon="false"属性

第 6 步，完成设计之后，在移动设备中预览 index.html 页面，会看到列表项目不再显示指示箭头，如图 11.23（a）所示。

（a）关闭列表箭头效果　　　　　　　　　　（b）列表项目默认显示箭头效果

图 11.23　范例效果

扫一扫，看视频

◁ 提示：

> 通过设置列表项中<li>标签的 data-icon 属性值可以开启或禁用列表项中最右侧箭头图标。该属性默认值为 true，
> 表示开启，如果设置为 false 则为禁用。

但是在 data-role 属性值为 button 的<a>标签中，data-icon 属性值为按钮中的图标名称，如 data-icon 属性值为 delete，则显示一个"删除"按钮的小图标。也可以将该属性值设置为 true 或 false，用来开启或禁用按钮中图标。

在 jQuery Mobile 中，<a>标签的 data-icon 属性可以控制图标的显示状态，而另外一个 data-mini 属性则可以控制按钮显示时的高度。该属性默认值为 false，表示正常高度显示。如果设置为 true，将显示一个高度紧凑型的按钮。

11.4.2 固定标题栏和页脚栏

在默认情况下，在移动设备的浏览器中查看页面时，页面滑动是从上至下或从下至上的方式。如果加载的内容较多页面很长时，则要从页脚栏返回标题栏导航条再单击链接地址，这种操作会比较麻烦。如果在标题栏或页脚栏的容器中增加 data-position 属性，将该属性位设置为 fixed，则可以将滚动屏幕时隐藏的标题栏或页脚栏在停止滚动或单击时重新出现，再次滚动时又自动隐藏。由此实现将标题栏或页脚栏以悬浮的形式固定在固定位置。

【操作步骤】

第 1 步，启动 Dreamweaver CC，新建 HTML5 文档，保存文档为 index.html。

第 2 步，选择【插入】|【jQuery Mobile】|【页面】命令，打开【jQuery Mobile 文件】对话框，按默认设置，在当前文档中插入视图页。

第 3 步，按 Ctrl+S 快捷键，保存当前文档 index.html，并根据提示保存相关的框架文件。

第 4 步，清除视图 1 的内容框中文本，然后设计一个新闻版面，包括新闻标题、新闻图片和新闻内容，如图 11.24 所示。

图 11.24 设计一个新闻版面

第 5 步，切换到代码视图，为标题栏和页脚栏包含框标签添加 data-position="fixed"属性，设置标题栏和页脚栏固定在屏幕顶部和底部显示，如图 11.25 所示。

```
20  <body>
21  <div data-role="page" id="page">
22      <div data-role="header" data-position="fixed">
23          <h1>标题</h1>
24      </div>
25      <div data-role="content">
26          <h2>公关是糖，甜到哀伤</h2>
27          <p><img src="images/1.jpg" alt=""/></p>
28          <p>当巧舌如簧的商业时代到来，公关是堂皇柜台上最为华贵的一件消费品</p>
29          <p>怀着"覆巢之下，焉有完卵"的心态，近年以来，逃离媒体投向公关的媒体人身影愈来愈多，不过，我亦听过不少经历这番职业转型的朋友在私下诉苦，干公关后，个人收入虽然比在媒体时更为丰厚，但是在天平的另一端所失去的成就感，却常拷问内心，从前是被企业当大爷式的供着，出席活动时被人在一声"老师"右一声"专家"的叫着，如今自己却得跟在别人屁股后面，唯恐伺候不周。</p>
30      </div>
31      <div data-role="footer" data-position="fixed">
32          <h4>脚注</h4>
33      </div>
34  </div>
35  </body>
```

为标题栏添加 data-position="fixed"属性，设计标题栏固定在顶部显示

为页脚栏添加 data-position="fixed"属性，设计页脚栏固定在底部显示

图 11.25　设置 data-position="fixed"属性

第 6 步，完成设计之后，在移动设备中预览 index.html 页面，会看到如图 11.26（a）所示的效果，当滚动屏幕时，标题栏和页脚栏始终固定显示在页面。

（a）固定显示的标题栏和页脚栏　　　　　　（b）随屏幕滚动的标题栏和页脚栏

图 11.26　范例效果

📢 提示：

在工具栏中，还可以增加全屏显示属性 data-fullscreen。如果将该属性的值设置为 true，那么当以全屏的方式浏览图片或其他信息时，工具栏仍然以悬浮的形式显示在全屏的页面上。与 data-position 属性不同，属性 data-fullscreen 并不是在原有位置上的隐藏与显示切换，而是在屏幕中完全消失，当出现全屏幕页面时，又重新返回页面中。

11.4.3　设计随机页面背景

jQuery Mobile 页面加载的过程与 jQuery 不同，它可以很方便地捕获到一些有用的事件，如 pagecreate 页面初始化事件。在 pagecreate 事件中，所有请求的 DOM 元素已经创建完毕，并开始加载，此时可以自定义部件元素，实现一些自定义样式效果，如显示加载进度条或随机显示页面背景图片等。

【示例】　在下面示例中我们将演示如何动态控制页面背景，设计一种随机背景效果，展示 pagecreate 页面初始化事件的使用方法。

扫一扫，看视频

【操作步骤】

第 1 步，启动 Dreamweaver CC，新建 HTML5 文档，保存文档为 index.html。

第 2 步，选择【插入】|【jQuery Mobile】|【页面】命令，打开【jQuery Mobile 文件】对话框，按默认设置，在当前文档中插入视图页。

第 3 步，按 Ctrl+S 快捷键，保存当前文档 index.html，并根据提示保存相关的框架文件。

第 4 步，设置标题栏中的标题文本为"随机背景"，清除视图内容框中的文本，然后在【CSS 设计器】面板中设计内容框背景样式：background-color:transparent、background-origin:content-box、background-size:cover、background-image: url(images/1.jpg)，定义背景图像为 images/1.jpg，并覆盖整个内容框区域，同时定义内容框高度为 500 像素，如图 11.27 所示。

图 11.27　设计内容框背景样式

第 5 步，切换到代码视图，在头部位置输入下面脚本代码。

```
<script>
$('#page').live("pagecreate", function() {
    var n = Math.floor(Math.random() * 5)+ 1;
    $("div[data-role='content']").css("background-image","url(images/"+ n +".jpg)")
})
</script>
```

在上面代码中分别为当前视图绑定 pagecreate 事件，该事件在视图页被创建时触发。在该事件回调函数中，使用 Math.random()方法生成一个随机数，然后转换为 1~5 之间的一个整数，最后为内容栏包含框定义随机背景样式。

第 6 步，在头部位置添加如下元信息，定义视图宽度与设备屏幕宽度保持一致。

```
<meta name="viewport" content="width=device-width,initial-scale=1" />
```

第 7 步，完成设计之后，在移动设备中预览 index.html 页面，会看到图 11.28 所示的效果，当刷新页面会随机显示不同的背景效果。

（a）固定显示的标题栏和页脚栏 　　　　　　（b）随屏幕滚动的标题栏和页脚栏

图 11.28　范例效果

11.5　定 制 组 件

jQuery Mobile 作为 jQuery 插件，继承了 jQuery 的优势和用法规则，但作为一个新型的移动框架，在使用它开发项目的过程中，还可以定制组件，根据需要进行个性化开发，尽量使开发人员少走弯路，不断提升代码执行的效率与性能。

11.5.1　设置标题/按钮组件显示字数

扫一扫，看视频

在 jQuery Mobile 中，如果列表选项或按钮中的标题文字过长时，会被自动截断，并用 "…" 符号表示被截断的部分。不过用户可以通过重置 ui-btn-text 类样式恢复正常显示。此外，如果在按钮中将 data-iconpos 的属性值设为 notext，还可以创建一个没有任何标题文字的按钮。

【示例】　在下面示例中新建一个 HTML 页面，在正文内容区域中添加两个 data-role 属性值为 button 的<a>标签，定义两个案例，第一个正常显示按钮中超长的标题文字，第二个不显示标题文字。

【操作步骤】

第 1 步，启动 Dreamweaver CC，新建 HTML5 文档，保存文档为 index.html。

第 2 步，选择【插入】|【jQuery Mobile】|【页面】命令，打开【jQuery Mobile 文件】对话框，按默认设置，在当前文档中插入视图页。

第 3 步，按 Ctrl+S 快捷键，保存当前文档 index.html，并根据提示保存相关的框架文件。

第 4 步，首先清除视图内容框中的文本，添加两个<a>标签，使用 data-role="button"属性定义为按钮显示样式，然后借助 data-theme 属性分别设置主题样式为 a 和 b，使用 data-icon="forward"属性添加按钮图标为跳转效果，最后在第二个按钮组中添加 data-iconpos="notext"属性，设计按钮不显示文本，定义 data-inline="true"属性，设计第二个按钮为行内显示。完整代码如下所示。

```
<div data-role="content">
```

```
    <a href="http://news.baidu.com/" data-role="button" data-theme="a" data-icon=
"forward">百度新闻搜索——全球最大的中文新闻平台</a>
    <a href="http://news.baidu.com/" data-role="button" data-theme="b" data-icon=
"forward" data-iconpos="notext" data-inline="true">百度新闻搜索——全球最大的中文新闻
平台</a>百度新闻搜索——全球最大的中文新闻平台
</div>
```

第 5 步，在【CSS 设计器】面板中设计 ui-btn-text 类样式：white-space: normal，显示所有文本，如图 11.29 所示。

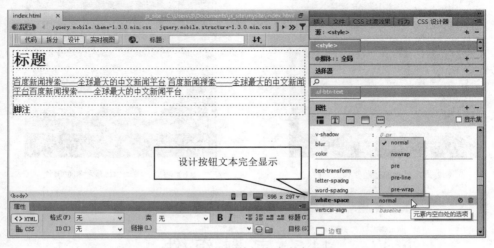

图 11.29 设计按钮文本完全显示

第 6 步，在头部位置添加如下元信息，定义视图宽度与设备屏幕宽度保持一致。

```
<meta name="viewport" content="width=device-width,initial-scale=1" />
```

第 7 步，完成设计之后，在移动设备中预览 index.html 页面，会看到图 11.30 所示的效果，第一个按钮会完全显示所有的按钮字符，而第二个按钮将会隐藏所有的按钮字符。

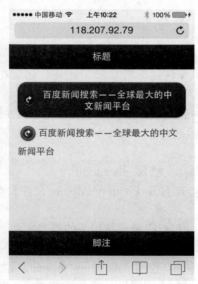

（a）完全显示按钮的文字

（b）默认状态下按钮文字显示效果

图 11.30 范例效果

提示:

使用 ui-btn-text 类，并定义为 white-space: normal，则在 jQuery Mobile 中所有使用该类的按钮标题文字将正常显示，不再出现截断显示的状态。如果在一个列表项<li>中，标题和段落重置类名分别为 ui-li-heading 和 ui-li-desc，前者用于描述列表中文本标题的样式，后者用于描述列表中段落文本的样式，使用方法如下所示。

```css
.ui-li-heading { white-space: normal;}
.ui-li-desc { white-space: normal;}
```

在上面样式中，设计列表项</li>中标题和段落的文字内容按正常长度显示，也可以添加其他样式，如设计字体大小和颜色等。

11.5.2 设置按钮状态

jQuery Mobile 支持按钮状态控制，这样当用户登录时，如果用户名和密码的文本框内容都为空，就可以设置"登录"按钮为不可用状态，这样就可以避免用户错误操作。而如果两项内容中至少一项不为空，那么"登录"按钮是可用的。要实现这个效果，需要在 JavaScript 代码中调用按钮的 button()方法。

【示例】 在本示例中详细介绍如何实现这一效果。新建一个 HTML 页面，在正文区域中添加一个"开关"组件和一个类型为 submit 的提交按钮，用户滑动开关后，该按钮的可用性状态将随开关滑动值的变化而变化。

【操作步骤】

第 1 步，启动 Dreamweaver CC，新建 HTML5 文档，保存文档为 index.html。

第 2 步，选择【插入】|【jQuery Mobile】|【页面】命令，打开【jQuery Mobile 文件】对话框，按默认设置，在当前文档中插入视图页。

第 3 步，按 Ctrl+S 快捷键，保存当前文档 index.html，并根据提示保存相关的框架文件。

第 4 步，清除视图内容框中的文本，选择【插入】|【jQuery Mobile】|【翻转转换开关】命令，在页面中插入一个开关组件，然后切换到代码视图，修改开关标签和值，修改后代码如下所示。

```html
<div data-role="content">
    <div data-role="fieldcontain">
        <label for="flipswitch">激活提交按钮:</label>
        <select name="flipswitch" id="flipswitch" data-role="slider">
            <option value="0">启用</option>
            <option value="1">禁用</option>
        </select>
    </div>
</div>
```

第 5 步，选择【插入】|【jQuery Mobile】|【按钮】命令，打开【按钮】对话框，在页面中插入一个输入型提交按钮，设置对话框如图 11.31 所示。然后在【属性】面板中设置按钮的 ID 值和 Name 都为 btn。

第 6 步，在头部位置添加如下 JavaScript 脚本代码，设计使用开关滑块控制提交按钮的状态。

```javascript
<script>
$(function() {
    $("#flipswitch").bind("change", function() {
        if ($(this).val() == 1) {
            $('#btn').button('disable');
        } else {
            $('#btn').button('enable');
        }
    })
})
</script>
```

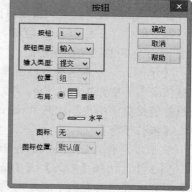

图 11.31 插入按钮对象

在上面代码中，先绑定开关组件的 change 事件，在该事件回调函数中，用户从开状态切换至关状态时，开关组件的值为 0，此时，将按钮的状态通过 button()方法设置为 disable 属性值，表示提交按钮不可用，用户从关状态切换至开状态时，开关组件的属性值为 1，此时再将按钮的状态设置为 enable，表示可用。

第 7 步，完成设计之后，在移动设备中预览 index.html 页面，会看到如图 11.32 所示的效果。根据示例效果可以在用户登录页面中使用，在使用过程中，触发按钮改变状态的是文本框中的值，如果都为空，则按钮的状态值为 disable，否则为 enable。

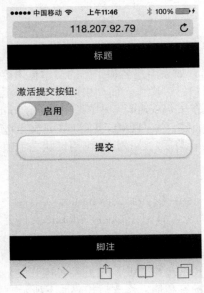 

（a）提交按钮被启用状态　　　　　　　　　　　（b）提交按钮被禁用状态

图 11.32　范例效果

📢 提示：

> 按钮的 button()方法只是针对表单中的按扭，即通过<input>标签指定类型来创建，而对于<a>标签中通过 data-role 属性创建的按钮则无效。

扫一扫，看视频

11.5.3　禁用异步打开链接

在 jQuery Mobile 中，在同一域名内所有页面链接都会自动转成 Ajax 请求，使用哈希值来指向内部的链接页面，通过动画效果实现页面间的切换。但这种链接方式仅限于目标页面是单个 page 的容器。如果目标页面中存在多个 page 容器，必须禁止使用 Ajax 请求的方式链接，才能在打开目标页面之后完成各个 page 之间的正常切换功能。

【示例】　在本示例中将新建两个 HTML 页面，一个作为链接源页面，另一个作为目标链接页而。在链接源页面中添加两个 page 容器，当切换至第二个容器并单击"更多"链接时，进入目标链接页面。在目标链接页面中也添加两个 page 容器，当切换到第二个容器并单击"返回'链接时，重返链接源页面。

【操作步骤】

第 1 步，启动 Dreamweaver CC，新建 HTML5 文档，保存文档为 index.html。

第 2 步，选择【插入】|【jQuery Mobile】|【页面】命令，打开【jQuery Mobile 文件】对话框，按默认设置，在当前文档中插入视图页。

第 3 步，按 Ctrl+S 快捷键，保存当前文档 index.html，并根据提示保存相关的框架文件。

第 4 步，清除标题栏文本，使用 data-role="navbar"属性设计一个导航工具条。

```
<div data-role="header"  data-position="fixed">
    <div data-role="navbar">
        <ul>
            <li><a href="#page" class="ui-btn-active">首页</a></li>
            <li><a href="#page1">导航页</a></li>
        </ul>
    </div>
</div>
```

第 5 步，选择【插入】|【jQuery Mobile】|【页面】命令，在底部再插入一个视图页面，复制上一步视图中的导航工具条到标题栏中，在内容框中插入一个链接，链接到目标页面。使用 data-ajax="false"属性关闭 Ajax 异步请求切换，代码如下。整个页面结构设计如图 11.33 所示。

```
<a href="index1.html" data-ajax="false">详细页</a>
```

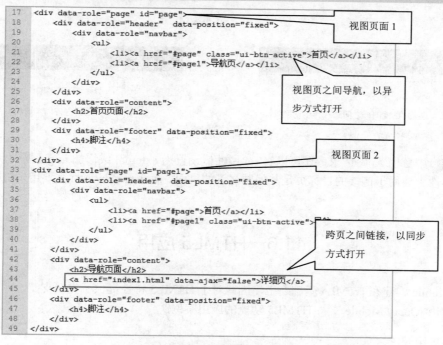

图 11.33　设计链接源页面结构

第 6 步，新建 HTML5 文档，保存文档为 index1.html。选择【插入】|【jQuery Mobile】|【页面】命令，打开【jQuery Mobile 文件】对话框，按默认设置，在当前文档中插入视图页。在内容框中插入一个链接，设计以同步方式返回首页，代码如下所示。

```
<a href="index.html" data-role="button" data-ajax="false">返回首页</a></p>
```

第 7 步，完成设计之后，在移动设备中预览 index.html 页面，会看到如图 11.34 所示的效果。当在页面内不同视图之间进行切换时，页面以异步动画方式打开，而单击"详细页"链接，跳转到另一个文档页 index1.html，则会以同步方式打开，不再显示动画效果。

📣 提示：

当链接源页面与目标链接页间有多个 page 容器时，按默认的方式使用 Ajax 异步请求页面链接，那么在打开目标页时只能显示默认的第一个容器，而打开其他容器的链接将无效，原因是使用 Ajax 记录链接历史的哈希值与页面内部链接指向的哈希值存在冲突。为了解决这个问题，在链接多容器的目标页时将链接元素的 data-ajax 属性值设置为 false，浏览器将目标链接页做一次刷新，清除 URL 中的 Ajax 值，从而实现多容器目标页中各个容器间的正常切换。

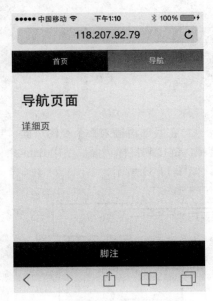
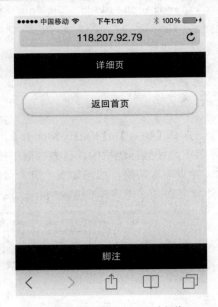

（a）在视图页之间进行异步切换　　　　　　（b）在文档页之间进行同步切换

图 11.34　范例效果

如果在链接中禁用 Ajax 请求，还可以将 rel 属性值设置为 external 或增加 target 属性。但在使用时，rel 和 target 属性主要用于链接的目标页是其他域名下的页面，而 data-ajax 属性主要用于链接的目标页在同一域名下。

11.6　HTML5 应用

jQuery Mobile 构建在 HTML5 基础之上，因此对于 HTML5 特性提供了完全支持，本节将通过几小节介绍如何使用 jQuery Mobile 支持 HTML5 功能的应用案例。

11.6.1　动态传递参数

扫一扫，看视频

使用 jQuery Mobile 开发移动项目时，经常需要在 page 容器或跨页间传递链接参数，使用传统的 URL 方式传递参数不是很方便，代码实现相对复杂，兼容性不强。考虑到 jQuery Mobile 是完全基于 IITML 5 标准开发的，可以使用 HTML 5 的 localStorage 对象实现链接参数值的传递。

【示例】　本示例介绍如何使用 localStorage 对象实现参数传递。新建一个 HTML 页面，添加两个 page 容器，在第一个容器中单击"传值"链接时，通过 localStorage 对象设置参数值，当切换到第二个容器时，将显示 localStorage 对象保存的值。

【操作步骤】

第 1 步，启动 Dreamweaver CC，新建 HTML5 文档，保存文档为 index.html。

第 2 步，选择【插入】|【jQuery Mobile】|【页面】命令，打开【jQuery Mobile 文件】对话框，设置 ID 值为 page1，其他设置保持默认值，如图 11.35 所示，单击【确定】按钮，在当前文档中插入视图页。

第 3 步，继续选择【插入】|【jQuery Mobile】|【页面】命令，设置 ID 值为 page2，在当前文档中插入另一个视图页。

第 4 步，按 Ctrl+S 快捷键，保存当前文档 index.html，并根据提示保存相关的框架文件。

第 5 步，分别修改视图 1 和视图 2 的标题文本为"视图 1"和"视图 2"，然后在第 1 个视图的内容栏中插入一个按钮，切换到代码视图为该按钮添加 data-value="40"属性，设置 ID 值为 a1，显示文本为"向视图 2 传递值"，在第二个视图内容框中插入一个空的二级标题。完整代码如下所示。

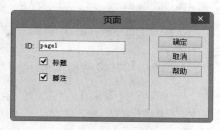

图 11.35　插入视图 1

```html
<div data-role="page" id="page1">
    <div data-role="header">
        <h1>视图 1</h1>
    </div>
    <div data-role="content">
        <a id="a1" href="#page2" data-role="button" data-value="40">向视图 2 传递值
</a>
    </div>
    <div data-role="footer">
        <h4>脚注</h4>
    </div>
</div>
<div data-role="page" id="page2">
    <div data-role="header">
        <h1>视图 2</h1>
    </div>
    <div data-role="content">
        <h2 id="p1"></h2>
    </div>
    <div data-role="footer">
        <h4>脚注</h4>
    </div>
</div>
```

第 6 步，在头部位置插入下面 JavaScript 脚本。

```javascript
<script>
var Param = function() {
    this.author ='html5';
    this.version = '2.0';
    this.website = 'http://www.mysite.cn';
}
Param.prototype = {
    setParam: function(name, value) {
        localStorage.setItem(name, value)
    },
    getParam: function(name) {
        return localStorage.getItem(name)
    }
}
var param = new Param();
$("#page1").live("pagecreate", function() {
```

```
    $("#a1").on('click', function(e) {
        param.setParam('id', $(this).data('value'))
    })
})
$("#page2").live("pagecreate", function() {
    var str = '从视图1传过来的值为：';
    var id = param.getParam('id');
    $("#p1").html(str + id);
})
</script>
```

在上面 JavaScript 代码中，首先定义一个 Param 类型函数，包含 3 个本地参数属性，为该类型定义两个原型方法，一个为 setParam，即调用 localStorage 对象中的 setItem()方法设置参数名称和值，另一个为 getParam，即调用 localStorage 对象的 getItem()方法获取设置的对应参数值。

然后，在 page1 视图容器的 pagecreate 事件中，先获取正文区域超链接标签，为链接对象绑定单击事件，在该事件中调用 Param 类型实例的 setParam()方法设置需要传递的参数值。

最后，在 page2 视图容器的 pagecreate 事件中，先获取正文区域标题对象，然后调用 Param 类型实例的 getParam()方法获取传递来的参数值，并将它的数据显示在标题中。

需要传递的数据以 data 属性的方式绑定在链接标签的 data-value 属性中，该属性可以修改为 data-加任意字母的格式，通过调用 jQuery 的 data()方法来获取该属性的值。

第 7 步，完成设计之后，在移动设备中预览 index.html 页面，会看到图 11.36 所示的效果。如果在页面内视图 1 中单击按钮，则切换到视图 2 中，同时会从视图 1 中传递过来的参数值。

（a）视图 1 效果　　　　　　　　　（b）切换到视图 2 后的效果

图 11.36　范例效果

11.6.2　离线访问

扫一扫，看视频

jQuery Mobile 能借助 HTML 5 离线功能实现应用的离线访问。离线访问就是将一些资源文件保存在本地，这样后续的页面重新加载将使用本地资源文件，在离线情况下可以继续访问应用，同时通过一定的手法可以更新或删除离线存储等操作。

【示例】　下面通过一个简单的离线页面详细介绍该功能的实现过程。新建一个 HTML 页面，在正文内容框中增加一个新闻文章，该页面在网络正常时和在离线时都可以访问，如果是离线访问，那么在标题栏会显示网络状态为"离线状态"，否则显示为"在线状态"。

【操作步骤】

第 1 步，启动 Dreamweaver CC，新建 HTML5 文档，保存文档为 index.html。

第 2 步，选择【插入】|【jQuery Mobile】|【页面】命令，打开【jQuery Mobile 文件】对话框，保持默认值，然后单击【确定】按钮，在当前文档中插入视图页。

第 3 步，按 Ctrl+S 快捷键，保存当前文档 index.html，并根据提示保存相关的框架文件。

第 4 步，在内容框中设计一篇静态新闻稿版面，包括新闻标题、新闻图片和新闻正文。完整代码如下所示。

```
<div data-role="content">
    <h2>读懂苹果的护城河 </h2>
    <p><img src="images/4.jpg" alt=""/></p>
    <p>苹果公司过去的 12 年可谓辉煌，它的收入从 2001 年的 54 亿美元增长至 2013 年的 1709 亿美元，
翻了 32 倍；利润从 2001 年亏损 2500 万美元增长至 2013 年的 370 亿美元；市值则从 2001 年底的 39 亿
美元增长至目前的约 5000 亿美元，翻了 128 倍。在这期间，经历了网络泡沫崩溃、百年一遇的金融危机、美
国政党更替、各种自然灾害、传奇创始人乔布斯离世，等等。想当年，戴尔公司的创始人迈克尔·戴尔曾经建
议苹果公司的董事会把公司解散，将钱分给股东，乔布斯没有听从戴尔的建议。颇具讽刺意味的是，戴尔倒是
按照自己当年给苹果的建议，在公司面临困境的时候决定将公司私有化退市。</p>
</div>
```

第 5 步，在头部位置插入下面 JavaScript 脚本。

```
<script>
$("#page").live("pagecreate", function() {
    if (navigator.onLine) {
        $("div[data-role='header'] h1").html("<img src='images/on.png' /> 在线状态");
    } else {
        $("div[data-role='header'] h1").html("<img src='images/off.png' /> 离线状态");
    }
})
</script>
```

在上面代码中分别为当前视图绑定 pagecreate 事件，该事件在视图页被创建时触发。在该事件回调函数中，调用 HTML5 的离线应用 API 状态属性 onLine，以此判断当前网络是否在线，如果在线，则在标题栏中显示在线提示信息和图标，否则显示离线状态和图标。

第 6 步，在头部位置添加如下元信息，定义视图宽度与设备屏幕宽度保持一致。

```
<meta name="viewport" content="width=device-width,initial-scale=1" />
```

第 7 步，打开【CSS 设计器】面板，在内部样式表中添加一个标签选择器 img，设计页面内所有图像最大显示宽度为 100%，设置如图 11.37 所示。

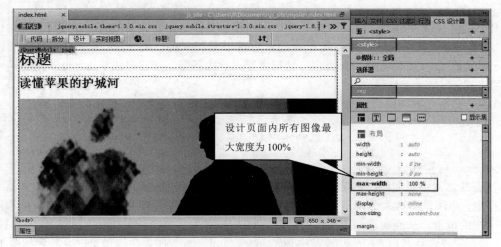

图 11.37　设计网页图像最大宽度

第 8 步，在【CSS 设计器】面板中新添加一个复合选择器，设计标题栏图标高度为 24 像素，然后使用相对定位设置图标在行内居中显示。在属性列表框中设置布局样式：height:24px、position:relative、top:4px，设置高度为 24 像素，相对定位，顶部偏移位置为 4 像素，设置如图 11.38 所示。

图 11.38　设计网页标题栏图标样式

第 9 步，新建缓存文件（文本文件），另存为 cache.manifest，扩展名为.manifest，在这个文本文件中输入下面代码。

```
CACHE MANIFEST
#version 0.0.1

NETWORK:
*
CACHE:
jquery-mobile/jquery.mobile.theme-1.3.0.min.css
jquery-mobile/jquery.mobile.structure-1.3.0.min.css
jquery-mobile/jquery-1.8.3.min.js
jquery-mobile/jquery.mobile-1.3.0.min.js
images/on.png
images/off.png
images/4.jpg
```

HTML5 离线存储使用一个 manifest 文件来标明哪些文件是需要被存储的，在使用页面中引入一个 manifest 文件，这个文件的路径可以是相对的，也可以是绝对的。对于 manifest 文件要求为文件的 mime-type 必须是 text/cache-manifest 类型。如果需要设置服务器，则应该在 web.xml 中配置请求后缀为 manifest 的格式。

第 10 步，在页面的<html>标签中使用 manifest 属性引入该缓存文件，代码如下所示。

```
<!doctype html>
<html manifest="cache.manifest">
<head>
<meta charset="utf-8">
```

当首次在线访问该页面时，浏览器将请求返回文件中全部的资源文件，并将新获取的资源文件更新至本地缓存中。当浏览器再次访问该页面时，如果 cachc.manifest 文件没有发生变化，将直接调用本地的缓存响应用户的请求，从而实现浏览页面的功能。

第 11 步，完成设计之后，在移动设备中预览 index.html 页面，如果在线预览则会看到如图 11.39（a）

所示的效果，如果在离线状态下预览则会看到如图 11.39（b）所示的效果。

（a）在线状态

（b）离线状态

图 11.39　范例效果

📢 提示：

目前主要手机端浏览器对页面离线功能的支特并不好，仅有少数浏览器支持，不过随着各手机浏览厂商的不断升级，应用程序的离线功能支持会越来越好。

11.6.3　HTML5 绘画

jQuery Mobile 支持 HTML 5 的新增特征和元素，<canvas>画布就是其中之一，jQuery Mobile 支持该标签绝大多数的触摸事件，因此，可以很轻松地绑定画布的触摸事件，获取用户在触摸时返回的坐标数据信息。

扫一扫，看视频

【示例】　在下面示例中详细介绍在画布指定位置中绘制触摸点的方法。新建 HTML 页面，在内容栏添加一个画布（<canvas>标签）。触摸画布时，将在触摸处绘制一个半径为 1 的实体小圆点，同时在画布的最上面显示此次触摸时的坐标数据信息。

【操作步骤】

第 1 步，启动 Dreamweaver CC，新建 HTML5 文档，保存文档为 index.html。

第 2 步，选择【插入】|【jQuery Mobile】|【页面】命令，打开【jQuery Mobile 文件】对话框，保持默认值，然后单击【确定】按钮，在当前文档中插入视图页。

第 3 步，按 Ctrl+S 快捷键，保存当前文档 index.html，并根据提示保存相关的框架文件。

第 4 步，选择【插入】|【画布】命令，在内容框中设计一个画布，在属性面板中设置ID值为black-board，在【CSS设计器】面板中给画布添加边框线，并定义光标类型为手形，如图 11.40 所示。

第 5 步，在头部位置插入下面 JavaScript 脚本。

```
<script>
$(function() {
    var cnv = $("#blackboard");
    var cxt = cnv.get(0).getContext('2d');
    var w = window.innerWidth / 1.2;
    var h = window.innerHeight / 1.2;
```

```
    var $tip = $('div[data-role="header"] h1');
    cnv.attr("width", w);
    cnv.attr("height", h);
    //绑定画布的 tap 事件
    cnv.bind('tap', function(event) {
        var obj = this;
        var t = obj.offsetTop;
        var l = obj.offsetLeft;
        while (obj = obj.offsetParent) {
            t += obj.offsetTop;
            l += obj.offsetLeft;
        }
        tapX = event.pageX;
        tapY = event.pageY;
        cxt.beginPath();
        cxt.arc(tapX - l, tapY - t, 1, 0, Math.PI * 2, true);
        cxt.closePath();
        cxt.fillStyle = "#666";
        cxt.fill();
        $tip.html("X: " + (tapX - l) + " Y: " + tapY);
    })
})
</script>
```

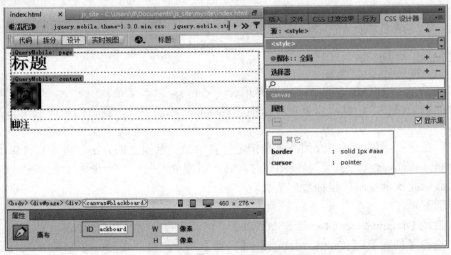

图 11.40　插入画布并设置 ID 值和样式

在上面的 JavaScript 代码中，首先获取页面中的画布元素并保存在变量中，然后通过画布变量取得画布的上下文环境对象。根据文档显示区的宽度与高度计算出画布显示时的宽度与高度，然后通过 jQuery 的 attr()方法将宽度和高度赋予给画布，设计画布的宽度和高度。

通过 bind()方法绑定画布元素的 tap 事件，在该事件中计算画布元素在屏幕中的坐标距离并保存在变量中。通过 offsetLeft 属性获取画布元素的左边距离，如果画布元素还存在父容器，则通过 while 语句将父容器的左边距离与画布元素的左边距离相累加，计算出画布上边距离最终值，另外通过 tapX 和 tapY 变量分别记录触摸画布时返回的横坐标与纵坐标的值。

最后开始画画，点的横坐标为触摸事件返回的横坐标值 tapX 减去画布在屏幕中的横坐标值。同理，可以获取画布中点的真实纵坐标值，根据获取点坐标位，以 1 像素为半径在画布中调用 arc()方法绘制一个 360°的圆点，通过 fill()方法为圆形填充设置的颜色，并将圆点的坐标位置信息显示在标题栏中。

第 6 步，在头部位置添加如下元信息，定义视图宽度与设备屏幕宽度保持一致。

<meta name="viewport" content="width=device-width,initial-scale=1" />

第 7 步，完成设计之后，在移动设备中预览 index.html 页面，如果使用手指触摸画布，就可以在上面点画了，如图 11.41（b）所示的效果。

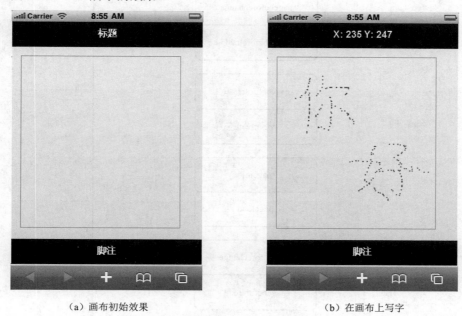

（a）画布初始效果   （b）在画布上写字

图 11.41　范例效果

11.7　实战案例：使用事件

jQuery Mobile 定义了大量事件以便实现各种交互操作，下面使用一幅图来说明 jQuery Mobile 中的一些主要事件，如图 11.42 所示。

当设备浏览器加载 jQuery Mobile 文件时（即 HTML 文档），便触发了一个 mobile 事件，完成 jQuery Mobile 初始化。初始化完成之后便会链接到需要加载的页面，这时页面即将发生改变，便触发 pagebeforechange 事件。页面在改变之前自然首先需要加载一些资源，因此事件 pagebeforechange 和 pagebeforeload 紧密联系在一起。

页面加载完成后，首先需要做一些简单的初始化，之后便可以正式创建页面了，这时会触发 pagebeforecreate 和 pagecreate 事件。创建完成之后需要加载 pageinit 和 pageload 两个事件。在这之前虽然页面已经被创建了，但这时创建的仅仅是一个空页面，只有完成了这两个页面，才算是真正获得了一个有内容的页面。

pagebeforechange、pagebeforehide、pagebeforeshow 这三个事件是在为页面改变做预处理。在前面的步骤里，页面已经完成了渲染工作，这里所要做的就是将它们显示出来，或者页面内容发生了改变需要重新显示。最后一个事件 pagechange 在页面发生变化时触发。

另外，在图 11.42 下方还有两条箭头分别指向了 cachedpage 和 newpage，这两种不同的页面刷新就说明为什么将多个 page 放在同一页面中的跳转会比较迅速。

jQuery Mobile 生命周期中的各种事件总结如下。

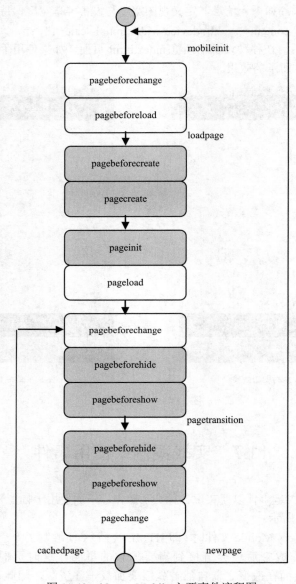

图 11.42 jQuery Mobile 主要事件流程图

1. 页面改变事件

- pagebeforechange：在页面变化周期内触发两次。任意页面加载或过渡之前触发一次，接下来在页面成功完成加载后，但是浏览器历史记录被导航进程修改之前触发。
- pagechange：在 changePage() 请求已完成将页面载入 DOM，并且所有页面过渡动画已完成后触发。
- pagechangefailed：在 changePage() 请求对页面的加载失败时触发。

2. 页面载入事件

- ↘ pagebeforeload：在作出任何加载请求之前触发。
- ↘ pageload：在页面成功加载并插入 DOM 后触发。
- ↘ pageloadfailed：页面加载请求失败时触发。

3. 页面初始化事件

- ↘ pagebeforecreate：在页面即将被初始化，但是增强开始之前触发。
- ↘ pagecreate：在页面已创建，但是增强完成之前触发。
- ↘ pageinit：在页面已经初始化并且完成增强时触发。

4. 页面转换事件

- ↘ pagebeforehide：过渡动画开始前，在"来源"页面上触发。
- ↘ pagebeforeshow：过渡动画开始前，在"到达"页面上触发。
- ↘ pagehide：过渡动画完成后，在"来源"页面触发。
- ↘ pageremove：在窗口视图从 DOM 中移除外部页面之前触发。
- ↘ pageshow：过渡动画完成后，在"到达"页面触发。

扫一扫，看视频

11.7.1　侦测用户动作

在 jQuery Mobile 应用中，页面会出现中途改变的情况，而页面的改变往往是由于接收了来自用户的某种操作，而触发事件则是为了获取用户的这些操作而准备的。在 11.2 节有详细说明，这里就不再重复介绍。

下面示例介绍如何快速侦测用户动作，这里主要侦测用户点按和长按两个动作，并及时给出提示。演示效果如图 11.43 所示。

（a）点按　　　　　　　　　　（b）长按

图 11.43　用户动作侦测

示例完整代码如下所示。

```
<!doctype html>
<html>
<head>
<meta charset="utf-8">
<meta name="viewport" content="width=device-width,initial-scale=1" />
<link  href="jquery-mobile/jquery.mobile.theme-1.3.0.min.css"  rel="stylesheet"
type="text/css">
<link  href="jquery-mobile/jquery.mobile.structure-1.3.0.min.css"  rel="stylesheet"
type="text/css">
```

```
<script src="jquery-mobile/jquery-1.8.3.min.js" type="text/javascript"></script>
<script src="jquery-mobile/jquery.mobile-1.3.0.min.js" type="text/javascript"></script>
<script>
$(document).ready(function(){
    $("div").bind("tap", function(event) {         //绑定点按事件
        alert("屏幕被单击了");
    });
});
$(document).ready(function(){
    $("div").bind("taphold", function(event) {  //绑定长按事件
        alert("屏幕被长按");
    });
});
</script>
</head>
<body>
<div data-role="page" data-theme="c">
    <div data-role="content">
        <h1>用户事件侦测</h1>
    </div>
</div>
</body>
</html>
```

📢 注意：

jQuery Mobile 事件之间可能会产生冲突，滑动这一行为本身就要求先单击屏幕，于是 swipe 就与 tap 产生了冲突，而完成滑动之时实际上也完成了一段连续按在屏幕上的行为，只不过位置产生了移动，于是又与 taphold 发生冲突。在使用 jQuery Mobile 事件时，一定要考虑事件之间是否会产生冲突，对于 tap 这样的操作在大多数情况下完全可以靠 jQuery 自带的 click（虽然也会造成冲突，但是可以限定一部分范围）方法来实现。

扫一扫，看视频

11.7.2　划开面板

本节案例设计一个左右划开面板，当用户在屏幕上向左或向右轻轻滑动，就会打开左侧面板或右侧面板，演示效果如图 11.44 所示。

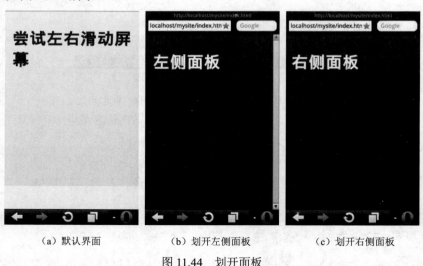

(a) 默认界面　　　　　　(b) 划开左侧面板　　　　　(c) 划开右侧面板

图 11.44　划开面板

本节示例用到了之前介绍过的面板控件<div data-role="panel" id="mypanel1">。然后在 JavaScript 脚本中使用 jQuery 的 bind()方法，绑定事件。

```
$("div").bind("swiperight", function(event) {}
```

在前面的触发事件中曾经提到过 swiperight，它表示当屏幕被向右滑动时，运行事件函数中的脚本，打开一个 id 为 mypanel1 的面板。

```
$( "#mypanel1" ).panel( "open" );
```

以同样的方式定义 JavaScript 脚本，为向左滑动事件绑定打开右侧面板的行为。

整个示例的完整代码如下。

```
<!doctype html>
<html>
<head>
<meta charset="utf-8">
<meta name="viewport" content="width=device-width,initial-scale=1" />
<link  href="jquery-mobile/jquery.mobile.theme-1.3.0.min.css"  rel="stylesheet"
type="text/css">
<link href="jquery-mobile/jquery.mobile.structure-1.3.0.min.css" rel="stylesheet"
type="text/css">
<script src="jquery-mobile/jquery-1.8.3.min.js" type="text/javascript"></script>
<script  src="jquery-mobile/jquery.mobile-1.3.0.min.js"  type="text/javascript">
</script>
<script>
$( "#mypanel1" ).trigger( "updatelayout" );               //声明一个面板
$( "#mypanel2" ).trigger( "updatelayout" );               //声明另一个面板
//监听向右滑动事件
$(document).ready(function(){
   $("div").bind("swiperight", function(event) {
      $( "#mypanel1" ).panel( "open" );                    //向右滑动，打开左侧面板
   });
});
//监听向左滑动事件
$(document).ready(function(){
   $("div").bind("swipeleft", function(event) {
      $( "#mypanel2" ).panel( "open" );                    //向左滑动，打开右侧面板
   });
});
</script>
</head>
<body>
<div data-role="page" data-theme="c">
   <div data-role="panel" id="mypanel1" data-theme="a">
      <h1>左侧面板</h1>
   </div>
   <div data-role="panel" id="mypanel2" data-theme="a" data-position="right">
      <h1>右侧面板</h1>
   </div>
   <div data-role="content">
      <h1>尝试左右滑动屏幕</h1>
   </div>
</div>
</body>
</html>
```

第 12 章　响应式设计

响应式设计是 jQuery Mobile 1.3.0 开始支持的新特性，用于在不同分辨率的移动设备上以良好的用户体验呈现出来。当屏幕在横屏和竖屏中切换时，或者当程序运行在不同分辨率的智能手机或者平板电脑时，响应式设计会根据视口尺寸的不同通过 HTML5 的媒体查询技术加载不同的 CSS 定义，从而呈现出不同的用户界面。

【学习重点】
- 使用媒体查询。
- 设计响应式图片、结构和内容。
- 基于 jQuery Mobile 实现响应式设计。
- 分栏技术。
- 回流表格。
- 字段切换表格。
- 滑动面板。

扫一扫，看视频

12.1　响应式设计概述

2010 年，Ethan Marcotte 提出了响应式 Web 设计（Responsive Web Design）的概念，他制作了一个范例，展示了响应式 Web 设计在页面弹性方面的特性（http://alistapart.com/d/responsive-web-design/ex/ex-site-flexible.html），页面内容是《福尔摩斯历险记》六个主人公的头像。如果屏幕宽度大于 1 300 像素，则 6 张图片并排在一行，如图 12.1 所示。

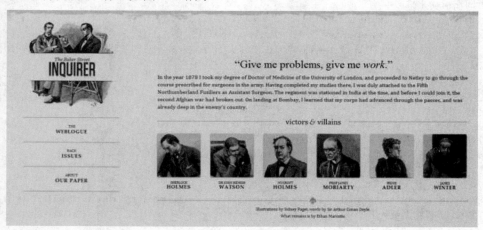

图 12.1　宽屏显示效果

如果屏幕宽度在 600～1 300 像素之间，则 6 张图片分成两行，如图 12.2（a）所示。如果屏幕宽度在 400～600 像素之间，则导航栏移到网页头部，如图 12.2（b）所示。如果屏幕宽度在 400 像素以下，则 6 张图片分成三行，如图 12.2（c）所示。

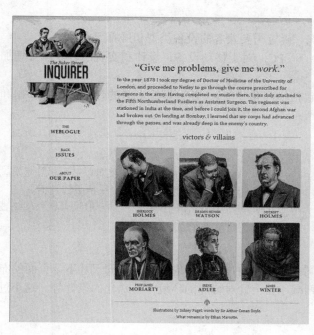

（a）屏幕宽度在 600～1 300 像素之间　　　　　（b）屏幕宽度在 400～600 像素　（c）屏幕宽度在 400 像素以下

图 12.2　不同窗口下页面显示效果

如果不断变窄浏览器窗口，会发现 Logo 图片的文字部分始终会保持同比缩小，保证其完整可读，而不会和周围的插图一样被两边裁掉。所以整个 Logo 其实包括插图和文字两部分。插图作为页面标题的背景图片，会保持尺寸，但会随着布局调整而被裁切；文字部分则是一张单独的图片。

```
<h1 id="logo">
  <a href="#"><img src="site/logo.png" alt="The Baker Street Inquirer" /></a>
</h1>
```

其中，<h1>标记使用插图作为背景，文字部分的图片始终保持与背景的对齐。该示例的实现方式完美展示了响应式 Web 设计的思路。

12.1.1　响应式 Web 实现方法

响应式 Web 设计的实现方法包括以下几种。

- ⬎ 弹性网格。
- ⬎ 液态布局。
- ⬎ 弹性图片显示。
- ⬎ 使用 CSS Media Query 技术等。

无论用户正在使用台式机、笔记本、平板电脑（如 iPad）或移动设备（如 iPhone）等，设计的页面都能够自动切换分辨率、图片尺寸及相关脚本功能等，以适应不同设备，即页面应该有能力去自动响应用户的设备环境。

12.1.2 响应式 Web 设计流程

响应式 Web 设计流程如下。

【操作步骤】

第 1 步，确定需要兼容的设备类型和屏幕尺寸。

通过用户研究，了解用户使用的设备分布情况，确定需要兼容的设备类型和屏幕尺寸。

- ⤵ 设备类型：包括移动设备（手机或平板）和 PC。对于移动设备，设计和实现的时候注意增加手势的功能。
- ⤵ 屏幕尺寸：包括各种手机屏幕的尺寸（包括横向和竖向）、各种平板电脑的尺寸（包括横向和竖向）、普通电脑屏幕和宽屏。

📢 注意：

在设计中要注意的几个问题。

- ⤵ 在响应式设计页面时，确定页面适用的尺寸范围。例如，1688 搜索结果页面，跨度可以从手机到宽屏，而 1688 首页，由于结构过于复杂，想直接迁移到手机上，不太现实，不如直接设计一个手机版的首页。
- ⤵ 结合用户需求和实现成本，对适用的尺寸进行取舍。如一些功能操作的页面，用户一般没有在移动端进行操作的需求，没有必要进行响应式设计。

第 2 步，制作线框原型。

针对确定需要适应的几个尺寸，分别制作不同的线框原型，需要考虑清楚在不同尺寸下，页面的布局如何变化，内容尺寸如何缩放，功能和内容的删减，甚至针对特殊的环境作特殊化的设计等。这个过程需要设计师和开发人员保持密切的沟通。

第 3 步，测试线框原型。

将图片导入相应的设备进行一些简单的测试，可以尽早发现可访问性及可读性等方面存在的问题。

第 4 步：视觉设计。

由于移动设备的屏幕像素密度与传统电脑屏幕不一样，在设计的时候需要保证内容文字的可读性和控件可点击区域的面积等。

第 5 步，脚本实现。

与传统的 Web 开发相比，响应式设计的页面由于页面布局和内容尺寸发生了变化，所以最终的产出更有可能与设计稿出入较大，需要开发人员和设计师多沟通。

12.1.3 基于 jQuery Mobile 实现响应式设计

使用 jQuery Mobile 实现响应式设计时，通常有两种方法，具体如下。

- ⤵ 基于媒体查询技术设置折断点，在不同的折断点加载不同的 CSS 并呈现不同的用户界面效果，这也是使用最多的方法。
- ⤵ 基于 jQuery Mobile 默认设置的回流表格、字段切换表格和滑动面板实现响应式设计。

如果使用第二种方法，用户也可以自定义折断点而支持更多定制化的响应式设计用户体验。

📢 注意：

为了实现不同分辨率下响应式设计的界面效果，本章将使用桌面浏览器来演示执行效果，而不是使用模拟器。在实际开发中，用户也可以首先在桌面浏览器调试通过之后，再在移动设备浏览器中执行响应式设计的程序。

基于媒体查询的折断点技术实现响应式设计已经在桌面浏览器开发中被广泛使用了，大致的实现过程如下所示。

【操作步骤】

第 1 步，定义 CSS 的媒体查询和折断点。

第 2 步，通过流式分栏布局或者页面元素进行呈现。

第 3 步，在不同的媒体查询设置中，使用不同的图片和文字定义。

不管使用哪种方法实现响应式设计，开发者都需要投入更多精力在不同分辨率的设备中进行测试。例如，字体在高分辨率屏幕和普通移动设备屏幕中是否都显示正常，排版和布局在水平方向和垂直方向上是否都执行正常等。

提示：

通常，用户在设计之初需要考虑到这样一些细节。

✒ 如果在页面中使用媒体查询技术，并根据移动设备分辨率的不同而设置不同的折断点，那么折断点的设置通常需要放在 jQuery Mobile 等 CSS 之后，否则可能会不起作用。

✒ 需要根据相对长度单位 em，而不是根据像素设置截断点。一些移动设备分辨率非常高，而有的则没有那么高，如果按照像素设置折断点，则可能在高分辨率移动设备下，用户界面呈现异常，所以需要使用相对长度。

✒ 设置截断点的时候，不但需要考虑移动设备的分辨率，更需要考虑内容所占的尺寸。例如，在分栏的时候，如果分栏的 div 设置不够高而内容很多，则在一些移动设备分辨率下，可能出现各个 div 的高度参差不齐。所以，如果内容文字较多，则需要根据内容篇幅考虑 div 所占的高度，以保证界面呈现效果。

✒ 从低分辨率的移动设备开始设计，通常更容易设计兼容性高的用户界面。如果低分辨率下呈现正常，通常高分辨率下也没有问题。也正因为这样，在大多数媒体查询的 CSS 设计中，建议折断点要基于 min-width 参数进行设置。

✒ 对于支持多语言的场景，不同字体的尺寸是不同的。例如，在同样的内容下，中文所占的篇幅比英文小。如果使用相同的 CSS 和折断点设置，则可能英文环境下显示整齐，而中文环境下却显得松松垮垮，或者中文环境下显示整齐，而英文环境下却参差不齐。为此，有可能需要根据不同语种设计不同的 CSS。这虽然并不是严格意义上的响应式设计的讨论范畴，但是却影响到响应式设计的折断点设置等细节的用户界面设计。

技巧：

由于响应式设计需要能够支持多种不同的分辨率环境，如果直接在移动设备浏览器上进行调试，成本会很大。用户可以首先在桌面浏览器中调试完成，然后在移动设备浏览器中进行集成和测试。

12.2 设计响应式图片

扫一扫，看视频

在响应式 Web 设计中，首先需要解决如何让图片具有弹性显示的能力。

弹性图片的设计思路就是无论何时，都确保在图片原始宽度范围内，以最大的宽度同比完整地显示图片。用户不必在样式表中为图片设置宽度和高度，只需要让样式表在窗口尺寸发生变化时，辅助浏览器对图片进行缩放。

【示例 1】 有很多同比缩放图片的技术，比较流行的方法是使用 CSS 的 max-width 属性。

```
img {
    max-width: 100%;
}
```

只要没有层叠样式的干扰，页面上所有的图片就会以其原始宽度进行加载，除非其容器可视部分的宽度小于图片的原始宽度。上面的代码确保图片最大的宽度不会超过浏览器窗口或是其容器可视部分的宽度，所以当窗口或容器的可视部分开始变窄时，图片的最大宽度值也会相应地减小，图片本身永远不会被容器边缘隐藏和覆盖。

【示例2】 老版本的 IE 不支持 max-width，可以单独设置如下。

```
img {
    width: 100%;
}
```

📢 注意：

Windows 平台缩放图片时，可能出现图像失真现象。这时，可以尝试使用 IE 专有命令。

```
img {
    -ms-interpolation-mode: bicubic;
}
```

或者使用专用插件 imgSizer.js（http://unstoppablerobotninja.com/demos/resize/imgSizer.js）。

```
addLoadEvent(function() {
    var imgs = document.getElementById("content").getElementsByTagName("img");
    imgSizer.collate(imgs);
});
```

如果有条件的话，最好能够根据不同大小的屏幕，加载不同分辨率的图片。有很多方法可以做到这一条，服务器端和客户端都可以实现。

图片分辨率与加载时间是另外一个需要考虑的响应问题。虽然通过上面的方法，可以很轻松地缩放图片，确保在移动设备的窗口中可以被完整浏览，但如果原始图片本身过大，便会显著降低图片文件的下载速度，对存储空间也会造成没有必要的消耗。

要实现图片的智能响应，应该解决两个问题：

↘ 自适应图片缩放尺寸。

↘ 在小设备上能够自动降低图片的分辨率。

为此，Filament Group 提供了一种解决方案。该方案的实现需要配合使用几个相关文件：rwd-images.js 和 .htaccess。用户可以在 Github 上获取（https://github.com/filamentgroup/ Responsive-Images），具体使用方法可以参考 Responsive Images 的说明文档（https://github. com/filamentgroup/Responsive-Images# readme）。

Responsive Images 的设计原理：使用 rwd-images.js 文件检测当前设备的屏幕分辨率，如果是大屏幕设备，则向页面头部区域添加 Base 标记，并将后续的图片、脚本和样式表加载请求定向到一个虚拟路径 "/rwd-router"。当这些请求到达服务器端，.htacces 文件会决定这些请求所需要的是原始图片，还是小尺寸的响应式图片，并进行相应的反馈输出。对于小屏幕的移动设备，原始尺寸的大图片永远不会被用到。

该技术支持大部分现代浏览器，如 IE8+、Safari、Chrome 和 Opera，以及这些浏览器的移动设备版本。在 FireFox 及一些旧浏览器中，则仍可得到小图片的输出，但同时原始大图也会被下载。

例如，用户可以尝试使用不同的设备访问 http://filamentgroup.com/examples/responsive-images/ 页面，则会发现，不同设备中所显示的图片分辨率是不同的，如图 12.3 所示。

图 12.3　不同设备下图片分辨率不同

在 iPhone、iPod Touch 中，页面会被自动地同比例缩小至最适合屏幕大小的尺寸，*X* 轴不会产生滚动条，用户可以上下拖曳浏览全部页面，或在需要的时候放大页面的局部。这里会产生一个问题，即使使用响应式 Web 设计的方法，专门为 iPhone 输出小图片，它同样会随着整个页面一起被同比例缩小，如图 12.4（a）所示。

（a）　　　　　　　　　　（b）

图 12.4　不同设备视图下的效果

针对上面问题，可以使用苹果专有<meta>标签来解决类似问题。在页面的<head>部分添加以下代码。

```
<meta name="viewport" content="width=device-width; initial-scale=1.0">
```

viewport 是网页默认的宽度和高度，上面这行代码的意思是，网页宽度默认等于屏幕宽度（width=device-width），原始缩放比例（initial-scale=1）为 1.0，即网页初始大小占屏幕面积的 100%。

12.3　设计响应式结构

扫一扫，看视频

由于网页需要根据屏幕宽度自动调整布局，首先，用户不能使用绝对宽度的布局，也不能使用具有绝对宽度的元素。具体说，不能使用像素单位定义宽度；如 width: 940 px;只能指定百分比宽度，如 width: 100%;或者 width:auto;

网页字体大小也不能使用绝对大小（px），而只能使用相对大小（em）。例如：

```
body {
    font: normal 100% Helvetica, Arial, sans-serif;
}
```

上面的代码定义字体大小是页面默认大小的 100%，即 16 像素。

```
h1 {
    font-size: 1.5em;
}
```

然后，定义一级标题的大小是默认字体大小的 1.5 倍，即 24 像素（24/16=1.5）。

```
small {
    font-size: 0.875em;
}
```

定义 small 元素的字体大小是默认字体大小的 0.875 倍，即 14 像素（14/16=0.875）。

流体布局（http://alistapart.com/article/fluidgrids）是响应式设计中一个重要方面，它要求页面中各个区块的位置都是浮动的，不是固定不变的。

```css
.main {
    float: right;
    width: 70%;
}
.leftBar {
    float: left;
    width: 25%;
}
```

Float 的优势是如果宽度太小，并列显示不下两个元素，后面的元素会自动换到前面元素的下方显示，而不会出现水平方向 overflow（溢出），避免了水平滚动条的出现。另外，应该尽量减少绝对定位（position: absolute）的使用。

在响应式网页设计中，除了图片方面，还应考虑页面布局结构的响应式调整。一般可以使用独立的样式表，或者使用 CSS Media Query 技术。例如，可以使用一个默认主样式表来定义页面的主要结构元素，如#wrapper、#content、#sidebar、#nav 等的默认布局方式，以及一些全局性的样式方案。

然后可以监测页面布局随着不同的浏览环境而产生的变化，如果它们变得过窄、过短、过宽或过长，则通过一个子级样式表来继承主样式表的设定，并专门针对某些布局结构进行样式覆盖。

【示例1】　下面的代码可以放在默认主样式表 style.css 中。

```css
html, body {}
h1, h2, h3 {}
p, blockquote, pre, code, ol, ul {}
/* 结构布局元素 */
#wrapper {
    width: 80%;
    margin: 0 auto;
    background: #fff;
    padding: 20px;
}
#content {
    width: 54%;
    float: left;
    margin-right: 3%;
}
#sidebar-left {
    width: 20%;
    float: left;
    margin-right: 3%;
}
#sidebar-right {
    width: 20%;
    float: left;
}
```

【示例2】　下面的代码可以放在子级样式表 mobile.css 中，专门针对移动设备进行样式覆盖。

```css
#wrapper {
    width: 90%;
}
#content {
    width: 100%;
```

```
}
#sidebar-left {
    width: 100%;
    clear: both;
    border-top: 1px solid #ccc;
    margin-top: 20px;
}
#sidebar-right {
    width: 100%;
    clear: both;
    border-top: 1px solid #ccc;
    margin-top: 20px;
}
```

CSS3 支持在 CSS2.1 中定义的媒体类型，同时添加了很多涉及媒体类型的功能属性，包括 max-width （最大宽度）、device-width（设备宽度）、orientation（屏幕定向：横屏或竖屏）和 color。在 CSS3 发布之后，新上市的 iPad、Android 相关设备都可以完美地支持这些属性。所以，可以通过 Media Query 为新设备设置独特的样式，而忽略那些不支持 CSS3 的台式机中的旧浏览器。

【示例 3】 下面代码定义了如果页面通过屏幕呈现，非打印一类，并且屏幕宽度不超过 480 像素，则加载 shetland.css 样式表。

```
<link rel="stylesheet" type="text/css" media="screen and (max-device-width: 480px)"
href="shetland.css" />
```

用户可以创建多个样式表，以适应不同设备类型的宽度范围。当然，更有效率的做法是将多个 Media Queries 整合在一个样式表文件中，代码如下。

```
@media only screen  and (min-device-width : 320px)  and (max-device-width : 480px)
{
    /* Styles */
}
@media only screen  and (min-width : 321px) {
    /* Styles */
}
@media only screen  and (max-width : 320px) {
    /* Styles */
}
```

上面代码可以兼容各种主流设备。这样整合多个 Media Queries 于一个样式表文件的方式与通过 Media Queries 调用不同样式表是不同的。

上面代码被 CSS2.1 和 CSS3 支持，也可以使用 CSS3 专有的 Media Queries 功能来创建响应式 Web 设计。通过 min-width 可以设置在浏览器窗口或设备屏幕宽度高于这个值的情况下，为页面指定一个特定的样式表，而 max-width 属性则反之。

【示例 4】 使用多个 Media Queries 整合在单一样式表中，这样做更加高效，可以减少请求数量。

```
@media screen and (min-width: 600px) {
    .hereIsMyClass {
        width: 30%;
        float: right;
    }
}
```

上面代码中定义的样式类只有在浏览器或屏幕宽度超过 600 像素时才会有效。

```
@media screen and (max-width: 600px) {
    .aClassforSmallScreens {
```

```
        clear: both;
        font-size: 1.3em;
    }
}
```

而这段代码的作用则相反，该样式类只有在浏览器或屏幕宽度小于 600 像素时才会有效。

因此，使用 min-width 和 max-width 可以同时判断设备屏幕尺寸与浏览器实际宽度。如果希望通过 Media Queries 作用于某种特定的设备，而忽略其上运行的浏览器是否由于没有最大化，而在尺寸上与设备屏幕尺寸产生不一致的情况。这时，可以使用 min-device-width 与 max-device-width 属性来判断设备本身的屏幕尺寸。

```
@media screen and (max-device-width: 480px) {
    .classForiPhoneDisplay {
        font-size: 1.2em;
    }
}
@media screen and (min-device-width: 768px) {
    .minimumiPadWidth {
        clear: both;
        margin-bottom: 2px solid #ccc;
    }
}
```

还有一些其他方法，可以有效使用 Media Queries 锁定某些指定的设备。

对于 iPad 来说，orientation 属性很有用，它的值可以是 landscape（横屏）或 portrait（竖屏）。

```
@media screen and (orientation: landscape) {
    .iPadLandscape {
        width: 30%;
        float: right;
    }
}
@media screen and (orientation: portrait) {
    .iPadPortrait {
        clear: both;
    }
}
```

这个属性目前只在 iPad 上有效。对于其他可以转屏的设备（如 iPhone），可以使用 min-device-width 和 max-device-width 来变通实现。

下面将上述属性组合使用，来锁定某个屏幕尺寸范围。

```
@media screen and (min-width: 800px) and (max-width: 1200px) {
    .classForaMediumScreen {
        background: #cc0000;
        width: 30%;
        float: right;
    }
}
```

上面的代码可以作用于浏览器窗口或屏幕宽度在 800～1 200 像素之间的所有设备。

其实，用户仍然可以选择使用多个样式表的方式来实现 Media Queries。如果从资源的组织和维护的角度出发，这样做更高效。

```
<link rel="stylesheet" media="screen and (max-width: 600px)" href="small.css" />
<link rel="stylesheet" media="screen and (min-width: 600px)" href="large.css" />
<link rel="stylesheet" media="print" href="print.css" />
```

用户可以根据实际情况决定使用 Media Queries 的方式。例如，对于 iPad，可以将多个 Media Queries 直接写在一个样式表中。因为 iPad 用户随时有可能切换屏幕定向，在这种情况下，要保证页面在极短的时间内响应屏幕尺寸的调整，我们必须选择效率最高的方式。

Media Queries 不是唯一的解决方法，它只是一个以纯 CSS 方式实现响应式 Web 设计思路的手段。另外，还可以使用 JavaScript 来实现响应式设计。特别是当某些旧设备无法完美支持 CSS3 的 Media Queries 时，它可以作为后备支援。用户可以使用专业的 JavaScript 库来帮助支持旧浏览器（如 IE 5+、Firefox 1+、Safari2 等）支持 CSS3 的 Media Queries。使用方法很简单，下载 css3-mediaqueries.js（http://code. google.com/p/css3-mediaqueries-js/），然后在页面中调用它即可。

所有主流浏览器都支持 Media Queries，包括 IE9，对于老式浏览器（主要是 IE6、7、8）则可以考虑使用 css3-mediaqueries.js。

```
<!-[if lt IE 9]>
<script src="http://css3-mediaqueries-js.googlecode.com/svn/trunk/css3-mediaque-
ries.js"></script>
<![endif]->
```

【示例 5】 下面代码演示了如何使用简单的几行 jQuery 代码来检测浏览器宽度，并为不同的情况调用不同的样式表。

```
<script type="text/javascript" src="http://ajax.googleapis.com/ajax/libs/jquery/
1.9.1/jquery.min.js"></script>
<script type="text/javascript">
$(document).ready(function(){
    $(window).bind("resize", resizeWindow);
    function resizeWindow(e){
        var newWindowWidth = $(window).width();
        if(newWindowWidth < 600){
            $("link[rel=stylesheet]").attr({href : "mobile.css"});
        }
        else if(newWindowWidth > 600){
            $("link[rel=stylesheet]").attr({href : "style.css"});
        }
    }
});
</script>
```

类似这样的解决方案还有很多，借助 JavaScript 可以实现更多的变化。

扫一扫，看视频

12.4 定义自适应内容

对于响应式 Web 设计，同比例缩放元素尺寸，以及调整页面结构布局，是两个重要的响应方法。但是对于页面中的文本信息来说，则不能简单地以同比缩小或者调整布局结构的方法进行处理。对于手机等移动设备来说，一方面要保证页面元素及布局具有足够的弹性，来兼容各类设备平台和屏幕尺寸；另一方面则需要增强可读性和易用性，帮助用户在任何设备环境中都能更容易地获取最重要的内容信息。

因此，可以在一个针对某类小屏幕设备的样式表中使用它来隐藏掉页面中的某些块级元素，也可以使用前面的方法，通过 JavaScript 判断当前硬件屏幕规格，在小屏幕设备的情况下直接为需要隐藏的元素添加工具类 class。例如，对于手机类设备，可以隐藏掉大块的文字内容区，而只显示一个简单的导航结构，其中的导航元素可以指向详细内容页面。

◀» 提示：

隐藏部分内容显示，不要使用 visibility: hidden 的方式，因为这只能使元素在视觉上不做呈现；display 属性则可帮助我们设置整块内容是否需要被输出。

【示例】 本示例通过简单的几步设计一个初步响应式页面效果。

第 1 步，使用 Dreamweaver 新建一个 HTML5 文档，在头部区域定义<meta>标签。大多数移动浏览器将 HTML 页面放大为宽的视图（viewport）以符合屏幕分辨率。这里可以使用视图的 Meta 标签来进行重置，让浏览器使用设备的宽度作为视图宽度并禁止初始的缩放。

```
<!doctype html>
<html>
<head>
<meta charset="utf-8">
<title></title>
<!-- viewport meta to reset iPhone inital scale -->
<meta name="viewport" content="width=device-width, initial-scale=1.0">
</head>
<body>
</body>
</html>
```

第 2 步，IE8 或者更早的浏览器并不支持 Media Query。你可以使用 media-queries.js 或者 respond.js 为 IE 添加 Media Query 支持。

```
<!-- css3-mediaqueries.js for IE8 or older -->
<!--[if lt IE 9]>
    <script src="http://css3-mediaqueries-js.googlecode.com/svn/trunk/css3-medi-
aqueries.js"></script>
<![endif]-->
```

第 3 步，设计页面 HTML 结构。整个页面基本布局包括头部、内容、侧边栏和页脚。头部为固定高度 180 像素，内容容器宽度是 600 像素，而侧边栏宽度是 300 像素，线框图如图 12.5 所示。

```
<!doctype html>
<html>
<head>
<meta charset="utf-8">
<title></title>
<!-- viewport meta to reset iPhone inital scale -->
<meta name="viewport" content="width=device-width, initial-scale=1.0">
<!-- css3-mediaqueries.js for IE8 or older -->
<!--[if lt IE 9]>
    <script src="http://css3-mediaqueries-js.googlecode.com/svn/trunk/css3-medi-
aqueries.js"></script>
<![endif]-->
</head>
<body>
<div id="pagewrap">
    <div id="header">
        <h1>Header</h1>
        <p>Tutorial by <a href="#">Myself</a> (read <a href="#">related article</a>)
</p>
```

```
    </div>
    <div id="content">
        <h2>Content</h2>
        <p>text</p>
    </div>
    <div id="sidebar">
        <h3>Sidebar</h3>
        <p>text</p>
    </div>
    <div id="footer">
        <h4>Footer</h4>
    </div>
</div>
</body>
</html>
```

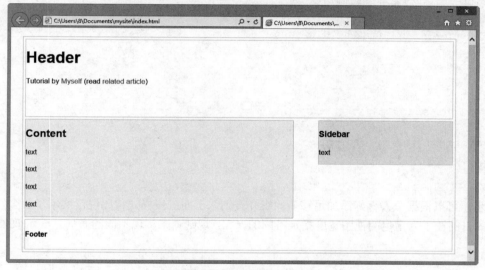

图 12.5　设计页面结构

第 4 步，使用 Media Queries。CSS3 Media Query-媒介查询是响应式设计的核心，它根据条件告诉浏览器如何为指定视图宽度渲染页面。

当视图宽度为小于等于 980 像素时，如下规则将会生效。基本上，会将所有的容器宽度从像素值设置为百分比以使得容器大小自适应。

```
/* for 980px or less */
@media screen and (max-width: 980px) {
    #pagewrap {
        width: 94%;
    }
    #content {
        width: 65%;
    }
    #sidebar {
        width: 30%;
    }
}
```

第 5 步，为小于等于 700 像素的视图指定#content 和#sidebar 的宽度为自适应并且清除浮动，使得这些容器按全宽度显示。

```
/* for 700px or less */
@media screen and (max-width: 700px) {
    #content {
        width: auto;
        float: none;
    }
    #sidebar {
        width: auto;
        float: none;
    }
}
```

第 6 步，对于小于等于 480 像素（手机屏幕）的情况，将#header 元素的高度设置为自适应，将 h1 的字体大小修改为 24 像素并隐藏侧边栏。

```
/* for 480px or less */
@media screen and (max-width: 480px) {
    #header {
        height: auto;
    }
    h1 {
        font-size: 24px;
    }
    #sidebar {
        display: none;
    }
}
```

第 7 步，可以根据个人喜好添加足够多的媒介查询。上面三段样式代码仅仅展示了 3 个媒介查询。媒介查询的目的在于为指定的视图宽度指定不同的 CSS 规则，来实现不同的布局。演示效果如图 12.6 所示。

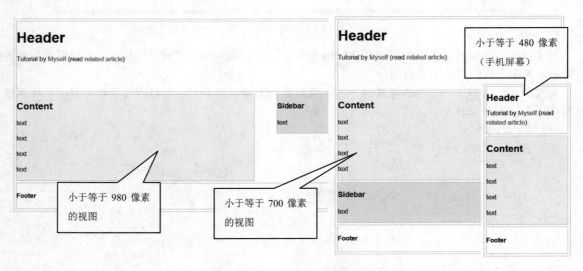

图 12.6 设计不同宽度下的视图效果

12.5　案例：设计响应式 Web

在本节示例中，将页面父级容器宽度设置为固定的 980 像素，对于桌面浏览环境，该宽度适用于任何宽于 1 024 像素的分辨率。通过 Media Query 来监测那些宽度小于 980 像素的设备分辨率，并将页面的宽度设置由固定方式改为液态版式，布局元素的宽度随着浏览器窗口的尺寸变化进行调整。当可视部分的宽度进一步减小到 650 像素以下时，主要内容部分的容器宽度会增大至全屏，而侧边栏将被置于主内容部分的下方，整个页面变为单栏布局。演示效果如图 12.7 所示。

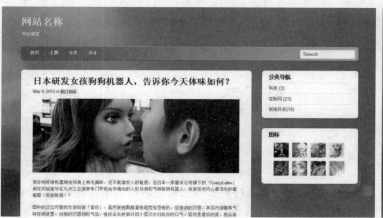

（a）宽度为 980 像素　　　　　　　　　　　　　　（b）宽度为 650 像素以下

图 12.7　设计不同宽度下的视图效果

在本示例中，主要应用了下面几个技术和技法。

- ➘ Media Query JavaScript。对于那些尚不支持 Media Query 的浏览器，在页面中调用 css3-mediaqueries.js。
- ➘ 使用 CSS Media Queries 实现自适应页面设计，使用 CSS 根据分辨率宽度的变化来调整页面布局结构。
- ➘ 设计弹性图片和多媒体。通过 max-width: 100%和 height: auto 实现图片的弹性化。通过 width: 100%和 height: auto 实现内嵌元素的弹性化。
- ➘ 字号自动调整的问题，通过-webkit-text-size-adjust:none 禁用 iPhone 中 Safari 的字号自动调整。

【操作步骤】

第 1 步，新建 HTML5 类型文档，编写 HTML 代码。使用 HTML5 标签来更加语义化地实现这些结构，包括页头、主要内容部分、侧边栏和页脚。

```
<!doctype html>
<html>
<head>
<meta charset="utf-8">
<title>无标题文档</title>
</head>
<body>
<div id="pagewrap">
    <header id="header">
        <hgroup>
            <h1 id="site-logo">Demo</h1>
```

```
            <h2 id="site-description">Site Description</h2>
        </hgroup>
        <nav>
            <ul id="main-nav">
                <li><a href="#">Home</a></li>
            </ul>
        </nav>
        <form id="searchform">
            <input type="search">
        </form>
    </header>
    <div id="content">
        <article class="post"> blog post </article>
    </div>
    <aside id="sidebar">
        <section class="widget"> widget </section>
    </aside>
    <footer id="footer"> footer </footer>
</div>
</body>
</htm
```

第 2 步，对于 HTML5 标签，IE9 之前的版本无法提供支持。目前的最佳解决方案仍是通过 html5.js 来帮助这些旧版本的 IE 浏览器创建 HTML5 元素节点。因此，这里添加如下兼容技法，调用该 JS 文件。

```
<!--[if lt IE 9]>
<script src="http://html5shim.googlecode.com/svn/trunk/html5.js"></script>
<![endif]-->
```

第 3 步，设计 HTML5 块级元素样式。首先仍是浏览器兼容问题，虽然经过上一步努力已经可以在低版本的 IE 中创建 HTML5 元素节点，但还是需要在样式方面做些工作，将这些新元素声明为块级样式。

```
article, aside, details, figcaption, figure, footer, header, hgroup, menu, nav,
section {
    display: block;
}
```

第 4 步，设计主要结构的 CSS 样式。这里将忽略细节样式设计，将注意力集中在整体布局上。整体设计在默认情况下页面容器的固定宽度为 980 像素，页头部分（header）的固定高度为 160 像素，主要内容部分（content）的宽度为 600 像素，左浮动。侧边栏（sidebar）右浮动，宽度为 280 像素。

```
<style type="text/css">
#pagewrap {
    width: 980px;
    margin: 0 auto;
}
#header { height: 160px; }
#content {
    width: 600px;
    float: left;
}
#sidebar {
    width: 280px;
    float: right;
}
#footer { clear: both; }
```

```
</style>
```

第 5 步，初步完成了页面结构的 HTML 和默认结构样式，当然，具体页面细节样式就不再繁琐，用户可以参考本节示例源代码。

此时预览页面效果，由于还没有做任何 Media Query 方面的工作，页面还不能随着浏览器尺寸的变化而改变布局。在页面中调用 css3-mediaqueries.js 文件，解决 IE8 及其以前版本支持 CSS3 Media Queries。

```
<!--[if lt IE 9]>
    <script src="http://css3-mediaqueries-js.googlecode.com/svn/trunk/css3-media-
queries.js"> </script>
<![endif]-->
```

第 6 步，创建 CSS 样式表，并在页面中调用如下代码。

```
<link href="media-queries.css" rel="stylesheet" type="text/css">
```

第 7 步，借助 Media Queries 技术设计响应式布局。

当浏览器可视部分宽度大于 650 像素小于 980 像素时（液态布局），将 pagewrap 的宽度设置为 95%，将 content 的宽度设置为 60%，将 sidebar 的宽度设置为 30%。

```
@media screen and (max-width: 980px) {
    #pagewrap { width: 95%; }
    #content {
        width: 60%;
        padding: 3% 4%;
    }
    #sidebar { width: 30%; }
    #sidebar .widget {
        padding: 8% 7%;
        margin-bottom: 10px;
    }
}
```

第 8 步，当浏览器可视部分宽度小于 650 像素时（单栏布局），将 header 的高度设置为 auto；将 searchform 绝对定位在 top: 5px 的位置；将 main-nav、site-logo、site-description 的定位设置为 static；将 content 的宽度设置为 auto（主要内容部分的宽度将扩展至满屏），并取消 float 设置；将 sidebar 的宽度设置为 100%，并取消 float 设置。

```
@media screen and (max-width: 650px) {
    #header { height: auto; }
    #searchform {
        position: absolute;
        top: 5px;
        right: 0;
    }
    #main-nav { position: static; }
    #site-logo {
        margin: 15px 100px 5px 0;
        position: static;
    }
    #site-description {
        margin: 0 0 15px;
        position: static;
    }
    #content {
        width: auto;
        float: none;
```

```
        margin: 20px 0;
    }
    #sidebar {
        width: 100%;
        float: none;
        margin: 0;
    }
}
```

第9步，当浏览器可视部分宽度小于480像素时，480像素也就是iPhone横屏时的宽度。当可视部分的宽度小于该数值时，禁用HTML节点的字号自动调整。默认情况下，iPhone会将过小的字号放大，这里可以通过-webkit-text-size-adjust属性进行调整。将main-nav中的字号设置为90%。

```
@media screen and (max-width: 480px) {
    html {
        -webkit-text-size-adjust: none;
    }
    #main-nav a {
        font-size: 90%;
        padding: 10px 8px;
    }
}
```

第10步，设计弹性图片。为图片设置max-width: 100%和height: auto，实现其弹性化。对于IE，仍然需要一点额外的工作。

```
img {
    max-width: 100%;
    height: auto;
    width: auto\9; /* ie8 */
}
```

第11步，设计弹性内嵌视频。对于视频也需要做max-width: 100%的设置，但是Safari对embed的该属性支持不是很好，所以使用width: 100%来代替。

```
.video embed,   .video object,   .video iframe {
    width: 100%;
    height: auto;
    min-height: 300px;
}
```

第12步，在iPhone中的初始化缩放。在默认情况下，iPhone中的Safari浏览器会对页面进行自动缩放，以适应屏幕尺寸。这里可以使用以下的meta设置，将设备的默认宽度作为页面在Safari的可视部分宽度，并禁止初始化缩放。

```
<meta name="viewport" content="width=device-width; initial-scale=1.0">
```

12.6 媒 体 查 询

Media Queries是一种全新的样式技术。通过Media Queries样式模块，可以实现根据移动设备的屏幕大小定制网站页面的不同布局效果。使用Media Queries技术，开发者只需要设计一套样式，就能够在所有平台的浏览器下访问网站的不同效果。

12.6.1 使用 viewport

在 iPhone 中使用 Safari 浏览器浏览传统 Web 网站时，Safari 浏览器为了能够将整个页面的内容在页面中显示出来，会在屏幕上创建一个 980 像素宽度的虚拟布局窗口，并按照 980 像素宽度的窗口大小显示网页。同时网页可以允许以缩放的形式放大或缩小网页。

在传统设计中，为了能够适应分辨率不同的显示器，通常在设计网站或开发一套网站的时候，都会以最低分辨率 800×600 的标准作为页面大小的基础，而且不会考虑适应移动设备的屏幕大小的页面。但是，iPhone 的分辨率是 320×480，对于以最低分辨率大小显示的网站，在 iPhone 的 Safari 浏览器下访问的效果是非常糟糕的。

Apple 为了解决移动版 Safari 的屏幕分辨率大小的问题，专门定义了 viewport 虚拟窗口。它的主要作用是允许开发者创建一个虚拟的窗口（viewport），并自定义其窗口的大小或缩放功能。

如果开发者没有定义这个虚拟窗口，移动版 Safari 的虚拟窗口默认大小为 980 像素。现在，除了 Safari 浏览器外，其他浏览器也支持 viewport 虚拟窗口。但是，不同的浏览器对 viewport 窗口的默认大小支持都不一致。默认值分别如下。

➥ Android Browser 浏览器的默认值是 800 像素。

➥ IE 浏览器的默认值是 974 像素。

➥ Opera 浏览器的默认值是 850 像素。

viewport 虚拟窗口是在 \<meta> 标签中定义的，其主要作用是设置 Web 页面适应移动设备的屏幕大小。用法如下所示。

```
<meta name="viewport" content="width=device-width,initial-scale=1,user-scalable=0" />
```

该代码的主要作用是自定义虚拟窗口，并指定虚拟窗口 width 宽度为 device-width，初始缩放比例大小为 1 倍，同时不允许用户使用手动缩放功能。

Apple 在加入 viewport 时，基本上使用 width=device-width 的表达方式来表示 iPhone 屏幕的实际分辨率大小的宽度，如 width=320。其他浏览器厂商在实现其 viewport 的时候，也兼容了 device-width 这样的特性。代码中的 content 属性内共定义 3 种参数。实际上 content 属性允许设置 6 种不同的参数，分别如下。

➥ width 指定虚拟窗口的屏幕宽度大小。

➥ height 指定虚拟窗口的屏幕高度大小。

➥ initial-scale 指定初始缩放比例。

➥ maximum-scale 指定允许用户缩放的最大比例。

➥ minimum-scale 指定允许用户缩放的最小比例。

➥ user-scalable 指定是否允许手动缩放。

12.6.2 使用 Media Queries

Media Queries 的出现让开发者开发一套跨平台的网站应用成为可能。下面结合上一节示例介绍如何使用 Dreamweaver CC 快速设计响应式页面。

【操作步骤】

第 1 步，启动 Dreamweaver CC，打开上一节制作的 index..html 文档。选择【窗口】|【CSS 设计器】命令，打开【CSS 设计器】面板，在"源"中选择样式表文件，如 style.css；然后在"@媒体"选项框标题栏中单击"加号"按钮，打开【定义媒体查询】对话框，如图 12.8 所示。

扫一扫，看视频

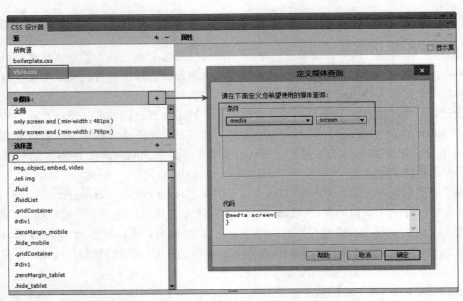

图 12.8 打开【定义媒体查询】对话框

🔊 提示：

Media Queries 的语法如下所示。

```
@media [media_query] media_type and media_feature
```

使用 Media Queries 样式模块时都必须以 "@media" 方式开头。media_query 表示查询关键字，在这里可以使用 not 关键字和 only 关键字。not 关键字表示对后面的样式表达式执行取反操作。例如，如下代码。

```
@media not screen and (max-device-width:480px)
```

only 关键字的作用是，让不支持 Media Queries 的设备但能读取 Media Type 类型的浏览器忽略这个样式，例如，如下代码。

```
@media only screen and (max-device-width:480px)
```

对于支持 Media Queries 的移动设备来说，如果存在 only 关键字，移动设备的 Web 浏览器会忽略 only 关键字并直接根据后面的表达式应用样式文件。对于不支持 MediaQueries 的设备但能够读取 Media Type 类型的 Web 浏览器，遇到 only 关键字时会忽略这个样式文件。虽然 media_query 这个类型在整个 Media Queries 语法中并不是必需的类型，但是有时候在实际开发过程中却是非常重要的查询参数类型。

第 2 步，【定义媒体查询】对话框包含两个条件，第一个是设备特征，第二个是设备类型。单击对话框左侧的下拉菜单，可以选择设备特征，如图 12.9 所示。

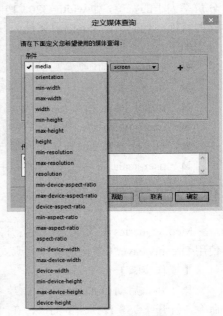

🔊 提示：

media_feature 参数主要作用是定义 CSS 中的设备特性，大部分移动设备特性都允许接受 min/max 的前缀。例如，min-width 表示指定大于等于该值；max-width 表示指定小于等于该值。Media Queries 主要特性说明如表 12.1 所示。

图 12.9 选择媒体特性

表 12.1　media_feature 设备特性的种类列表

设备特性	是否允许 min/max 前缀	特性的值	说　明
width	允许	含单位的数值	指定浏览器窗口的宽度大小，如 480 像素
height	允许	含单位的数值	指定浏览器窗口的高度大小，如 320 像素
device-width	允许	含单位的数值	指定移动设备的屏幕分辨率宽度大小，如 480 像素
device-height	允许	含单位的数值	指定移动设备的屏幕分辨率高度大小，如 320 像素
orientation	不允许	字符串值	指定移动设备浏览器的窗口方向。只能指定 portrait（纵向）和 landscape（横向）两个值
aspect-radio	允许	比例值	指定移动设备浏览器窗口的纵横比例，如 16:9
device-aspect-radio	允许	比例值	指定移动设备屏幕分辨率的纵横比例，如 16:9
color	允许	整数值	指定移动设备使用多少位的颜色值
color-index	允许	整数值	指定色彩表的色彩数
monochrome	允许	整数值	指定单色帧缓冲器中每像素的字节数
resolution	允许	分辨率值	指定移动设备屏幕的分辨率
scan	不允许	字符串值	指定电视机类型设备的扫描方式。只能指定两种值：progressive 表示逐行扫描和 interlace 表示隔行扫描
grid	不允许	整数值	指定设备是基于栅格还是基于位图。基于栅格时该值为 1，否则为 0

　　到目前为止，Media Queries 样式模块在桌面端都得到了大部分现代浏览器的支持。例如，IE 9、Firefox、Safari、Chrome、Opera 都支持 Media Queries 样式。但是 IE 系列的浏览器中只有最新版本才支持该特性，IE8 以下的版本不支持 Media Queries。从移动平台来说，基于两大平台 Android 和 iOS 的 Web 浏览器也都得到了良好的支持。同时，黑莓系列手机也支持 Media Queries 特性。

　　第 3 步，在【定义媒体查询】对话框条件选项区域，单击右侧的下拉列表框，从中选择设备类型，如图 12.10 所示。

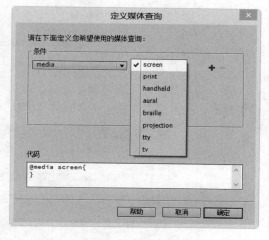

图 12.10　选择设备类型

🔊 提示：

> media_type 参数的作用是指定设备类型，通常称为媒体类型。实际上在 CSS2.1 版本时已经定义了该媒体类型。表 12.2 列出了 media_type 允许定义的 10 种设备类型。

表 12.2　media_type 设备可用类型列表

设备类型	说　明
all	所有设备
aural	听觉设备
braille	点字触觉设备
handled	便携设备，如手机和平板电脑
print	打印预览图等
projection	投影设备

（续）

设备类型	说　　明
screen	显示器、笔记本和移动端等设备
tty	如打字机或终端等设备
tv	电视机等设备类型
embossed	盲文打印机

第 4 步，可以在条件选项区域，设置多个条件，单击条件右侧的加号按钮，可以增加一个条件，多个条件逻辑关系为 AND，即需要都满足的情况下应用样式，如图 12.11 所示。

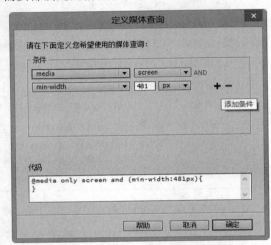

图 12.11　添加多个查询条件

第 5 步，添加一条媒体类型之后，可以继续在"@媒体"标题栏右侧单击加号按钮，添加更多媒体类型样式。在本例中添加了 7 个媒体类型样式，如图 12.12 所示。

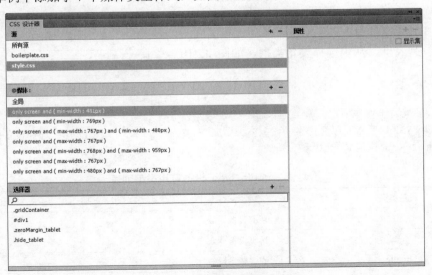

图 12.12　添加多个媒体样式

第 6 步，设计完媒体样式结构之后，就可以在每个媒体样式表中添加样式了。例如，在@media only screen and (min-width: 481px)媒体样式表中添加.gridContainer 类样式，设计布局样式：width: 90.675%、 padding-left: 1.1625%、padding-right: 1.1625%、clear: none、float: none、margin-left: auto，如图 12.13 所示。

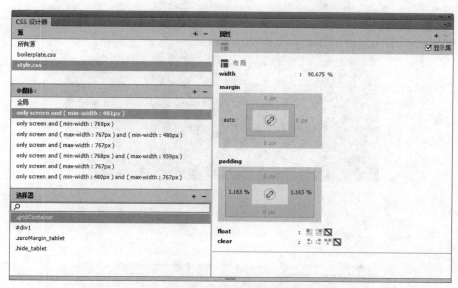

图 12.13 为媒体样式表添加样式

第 7 步，以此方法不断为不同媒体样式表添加样式，最后在不同设备下浏览页面，效果如图 12.14 所示。

（a）桌面电脑中的预览效果

图 12.14 在不同设备中的预览效果

（b）iPad 中的预览效果

（c）iPhone 中的预览效果

图 12.14　在不同设备中的预览效果（续）

📖 技巧：

　　我们可以把传统网站移植到移动端，接下来看一下如何将一个真正的网站实现为移动端的 Web 网站版本。在不影响页面的桌面预览前提下，可以在首页的 HTML 文件的\<head\>标签内新增以下 Media Queries 样式文件模块，代码如下。

```
<link rel="stylesheet" type="text/css" media="only screen and (max-width:480px),
only screen and(max-device-width:480px)" href="/resources/style/device.css"/>
```

实际上，应用 Media Queries 模块的具体用法有 4 种，简单说明如下。

　　（1）使用 media 属性定义当前屏幕可视区域的宽度最大值是 600 像素时应用该样式文件。

```
<link rel="stylesheet" media="screen and(max-width:600px)" href="small.css"/>
```

在 small.css 样式文件内，需要定义 media 类型的样式，例如：

```
@media screen and (max-width:600px){
.demo{
   background-color:#CCC;
}
}
```

　　（2）当屏幕可视区域的宽度或长度在 600～900 像素之间时，应用该样式文件。导入 CSS 文件写法如下。

```
<link rel="stylesheet" media="screen and(min-width:600px) and(max-width:900px)"
href="small.css"/>
```

small.css 样式文件内对应写法如下。

```
@media screen and (min-width:600px) and(max-width:900px){
.demo{
   background-color:#CCC;
}
}
```

　　（3）如果当手机（如 iPhone）最大屏幕可视区域是 480 像素时，应用该样式文件。导入 CSS 文件写法如下。

```
<link rel="stylesheet" media="screen and(max-device-width:480px)" href="small.
css"/>
```

small.css 样式文件内对应写法如下。

```
@media screen and (max-device-width:480px){
.demo{
   background-color:#CCC;
}
}
```

　　（4）同样也可以判断当移动设备（如 iPad）的方向发生变化时应用该样式。以下代码是当移动设备处于纵向（portrait）模式下时，应用 portrait 样式文件；当移动设备处于横向（landscape）模式下时，应用 landscape 样式文件。

```
<link rel="stylesheet" media="all and(orientation:portrait)" href="portrait.css"/>
<link rel="stylesheet" media="all and(orientation:landscape)" href="landscape.css"/>
```

上述 4 种不同情况显示了使用 Media Queries 样式模块定义在各种屏幕分辨率下的不同样式应用。这种语法风格有点类似于编写兼容 IE 浏览器各个版本的方式，唯一不同的是将需要兼容 IE 的 CSS 样式导入文件写在\<!--和--\>之间。

12.7　实　战　案　例

　　本节将通过多个案例介绍基于 jQuery Mobile 实现响应式设计的具体方法。

12.7.1 分栏设计

在 jQuery Mobile 1.3.0 出现之前，实现分栏页面通常具有固定的栏数。在 jQuery Mobile 1.3.0 之后，可以根据移动设备屏幕分辨率的不同，通过设置媒体查询的折断点，实现响应式设计的分栏界面。

本案例根据视口尺寸不同设计界面呈现不同的效果。当视口尺寸最小的时候，各个分栏的内容从上而下依次排开；当视口尺寸略大一些时，第一个分栏独立一行，而其余分栏排列在第二行；当视口尺寸再大时，则一行之中水平排列了 4 个分栏；随着页面的视口尺寸继续增大，布局没有发生变化，但是各个分栏中的文字尺寸比之前大了很多，演示效果如图 12.15 所示。

（a）默认样式

（b）min-width: 24em 样式

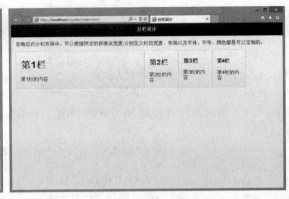
（c）min-width: 55em 样式

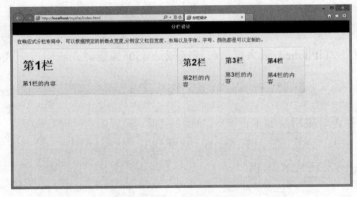
（d）min-width: 68em 样式

图 12.15　在不同视图中预览效果

本例是一种典型的设计：随着视口尺寸的变化，界面也会发生相应的变化。在不同的视口尺寸下，用户界面呈现不同的分栏布局，字号也随之改变。

在实现这样的分栏设计时，需要根据不同的视口尺寸定义不同的折断点，以及相应的各个分栏所占的宽度。当一行占满的时候，自动启用下一行，这就实现了不同的分栏效果。

例如，当媒体查询的折断点设置为 min-width: 24em，其中的 CSS 设置如下。

```css
/*最小宽度为24em 的时侯，使用这部分 CSS 设定*/
@media all and (min-width: 24em) {
.responsive-grids div { min-height: 7em; }
.responsive-grids .ui-block-b, .responsive-grids .ui-block-c, .responsive-grids
.ui-block-d {
    float: left;
```

```
    width: 33.2%;
}
.responsive-grids .ui-block-b p, .responsive-grids .ui-block-c p, .responsive-
grids .ui-block-c p { font-size: .5em; }
}
```

这段 CSS 样式说明如下。

❧ 分栏的最小高度为 7em。

❧ 第一行分栏 ui-block-a 的宽度为默认宽度 100%。

❧ 第二行分栏为 ui-block-b、ui-block-c 和 ui-block-d，各个分栏的宽度为 33.2%。正好这三个排列在一起，大致为屏幕的全部宽度。

❧ 文字尺寸略小。

其他折断点下的 CSS 设置与这个大致相当。只是在视口最小的时候，建议将所有分栏明确设置为宽度 100%，这样能确保显示和布局正确。

完整的响应式设计的分栏页面设计代码如下所示。

```
<!doctype html>
<html>
<head>
<meta charset="utf-8">
<meta name="viewport" content="width=device-width,initial-scale=1" />
<link href="jquery-mobile/jquery.mobile.theme-1.3.0.min.css" rel="stylesheet"
type="text/css">
<link href="jquery-mobile/jquery.mobile.structure-1.3.0.min.css" rel="stylesheet"
type="text/css">
<script src="jquery-mobile/jquery-1.8.3.min.js" type="text/javascript"></script>
<script src="jquery-mobile/jquery.mobile-1.3.0.min.js" type="text/javascript">
</script>
<style type="text/css">
/*默认样式*/
.responsive-grids div {
    text-align: left;
    border-color: #ddd;
}
.responsive-grids p {
    color: #777;
    line-height: 140%;
}
/*默认各栏目垂直堆叠显示*/
.responsive-grids .ui-block-a, .responsive-grids .ui-block-b, .responsive-grids
 .ui-block-c .responsive-grids .ui-block-d {
    width: 100%;
    float: none;
}
.responsive-grids .ui-block-b, .responsive-grids .ui-block-c, .responsive-grids
 .ui-block-d {
    float: left;
    width: 100%;
}
/*最小宽度为 24em 的时侯，使用这部分 CSS 设定*/
@media all and (min-width: 24em) {
```

```
.responsive-grids div { min-height: 7em; }
.responsive-grids .ui-block-b, .responsive-grids .ui-block-c, .responsive-grids
 .ui-block-d {
    float: left;
    width: 33.2%;
}
.responsive-grids .ui-block-b p, .responsive-grids .ui-block-c p, .responsive-
grids .ui-block-c p { font-size: .5em; }
}
/*最小宽度为 55em 的时候，使用这部分 CSS 设定*/
@media all and (min-width: 55em) {
.responsive-grids div { min-height: 7em; }
.responsive-grids .ui-block-a, .responsive-grids .ui-block-c {
    float: left;
    width: 48.95%;
}
.responsive-grids .ui-block-b, .responsive-grids .ui-block-c, .responsive-grids
 .ui-block-d {
    float:left;
    width:12.925%;
}
}
/*最小宽度为 68em 的时候，使用这部分 CSS 设定，此时文字变大了*/
@media all and (min-width: 68em) {
.responsive-grids {
    font-size: 125%;
}
.responsive-grids .ui-block-a, .responsive-grids .ui-block-c {
    float:left;
    width:48.95%;
}
.responsive-grids .ui-block-b, .responsive-grids .ui-block-c, .responsive-grids
 .ui-block-d {
    float: left;
    width: 12.925%;
}
}
</style>
</head>
<body>
<section id="MainPage" data-role="page" data-title="分栏设计">
    <header data-role="header">
        <h1>分栏设计</h1>
    </header>
    <div class="content" data-role="content">在响应式分栏布局中，可以根据预定的折断点宽
度，分别定义栏目宽度、布局以及字体、字号、颜色都是可以定制的。
        <div style="height:15px;"></div>
        <div class="responsive-grids">
            <div class="ui-block-a">
                <div class="ui-body ui-body-c">
                    <h1> 第 1 栏</h1>
                    第 1 栏的内容</div>
```

```
            </div>
            <div class="ui-block-b">
                <div class="ui-body ui-body-c">
                    <h2>第 2 栏</h2>
                    第 2 栏的内容</div>
            </div>
            <div class="ui-block-c">
                <div class="ui-body ui-body-c">
                    <h3>第 3 栏</h3>
                    第 3 栏的内容</div>
            </div>
            <div class="ui-block-d">
                <div class="ui-body ui-body-c">
                    <h4>第 4 栏</h4>
                    第 4 栏的内容</div>
            </div>
        </div>
    </div>
</section>
</body>
</html>
```

响应式设计的 CSS 定义需要在页面各个 CSS 库，特别是 jQuery Mobile 库之后定义，否则可能会无效。用户需要小心尝试不同的视口尺寸，以确定分栏的最小高度的设置是否正确。

12.7.2 设计回流表格

在使用 HTML5 之前，用户往往会尽量避免页面出现回流（reflow）和重绘（repaint）的情况。因为回流和重绘很可能导致页面呈现速度变慢，并影响用户体验。而在基于 HTML5 的 jQuery Mobile 应用开发中，回流技术已成为一种响应式设计方法。

基于回流所绘制的表格，当视口尺寸比较宽的时候，表格所有的字段从左到右依次排列。而当视口尺寸比较小的时候，各个字段则变为从上到下依次排列，这种变化也是一种表格的响应式设计。

实现回流表格的方法很简单，在表格声明中设置 data-role 属性为 table，data-mode 属性为 reflow，并设置 class 属性为 ui-responsive 即可。

下面示例设计一个简单表格为回流表格，演示效果如图 12.16 所示。

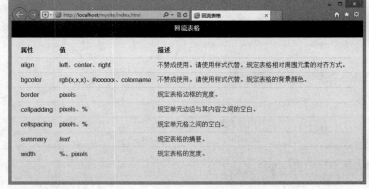

（a）默认显示样式　　　　　　　　　　　　　　　（b）回流显示表格

图 12.16　定义响应式回流表格

如图 12.16（a）所示是视口尺寸较宽时的界面呈现效果，如图 12.16（b）所示是视口尺寸较窄时的界面呈现效果。

本示例的主体代码如下所示。

```
<body>
<section id="MainPage" data-role="page">
    <header data-role="header">
        <h1>回流表格</h1>
    </header>
    <div class="content" data-role="content">
        <table data-role="table" id="movie-table" data-mode="reflow" class="ui-
responsive table-stroke">
            <thead>
                <tr>
                    <th>属性</th>
                    <th>值</th>
                    <th>描述</th>
                </tr>
            </thead>
            <tbody>
                <tr>
                    <td>align</td>
                    <td>left、center、right</td>
                    <td>不赞成使用。请使用样式代替。规定表格相对周围元素的对齐方式。</td>
                </tr>
                <tr>
                    <td>bgcolor</td>
                    <td>rgb(x,x,x)、#xxxxxx、colorname</td>
                    <td>不赞成使用。请使用样式代替。规定表格的背景颜色。</td>
                </tr>
                <tr>
                    <td>border</td>
                    <td>pixels</td>
                    <td>规定表格边框的宽度。</td>
                </tr>
                <tr>
                    <td>cellpadding</td>
                    <td>pixels、%</td>
                    <td>规定单元边沿与其内容之间的空白。</td>
                </tr>
                <tr>
                    <td>cellspacing</td>
                    <td>pixels、%</td>
                    <td>规定单元格之间的空白。</td>
                </tr>
                <tr>
                    <td>summary</td>
```

```
            <td><em>text</em></td>
            <td>规定表格的摘要。</td>
        </tr>
        <tr>
            <td>width</td>
            <td>%、pixels</td>
            <td>规定表格的宽度。</td>
        </tr>
    </tbody>
    </table>
    </div>
</section>
</body>
```

12.7.3　设计字段切换表格

扫一扫，看视频

当在移动设备浏览器中呈现字段切换表格时，jQuery Mobile 会检查视口的尺寸。如果尺寸较大，则可以呈现表格的所有字段。如果尺寸较小，则会呈现高优先级的字段，而自动隐藏低优先级的字段。能够自动根据视口尺寸而选择显示或隐藏表格字段，是字段切换表格的主要特点。

实现字段切换表格的方法很简单，只需要在表格的容器中声明 data-role 为 table，data-mode 为 columntoggle，并设置 class 为 ui-responsive，然后在表格标题部分使用 data-priority 为<th>标签定义显示排列顺序。

下面是一个完整的表格示例代码。

```
<section id="MainPage" data-role="page">
    <header data-role="header">
        <h1>字段切换表格</h1>
    </header>
    <div class="content" data-role="content">
        <table data-role="table" id="movie-table" data-mode="columntoggle" class=
"ui-responsive table-stroke">
        <thead>
            <tr>
                <th  data-priority="1">属性</th>
                <th  data-priority="2">值</th>
                <th  data-priority="3">描述</th>
            </tr>
        </thead>
        <tbody>
            <!--表格数据省略-->
        </tbody>
        </table>
    </div>
</section>
```

示例在不同视口尺寸下字段切换表格的呈现效果，如图 12.17 所示，其中图 12.17（a）所示的视口宽度较宽，而图 12.17（b）所示的视口宽度较窄。

（a）宽屏下显示　　　　　　　　　　　　　　　　　　　（b）窄屏下显示

图 12.17　定义字段切换表格

在使用字段切换表格时，表格右上角有一个用于选择字段的 Columns 菜单，如果有字段被隐藏起来，单击这个按钮即可在菜单中选择再次显示的字段，如图 12.18 所示。

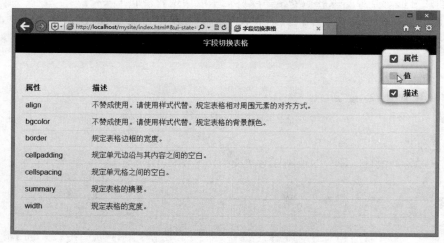

图 12.18　隐藏字段

◀》注意：

当视口尺寸从大到小变化时，表格中的字段会被自动隐藏。而当视口尺寸从小到大变化的过程中，被隐藏的字段可能不会自动显示出来，此时需要手工通过 Columns 菜单将字段呈现出来，或者重新刷新浏览器将其呈现出来。

扫一扫，看视频

12.7.4　设计滑动面板

通常，jQuery Mobile 界面是从上到下在移动设备浏览器中依次排列展开的。滑动面板则不同，它在移动设备浏览器的左侧或者右侧展开。使用者可以在滑动面板中进行操作，操作完成后再将滑动面板折叠回去。

滑动面板的用法类似于对话框，用户可以将表单、列表、菜单或者介绍文字集成在滑动面板中。

实现滑动面板时，需要在页面中加入滑动面板的容器，如下所示。

```
<div data-role="panel" id="sliding-panel">
    <!-- 此处为滑动面板的内容-->
</div>
```

滑动面板是一个独立在页面、页脚和正文之外的独立容器。值得注意的是，滑动面板的容器可以写在页面开始或者结束的位置，但不要写在页眉、正文或者页脚之中。

如果要打开一个滑动面板，可以通过超链接或者超链接按钮来实现，如下所示。

```
<a href="#sliding-panel">打开左侧面板，发送消息</a>
```

如果要在程序中关闭滑动面板，则可以在超链接中声明 data-rel 为 close 或者通过 JavaScript 的 close 方法来关闭。例如，在滑动面板内部关闭滑动面板的代码如下。

```
<a href="#" data-rel="close" data-role="button" data-theme="c" data-mini="true">
取消</a>
```

本示例完整演示代码如下所示，演示效果如图 12.19 所示。

```
<!doctype html>
<html>
<head>
<meta charset="utf-8">
<meta name="viewport" content="width=device-width,initial-scale=1" />
<link href="jquery-mobile/jquery.mobile.theme-1.3.0.min.css" rel="stylesheet"
type="text/css">
<link href="jquery-mobile/jquery.mobile.structure-1.3.0.min.css" rel="stylesheet"
type="text/css">
<script src="jquery-mobile/jquery-1.8.3.min.js" type="text/javascript"></script>
<script src="jquery-mobile/jquery.mobile-1.3.0.min.js" type="text/javascript">
</script>
</head>
<body>
<section id="MainPage" data-role="page">
    <header data-role="header">
        <h1>设计滑动面板</h1>
    </header>
    <div class="content" data-role="content">
        <a href="#sliding-panel">打开左侧面板</a>
    </div>
    <div data-role="panel" id="sliding-panel">
        <a href="#" data-rel="close" data-role="button" data-theme="c" data-mini=
"true">取消</a>
    </div>
</section>
</body>
</html>
```

图 12.19 是滑动面板展开和关闭时的呈现效果。单击图 12.19（a）中的超链接，滑动面板从屏幕左侧弹出。单击"取消"按钮后，滑动面板再次关闭起来。

🔊 提示：

> 通常，移动设备浏览器的尺寸有限，而有的内容却很长，这时如果需要在页面中找到打开或者关闭滑动面板的按钮，用户将可能需要翻屏好几次才能定位到。如果可以使用横向地轻扫屏幕将滑动面板调出来，将会方便使用者操作。

在 jQuery Mobile 中，横向轻扫可以使用 swiperight 或者 swipeleft 事件实现。当事件触发的时候，调用相应面板的 open 函数就可以打开这个滑动面板了。实现方法的 JavaScript 代码片段如下所示。

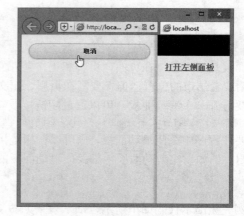

打开滑动面板   显示滑动面板

图 12.19　设计滑动面板

```
<script>
$( document ).on( "swipeleft", "#MainPage", function( e ) {
   $( "#sliding-panel" ).panel( "open" );
});
</script>
```

第 13 章　设计主题和样式

在 jQuery Mobile 中，用户可以对页面样式和页面中的工具栏、按钮、表单元素和列表进行颜色设定。jQuery Mobile 默认内置了 5 种不同的配色色版，用户也可以通过 ThemeRoller 定义适合自己应用程序的页面主题风格。

【学习重点】
- 使用内置主题。
- 自定义主题。
- 定义 jQuery Mobile 组件主题。

13.1　定　义　主　题

主题主要用于设置工具栏、页面区块、按钮和列表的颜色。其设计思想是为了快速地切换已有网站的主题，在使用默认主题的时候，可能偶尔需要更改某一些按钮的颜色来表示强调（如"提交"按钮）或者弱化（如"重置"按钮），这时便可以通过定义特定的主题来完成。jQuery Mobile 主题包含多套配色方案，用户可以很方便地切换主题中的配色方案。

13.1.1　认识 jQuery Mobile 主题

在 jQuery Mobile 中，由于每一个页面中的布局和组件都被设计成一个全新的面向对象的 CSS 框架，整个站点或应用的视觉风格可以通过这个框架得到统一。统一后的视觉设计主题称为 jQuery Mobile 主题样式系统，它有以下几个特点。

- 文件的轻量级：使用 CSS3 来处理圆角、阴影和颜色渐变的效果，而没有使用图片，大大减轻了服务器的负担。
- 主题的灵活度高：框架系统提供了多套可选择的主题和色调，并且每一个主题之间都可以混搭，丰富视觉纹理的设计。
- 自定义主题便捷：除使用系统框架提供的主题外，还允许开发者自定义自己的主题框架，用于保持设计的多样性。
- 图标的轻最级：在整个主题框架中，使用了一套简化的图标集，它包含了绝大部分在移动设备中使用的图标，极大减轻了服务器对图标处理的负荷。

从上述 jQuery Mobile 主题的特点不难看出：jQuery Mobile 中的每个应用程序或组件都提供了样式丰富、文件轻巧、处理便捷的样式主题，极大方便了开发人员的使用。

jQuery Mobile 是用 CSS 来控制在屏幕中的显示效果，其 CSS 包含两个主要的部分。

- 结构：用于控制元素（如按钮、表单和列表等）在屏幕中显示的位置和内外边距等。
- 主题：用于控制可视元素的视觉效果，如字体、颜色、渐变、阴影和圆角等。用户可以通过修改主题来控制可视元素（如按钮）的效果。

在 jQuery Mobile 中，CSS 框架中的结构和主题是分离的，因此只要定义一套结构就可以反复与一套或多套主题配合或混合使用，从而实现页面布局和组件主题多样化的效果。

为了减少背景图片的使用，jQuery Mobile 使用 CSS3 技术来替代传统的背景图方式创建按钮等组件。

其目的是减少请求数，当然用图片设计也可以，但并不推荐。

13.1.2 默认主题

jQuery Mobile 的 CSS 文件中默认包含 5 个主题，即 a、b、c、d、e，其中主题 a 是优先级最高的主题，默认为黑色，如图 13.1 所示。其他主题及颜色如图 13.2 所示。

以下是默认主题所定义的 5 种主题及其含义。

- a：最高优先级，黑色。
- b：优先级次之，蓝色。
- c：基准优先级，灰色。
- d：可选优先级，灰白色。
- e：表示强调，黄色。

图 13.1　黑色主题

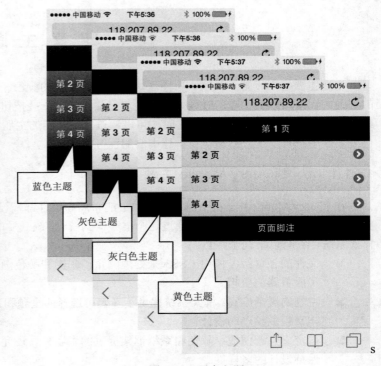

图 13.2　更多主题

除使用系统自带的 5 种主题外，开发者还可以很方便地修改系统主题中的各类属性值，并快捷地自定义属于自己的主题，相关内容将在下面小节中详细介绍。

在默认情况下，jQuery Mobile 中标题栏、页脚栏的主题是 a 字母，因为 a 字母代表最高的视觉效果。如果需要改变某组件或容器当前的主题，只需要将它的 data-theme 属性值设置成主题对应的样式字母即可。

虽然 jQuery Mobile 渲染的灰色、黑色和蓝色，以及圆形的组件使其看起来很漂亮，但是如果整个 Web 应用都使用这样的样式，就会使页面变得很乏味。jQuery Mobile 允许自定义官方一些组件的主题。例如，Font family、Drop shadows、按钮和盒状元素的边框圆角半径，以及图标组件。

另外，每一个主题包含 26 种不同颜色的切换（标记从 a 到 z），可以控制前景色、背景色和渐变色，典型用法是使页面元素部分替换，用户可以使用 data-theme 属性实现。代码如下。

```
<div data-role="page" id="home">
   <div data-role="header">
      <h1>首页</h1>
   </div>
   <div data-role="content">
      <a href="#" data-role="button" data-theme="a">主题 a</a>
      <a href="#" data-role="button" data-theme="b">主题 b</a>
      <a href="#" data-role="button" data-theme="c">主题 c</a>
      <a href="#" data-role="button" data-theme="d">主题 d</a>
      <a href="#" data-role="button" data-theme="e">主题 e</a>
   </div>
</div>
```

13.1.3 使用主题

扫一扫，看视频

jQuery Mobile 内建了主题控制模块。主题可以使用 data-theme 属性来控制。如果不指定 data-theme 属性，将默认采用 a 主题。以下代码定义了一个默认主题的页面。

```
<div data-role="page" id="page">
   <div data-role="header">
      <h1>简单页面</h1>
   </div>
   <div data-role="content">
      <p>简单内容显示</p>
   </div>
</div>
```

使用不同的主题：

```
<div data-role="page" id="page" data-theme="e">
   <div data-role="header">
      <h1>简单页面</h1>
   </div>
   <div data-role="content">
      <p>简单内容显示</p>
   </div>
</div>
```

从代码结构上看是一样的，仅使用一个 data-theme="e"便可以将整个页面切换为黄色色调，如图 13.3 所示。

图 13.3　设计黄色主题的页面效果

在默认情况下，页面上所有的组件都会继承 page 上设置的主题，这意味着只需设置一次便可以更改整个页面的视图效果。

```
<div data-role="page" id="page" data-theme="e">
```

【示例 1】 为不同组件独立设置不同的主题，方法是为不同的容器定义不同的 data-theme 属性来实现，例如，在下面代码中，分别为标题栏、内容栏、页脚栏、按钮、折叠框和列表视图设计不同的主题样式，预览效果如图 13.4 所示。

```
<div data-role="page" id="page">
    <div data-role="header" data-theme="c">
        <h1>标题栏</h1>
    </div>
    <div data-role="content" data-theme="d">
        <p>内容栏</p>
        <ul data-role="listview" data-theme="b">
            <li><a href="#page1">列表视图</a> </li>
        </ul>
        <p> <a href="#page4" data-role="button" data-icon= "arrow-d" data-iconpos=
"left" data-theme="c">跳转按钮</a> </p>
        <div data-role="collapsible-set">
            <div data-role="collapsible" data-collapsed="true" data-theme="e">
                <h3>折叠框</h3>
                <p>内容</p>
            </div>
        </div>
    </div>
    <div data-role="footer">
        <h4>页脚栏</h4>
    </div>
</div>
```

图 13.4　为页面内不同组件设计不同的主题效果

【示例 2】 在本示例中，将新建一个页面视图，并在内容区域中创建一个下拉列表框，用于选择系统自带的 5 种类型主题，当用户通过下拉列表框选择某一主题时，使用 cookie 方式保存所选择的主题值，并在刷新页面时，将内容区域的主题设置为 cookie 所保存的主题值，效果如图 13.5 所示。

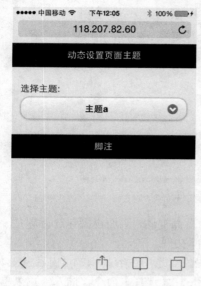

（a）默认主题预览效果　　　　　　　　　　　　（b）选择主题 e 的预览效果

图 13.5　示例效果

【操作步骤】

第 1 步，启动 Dreamweaver CC，选择【文件】|【新建】命令，打开【新建文档】对话框，新建 HTML5 文档。

第 2 步，按 Ctrl+S 快捷键，保存文档为 index3.html。选择【插入】|【jQuery Mobile】|【页面】命令，打开【jQuery Mobile 文件】对话框，保留默认设置，如图 13.6 所示。

图 13.6　设置【jQuery Mobile 文件】对话框

第 3 步，单击【确定】按钮，关闭【jQuery Mobile 文件】对话框，然后打开【页面】对话框。在该对话框中设置页面的 ID 值，同时设置页面视图是否包含标题栏和页脚栏（脚注）。在此保持默认设置，单击【确定】按钮，完成在当前 HTML5 文档中插入页面视图结构，设置如图 13.7 所示。

第 4 步，按 Ctrl+S 快捷键，保存当前文档 index.html。

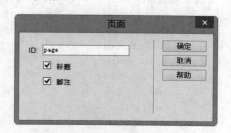

图 13.7　设置【页面】对话框

329

此时，Dreamweaver CC 会弹出对话框提示保存相关的框架文件，如图 13.8 所示。

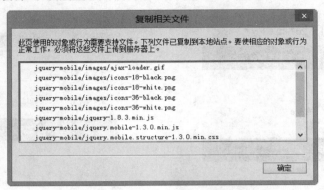

图 13.8　复制相关文件

第 5 步，在编辑窗口中，Dreamweaver CC 新建了一个页面视图，页面视图包含标题栏、内容框和页脚栏，同时在【文件】面板的列表中可以看到复制的相关库文件。

第 6 步，设置标题栏中标题文本为"动态设置页面主题"。选中内容栏中的"内容"文本，按 Delete 键清除内容栏中的文本，然后选择【插入】|【jQuery Mobile】|【选择】命令，插入下拉菜单组件，然后在属性面板定义下拉菜单的选项值，如图 13.9 所示。

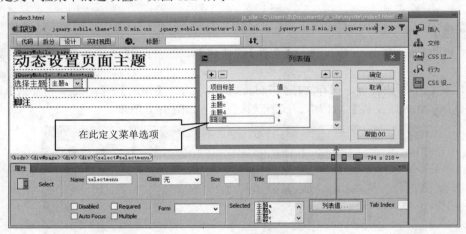

图 13.9　插入选项列表项目

第 7 步，在页面头部位置导入 jquery.cookie.js 插件（参阅资源包示例源码，或者在网上下载该插件）。

```
<script src="jquery-mobile/jquery.cookie.js" type="text/javascript"></script>
```

第 8 步，然后在后面输入下面代码段，通过脚本实现交互控制页面主题切换。

```
<script type="text/javascript">
$(function() {
    var selectmenu = $("#selectmenu");
    selectmenu.bind("change", function() {
        if (selectmenu.val() != "") {
            $.cookie("theme", selectmenu.val(), {
                path: "/",
                expires: 7
            })
            window.location.reload();
        }
```

```
    })
})
if ($.cookie("theme")) {
    $.mobile.page.prototype.options.theme = $.cookie("theme");
}
</script>
```

导入 jquery.cookie js 插件文件之后，就可以在客户端存储用户的选择信息。在<select name="selectmenu">标签的 Change 事件中，当用户选择的值不为空时，调用插件中的方法，将用户选择的主题值保存至名称为 theme 的 cookie 变量中。当页面刷新或重新加载时，如果名称为 theme 的 cookie 值不为空，则通过访问$.mobile.page.prototype.options.theme，把该 cookie 值写入页面视图的原型配置参数中，从而实现将页面内容区域的主题设置为用户所选择的主题值。

由于使用 cookie 方式保存页面的主题值，即使是关闭浏览器重新再打开时，用户所选择的主题依然有效，除非手动清除 cookie 值或对应的 cookie 值到期后自动失效，页面才会自动恢复到默认的主题值。

13.1.4　编辑主题

扫一扫，看视频

虽然 jQuery Mobile 提供了 5 种主题，但这种只是添加一个 data-theme 属性，修改 HTML 代码肯定不能满足所有用户需求，修改 CSS 代码可以控制更多的可视效果，如边框、位置和边距等。jQuery Mobile 的 CSS 代码定义在 jquery.mobile-1.3.0.min.css 文件中。

📢 提示：

> 本节提及的 jquery.mobile-1.3.0.min.css 文件，是针对 Dreamweaver CC 当前提供的版本，但是 jQuery Mobile 的版本不断更新，最终版本肯定会更改此文件。所以要注意在版本更新后替换修改过的文件名。

CSS 文件定义了主题和结构两部分。在主题部分定义了 5 个默认的主题，所有主题几乎都是一样的代码结构，每种主题前面都有注释指明了它是哪种主题。

【示例1】　以下是 a 主题的部分代码。

```
/* A --*/
.ui-bar-a {
    border: 1px solid #2A2A2A;
    background: #111111;
    color: #ffffff;
    font-weight: bold;
    text-shadow: 0 -1px 1px #000000;
    background-image: -moz-linear-gradient(top, #3c3c3c, #111111);
    background-image: -webkit-gradient(linear, left top, left bottom, color-stop(0,
#3c3c3c), color-stop(1, #111111));
    -ms-filter: "progid:DXImageTransform.Microsoft.gradient(startColorStr='#3c3c3c',
EndColorStr='#111111')";
}
```

可以看到类名（ui-bar-a)有着特定的结构，后缀（a）指明了其所属主题，类 ui-bar 则控制着 footer 和 header 的显示。由于并没有使用图片，因此该类依赖于 CSS3 的文本阴影和渐变等效果。同理，由于 b 主题的类名为 ui-bar-b，因此我们可以根据这种结构创建自己的主题，并命名为类似 ui-bar-x 的结构即可。

如果直接引用服务器上的 CSS 文件，可以直接在原始文件上修改，修改之前建议对原 CSS 文件进行备份。例如，下面将默认 a 主题中的文字颜色修改成红色。

```
.ui-bar-a {
    border: 1px solid #2A2A2A;
    background: #111111;
```

```
    color: red;
    font-weight: bold;
    text-shadow: 0 -1px 1px #000000;
    background-image: -moz-linear-gradient(top, #3c3c3c, #111111);
    background-image: -webkit-gradient(linear, left top, left bottom, color-stop(0,
#3c3c3c), color-stop(1, #111111));
    -ms-filter: "progid:DXImageTransform.Microsoft.gradient(startColorStr='#3c3c3c',
EndColorStr='#111111')";
}
```

【示例 2】 CSS 文件的前 600 行（新版是 566 行）都是定义 5 种主题的，其余的代码用来定义一些通用特性，如按钮的圆角等。下面代码是圆角相关的 CSS 代码。

```
.ui-btn-corner-tl {
    -moz-border-radius-topleft: 1em;
    -webkit-border-top-left-radius: 1em;
    border-top-left-radius: 1em;
}
.ui-btn-corner-tr {
    -moz-border-radius-topright: 1em;
    -webkit-border-top-right-radius: 1em;
    border-top-right-radius: 1em;
}
.ui-btn-corner-bl {
    -moz-border-radius-bottomleft: 1em;
    -webkit-border-bottom-left-radius: 1em;
    border-bottom-left-radius: 1em;
}
.ui-btn-corner-br {
    -moz-border-radius-bottomright: 1em;
    -webkit-border-bottom-right-radius: 1em;
    border-bottom-right-radius: 1em;
}
.ui-btn-corner-top {
    -moz-border-radius-topleft: 1em;
    -webkit-border-top-left-radius: 1em;
    border-top-left-radius: 1em;
    -moz-border-radius-topright: 1em;
    -webkit-border-top-right-radius: 1em;
    border-top-right-radius: 1em;
}
.ui-btn-corner-bottom {
    -moz-border-radius-bottomleft: 1em;
    -webkit-border-bottom-left-radius: 1em;
    border-bottom-left-radius: 1em;
    -moz-border-radius-bottomright: 1em;
    -webkit-border-bottom-right-radius: 1em;
    border-bottom-right-radius: 1em;
}
.ui-btn-corner-right {
    -moz-border-radius-topright: 1em;
    -webkit-border-top-right-radius: 1em;
    border-top-right-radius: 1em;
    -moz-border-radius-bottomright: 1em;
    -webkit-border-bottom-right-radius: 1em;
    border-bottom-right-radius: 1em;
```

```
}
.ui-btn-corner-left {
    -moz-border-radius-topleft: 1em;
    -webkit-border-top-left-radius: 1em;
    border-top-left-radius: 1em;
    -moz-border-radius-bottomleft: 1em;
    -webkit-border-bottom-left-radius: 1em;
    border-bottom-left-radius: 1em;
}
.ui-btn-corner-all {
    -moz-border-radius: 1em;
    -webkit-border-radius: 1em;
    border-radius: 1em;
}
```

　　这些类都是通用的，它们不依赖于特定的主题，每一个类都控制一个特定类型的圆角，由于浏览器对 CSS3 支持得不一致导致每一个类里面都写有三行表示相同含义的代码。CSS 文件里包含许多类，可以按需修改它们。

　　当准备编辑自己的主题时，可以修改 CSS，步骤如下。

　　第 1 步，打开 jquery.mobile-1.3.0.min.css，该文件是压缩文件，也可以在官网下载非压缩文件，另存为其他名字，如 jquery.mobile.theme.css。

　　第 2 步，修改新建的文件，如修改上面说到的圆角值，完成之后保存该文件。

　　第 3 步，在 HTML 页面中，修改对样式文件的引用链接即可。

13.1.5　自定义主题

　　更改 Query Mobile 默认的主题有两种选择：一是模仿上一节介绍的方法修改原始的文件，这样可能导致 CSS 代码不易管理，尤其在 jQuery 更新版本的时候；二是充分利用 CSS 的扩展性功能，仅创建独立的主题文件，这样做可以不用修改原始的 jQuery Mobile 文件，这样自定义的 CSS 文件也更容易维护。两种主题预览效果如图 13.10 所示。

（a）Opera Mobile12 模拟器预览效果

（b）iPhone 5S 预览效果

图 13.10　示例预览效果

jQuery Mobile 提供了一套通过 CSS 样式设定主题风格的方法。用户可以通过声明 CSS 样式的方式设定页面和页面元素的主题。主要的 CSS 样式定义如下所示。

- ui-bar-(a-z)：用于设定工具栏的主题风格，如 ui-bar-a。
- ui-body-(a-z)：用于设定页面和页面元素的主题风格，如 ui-body-a。
- ui-btn-up-(a-z)：用于设定按钮的主题风格，如 ui-btn-up-a。
- ui-corner-all：用于设定圆角矩形边框。
- ui-shadow：用于设定阴影效果。
- ui-disabled：用于设定为禁用效果。

【操作步骤】

第 1 步，访问 jQuery Mobile 官网（http://jquerymobile.com/），在首页单击"Latest stable version - 1.3.2"超链接，跳转到 jQuery Mobile 框架下载页面，下载框架文件（jquery.mobile-1.3.2.js 和 jquery.mobile-1.3.2.css），如图 13.11 所示。

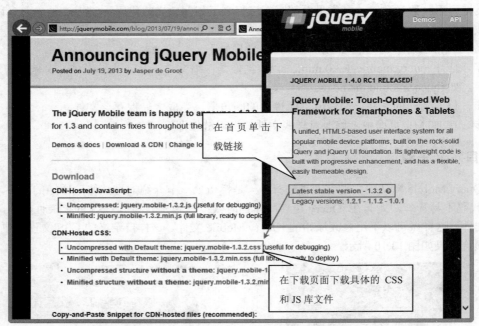

图 13.11 下载框架文件

第 2 步，使用 Dreamweaver 创建一个新的 CSS 文件，保存为 jquery.mobile.swatch.i.css。将原 CSS 文件中 a 主题的代码复制过来（原 jquery.mobile-1.3.2.css 文件中的 16～149 行）。

第 3 步，粘贴到 jquery.mobile.swatch.i.css 文件中，更改每一个 class 的名字中的后缀，如将 ui-bar-a 更改为 ui-bar-i，然后保存并修改具体的样式，如图 13.12 所示。

◀» 提示：

可以更改任何想更改的代码，本例将更改按钮的背景，涉及的 class 有.ui-btn-up-i、ui-btn-hover-i、ui-btn-down-i。

可以看到代码组织结构都是相同的，原始的.ui-btn-down-i 代码如下。

```
.ui-btn-down-i {
    border: 1px solid #000;
    background: #3d3d3d;
    font-weight: bold;
    color: #fff;
```

```
text-shadow: 0 -1px 1px #000;
background-image: -moz-linear-gradient( top, #333333, #5a5a5a);
background-image: -webkit-gradient( linear, left top, left bottom, color-stop(0,
#333333), color-stop(1, #5a5a5a));
-ms-filter: "progid:DXImageTransform.Microsoft.gradient(startColorStr='#333333',
EndColorStr='#5a5a5a')";
}
```

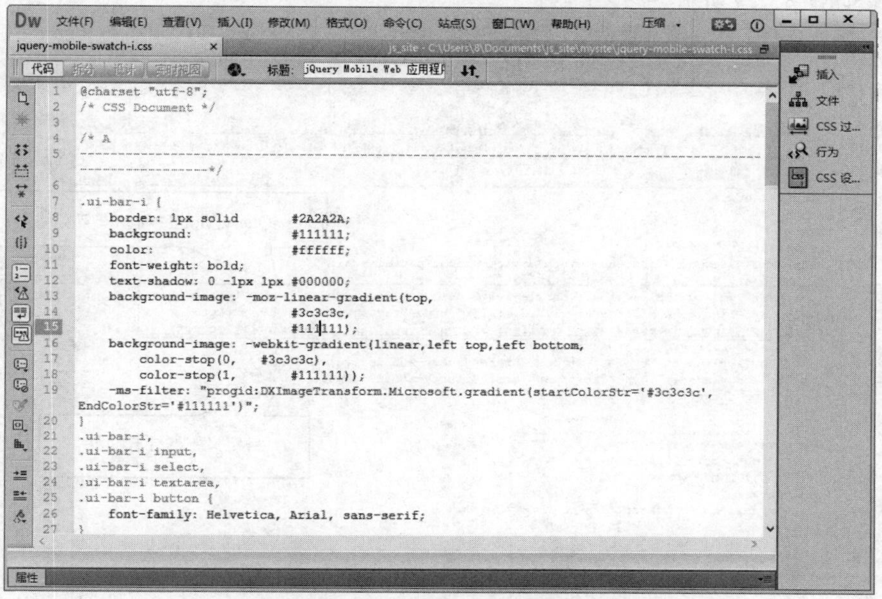

图 13.12　复制并修改部分样式代码

第 4 步，每一个按钮都采用了渐变的背景，如需修改颜色，修改包含 background、background-image 和 -ms-filter 属性的值。对于 background-image 和 -ms-filter 属性而言，需要设置渐变色的开始值和结束值，如从浅绿（66FF79）渐变到深绿（00BA19）：

```
.ui-btn-down-i {
    border: 1px solid #000;
    background: #00BA19;
    font-weight: bold;
    color: #fff;
    text-shadow: 0 -1px 1px #000;
    background-image: -moz-linear-gradient(top, #66FF79, #00BA19);
    background-image: -webkit-gradient(linear, left top, left bottom, color-stop(0,
#66FF79), color-stop(1, #00BA19));
    -ms-filter: "progid:DXImageTransform.Microsoft.gradient(startColorStr='#66FF79',
EndColorStr='#00BA19')";
}
```

📢 提示：

不同的浏览器使用不同的机制来处理渐变，需要在 3 个地方修改代码。本例中第一个 background-image 属性是 Firefox 浏览器专属的，第二个则是 webkit 内核浏览器专属（safari 或者 chrome），-ms-filter 是微软的 IE。尽管语法各自为政，但基本还是有着同样的模式：均包含开始色和结束色。

每个主题都包含 20 多个 class 可以修改，无需全部更改它们。在大多数情况下只需修改想要修改的部分就可以了。jQuery Mobile 最大优势就是它仅使用 CSS 来控制显示效果，这使得用户可以在最大程度上灵活控制网站的显示。例如，本示例中包含的 f 主题 (jquery-mobile-swatch-f.css)使用@font-face 在页面中嵌入了许多字体。

第 5 步，选择【文件】|【新建】命令，新建 HTML5 文档。按 Ctrl+S 快捷键，保存文档为 index.html。选择【插入】|【jQuery Mobile】|【页面】命令，按默认设置在当前 HTML5 文档中插入页面视图结构。

第 6 步，每一个主题只能有 26 个主题（a~z），要使用只需要链接到页面就行了，首先在文档头部导入下面文件，如图 13.13 所示。

```
<link rel="stylesheet" type="text/css" href=" jquery.mobile-1.0b1.css "/>
<link rel="stylesheet" type="text/css" href="jquery-mobile-swatch-i.css"/>
<link rel="stylesheet" type="text/css" href="jquery-mobile-swatch-r.css"/>
```

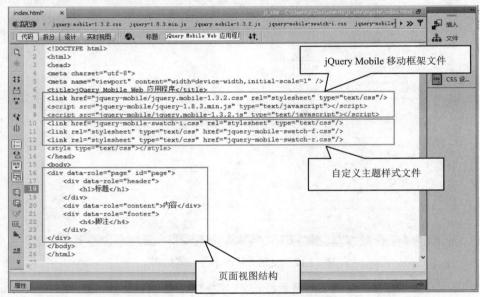

图 13.13　复制并修改部分样式代码

第 7 步，使用 data-theme 属性定义不同模块的主题。设置页面视图的主题为 e，标题栏主题为 b，内容框主题为自定义主题 r，页脚栏主题为 d，折叠块和按钮主题为 f，详细说明如图 13.14 所示。

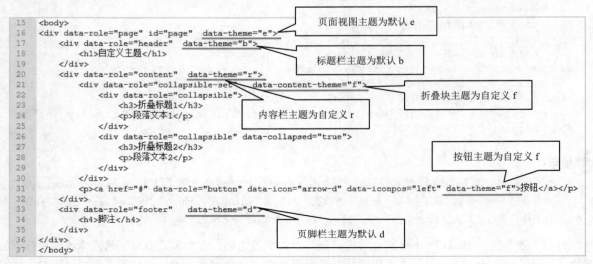

图 13.14　为不同模块设置主题

第 8 步，在头部位置添加如下元信息，定义视图宽度与设备屏幕宽度保持一致。

```
<meta name="viewport" content="width=device-width,initial-scale=1" />
```

第 9 步，完成设计之后，在移动设备中预览 index.html 页面，可以看到图 13.10 所示的不同组件的主题效果。

📖 技巧：

在程序执行期间，动态调整页面和页面元素主题设置的步骤如下。
- 第 1 步，获取需要调整主题设定的 DOM 对象以及这个 DOM 对象当前的主题设定。
- 第 2 步，重新设置 DOM 对象的主题，并移除掉 CSS 样式中当前设置的色版。
- 第 3 步，添加新的色版对应的 CSS 样式到 DOM 对象中。
- 第 4 步，通过 create 事件使得主题设定与 CSS 样式设定生效。

📢 提示：

也可以通过 ThemeRoller 自定义主题，ThemeRoller 是一个在线服务，用户可以在线进行 jQuery Mobile 色版定制、阅览、下载与分享，也可以将开发完成的色版文件导入 ThemeRoller 以进行再编辑。

13.2 定义列表主题

扫一扫，看视频

jQuery Mobile 列表的默认框架主题是 c，分隔列表选项默认主题是 b，用户可以通过 data-theme 和 data-divider-theme 属性，分别修改列表和分隔项的主题。此外，列表允许添加用于显示计数器效果的图标，可以通过 data-count-theme 属性来修改它在列表中显示的主题。预览效果如图 13.15 所示。

（a）iBBDemo3 预览效果

（b）Opera Mobile12 模拟器预览效果

图 13.15 示例预览效果

【操作步骤】

第 1 步，启动 Dreamweaver CC，选择【文件】|【新建】命令，打开【新建文档】对话框，新建 HTML5 文档。计划在页面中添加一个 listview 列表容器，在容器中增加两个分隔选项，每个分隔选项下分别添加两个子选项，并在各个子选项中添加计数器效果的图标。由于列表容器中设置了不同组件的主题，最后列表视图混合主题的效果将显示在页面中。

第 2 步，按 Ctrl+S 快捷键，保存文档为 index.html。选择【插入】|【jQuery Mobile】|【页面】命令，

打开【jQuery Mobile 文件】对话框，保留默认设置。

第 3 步，单击【确定】按钮，关闭【jQuery Mobile 文件】对话框，然后打开【页面】对话框。在该对话框中设置页面的 ID 值，同时设置页面视图是否包含标题栏和页脚栏（脚注）。在此保持默认设置，单击【确定】按钮，完成在当前 HTML5 文档中插入页面视图结构。

第 4 步，按 Ctrl+S 快捷键，保存当前文档 index.html。此时，Dreamweaver CC 会弹出对话框提示保存相关的框架文件。

第 5 步，在编辑窗口中，Dreamweaver CC 新建了一个页面视图，页面视图包含标题栏、内容框和页脚栏，同时在【文件】面板的列表中可以看到复制的相关库文件。

第 6 步，设置标题栏中标题文本为"混合列表主题"。选中内容栏中的"内容"文本，按 Delete 键清除内容栏中的文本，然后选择【插入】|【jQuery Mobile】|【列表视图】命令，打开【列表视图】对话框，设置【列表类型】为【无序】、【项目】为 6，选中【文本气泡】复选框，如图 13.16 所示。

第 7 步，为第一个和第四个列表项目添加 data-role 属性，设置属性值为 list-divider，定义列表分隔项目，同时清理掉分隔列表项的超链接属性。然后修改每个项目的文本内容，整个列表视图的代码如下所示。

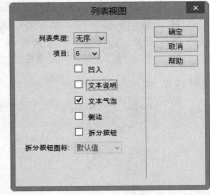

图 13.16　插入列表视图结构

```html
<div data-role="content">
    <ul data-role="listview">
        <li data-role="list-divider">国内新闻<span class="ui-li-count">2</span></li>
        <li><a href="#">经济<span class="ui-li-count">1</span></a></li>
        <li><a href="#">政治<span class="ui-li-count">1</span></a></li>
        <li data-role="list-divider">国外新闻<span class="ui-li-count">2</span></li>
        <li><a href="#">港澳台<span class="ui-li-count">1</span></a></li>
        <li><a href="#">欧美<span class="ui-li-count">1</span></a></li>
    </ul>
</div>
```

第 8 步，在<ul data-role="listview">标签中添加 3 个自定义属性：data-theme="c"、data-divider-theme= "b"、data-count-theme="e"，分别设计列表视图的主题为 c，列表视图分隔项的主题为 b，计数器的主题为 e。

```html
<ul data-role="listview" data-theme="c"        data-divider-theme="b" data-count-
theme="e">
</ul>
```

第 9 步，在头部位置添加如下元信息，定义视图宽度与设备屏幕宽度保持一致。

```html
<meta name="viewport" content="width=device-width,initial-scale=1" />
```

第 10 步，完成设计之后，在移动设备中预览 index.html 页面，可以看到如图 13.15 所示的列表视图混合主题效果。

🔊 提示：

> 列表视图虽然嵌套多个标签，列表项和分隔项目都可以应用不同的主题，但是这些主题只有在<ul data-role="listview">标签中才能设置，如 data-divider-theme、data-count-theme，因为列表视图具有整体性，不太适合单个设置。用户也可以利用 JavaScript 代码，设置或修改列表中元素的主题，代码如下所示。
>
> ```javascript
> $.mobile.listview.prototype.options.theme = "c";
> $.mobile.listview.prototype.options.data-divider-theme = "b";
> $.mobile.listview.prototype.options.data-count-theme = "e";
> ```
>
> 上面代码可以将列表视图的主题设置为 a，分隔列表项目主题设置为 b，计数器主题设置为 e。

13.3　定义表单主题

jQuery Mobile 为表单提供了丰富的主题，用户可以根据开发需要轻松定制表单对象的主题风格。通常情况下，表单容器采用一个主题来定义表单中所有的对象，这样可以实现使用较少的代码统一表单的样式，表单中每个对象也可以通过修改 data-theme 主题属性，自定义属于自身的主题。

【操作步骤】

第 1 步，启动 Dreamweaver CC，选择【文件】|【新建】命令，打开【新建文档】对话框，新建 HTML5 文档。计划在内容区域中添加一个文本框、翻转滑动开关表单组件，以及一个复选框组，分别用于输入字符、开关键操作和进行多项选择，并在页面中使用同一种主题定义这些放置在表单中的组件。

第 2 步，按 Ctrl+S 快捷键，保存文档为 index.html。选择【插入】|【jQuery Mobile】|【页面】命令，打开【jQuery Mobile 文件】对话框，保留默认设置。

第 3 步，单击【确定】按钮，关闭【jQuery Mobile 文件】对话框后，然后打开【页面】对话框。在该对话框中设置页面的 ID 值，同时设置页面视图是否包含标题栏和页脚栏（脚注）。在此保持默认设置，单击【确定】按钮，完成在当前 HTML5 文档中插入页面视图结构。

第 4 步，按 Ctrl+S 快捷键，保存当前文档 index.html。在编辑窗口中，Dreamweaver CC 新建了一个页面视图，页面视图包含标题栏、内容框和页脚栏，修改标题文本为"表单主题"。

第 5 步，选中内容栏中的"内容"文本，按 Delete 键清除内容栏内的文本，然后选择【插入】|【jQuery Mobile】|【文本】命令，在内容区域插入一个文本框。再次选择【插入】|【jQuery Mobile】|【翻转切换开关】命令，插入一个翻转切换开关对象。然后，在编辑窗口中修改表单对象的标签文本，如图 13.17 所示。

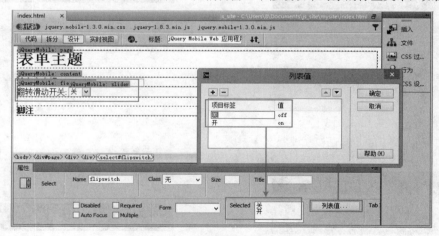

图 13.17　插入翻转切换开关对象

第 6 步，选择【插入】|【jQuery Mobile】|【复选框】命令，打开【复选框】对话框，在内容框中插入一个复选框组。设计包含 3 个复选框，并水平显示，如图 13.18 所示。

第 7 步，在 \<div data-role="content"标签中添加 data-theme 属性，设置主题 e，如图 13.19 所示。

```
<div data-role="content" data-theme="e">
```

第 8 步，在头部位置添加如下元信息，定义视图宽度与设备屏幕宽度保持一致。

```
<meta name="viewport" content="width=device-width,initial-scale=1" />
```

图 13.18　插入复选框组对象

```
20        </div>
21    <div data-role="content" data-theme="e">
22        <div data-role="fieldcontain">
23            <label for="textinput">输入文本框:</label>
24            <input type="text" name="textinput" id
25        </div>
26        <div data-role="fieldcontain">
27            <label for="flipswitch">翻转滑动开关:</label>
28            <select name="flipswitch" id="flipswitch" data-role="slider">
29                <option value="off">关</option>
30                <option value="on">开</option>
31            </select>
32        </div>
33        <div data-role="fieldcontain">
34            <fieldset data-role="controlgroup" data-type="horizontal">
35                <legend>格式设置:</legend>
36                <input type="checkbox" name="checkbox1" id="checkbox1_0" class="custom" value="" />
37                <label for="checkbox1_0">粗体</label>
38                <input type="checkbox" name="checkbox1" id="checkbox1_1" class="custom" value="" />
39                <label for="checkbox1_1">斜体</label>
40                <input type="checkbox" name="checkbox1" id="checkbox1_2" class="custom" value="" />
41                <label for="checkbox1_2">下划线</label>
42            </fieldset>
43        </div>
44    </div>
```

> 添加 data-theme="e"属性，设计表单主题效果

图 13.19　设计表单主题

第 9 步，完成设计之后，在移动设备中预览 index.html 页面，可以看到图 13.20 所示的表单主题效果。

（a）iBBDemo3 预览效果

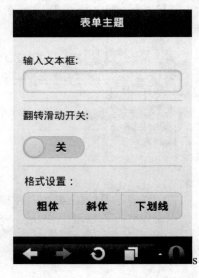

（b）Opera Mobile12 模拟器预览效果

图 13.20　示例预览效果

📖 技巧：

在本示例中，将内容框（<div data-role="content">）容器的主题修改为 e，则该容器包含的各个表单对象都继承了容器中所设置的 data-theme 主题风格。虽然如此，由于每一个表单元素都是一个独立的组件，在表单中，仍然可以使用组件中的 data-theme 属性单独设置主题。一旦设置完成，将采用就近原则，忽略整体容器的主题，采用组件自身 data-theme 属性设置的主题风格。例如，将文本输入框的 data-theme 属性值设置为 c，将翻转滑动开关的 data-theme 属性值设置为 b，将第一个复选框的 data-theme 属性值设置为 a，设置如图 13.21 所示。

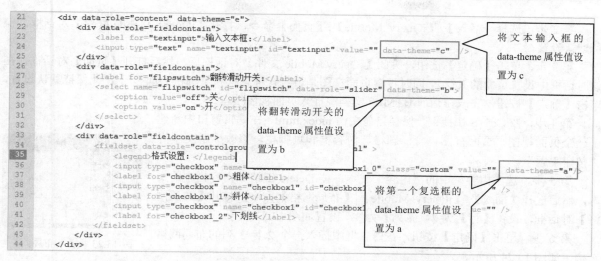

图 13.21　设计表单对象的主题

此时，在移动设备中预览 index1.html 页面，可以看到图 13.22 所示的表单主题效果。

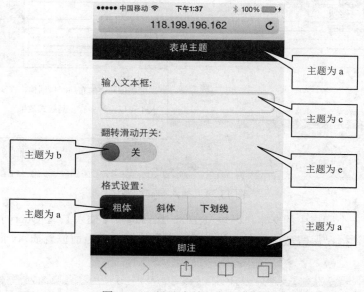

图 13.22　设计表单对象的主题

13.4　定义按钮主题

扫一扫，看视频

在 jQuery Mobile 中，按钮是任意链接被添加 data-role，且属性值设置为 button。当该按钮被放置在任意主题容器中时，按钮将自动继承容器的主题，形成与容器相协调的样式。例如，在一个主题为 e 的容器中添加一个按钮，该按钮的主题自动分配为 e 级别。

【操作步骤】

第 1 步，启动 Dreamweaver CC，选择【文件】|【新建】命令，新建 HTML5 文档。按 Ctrl+S 快捷键，保存文档为 index.html。准备在页面中添加两行三列的网格容器，分别将按钮元素自带的 5 种系统主题风格显示在页面中。

第 2 步，选择【插入】|【jQuery Mobile】|【页面】命令，打开【jQuery Mobile 文件】对话框，保留默认设置。

第 3 步，单击【确定】按钮，关闭【jQuery Mobile 文件】对话框后，然后打开【页面】对话框。在该对话框中设置页面的 ID 值，同时设置页面视图是否包含标题栏和页脚栏（脚注）。在此保持默认设置，单击【确定】按钮，完成在当前 HTML5 文档中插入页面视图结构。

第 4 步，按 Ctrl+S 快捷键，保存当前文档 index.html。在编辑窗口中新建了一个页面视图，页面视图包含标题栏、内容框和页脚栏，修改标题文本为"按钮主题"。

第 5 步，选中内容栏中的"内容"文本，按 Delete 键清除内容栏中的文本，然后选择【插入】|【jQuery Mobile】|【布局网格】命令，打开【布局网格】对话框，设置【行】为 2，【列】为 3，设置如图 13.23 所示。

第 6 步，单击【确定】按钮，在内容框中插入一个 2 行 3 列的布局网格结构，如图 13.24 所示。

图 13.23　插入布局网格

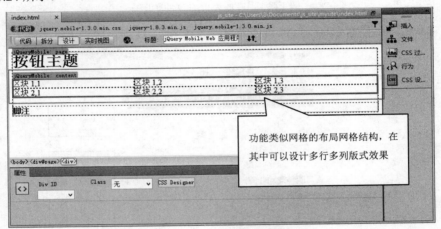

图 13.24　插入布局网格

第 7 步，选中第一个网格中的文本"区块 1,1"，然后选择【插入】|【jQuery Mobile】|【按钮】命令，打开【按钮】对话框，保留默认设置，单击【确定】按钮，在当前位置插入一个按钮组件对象，如图 13.25 所示。

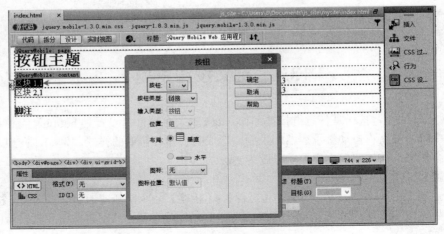

图 13.25　插入按钮

第 8 步，以同样的方式，为其他几个网格单元格插入按钮，生成的代码如下所示。

```
<div data-role="content">
    <div class="ui-grid-b">
        <div class="ui-block-a"><a href="#" data-role="button">按钮</a></div>
        <div class="ui-block-b"><a href="#" data-role="button">按钮</a></div>
        <div class="ui-block-c"><a href="#" data-role="button">按钮</a></div>
        <div class="ui-block-a"><a href="#" data-role="button">按钮</a></div>
        <div class="ui-block-b"><a href="#" data-role="button">按钮</a></div>
        <div class="ui-block-c"><a href="#" data-role="button">按钮</a></div>
    </div>
</div>
```

第 9 步，使用 data-theme 属性为第 1～5 个按钮分别定义主题为 a、b、c、d、e，第 6 个按钮保持默认主题设置，则它将继承页面视图中按钮的默认主题为 c，设置如图 13.26 所示。

```
17  <div data-role="page" id="page">
18      <div data-role="header">
19          <h1>按钮主题</h1>
20      </div>
21      <div data-role="content">
22          <div class="ui-grid-b">
23              <div class="ui-block-a"><a href="#" data-role="button" data-theme="a">按钮</a></div>
24              <div class="ui-block-b"><a href="#" data-role="button" data-theme="b">按钮</a></div>
25              <div class="ui-block-c"><a href="#" data-role="button" data-theme="c">按钮</a></div>
26              <div class="ui-block-a"><a href="#" data-role="button" data-theme="d">按钮</a></div>
27              <div class="ui-block-b"><a href="#" data-role="button" data-theme="e">按钮</a></div>
28              <div class="ui-block-c"><a href="#" data-role="button">按钮</a></div>
29          </div>
30      </div>
31      <div data-role="footer">
32          <h4>脚注</h4>
33      </div>
34  </div>
```

分别为不同的按钮设置不同的主题风格

图 13.26　为按钮设置不同的主题风格

第 10 步，在头部位置添加如下元信息，定义视图宽度与设备屏幕宽度保持一致。

```
<meta name="viewport" content="width=device-width,initial-scale=1" />
```

第 11 步，完成设计之后，在移动设备中预览 index.html 页面，可以看到图 13.27 所示的按钮主题效果。

（a）iBBDemo3 预览效果

（b）iPhone 5S 预览效果

图 13.27　示例预览效果

📖 技巧：

> 使用 data-theme 属性可以为按钮组件设计主题样式,也可以借助按钮外围容器的主题自动匹配按钮的主题风格。例如，在下面代码中为布局网格包含框添加 ui-body-a 类样式，设计布局网格主题为黑色，然后删除前 3 个按钮的主题属性，修改代码如下所示。

```
<div data-role="content">
    <div class="ui-grid-b ui-body-a">
        <div class="ui-block-a"><a href="#" data-role="button">按钮</a></div>
        <div class="ui-block-b"><a href="#" data-role="button">按钮</a></div>
        <div class="ui-block-c"><a href="#" data-role="button">按钮</a></div>
        <div class="ui-block-a"><a href="#" data-role="button" data-theme="d">按钮
</a></div>
        <div class="ui-block-b"><a href="#" data-role="button" data-theme="e">按钮
</a></div>
        <div class="ui-block-c"><a href="#" data-role="button">按钮</a></div>
    </div>
</div>
```

在上面示例中，前三个按钮本身并没有设置主题。但是通过自动匹配外围<div>标签的主题 a，在页面中按钮也显示为主题 a。如果当按钮外围<div>标签的主题发生变化时，被包裹的按钮主题也将随之变化，效果如图 13.28 所示。

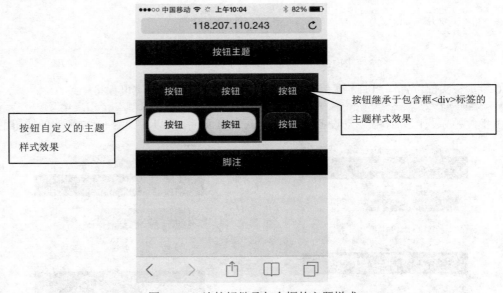

图 13.28　让按钮继承包含框的主题样式

13.5　激 活 主 题

jQuery Mobile 定义了一类独立主题：激活状态主题。该主题通过在标签中绑定 ui-btn-active 类样式实现，可以应用到任何按钮标签上，不受任何其他框架或组件主题的影响，始终以蓝色作为该主题的显示色调。

【操作步骤】

第1步，启动 Dreamweaver CC，新建 HTML5 文档。准备在内容区域中增加3个按钮，左右两个显示与内容区域相匹配的主题，另一个设置为激活状态的主题。

第2步，选择【插入】|【jQuery Mobile】|【页面】命令，按默认设置在当前 HTML5 文档中插入页面视图结构。

第3步，按 Ctrl+S 快捷键，保存当前文档 index.html。在编辑窗口中新建了一个页面视图，页面视图包含标题栏、内容框和页脚栏，修改标题文本为"激活主题"。

第4步，选中内容栏中的"内容"文本，按 Delete 键清除内容栏中的文本，然后选择【插入】|【jQuery Mobile】|【按钮】命令，打开【按钮】对话框，设置【按钮】为3、【按钮类型】为【链接】、【位置】为【组】、【水平】布局，并添加按钮图标，如图13.29所示。单击【确定】按钮，在当前位置插入一个按钮组件对象。

第5步，选中第二个按钮，在【属性】面板中打开【类】下拉列表框，从中选择 ui-btn-active，为当前按钮绑定 ui-btn-active 类样式，如图13.30所示。这样第2个按钮将显示为激活状态样式，而不是继承页面默认的主题样式。

图 13.29　插入按钮组

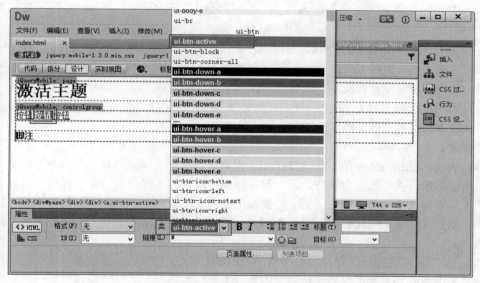

图 13.30　为按钮绑定 ui-btn-active 类样式

第6步，在头部位置添加如下元信息，定义视图宽度与设备屏幕宽度保持一致。

```
<meta name="viewport" content="width=device-width,initial-scale=1" />
```

第7步，完成设计之后，在移动设备中预览 index.html 页面，可以看到如图13.31所示的按钮主题效果。

给按钮添加一个 ui-btn-active 类样式之后，该按钮的主题被设置为激活状态。该主题的风格是固定的，对于按钮而言，是蓝色的背景色，白色的字体，并且不受按钮本身自带主题的约束，即使在按钮元素中增加了 data-theme 属性值，也优先显示激活状态主题。

（a）iBBDemo3 预览效果

（b）iPhone 5S 预览效果

图 13.31　示例预览效果

扫一扫，看视频

13.6　定义工具栏主题

　　jQuery Mobile 工具栏包含标题栏和页脚栏，在默认状态下，jQuery Mobile 页面的工具栏主题 a，页面与内容区域主题为 c。通过主题混合搭配，一方面是为了突显工具栏在页面中位置，另一方面也使页面首尾两端与内容区域之间存在反差，以强化内容区域显示的重点。

　　在 jQuery Mobile 工具栏增加按钮后，将自动继承主题 a 样式。当然，也可以直接修改按钮的 data-theme 属性值，单独设置按钮的主题风格。

　　【操作步骤】

　　第 1 步，启动 Dreamweaver CC，新建 HTML5 文档。将在该页面中设计一个标准视图页，在标题工具栏中插入两行标题，并插入多个按钮，第一行按钮保持默认的主题样式，第二行按钮主题设置为 b；然后在页脚工具栏中也插入两行脚注，第一行按钮主题为 d，第二行按钮保持默认主题样式。

　　第 2 步，选择【插入】|【jQuery Mobile】|【页面】命令，按默认设置在当前 HTML5 文档中插入页面视图结构。

　　第 3 步，按 Ctrl+S 快捷键，保存当前文档 index.html。在编辑窗口中新建了一个页面视图，页面视图包含标题栏、内容框和页脚栏，修改标题文本为"工具栏主题"。

　　第 4 步，然后选择【插入】|【jQuery Mobile】|【按钮】命令，打开【按钮】对话框，设置【按钮】为 1、【按钮类型】为【链接】、添加按钮图标，图标类型为"后退"，图标位置按默认显示在左侧，如图 13.32 所示，单击【确定】按钮，在当前位置插入一个按钮对象。

　　第 5 步，继续选择【插入】|【jQuery Mobile】|【按钮】命令，插入一个按钮，设置按钮类型为"前进"，单击【确定】按钮关闭【按钮】对话框，在当前位置插入第 2 个按钮，修改按钮名称，分别设置为"后退"和"前进"，如图 13.33 所示。

　　第 6 步，在标题栏下面再写入一个标题栏包含框，代码如下，定义第二个标题栏的主题样式为 e，如图 13.34 所示。

图 13.32 【按钮】对话框

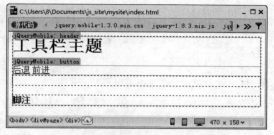

图 13.33 插入按钮组

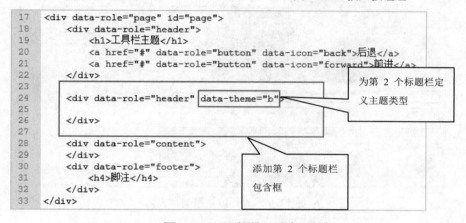

图 13.34 添加第二个标题栏

第 7 步，把光标定位于第 2 个标题栏内，选择【插入】|【jQuery Mobile】|【按钮】命令，打开【按钮】对话框，设置【按钮】为 5，【按钮类型】为【链接】，不添加按钮图标，设置如图 13.35 所示。单击【确定】按钮，在当前位置插入按钮组。

第 8 步，修改按钮文本，选中第 2 个按钮，在属性面板的 Class 下拉列表框中选择 ui-btn-active，为当前按钮绑定激活状态类样式。在内容栏内插入一幅图片（images/1.jpg），定义类样式为 w100，设计图片宽度为 100%显示。设计代码如下所示。

```
<div data-role="header" data-theme="b">
   <div data-role="controlgroup" data-type="horiz-
ontal">
      <a href="#" data-role="button">全部</a>
      <a href="#" class="ui-btn-active" data-role=
"button">美女</a>
      <a href="#" data-role="button">搞笑</a>
      <a href="#" data-role="button">明星</a>
      <a href="#" data-role="button">生活</a>
   </div>
</div>
<div data-role="content">
   <img src="images/1.jpg" class="w100" />
</div>
```

图 13.35 插入按钮组

第 9 步，模仿第 7 步操作，在页脚栏中插入 3 个按钮，在<div data-role="footer">标签中添加 data-theme="d"，定义页脚栏主题类型为 d，修改按钮名称，代码如下所示。

```
<div data-role="footer" data-theme="d">
    <div data-role="controlgroup" data-type="horizontal">
        <a href="#" data-role="button">转发</a>
        <a href="#" data-role="button">评论</a>
        <a href="#" data-role="button">赞</a>
    </div>
</div>
```

第 10 步，在页脚栏底部再插入一个页脚栏，在其中嵌入包含 3 个按钮的按钮组，在【CSS 设计器】面板中定义文本居中类样式 center，然后为该按钮组包含框应用该类样式，如图 13.36 所示。

图 13.36 设计按钮组类样式

第 11 步，在头部位置添加如下元信息，定义视图宽度与设备屏幕宽度保持一致。

```
<meta name="viewport" content="width=device-width,initial-scale=1" />
```

第 12 步，完成设计之后，在移动设备中预览 index.html 页面，可以看到图 13.37 所示的工具栏按钮效果。

（a）标题栏按钮与主题混编效果　　　　　　　　（b）页脚栏按钮与主题混编效果

图 13.37 示例效果

从本实例可以看到，工具栏拥有默认的主题，用户也可以自定义它的主题。在工具栏中添加的按钮或文本，都继承了工具栏的主题风格，这样可以使整个工具栏的主题具有完整性和统一性。当然，用户也可以通过修改 data-theme 属性自定义工具栏主题。

扫一扫，看视频

13.7 定义页面主题

jQuery Mobile 定义了一套主题系统，方便用户在定义页面主题时拥有更多的选择。在设置页面主题时，应该修改页面 page 容器的 data-theme 属性值，这样可以确保所选择的主题能够覆盖整个页面容器包含的内容，但标题栏和页脚栏的主题依然是默认值 a，这种混编主题风格，可以使页面形成强烈的视觉反差，提升页面的用户体验。

【操作步骤】

第 1 步，启动 Dreamweaver CC，新建 HTML5 文档。将在该页面中设计一个标准视图页，并修改视图页面主题风格为 e，然后在内容区域中分别添加<h>、<p>和<a>标签，浏览该页面，查看这些标签继承容器主题后呈现的效果。

第 2 步，选择【插入】|【jQuery Mobile】|【页面】命令，按默认设置在当前 HTML5 文档中插入页面视图结构。

第 3 步，按 Ctrl+S 快捷键，保存当前文档 index.html。在编辑窗口中新建了一个页面视图，页面视图包含标题栏、内容框和页脚栏，修改标题文本为"页面主题"。

第 4 步，为<div data-role="page" id="page">标签添加 data-theme 属性，设置值为 e，如图 13.38 所示。

```
14  <body>
15  <div data-role="page" id="page"  data-theme="e">
16      <div data-role="header">
17          <h1>页面主题</h1>
18      </div>
19      <div data-role="content">内容</div>
20      <div data-role="footer">
21          <h4>脚注</h4>
22      </div>
23  </div>
24  </body>
```

为视图页面包含框定义主题类型（e）

图 13.38 为页面设计主题样式

第 5 步，为页脚包含框（<div data-role="footer">）添加 data-position 属性，设置属性值为 fixed，设计页脚栏永远固定到页面底部。代码如下所示。

```
<div data-role="page" id="page" data-theme="e">
    <div data-role="header">
        <h1>页面主题</h1>
    </div>
    <div data-role="content">内容</div>
    <div data-role="footer" data-position="fixed">
        <h4>脚注</h4>
    </div>
</div>
```

第 6 步，然后为内容栏（<div data-role="content">）输入下面信息，分别使用标题、段落、超链接标签定义信息内容，以检测不同标签继承主页主题的效果。代码如下所示。

```
<div data-role="content">
    <h3>jQuery Mobile 框架</h3>
```

```
    <p>jQuery Mobile 框架是一个 JavaScript 框架，基于 jQuery 开发，可以快速构建适用于移动设
备的网站。它是一个 touch-optimized 的网络框架，是专为智能手机和平板电脑而设计的。jQuery Mobile
适用于绝大多数现行的桌面系统、智能手机、平板电脑和电子书平台。jQuery Mobile 框架的易用性很好，
它包含了 Web 方式特有的控件，如按钮、滑动条、列表元素，以及更多的 Web 控件。当使用 jQuery Mobile
框架来构建移动网站时，可以使用该框架提供的默认主题。</p>
    <a href="#" data-role="button" data-inline="true">详细进入</a>
</div>
```

第 7 步，在头部位置添加如下元信息，定义视图宽度与设备屏幕宽度保持一致。

```
<meta name="viewport" content="width=device-width,initial-scale=1" />
```

第 8 步，完成设计之后，在移动设备中预览 index.html 页面，可以看到图 13.39 所示的页面效果。

（a）空白页面主题效果

（b）添加标题、段落文本和超链接效果

图 13.39　示例效果

📢 提示：

本例页面视图使用 e 主题风格，通过效果图不难看出，页面容器内的全部标签都继承了页面的主题，显示与主
题风格相匹配的色调样式，工具栏中的标题栏和页脚栏始终保持默认主题 a，不过这并不影响整个页面主题视
觉效果，反而使整体页面形成很强的色彩对比效果，进一步突显内容区域的重要位置，而这样的效果对系统所
提供的 5 种默认主题都是有效的。

13.8　定义内容主题

扫一扫，看视频

页面容器（<div data-role="page">）的主题将影响整体页面样式，而内容容器（<div data-role="content">）的主题只能影响正文部分的标签样式。相对而言，内容主题所影响的范围仅局限于页面的 Content 容器，该容器之外的标签都不会受到影响。同时，在<div data-role="content">标签中，还可以通过 data-content-theme 属性设置内容折叠块中显示区域的主题，该区域不受限于内容区域 Content 容器的主题。

【操作步骤】

第 1 步，启动 Dreamweaver CC，新建 HTML5 文档。将在该页面中设计一个标准视图页，并修改视

图页面主题风格为 e，然后在内容区域中分别添加<h>、<p>、<a>标签，浏览该页面，查看这些标签继承容器主题后呈现的效果。

第 2 步，选择【插入】|【jQuery Mobile】|【页面】命令，按默认设置在当前 HTML5 文档中插入页面视图结构。

第 3 步，按 Ctrl+S 快捷键，保存当前文档 index.html。在编辑窗口中新建了一个页面视图，页面视图包含标题栏、内容框和页脚栏，修改标题文本为"内容主题"。

第 4 步，为<div data-role="page" id="page">标签添加 data-theme 属性，设置值为 e，如图 13.40 所示。

```
14  <body>
15  <div data-role="page" id="page"  data-theme="e">
16      <div data-role="header">
17          <h1>页面主题</h1>
18      </div>
19      <div data-role="content">内容</div>
20      <div data-role="footer">
21          <h4>脚注</h4>
22      </div>
23  </div>
24  </body>
```

为视图页面包含框定义主题类型（e）

图 13.40　为页面设计主题样式

第 5 步，为页脚包含框（<div data-role="footer">）添加 data-position 属性，设置属性值为 fixed，设计页脚栏永远固定到页面底部。代码如下所示。

```
<div data-role="page" id="page" data-theme="e">
    <div data-role="header">
        <h1>页面主题</h1>
    </div>
    <div data-role="content">内容</div>
    <div data-role="footer" data-position="fixed">
        <h4>脚注</h4>
    </div>
</div>
```

第 6 步，清除内容栏（<div data-role="content">）中文本信息，然后选择【插入】|【jQuery Mobile】|【可折叠块】命令，在内容框中插入一个可折叠块。自动生成的代码如下所示。

```
<div data-role="content">
    <div data-role="collapsible-set" >
        <div data-role="collapsible">
            <h3>标题</h3>
            <p>内容</p>
        </div>
        <div data-role="collapsible" data-collapsed="true">
            <h3>标题</h3>
            <p>内容</p>
        </div>
        <div data-role="collapsible" data-collapsed="true">
            <h3>标题</h3>
            <p>内容</p>
        </div>
    </div>
</div>
```

第 7 步，为<div data-role="content">标签自定义主题，添加 data-content-theme="a"属性，定义折叠区块的主题为 a。然后，修改折叠块的每个项目标题和内容，设计 3 个项目主题为孔雀亮尾、孔雀开屏和孔雀高飞，自带折叠项内容区插入图片，在【CSS 设计器】中定义图片宽度为 100%显示，设置如图 13.41 所示。

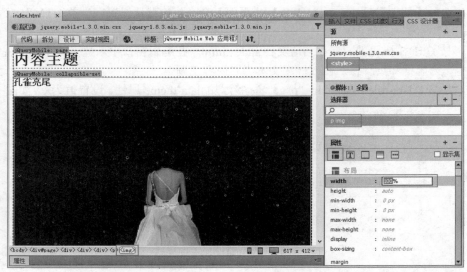

图 13.41　在折叠块内插入图像并定义宽度为 100%显示

第 8 步，在头部位置添加如下元信息，定义视图宽度与设备屏幕宽度保持一致。

```
<meta name="viewport" content="width=device-width,initial-scale=1" />
```

第 9 步，完成设计之后，在移动设备中预览 index.html 页面，可以看到图 13.42 所示的页面效果。

（a）内容块主题效果　　　　　　　　　　（b）内容区内折叠块主题效果

图 13.42　示例效果

整个 page 页面容器使用 data-theme 属性定义主题为 e，内容块将继承主题 e 样式。然后在内容折叠块容器中，设置 data-content-theme 属性的值为 a，修改折叠块内容区主题。前者针对的是折叠块标题部分，后者针对的是折叠块的内容显示区域部分，如果两个属性都不设置，将自动继承内容容器使用的样式，或者默认的主题。

13.9 实战案例

本节将通过 3 个案例介绍 jQuery Mobile 页面设计,以及主题样式定义。

13.9.1 定义多页面主题

本示例设计一个多页面视图,使用 data-theme 属性为每个页面视图定义不同的色块样式,然后通过按钮<a href="#page_n" data-role="button">在多个页面视图之间进行切换,显示效果如图 13.43 所示。

图 13.43 在多页面中应用色块主题

jQuery Mobile 主题具有继承性,本例为每个视图页中的<div data-role="page">标签定义 data-theme 属性,除了头部栏和脚注栏外,页面中所有对象将继承该主题样式。不过,用户可以通过 data-theme 属性为页面中特定对象定义其他主题样式。

本示例完整代码如下所示。

```
<!doctype html>
<html>
<head>
<meta charset="utf-8">
<meta name="viewport" content="width=device-width,initial-scale=1" />
<link  href="jquery-mobile/jquery.mobile.theme-1.3.0.min.css"  rel="stylesheet"
type="text/css">
<link  href="jquery-mobile/jquery.mobile.structure-1.3.0.min.css"  rel="stylesheet"
type="text/css">
<script src="jquery-mobile/jquery-1.8.3.min.js" type="text/javascript"></script>
<script  src="jquery-mobile/jquery.mobile-1.3.0.min.js"  type="text/javascript">
</script>
<body>
<div data-role="page" data-theme="a" id="page_1" data-title="page_1">
   <div data-role="header" data-position="fixed">
      <a href="#">返回</a>
      <h1>头部栏</h1>
      <a href="#">设置</a>
   </div>
   <div data-role="content">
      <a href="#page_1" data-role="button">第一页</a>
      <a href="#page_2" data-role="button">第二页</a>
```

```
        <a href="#page_3" data-role="button">第三页</a>
        <a href="#page_4" data-role="button">第四页</a>
        <a href="#page_5" data-role="button">第五页</a>
    </div>
    <div data-role="footer" data-position="fixed">
        <h1>第一页</h1>
    </div>
</div>
<div data-role="page" data-theme="b" id="page_2" data-title="page_2">
    <!--与第一页结构相同-->
</div>
<div data-role="page" data-theme="c" id="page_3" data-title="page_3">
    <!--与第一页结构相同-->
</div>
<div data-role="page" data-theme="d" id="page_4" data-title="page_4">
    <!--与第一页结构相同-->
</div>
<div data-role="page" data-theme="e" id="page_5" data-title="page_5">
    <!--与第一页结构相同-->
</div>
</body>
</html>
```

扫一扫，看视频

13.9.2 设计计算器界面

本节将模仿 Windows 7 自带的计算器，使用 jQuery Mobile 设计一款简单的计算器界面，效果如图 13.44 所示。

本例利用 jQuery Moile 的布局功能，使用<fieldset class="ui-grid-d">标签定义一个 5 列网格容器，实现平均分配各个按键的大小和位置。用户也可以利用按钮分组的方式来实现类似的效果。

然后使用<div class="ui-block-a">、<div class="ui-block-b">、<div class="ui-block-c">、<div class="ui-block-d">、<div class="ui-block-e">5 个标签定义列项目，并列显示，其中包含按钮标签<a href="#" data-role="button" >。

当然通过本例也可以看到 jQuery Mobile 的弱点，即在某些特定场合下缺乏灵活性。例如，在计算器布局中，按钮"0"和按钮"="分别占用了两个键位，这也扰乱了整个页面的布局。虽然纯粹使用 HTML 来实现这样的布局非常麻烦，但是一旦实现之后就很容易理解。在 jQuery Mobile 中如果想实现这样的布局不但麻烦，而且会大大降低代码的可读性。

图 13.44 设计计算器界面

本示例完整代码如下。

```
<!doctype html>
<html>
<head>
<meta charset="utf-8">
<meta name="viewport" content="width=device-width,initial-scale=1" />
<link  href="jquery-mobile/jquery.mobile.theme-1.3.0.min.css"  rel="stylesheet"
```

```
type="text/css">
<link  href="jquery-mobile/jquery.mobile.structure-1.3.0.min.css"  rel="stylesheet"
type="text/css">
<script src="jquery-mobile/jquery-1.8.3.min.js" type="text/javascript"></script>
<script src="jquery-mobile/jquery.mobile-1.3.0.min.js" type="text/javascript"></script>
<style type="text/css">
.ui-grid-d .ui-block-a { width: 20%; }          /*定义第 1 列宽度*/
.ui-grid-d .ui-block-b { width: 20%; }          /*定义第 2 列宽度*/
.ui-grid-d .ui-block-c { width: 20%; }          /*定义第 3 列宽度*/
.ui-grid-d .ui-block-d { width: 20%; }          /*定义第 4 列宽度*/
.ui-grid-d .ui-block-e { width: 20%; }          /*定义第 5 列宽度*/
</style>
</head>
<body>
<div data-role="page" data-theme="a">
   <div data-role="header" data-position="fixed">
       <h1>计算器</h1>
   </div>
   <div data-role="content">
       <form>
           <input type="text" />
       </form>
       <fieldset class="ui-grid-d">
           <div class="ui-block-a"> <a href="#" data-role="button" >MC</a> </div>
           <div class="ui-block-b"> <a href="#" data-role="button" >MR</a> </div>
           <div class="ui-block-c"> <a href="#" data-role="button" >MS</a> </div>
           <div class="ui-block-d"> <a href="#" data-role="button" >M+</a> </div>
           <div class="ui-block-e"> <a href="#" data-role="button" >M-</a> </div>
           <!--第 2 行-->
           <div class="ui-block-a"> <a href="#" data-role="button" > </a> </div>
           <div class="ui-block-b"> <a href="#" data-role="button" >CE</a> </div>
           <div class="ui-block-c"> <a href="#" data-role="button" >C</a> </div>
           <div class="ui-block-d"> <a href="#" data-role="button" >+/-</a> </div>
           <div class="ui-block-e"> <a href="#" data-role="button" >√</a> </div>
           <!--第 3 行-->
           <div class="ui-block-a"> <a href="#" data-role="button" >7</a> </div>
           <div class="ui-block-b"> <a href="#" data-role="button" >8</a> </div>
           <div class="ui-block-c"> <a href="#" data-role="button" >9</a> </div>
           <div class="ui-block-d"> <a href="#" data-role="button" >/</a> </div>
           <div class="ui-block-e"> <a href="#" data-role="button" >%</a> </div>
           <!--第 4 行-->
           <div class="ui-block-a"> <a href="#" data-role="button" >4</a> </div>
           <div class="ui-block-b"> <a href="#" data-role="button" >5</a> </div>
           <div class="ui-block-c"> <a href="#" data-role="button" >6</a> </div>
           <div class="ui-block-d"> <a href="#" data-role="button" >*</a> </div>
           <div class="ui-block-e"> <a href="#" data-role="button" >1/x</a> </div>
           <!--第 5 行-->
           <div class="ui-block-a"> <a href="#" data-role="button" >1</a> </div>
           <div class="ui-block-b"> <a href="#" data-role="button" >2</a> </div>
           <div class="ui-block-c"> <a href="#" data-role="button" >3</a> </div>
           <div class="ui-block-d"> <a href="#" data-role="button" >-</a> </div>
           <div class="ui-block-e"> <a href="#" data-role="button" >=</a> </div>
```

```
    <!--第 6 行-->
    <div class="ui-block-a"> <a href="#" data-role="button" >0</a> </div>
    <div class="ui-block-b"> <a href="#" data-role="button" >.</a> </div>
    <div class="ui-block-c"> <a href="#" data-role="button" >+</a> </div>
    <div class="ui-block-d"> <a href="#" data-role="button" >^</a> </div>
    <div class="ui-block-e"> <a href="#" data-role="button" >Del</a> </div>
    </fieldset>
  </div>
  <div data-role="footer" data-position="fixed">
      <h1>计算器</h1>
  </div>
</div>
</body>
</html>
```

📢 提示：

使用 jQueiy Mobile 进行页面布局时，建议一定要尽量保证页面各元素的平均和整齐。

13.9.3 设计键盘界面

上一节利用 jQuery Mobile 的分栏布局实现了一个非常整齐的计算器界面，在本书第 8 章中实现了一个简单的 QWER 键盘样式，本节示例将设计一个完整的键盘界面。

当时提到可以用分栏布局的方式实现类似的效果，但是现实中的键盘往往不是整齐排列的，而是有一定的交叉。这样的布局是用分栏布局无法实现的，虽然也可以勉强实现，但非常麻烦，因此本例将依靠按钮本身的特性来实现，如为按钮加入宽度的属性进行设计，示例效果如图 13.45 所示。

图 13.45 设计键盘界面

示例完整代码如下所示。

```
<!doctype html>
<html>
<head>
<meta charset="utf-8">
<meta name="viewport" content="width=device-width,initial-scale=1" />
<link  href="jquery-mobile/jquery.mobile.theme-1.3.0.min.css"  rel="stylesheet"
type="text/css">
<link  href="jquery-mobile/jquery.mobile.structure-1.3.0.min.css"  rel="stylesheet"
type="text/css">
<script src="jquery-mobile/jquery-1.8.3.min.js" type="text/javascript"></script>
<script  src="jquery-mobile/jquery.mobile-1.3.0.min.js"  type="text/javascript">
```

```
</script>
</head>
<body>
<div data-role="page" data-theme="a">
    <div data-role="header">
        <h1>设计键盘界面</h1>
    </div>
    <div data-role="content">
        <!--第一排-->
        <a href="#" data-role="button" data-inline="true">~</a>
        <a href="#" data-role="button" data-inline="true">1</a>
        <a href="#" data-role="button" data-inline="true">2</a>
        <a href="#" data-role="button" data-inline="true">3</a>
        <a href="#" data-role="button" data-inline="true">4</a>
        <a href="#" data-role="button" data-inline="true">5</a>
        <a href="#" data-role="button" data-inline="true">6</a>
        <a href="#" data-role="button" data-inline="true">7</a>
        <a href="#" data-role="button" data-inline="true">8</a>
        <a href="#" data-role="button" data-inline="true">9</a>
        <a href="#" data-role="button" data-inline="true">0</a>
        <a href="#" data-role="button" data-inline="true">-</a>
        <a href="#" data-role="button" data-inline="true">+</a>
        <a href="#" data-role="button" data-inline="true">Del</a>
        <br/><!--第二排-->
        <a href="#" data-role="button" data-inline="true">Tab</a>
        <a href="#" data-role="button" data-inline="true">Q</a>
        <a href="#" data-role="button" data-inline="true">W</a>
        <a href="#" data-role="button" data-inline="true">E</a>
        <a href="#" data-role="button" data-inline="true">R</a>
        <a href="#" data-role="button" data-inline="true">T</a>
        <a href="#" data-role="button" data-inline="true">Y</a>
        <a href="#" data-role="button" data-inline="true">U</a>
        <a href="#" data-role="button" data-inline="true">I</a>
        <a href="#" data-role="button" data-inline="true">O</a>
        <a href="#" data-role="button" data-inline="true">P</a>
        <a href="#" data-role="button" data-inline="true">[</a>
        <a href="#" data-role="button" data-inline="true">]</a>
        <a href="#" data-role="button" data-inline="true">\</a>
        <br/><!--第三排-->
        <a href="#" data-role="button" data-inline="true">Caps Lock</a>
        <a href="#" data-role="button" data-inline="true">A</a>
        <a href="#" data-role="button" data-inline="true">S</a>
        <a href="#" data-role="button" data-inline="true">D</a>
        <a href="#" data-role="button" data-inline="true">F</a>
        <a href="#" data-role="button" data-inline="true">G</a>
        <a href="#" data-role="button" data-inline="true">H</a>
        <a href="#" data-role="button" data-inline="true">J</a>
        <a href="#" data-role="button" data-inline="true">K</a>
        <a href="#" data-role="button" data-inline="true">L</a>
        <a href="#" data-role="button" data-inline="true">;</a>
        <a href="#" data-role="button" data-inline="true">'</a>
        <a href="#" data-role="button" data-inline="true">Enter</a>
```

```
        <br/><!--第四排-->
        <a href="#" data-role="button" data-inline="true" data-icon="arrow-u"
style="width:130px;">Shift</a>
        <a href="#" data-role="button" data-inline="true">Z</a>
        <a href="#" data-role="button" data-inline="true">X</a>
        <a href="#" data-role="button" data-inline="true">C</a>
        <a href="#" data-role="button" data-inline="true">V</a>
        <a href="#" data-role="button" data-inline="true">B</a>
        <a href="#" data-role="button" data-inline="true">N</a>
        <a href="#" data-role="button" data-inline="true">M</a>
        <a href="#" data-role="button" data-inline="true"><</a>
        <a href="#" data-role="button" data-inline="true">></a>
        <a href="#" data-role="button" data-inline="true">/</a>
        <a href="#" data-role="button" data-inline="true" data-icon="arrow-u"
style="width:130px;">Shift</a>
        <br/><!--最后一排-->
        <a href="#" data-role="button" data-inline="true" style="width:130px;">
Ctrl</a>
        <a href="#" data-role="button" data-inline="true">Fn</a>
        <a href="#" data-role="button" data-inline="true">Win</a>
        <a href="#" data-role="button" data-inline="true">Alt</a>
        <a href="#" data-role="button" data-inline="true" style="width:300px;">
Space</a>
        <a href="#" data-role="button" data-inline="true">Alt</a>
        <a href="#" data-role="button" data-inline="true">Ctrl</a>
        <a href="#" data-role="button" data-inline="true">PrntScr</a>
    </div>
</div>
</body>
</html>
```

本例使用了 3 种方式来调节按钮的宽度。

❯ 利用按钮的标题长度控制按钮的宽度，如 Del 按钮由于有 3 个字母，因此按钮宽度明显比单个数字或字母要大一些。

❯ 通过增设按钮图标来增加按钮宽度，如 Shift 键加入了图标，因此就比其他按钮要宽。

❯ 通过直接修改 CSS 来修改按钮宽度，如直接将 Space 键的宽度设为 300 像素。

下面简单比较一下自定义样式和分栏布局的区别，如表 13.1 所示。

表 13.1　比较自定义样式和分栏布局

	自定义样式	分栏布局
灵活性	高，可根据个人需要设计各元素的尺寸	低，仅能将元素以一定的规律进行排列
整齐度	低	高
适应性	低，当屏幕空间被占满后自动换行	高，具有较好的屏幕自适应功能力
适用范围	有一定秩序，但总体布局杂乱，如全尺寸键盘、瀑布流的结构等	整齐的网状结构，如表格、棋盘等

通过比较可以看到，分栏布局与自定义样式各有自己的优缺点，都有自己的适应场景，用户应该根据自己的需求来决定到底应该使用哪一种方法。

13.10 使用 ThemeRoller

在很多场合下，开发者希望根据自己产品的需要为移动应用定制个性化的配色方案。如果开发者自己开发这样的主题和色版，将是一件非常耗时的工作，而 Query Mobile 提供了 ThemeRoller 工具，这个工具能够帮助开发者快速定义 26 种色版，以适应不同的应用场景。

扫一扫，看视频

13.10.1 认识 ThemeRoller

ThemeRoller（http://themeroller.jquerymobile.com/）是一个在线服务工具，开发者可以在线进行 jQuery Mobile 色板定制、阅览、下载与分享，也可以将开发完成的色版文件导入 ThemeRoller 进行再编辑。工具界面如图 13.46 所示。

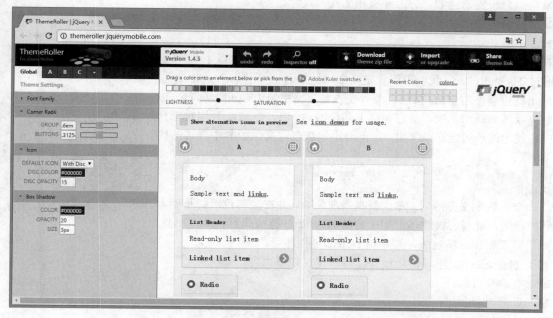

图 13.46 ThemeRoller 工具界面

在使用 ThemeRoller 进行界面定义的时候，首先需要注意所使用的 jQuery Mobile 版本号。在 ThemeRoller 上方，有选择 jQuery Mobile 版本的下拉列表，如图 13.47 所示。

注意，ThemeRoller 中 jQuery Mobile 的版本号需要和生产系统中 jQuery Mobile 版本号一致。如果开发者使用 jQuery Mobile 1.1.0 版本，则在 ThemeRoller 中选择 Version 1.1.0。

在 ThemeRoller 界面中，主要由 4 部分组成，具体说明如下。

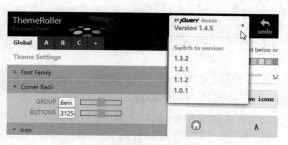

图 13.47 选择版本号

- ↘ 功能按钮：位于 ThemeRoller 最上方，用于实现版本号选择、恢复与重做，打开与关闭 Inspector，下载主题文件，导入主题文件，分享自定义主题链接与帮助功能。
- ↘ 检查窗格（Inspector）：位于窗口左侧，用于实现全局设置和特定色版设置。

➡ QuickSwatch 栏：位于窗口右侧，功能按钮和预览窗格之间，用于将颜色拖曳到特定页面元素，实现快速设置色版的功能。

➡ 预览窗格：窗口右侧大片区域，默认包含了 3 个移动应用界面，预览所设定主题风格的呈现样式。

13.10.2　编辑全局设置与色版

在检查窗格部分，可以进行主题的全局设置和特定色版的设置，如图 13.48 所示。

通过全局设置，用户可以设置以下几部分。

➡ 字体。

➡ 激活状态，例如，文字颜色、阴影效果、背景颜色和边框颜色等。

➡ 圆角设置，例如，分组和按钮的圆角尺寸。

➡ 图标样式。

➡ 阴影。

在 jQuery Mobile 中，默认包含了 5 种不同的色版，分别以 a～e 来表示。通过 ThemeRoller，我们可以自定义 26 种色版，分别以 a～z 来表示。

单击检查窗格右侧的+按钮，或者在预览窗格中单击 Add swatch...按钮，则可以添加新的色版。检查窗格上的色版 A、B、C、D...分别对应到程序中所使用的色版定义。例如，在页面中加载自定义色版 F 中样式的代码如下所示。

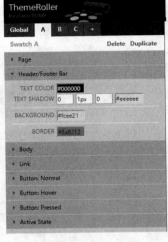

图 13.48　检查窗格

```
<div data-role="header" data-theme="F">
</div>
```

当一个色版定义完成后，希望复制当前色版，并在当前色版的基础上开发新的色版，此时直接单击色版上方的 Duplicate 链接即可。

如果需要删除当前色版，则单击 Delete 链接即可。

基于 ThemeRoller 进行色版设计，可以定义以下内容。

➡ 页眉和页脚。

➡ 页面内容。

➡ 按钮样式。

jQuery Mobile 初学者在色版开发中往往容易混淆全局设置和特定色版设置，这是因为它们都有关于一些特定界面颜色的设置。如果设置错误，可以使用功能按钮中的 undo 恢复之前的操作。

13.10.3　导入、下载和分享自定义色版

对编辑完的色版进行再次编辑，可以将主题 CSS 文件导入 ThemeRoller 中进行。编辑完成后，我们可以直接将其下载到本地。

单击 inport or upgrade 按钮，在打开的 Import Theme 对话框中将之前定义好的色版 CSS 内容复制到对话框中，然后单击 Import 按钮以实现导入操作，如图 13.49 所示。

完成色版设置后，可以在 ThemeRoller 的下载界面中，输入 Theme Name 后，将其打包为 ZIP 格式下载，如图 13.50 所示。

另外，在下载主题的界面中，ThemeRolle 改用黄色粗体高亮显示出集成定制主题层叠样式表的方法。需要注意的是，在使用自定义主题时，一定要引用 jQuery.mobile.structure.css 这个层叠样式表定义，该文件可以在下载 jQuery Mobile 压缩文件中找到。

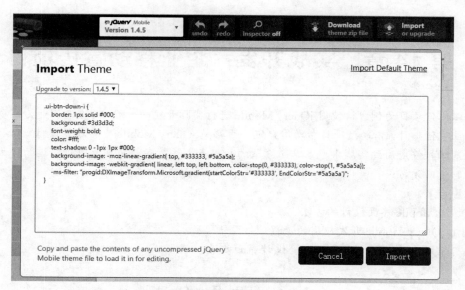

图 13.49　导入样式

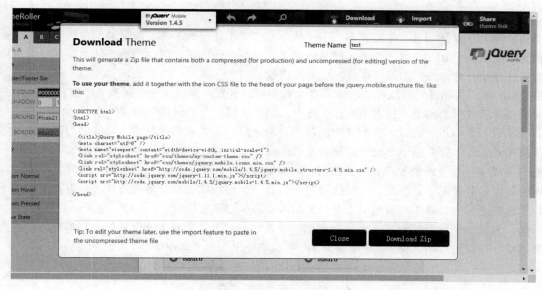

图 13.50　备份样式

主题的设计也可以通过超链接进行分享。单击 Share 按钮，ThemeRolle 会保存当前主题的设定，并呈现分享链接，而开发者可以将生成的超链接发送给其他人。接收到这个分享链接并打开时，ThemeRoller 将自动呈现前次分享的内容，而接收者可以基于这样的分享继续进行编辑和设计。

第 14 章　实战开发：企业移动宣传项目

本章将以简化项目为例讲解使用 jQuery Mobile 进行实际开发的一般方法，本例是为某童装企业设计的手机版企业宣传项目，借助该项目帮助用户进一步熟悉 jQuery Mobile 中布局的设计，以及如何将按钮和导航这些基础控件应用到实战中。本章所涉及的知识点大多是在前面章节中介绍过的，如果遇到不懂的地方请及时返回复习。

【学习重点】
- jQuery Mobile 界面设计的方法。
- 利用 jQuery Mobile 开发应用的流程。
- 结合 jQuery Mobile 和 JavaScript 设计界面效果。

扫一扫，看视频

14.1　案例分析

小猪班纳是一家集研发、生产和销售于一体，专营"小猪班纳"等品牌童装的现代化服饰企业。小猪班纳的产品定位于 0～15 岁的儿童，产品体现了"时尚、运动、休闲、健康、活力"的品牌风格，公司以自营连锁结合特许加盟的经营模式，成为国内童装知名品牌。

在 2013 年，移动开发最流行的时候，受企业委托，开发一款以企业宣传为主要目的的 APP，就是将企业基本信息放到手机上。技术上没什么难度，但是在设计上当时还是费了一番苦心的。

首先来分析如何进行设计，拿到企业的基本资料之后，还没来得及翻看。最先的想法是既然是企业宣传，最重要的还是先介绍一下企业概况以及企业资讯等信息，这样第一个模块就明确下来了。

第二个模块自然要讲企业产品之类的内容，简单翻阅了一下资料，发现这两个模块差不多可以涵盖企业宣传的大多数内容了。但是，一款应用要么只有一个模块要么就有多个模块，只有两个模块不是很好看。于是决定再为它添加一些模块，于是又加入品牌和潮流等模块。

最后，再加上一些童装图片，设计一个图片流，这样一来功能就大体规划好了。最后，这款应用分为 4 个模块，分别是"品牌解读""潮流班纳""班纳资讯"和"客服中心"。

扫一扫，看视频

14.2　界面设计

经过前面的分析可以发现，该项目的内容非常简单，就是一款简单的图文显示类的 APP。不过，即使是这样简单的内容也需要认真设计，方能够显示出企业形象。

初稿设计时，沿用官网主界面设计风格，效果如图 14.1 所示。

上方放置企业 Logo，下面平行排列多个导航按钮，虽然很粗糙却非常简洁，界面看上去比较大方，但是在移动端试用之后，发现体验不是很好，带有很强的桌面设计痕迹。

最后，重新设计了新的主界面，如图 14.2 所示。新界面相比原界面要好看许多，上方和下方比较协调，上面部分是导航条，顶部的导航条可以放一些栏目名称，底部的导航条则以 Tab 选项卡的方式作为真正的导航来使用。

图 14.1 初稿主界面设计效果

图 14.2 主界面设计效果

页面内容顶部的图片是用来展示企业形象的，下面 4 个色块分别用来作为 4 个模块启动的按钮。最好上下两部分是成比例的，如上面的大图占了页面的一半，4 个色块又占了另一半。

接下来是内容页的设计，原本的想法是直接用一排按钮排下来，不过现在看来不太合适，因为跟主界面不是很协调，于是就继续采用这种 Metro 界面，只是省略了上方的大图。

打开之后需要一个显示文章的界面，这就更简单了，可直接把页面上的内容全部去掉，就是颜色比较讲究一点而已。

至于产品展示部分，可以采用图片流的形式，借助 PhotoSwipe 插件，这样就可以方便又完美地实现图片浏览的效果。

14.3 框 架 设 计

扫一扫，看视频

本款应用的目的是企业宣传，因此在设计时主要侧重图文展示，将企业基本资料和信息真实地复制在项目中，而没有必要加入许多交互的操作，因此本项目实际上就是实现几个静态的 HTML5 页面。即使这样，也要讲究先后顺序，避免做无用功。

经过分析，在这款应用中，几乎每个页面都要用到相同的头部栏和尾部栏，因此最好先把它实现出来。为了提高开发速度，可以直接使用前面给出的示例，不过要稍微做一下修改。

按照原本的需求应该再设计 4 个图标，本例这里将它省略掉了，仅使用了 4 个默认的图标来代替。基本框架代码如下所示。

```
<!doctype html>
<html>
<head>
<meta charset="utf-8">
<meta name="viewport" content="width=device-width,initial-scale=1" />
<link  href="jquery-mobile/jquery.mobile.theme-1.3.0.min.css"  rel="stylesheet"
type="text/css">
```

```
<link href="jquery-mobile/jquery.mobile.structure-1.3.0.min.css" rel="stylesheet"
type="text/css">
<script src="jquery-mobile/jquery-1.8.3.min.js" type="text/javascript"></script>
<script src="jquery-mobile/jquery.mobile-1.3.0.min.js" type="text/javascript">
</script>
</head>
<body>
<div data-role="page">
    <div data-role="header" data-position="fixed">
        <h1>小猪班纳</h1>
    </div>
    <div data-role="content" >
        <!--内容区域-->
    </div>
    <div data-role="footer" data-position="fixed">
        <div data-role="navbar">
            <ul>
                <li><a id="pin" href="pin.html" data-icon="custom">品牌解读</a></li>
                <li><a id="chao" href="chao.html" data-icon="custom">潮流班纳</a>
</li>
                <li><a id="zix" href="zix.html" data-icon="custom">班纳资讯</a></li>
                <li><a id="kefu" href="kefu.html" data-icon="custom">客服中心</a>
</li>
            </ul>
        </div>
    </div>
</div>
</body>
</html>
```

框架运行效果如图 14.3 所示。

图 14.3 设计的框架效果

根据主框架，即可快速设计几个静态页面，包含相关模块需要的内容。

14.4　制作主页面

本节将利用 jQuery Mobile 设计主页面的界面布局，定义主界面中每个模块的相对显示位置。

【操作步骤】

第 1 步，新建 HTML5 文档，保存为 index.html。先在页面中插入一个单页视图。

```
<div data-role="page">
    <div data-role="header">
        <h1>标题</h1>
    </div>
    <div data-role="content">内容</div>
    <div data-role="footer">
        <h4>脚注</h4>
    </div>
</div>
```

第 2 步，定义结构。本页面布局非常简单，考虑到图片和色块需要占满整个屏幕，这里舍弃了 jQuery Mobile 默认的 data-role="content"部分。将原有的 content 部分分为两栏，分别是上方的大图和下方的 4 个色块。具体代码如下所示。

```
<div data-role="page">
    <div data-role="header" data-position="fixed">
        <h1>小猪班纳</h1>
    </div>
    <div data-role="main_pic">
        <img src="images/top.png" width="100%" height="100%"/>
    </div>
    <div data-role="metro_body">
        <div class="metro_color1 metro_rec">
            <img src="images/icon_1.png" width="100%" height="100%"/>
        </div>
        <div class="metro_color2 metro_rec">
            <img src="images/icon_2.png" width="100%" height="100%"/>
        </div>
        <div class="metro_color3 metro_rec">
            <img src="images/icon_3.png" width="100%" height="100%"/>
        </div>
        <div class="metro_color4 metro_rec">
            <img src="images/icon_4.png" width="100%" height="100%"/>
        </div>
    </div>
    <div data-role="footer" data-position="fixed">
        <div data-role="navbar">
            <ul>
                <li><a id="pin" href="pin.html" data-icon="custom">品牌解读</a></li>
                <li><a id="chao" href="chao.html" data-icon="custom">潮流班纳</a></li>
                <li><a id="zix" href="zix.html" data-icon="custom">班纳资讯</a></li>
                <li><a id="kefu" href="kefu.html" data-icon="custom">客服中心</a>
```

```
        </li>
            </ul>
        </div>
    </div>
</div>
```

第 3 步，定义脚本。设计图片和色块两部分基本上各占一半的面积，宽度直接设置为 100%，高度则需要经过简单的计算。主要控制脚本如下。

```
<script>
$(document).ready(function(){
    $top_height=$("div[data-role=header]").height();          //获取头部区域高度
    $bottom_height=$("div[data-role=footer]").height();        //获取脚注区域高度
    $body_height=$(window).height()-$top_height-$bottom_height; //计算内容区域高度
    $pic_height=$body_height/2;
    $pic_height=$pic_height+"px";                    //定义图片区显示高度为内容区的一半
    $("div[data-role=main_pic]").width("100%").height($pic_height);
    $body_height=$body_height/2-15;
    $body_height=$body_height+"px";                  //定义色块区域显示高度为内容区的一半
    $("div[data-role=metro_body]").width("100%").height($body_height);// 定义色块
高度和宽度为100%
});
</script>
```

设计思路：使用 jQuery 获得页面的宽度和高度，然后将它分为两段，宽度可以在 CSS 中直接利用百分比给出，重点在于获取页面元素的高度。为了保证色块的总高度不会超出页面的范围，应先获得页面的总高度，之后还要用页面的总高度减去头部栏和尾部栏所占据的高度。

实现方法：使用$("div[data-role=header]")获取顶部工具栏后，使用 height()方法获取工具栏的高度，然后利用同样的方法获取底部栏的高度，最后用整个屏幕的高度减去它们，就得到了页面剩余可用部分的高度$body_height。

经过简单计算就可以取得图片应该具有的高度，由于在 height()方法中所接受的参数应该是一个以 px 结尾的字符串，因此需要强制转换，然后连接为字符串。最后，由于已经限定了 div 容器的高度和宽度，因此可以直接将图片的高度和宽度设置为 100%。

下面部分的布局与图片大体一致，为了防止意外发生，如小数进位之后导致页面内容超出页面宽度，设计在原有高度的基础上减去了 15 个像素，以保证在任何屏幕中都可以正常显示。

第 4 步，定义内部样式。设计如下样式，用来控制色块颜色和布局方式。

```
<style type="text/css">
*{ margin:0px; padding:0px;}
.metro_color1{ background-color:#ef9c00;}                      /*定义色块*/
.metro_color2{ background-color:#2ebf1b;}
.metro_color3{ background-color:#00aeef;}                      /*定义色块*/
.metro_color4{ background-color:#ed2b84;}                      /*定义色块*/
.metro_rec{ width:48%; height:49%; float:left; margin:1%;} /*定义色块布局*/
</style>
```

考虑到 jQuery Mobile 默认样式的缘故，图片与页面边框仍有较大的距离，在去除<div data-role="content">后问题仍然存在，因此在样式表中定义默认内外边距均为 0。

第 5 步，主界面布局基本完成，但是现在还有一个问题，即界面不够友好，具体体现在下方的 4 个色块不明确，因此需要在色块上加入文字，如果直接使用 CSS 定义文字样式，效果不是很理想，且不支持文字上下居中显示。

虽然可以使用 jQuery 操作 CSS 的 line-height 属性，但使用起来太麻烦，本例计划以图片的形式来展示文字，让图片文字100%显示，这种设计虽然会存在变形问题，但是在移动设备下，考虑到极端的正方形和长宽比超过 1:2 的屏幕几乎是不可能出现的，因此可以忽略这个问题，设计效果如图 14.4 所示。

第 6 步，为这 4 个色块所代表的二级模块添加跳转链接，代码如下所示。至此，整个主页面效果设计完成。

```
<div data-role="metro_body">
    <div class="metro_color1 metro_rec">
        <a href="pin.html"><img src="images/icon_
1.png" width="100%" height="100%"/> </a>
    </div>
    <div class="metro_color2 metro_rec">
        <a href="chao.html"><img src="images/icon_
2.png" width="100%" height="100%"/> </a>
    </div>
    <div class="metro_color3 metro_rec">
        <a href="zix.html"><img src="images/icon_
3.png" width="100%" height="100%"/> </a>
    </div>
    <div class="metro_color4 metro_rec">
        <a href="kefu.html"><img src="images/icon_
4.png" width="100%" height="100%"/> </a>
    </div>
</div>
```

图 14.4　制作主界面效果

扫一扫，看视频

14.5　制作二级栏目

二级栏目包括 4 个子模块，分别新建 4 个 HTML5 文件，保存为 pin.html（品牌解读）、chao.html（潮流班纳）、zix.html（班纳资讯）和 kefu.html（客服中心）。

二级栏目依然继承主页设计风格，使用 Metro 风格的界面，这里给出一个大概的样式，效果如图 14.5 所示。

（a）pin.html（品牌解读）　　　　　　　（b）chao.html（潮流班纳）

图 14.5　制作二级栏目效果

（c）zix.html（班纳资讯）　　　　　　（d）kefu.html（客服中心）

图 14.5　　制作二级栏目效果（续）

　　这部分比较简单，可以直接在上一节的主界面基础上进行修改，为了保证界面美观，在客服中心部分设计了 8 个子栏目。其他模块都保持主界面的设计风格，结构基本相同，JavaScript 和 CSS 样式不变，当然用户可以自行发挥，设计根据个人特色。

　　客服中心的内容主要来自于该企业官网内容，经过归类分解出以下几个栏目。

- ➦ 关于我们：有关企业的概况。
- ➦ 媒体报道：在公共新闻媒体中有关本企业的报道内容荟萃。
- ➦ 加盟招商：有关本企业在全国的加盟店和招商信息。
- ➦ 隐私条款：有关与客户和用户的隐私约定。
- ➦ 友情链接：同行或相关企业链接列表信息。
- ➦ 班纳招聘：有关本公司最新招聘人才信息。
- ➦ 用户反馈：定义一个反馈表单，与用户进行简单交互，接受用户的反馈意见。
- ➦ 联系方式：有关公司的各种联系方式，包括微信公众号、微博账户号，以及 QQ 客服号等。

根据上面所展示的信息就可以开始着手制作二级页面了，以客服中心模块为例，具体代码如下所示。

```
<!doctype html>
<html>
<head>
<meta charset="utf-8">
<meta name="viewport" content="width=device-width,initial-scale=1" />
<link href="jquery-mobile/jquery.mobile.theme-1.3.0.min.css" rel="stylesheet"
type="text/css">
<link href="jquery-mobile/jquery.mobile.structure-1.3.0.min.css" rel="stylesheet"
type="text/css">
<script src="jquery-mobile/jquery-1.8.3.min.js" type="text/javascript"></script>
<script src="jquery-mobile/jquery.mobile-1.3.0.min.js" type="text/javascript">
</script>
<script>
$(document).ready(function(){
    $top_height=$("div[data-role=header]").height();
    $bottom_height=$("div[data-role=footer]").height();
    $body_height=$(window).height()-$top_height-$bottom_height;
```

```
    $pic_height=$body_height/2;
    $pic_height=$pic_height+"px";
    $("div[data-role=main_pic]").width("100%").height($pic_height);
    $body_height=$body_height/2-15;
    $body_height=$body_height+"px";
    $("div[data-role=metro_body]").width("100%").height($body_height);
});
</script>
<style type="text/css">
*{ margin:0px; padding:0px;}
.metro_color1{ background-color:#ef9c00;}
.metro_color2{ background-color:#2ebf1b;}
.metro_color3{ background-color:#00aeef;}
.metro_color4{ background-color:#ed2b84;}
.metro_rec{ width:48%; height:49%; float:left; margin:1%;}
</style>
</head>
<body>
<div data-role="page">
    <div data-role="header" data-position="fixed">
        <h1>客服中心</h1>
    </div>
    <div data-role="main_pic">
        <img src="images/top.png" width="100%" height="100%"/>
    </div>
    <div data-role="metro_body">
        <div class="metro_color1 metro_rec">
            <a href="content.html"><img src="images/p1.png" width="100%" height=
"100%"/></a>
        </div>
        <div class="metro_color2 metro_rec">
            <a href="#"><img src="images/p2.png" width="100%" height="100%"/></a>
        </div>
        <div class="metro_color3 metro_rec">
            <a href="#"><img src="images/p3.png" width="100%" height="100%"/></a>
        </div>
        <div class="metro_color4 metro_rec">
            <a href="#"><img src="images/p4.png" width="100%" height="100%"/></a>
        </div>
        <div class="metro_color1 metro_rec">
            <a href="#"><img src="images/p5.png" width="100%" height="100%"/></a>
        </div>
        <div class="metro_color2 metro_rec">
            <a href="#"><img src="images/p6.png" width="100%" height="100%"/></a>
        </div>
        <div class="metro_color3 metro_rec">
            <a href="#"><img src="images/p7.png" width="100%" height="100%"/></a>
        </div>
        <div class="metro_color4 metro_rec">
            <a href="#"><img src="images/p8.png" width="100%" height="100%"/></a>
        </div>
    </div>
```

```
    <div data-role="footer" data-position="fixed">
        <div data-role="navbar">
            <ul>
                <li><a id="index" href="index.html" data-icon="custom">首页</a></li>
                <li><a id="pin" href="pin.html" data-icon="custom">品牌解读</a></li>
                <li><a id="chao" href="chao.html" data-icon="custom">潮流班纳</a></li>
                <li><a id="zix" href="zix.html" data-icon="custom">班纳资讯</a></li>
            </ul>
        </div>
    </div>
</div>
</body>
</html>
```

运行结果如图 14.6 所示。相信经过上一节的介绍，用户已经可以理解上面的代码了。由于没有太多变化，因此本节的例子更加简单。

图 14.6　制作的客服中心模块效果

🔊 提示：

> 为了体现该页面来自对上一节范例的修改痕迹，本例并没有对色块的颜色作出更改，用户可自定义配色表，根据自己喜欢的颜色进行设计。

扫一扫，看视频

14.6　制作详细页

本节将制作详细页页面，它需要实现的功能仅仅是在页面中展示出多行文字。例如，下面是"关于我们"详细页面的制作过程。

【操作步骤】

第 1 步，新建 HTML5 文档，保存文档为 content.html，然后在页面中插入一个单页页面视图。

第 2 步，复制前面介绍的 JavaScript 脚本，用来控制页面模块显示的宽度和高度。

第 3 步，在<div data-role="content">中输入图文详细信息，可以根据需要在内部样式表中定义正文显示样式，详细代码如下所示。

```
<!doctype html>
<html>
<head>
<meta charset="utf-8">
<title></title>
<meta name="viewport" content="width=device-width,initial-scale=1" />
<link  href="jquery-mobile/jquery.mobile.theme-1.3.0.min.css"  rel="stylesheet"
type="text/css">
<link  href="jquery-mobile/jquery.mobile.structure-1.3.0.min.css"  rel="stylesheet"
type="text/css">
<script src="jquery-mobile/jquery-1.8.3.min.js" type="text/javascript"></script>
<script  src="jquery-mobile/jquery.mobile-1.3.0.min.js"  type="text/javascript">
</script>
<script>
$(document).ready(function(){
    $top_height=$("div[data-role=header]").height();
    $bottom_height=$("div[data-role=footer]").height();
    $body_height=$(window).height()-$top_height-$bottom_height;
    $body_height=$body_height-10;
    $body_height=$body_height+"px";
    $("div[data-role=metro_body]").width("100%").height($body_height);
});
</script>
<style type="text/css">
[data-role="content"] h1 {font-size: 15px; text-align: center; margin: 1em auto;}
[data-role="content"] h4 {font-size: 13px; color: #666; text-indent: 2em;}
</style>
</head>
<body>
<div data-role="page" style="background-color:#666">
    <div data-role="header" data-position="fixed">
        <h1>关于我们</h1>
    </div>
    <div data-role="content">
        <div><img src="images/pig.jpg" width="100%" /></div>
        <h1>小猪班纳（小猪班纳童装品牌）</h1>
        <h4>东莞市小猪班纳服饰有限公司成立于 1995 年，是一家集研发、生产和销售于一体，专营"小
猪班纳"、"朋库一代"、"爱儿赫玛"和"丹迪"品牌童装的现代化服饰企业。小猪班纳的产品定位于 0～
15 岁的儿童，"时尚、运动、休闲、健康、活力"是小猪班纳一贯坚持的品牌风格，公司以自营连锁结合特
许加盟的经营模式，至今已发展了 1500 多家连锁店，营销网络遍布全国 30 多个省、市、自治区及亚、欧、
美洲等地区。</h4>
    </div>
    <div data-role="footer" data-position="fixed">
        <div data-role="navbar">
            <ul>
                <li><a id="pin" href="pin.html" data-icon="custom">品牌解读</a></li>
                <li><a id="chao" href="chao.html" data-icon="custom">潮流班纳</a></li>
                <li><a id="zix" href="zix.html" data-icon="custom">班纳资讯</a></li>
                <li><a id="kefu" href="kefu.html" data-icon="custom">客服中心</a></li>
            </ul>
        </div>
    </div>
```

```
</div>
</body>
</html>
```

第 4 步，运行结果如图 14.7 所示，本页面只是在<div data-role="content">中加入了一个<hl>作为标题，剩下的全部是内容，但是看上去依然非常精致。

图 14.7   制作详细页效果

第 5 步，在二级页面的"客服中心"中"关于我们"子模块中添加链接，链接到详细页面，代码如下所示。

```
<div class="metro_color1 metro_rec">
    <a href="content.html"><img src="images/p1.png" width="100%" height="100%"/>
</a>
</div>
```

14.7   小   结

本章是第一个项目实例，内容比较简单，没有用到太多 jQuery Mobile 组件，这是因为 jQuery Mobile 只是一个轻量级的开发框架，还不足以完全应对多元化的开发需求，因此与其说是使用 jQuery Mobile 进行开发，倒不如说是使用 HTML5 更合适。但这并不意味着 jQuery Mobile 就没有用了，本章项目的框架依旧是使用 jQuery Mobile 进行开发的。另外，框架是固定的，利用框架的思想来引导自己进行开发才是学习 jQuery Mobile 的关键所在。

第 15 章　实战开发：移动版记事本项目

移动 Web 应用的类型越来越多，用户对客户端存储的需求也越来越高，最简单的方法是使用 cookie，但是作为真正的客户端存储，cookie 则存在很多缺陷。针对这种情况，HTML5 提出了更加理想的解决方案：如果存储复杂的数据，可以使用 Web Database，该方法可以像客户端程序一样使用 SQL；如果存储简单的 key/value（键值对）信息，可以使用 Web Storage。

本章将通过一个完整项目介绍记事本移动应用的开发，详细介绍在 jQuery Mobile 中使用 localStorage 对象开发移动项目的方法与技巧。为了加快开发速度，本章借助 Dreamweaver CC 可视化操作界面，快速完成 jQuery Mobile 界面设计，当然用户也可以手写代码完成整个项目开发。

【学习重点】
- 了解 Web Database 和 Web Storage。
- 能够在 jQuery Mobile 应用项目中使用 localStorage。
- 结合 jQuery Mobile 和 JavaScript 设计交互界面，实现数据存储。

15.1　项 目 分 析

扫一扫，看视频

整个记事本项目应用主要包括如下几个需求。

- 进入首页后，以列表的形式展示各类别记事数据的总量信息，单击某类别选项进入该类别的记录列表页。
- 在分类记事列表页中展示该类别下的全部记事标题内容，并增加根据记事标题进行搜索的功能。
- 如果单击类别列表中的某记事标题，则进入记事信息详细页，在该页面中展示记事信息的标题和正文信息。在该页面添加一个删除按钮，用以删除该条记事信息。
- 如果在记事信息的详细页中单击"修改"按钮，则进入记事信息编辑页，在该页中可以编辑标题和正文信息。
- 无论在首页或记事列表页中，单击"记录"按钮，就可以进入记事信息增加页，在该页中可以增加一条新的记事信息。

记事应用程序定位目标是方便、快捷地记录和管理用户的记事数据。在总体设计时，重点把握操作简单、流程简单、系统可拓展性强的原则。因此本示例的总体设计流程如图 15.1 所示。

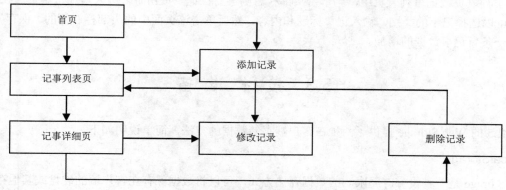

图 15.1　记事本设计流程图

上面流程图列出了本案例应用程序的功能和操作流程。整个系统包含五大功能：分类列表页、记事列表页、记事详细页、修改记事页和增加记事页。当用户进入应用系统时，首先进入 index.html 页面，浏览记事分类列表，然后选择记事分类，即可进入列表页面，在分类和记事列表页中都可以进入增加记事页，只有在记事列表页中才能进入记事详细页。在记事详细页中，进入修改记事页。最后，完成增加或者修改记事的操作，都返回相应类别的记事列表页。

15.2　框架设计

扫一扫，看视频

根据设计思路和设计流程，本案例灵活使用 jQuery Mobile 技术框架设计了 5 个功能页面，具体说明如下。

1. 首页（index.html）

在本页面中，利用 HTML 本地存储技术，使用 JavaScript 遍历 localStorage 对象，读取其保存的记事数据。在遍历过程中，以累加方式记录各类别下记事数据的总量，并通过<ul>列表显示类别名称和对应记事数据总量。当单击<ul>列表中某选项时，则进入该类别下的记事列表页（list.html）。

2. 记事列表页（list.html）

本页将根据 localStorage 对象存储的记事类别，获取该类别名称下的记事数据，并通过列表的方式将记事标题信息显示在页面中。同时，将列表元素的 data-filter 属性值设置为 true，使该列表具有根据记事标题信息进行搜索的功能。当单击 <ul> 列表中某选项时，则进入该标题下的记事详细页（notedetail.html）。

3. 记事详细页（notedetail.html）

在该页面中，根据 localStorage 对象存储的记事 ID 编号，获取对应的记事数据，并将记录的标题与内容显示在页面中。在该页面中当单击头部栏左侧的"修改"按钮时，进入修改记事页。单击头部栏右侧的"删除"按钮时，弹出询问对话框，单击"确定"按钮后，将删除该条记事数据。

4. 修改记事页（editnote.html）

在该页面中，以文本框的方式显示某条记事数据的类别、标题和内容，用户可以对这三项内容进行修改。修改后，单击头部栏右侧的"保存"按钮，便完成了该条记事数据的修改。

5. 增加记事页（addnote.html）

在分类列表页或记事列表页中，当单击头部栏右侧"写日记"按钮时，进入增加记事页。在该页面中，用户可以选择记事的类别，输入记事标题和内容，然后单击该页面中的头部栏右侧的"保存'按钮，便完成了一条新记事数据的增加。

15.3　技术准备

HTML5 的 Web Storage 提供了两种在客户端存储数据的方法，简单说明如下。

1. localStorage

localStorage 是一种没有时间限制的数据存储方式，可以将数据保存在客户端的硬盘或其他存储器。

localStorage 用于持久化的本地存储，除非主动删除数据，否则数据是永远不会过期的。

2. sessionStorage

sessionStorage 用于本地存储一个会话（session）中的数据，这些数据只有在同一个会话中的页面才能访问并且当会话结束后数据也随之销毁。因此 sessionStorage 不是一种持久化的本地存储，仅仅是会话级别的存储。

总之，localStorage 可以永久保存数据，而 sessionStorage 只能暂时保存数据，这是两者之间的重要区别，在具体使用时应该注意。

扫一扫，看视频

15.3.1 兼容性检查

在 Web Storage API 中，由于特定域名下的 Storage 数据库可以直接通过 window 对象访问，因此首先确定用户的浏览器是否支持 Web Storage 非常重要。在编写代码时，只要检测 window.localStorage 和 window. sessionStorage 是否存在即可，详细代码如下。

```
function checkStorageSupport() {
    if(window.sessionStorage) {
        alert('当前浏览器支持 sessionStorage');
    } else {
        alert('当前浏览器不支持 sessionStorage');
    }
    if(window.localStorage) {
        alert('当前浏览器支持 localStorage');
    } else {
        alert('当前浏览器不支持 localStorage');
    }
}
```

许多浏览器不支持从文件系统直接访问文件式的 sessionStorage。所以，在上机测试代码之前，应当确保是从 Web 服务器上获取页面。例如，可以通过本地虚拟服务器发出页面请求。

```
http://localhost/test.html
```

对于很多 API 来说，特定的浏览器可能只支持其部分功能，因为 Web Storage API 非常小，所以它已经得到了相当广泛的支持。不过出于安全考虑，即使浏览器本身支持 Web Storage，用户仍然可自行选择是否将其关闭。

测试方法：打开页面 A，在页面 A 中写入当前的 session 数据，然后通过页面 A 中的链接或按钮进入页面 B，如果页面 B 中能够访问到页面 A 中的数据则说明浏览器将当前情况的页面 A、B 视为同一个 session，测试结果如表 15.1 所示。

表 15.1　sessionStorage 兼容性测试

浏览器	执行的运算	target="_blank"	window.open	ctrl + click	跨域访问
IE	是	是	是	是	否
Firefox	是	是	是	否（null）	否
Chrome	是	是	是	否（undefined）	否
Safari	是	否	是	否（undefined）	否
Opera	是	否	否	否（undefined）	否

上面主要针对 sessionStorage 的一些特性进行了测试，测试的重点在于各个浏览器对于 session 的定义以及跨域情况。从表 15.1 中可以看出，出于安全性考虑所有浏览器下 session 数据都是不允许跨域访问的，包括跨子域也是不允许的。其他方面主流浏览器中的实现较为一致。

API 测试方法包括 setItem(key,value)、removeItem(key)、getItem(key)、clear()、key(index)，属性包括 length、remainingSpace(非标准)。不过存储数据时可以简单地使用 localStorage.key=value 的方式。

标准中定义的接口在各个浏览器中都已实现，此外 IE 下新增了一个非标准的 remainingSpace 属性，用于获取存储空间中剩余的空间。结果如表 15.2 所示。

表 15.2　API 测试

浏览器	setItem	removeItem	getItem	clear	key	length	remainingSpace
IE	是	是	是	是	是	是	是
Firefox	是	是	是	是	是	是	否
Chrome	是	是	是	是	是	是	否
Safari	是	是	是	是	是	是	否
Opera	是	是	是	是	是	是	否

此外关于 setItem(key,value) 方法中的 value 类型，理论上可以是任意类型，不过实际上浏览器会调用 value 的 toString 方法来获取其字符串值并存储到本地，因此如果是自定义的类型则需要自己定义有意义的 toString 方法。

Web Storage 标准事件为 onstorage，当存储空间中的数据发生变化时触发。此外，IE 自定义了一个 onstoragecommit 事件，当数据写入的时候触发。onstorage 事件中的事件对象应该支持以下属性。

- ➥ key：被改变的键。
- ➥ oldValue：被改变键的旧值。
- ➥ newValue：被改变键的新值。
- ➥ url：被改变键的文档地址。
- ➥ storageArea：影响存储对象。

对于这一标准的实现，Webkit 内核的浏览器（Chrome、Safari）以及 Opera 是完全遵循标准的，IE 则只实现了 url，Firefox 下则均未实现，具体结果如表 15.3 所示。

表 15.3　onStorage 事件对象属性测试

浏览器	key	oldValue	newValue	url	storageArea
IE	无	无	无	有	无
Firefox	无	无	无	无	无
Chrome	有	有	有	有	有
Safari	有	有	有	有	有
Opera	有	有	有	有	有

此外，不同的浏览器事件注册的方式以及对象也不一致，其中 IE 和 Firefox 在 document 对象上注册，Chrome5 和 Opera 在 window 对象上注册，而 Safari 在 body 对象上注册。Firefox 必须使用 document. addEventListener 注册，否则无效。

15.3.2　读写数据

下面介绍如何使用 sessionStorage 设置和获取网页中的简单数据。设置数据值很简单，具体用法如下。

```
window.sessionStorage.setItem('myFirstKey', 'myFirstValue');
```

使用上面的存储访问语句时，需要注意 3 点。

➴ 　实现 Web Storage 的对象是 window 对象的子对象，因此 window.sessionStorage 包含了开发人员需要调用的函数。

➴ 　setItem 方法需要一个字符串类型的键和一个字符串类型的值来作为参数。虽然 Web Storage 支持传递非字符数据，但是目前浏览器可能还不支持其他数据类型。

➴ 　调用的结果是将字符串 myFirstKey 设置到 sessionStorage 中，这些数据随后可以通过键 myFirstKey 获取。

获取数据需要调用 get Item 函数。例如，如果把下面的声明语句添加到前面的示例中。

```
alert(window.sessionStorage.get Item('myFirstKey'));
```

浏览器将弹出提示对话框，显示文本 myFirstValue。可以看出，使用 Web Storage 设置和获取数据非常简单。不过，访问 Storage 对象还有更简单的方法。可以使用点语法设置数据，使用这种方法，可完全避免调用 setItem 和 getItem，而只是根据键值的配对关系，直接在 sessionStorage 对象上设置和获取数据。使用这种方法设置数据调用代码可以改写为：

```
window.sessionStorage.myFirstKey = 'myFirstValue';
```

同样，获取数据的代码可以改写为：

```
alert(window.sessionStorage.myFirstKey);
```

JavaScript 允许开发人员设置和获取几乎任何对象的属性，那么为什么还要引入 sessionStorage 对象？其实，二者之间最大的不同在于作用域。只要网页是同源的（包括规则、主机和端口），基于相同的键，我们都能够在其他网页中获得设置在 sessionStorage 上的数据。在对同一页面后续多次加载的情况下也是如此。大部分开发者对页面重新加载时经常会丢失脚本数据，但通过 Web Storage 保存的数据不再如此，重新加载页面后这些数据仍然还在。

有时候，一个应用程序会用到多个标签页或窗口中的数据，或多个视图共享的数据。在这种情况下，比较恰当的做法是使用 HTML5 Web Storage 的另一种实现方式 localStorage。localStorage 与 sessionStorage 用法相同，唯一的区别是访问它们的名称不同，分别是通过 localStorage 和 sessionStorag 对象来访问。二者在行为上的差异主要是数据的保存时长及它们的共享方式。

localStorage 数据的生命周期要比浏览器和窗口的生命周期长，同时被同源的多个窗口或者标签页共享；而 sessionStorage 数据的生命周期只在构建它们的窗口或者标签页中可见，数据被保存到存储它的窗口或者标签页关闭时。

扫一扫，看视频

15.3.3　使用 Web Storage

在使用 sessionStorage 或 localStorage 对象的文档中，可以通过 window 对象来获取它们。除了名字和数据的生命周期外，它们的功能完全相同，具体说明如下。

➴ 　使用 length 属性获取目前 Storage 对象中存储的键值对的数量。注意，Storage 对象是同源的，这意味着 Storage 对象的长度只反映同源情况下的长度。

➴ 　key(index)方法允许获取一个指定位置的键。一般而言，最有用的情况是遍历特定 Storage 对象的所有键。键的索引从零开始，即第一个键的索引是 0，最后一个键的索引是 index(length-1)，获取到键后，就可以用它来获取其相应的数据。除非键本身或者在它前面的键被删除，否则其索引值会在给定 Storage 对象的生命周期内一直保留。

➴ 　getItem(key)函数是根据给定的键返回相应数据的一种方式，另一种方式是将 Storage 对象当作数组，而将键作为数组的索引。在这种情况下，如果 Storage 中不存在指定键，则返回 null。

➴ 　与 getItem(key)函数类似，setItem(key, value)函数能够将数据存入指定键对应的位置。如果值已存在，则替换原值。需要注意的是设置数据可能会出错。如果用户已关闭了网站的存储，或者存储已达到其最大容量，那么此时设置数据将会抛出错误。因此，在需要设置数据的场合，务必保证应用程序能够处理此类异常。

➤ removeItem(key)函数的作用是删除数据项，如果数据存储在键参数下，则调用此函数会将相应的数据项剔除。如果键参数没有对应数据，则不执行任何操作。提示，与某些数据集或数据框架不同，删除数据项时不会将原有数据作为结果返回。在删除操作前请确保已经存储相应数据的副本。

➤ clear()函数能删除存储列表中的所有数据。空的 Storage 对象调用 clear()方法也是安全的，此时调用不执行任何操作。

扫一扫，看视频

15.3.4 Web Storage 事件监测

在某些复杂情况下，多个网页、标签页或者 Worker 都需要访问存储的数据。此时，应用程序可能会在存储数据被修改后触发一系列操作。对于这种情况，Web Storage 内建了一套事件通知机制，它可以将数据更新通知发送给监听者。无论监听窗口本身是否存储过数据，与执行存储操作的窗口同源的每个窗口的 window 对象上都会触发 Web Storage 事件。添加如下事件监听器，即可接收同源窗口的 Storage 事件。

```
window.addEventListener("storage", displayStorageEvent, true);
```

其中事件类型参数是 storage，这样只要有同源的 Storage 事件发生（包括 SessionStorage 和 LocaLStorage 触发的事件），已注册的所有事件侦听器作为事件处理程序就会接收到相应的 Storage 事件。

StorageEvent 对象是传入事件处理程序的第一个对象，它包含了与存储变化有关的所有必要信息。

key 属性包含了存储中被更新或删除的键。

oldValue 属性包含了更新前键对应的数据，newValue 属性包含更新后的数据。如果是新添加的数据，则 oldValue 属性值为 null，如果是被删除的数据，则 newValue 属性值为 null。

url 属性指向 Storage 事件发生的源。

storageArea 属性是一个引用。它指向值发生改变的 localStorage 或 sessionStorage 对象，如此一来，处理程序就可以方便地查询到 Storage 中的当前值，或基于其他 Storage 的改变而执行其他操作。

【示例】 下面代码是一个简单的事件处理程序，它以提示框的形式显示在当前页面上触发的 Storage 事件的详细信息。

```
function displayStorageEvent(e) {
    var logged = "key:" + e.key + ", newValue:" + e.newValue + ", oldValue:" +
e.oldValue + ", url:" + e.url + ", storageArea:" + e.storageArea;
    alert(logged);
}
window.addEventListener("storage", displayStorageEvent, true);
```

15.4 制作主页面

扫一扫，看视频

当用户进入本案例应用系统时，将首先进入系统首页面。在该页面中，通过<ul>标签以列表视图的形式显示记事数据的全部类别名称，并将各类别记事数据的总数显示在列表中对应类别的右侧，效果如图 15.2 所示。

新建一个 HTML5 页面，在页面 page 容器中添加一个<ul>列表标签，在列表中显示记事数据的分类名称与类别总数，单击该列表选项进入记事列表页。

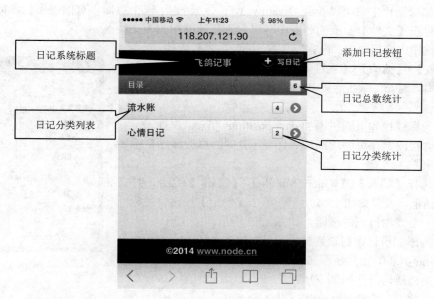

图 15.2 首页设计效果

【操作步骤】

第 1 步，启动 Dreamweaver CC，选择【文件】|【新建】命令，打开【新建文档】对话框。在左侧列表框中选择【空白页】选项，设置【页面类型】为 HTML，【文档类型】为 HTML5，然后单击【创建】按钮，完成文档的创建操作。

第 2 步，按 Ctrl+S 快捷键，保存文档为 index.html。选择【插入】|【jQuery Mobile】|【页面】命令，打开【jQuery Mobile 文件】对话框，保留默认设置，单击【确定】按钮，完成在当前文档中插入视图页，设置如图 15.3 所示。

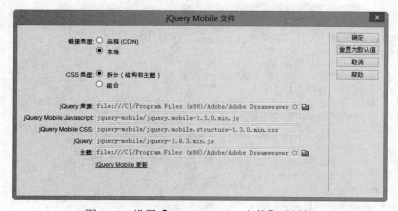

图 15.3 设置【jQuery Mobile 文件】对话框

第 3 步，单击【确定】按钮，关闭【jQuery Mobile 文件】对话框，然后打开【页面】对话框。在该对话框中设置页面的 ID 值为 index，同时设置页面视图包含标题栏和页脚栏，单击【确定】按钮，完成在当前 HTML5 文档中插入页面视图结构，设置如图 15.4 所示。

第 4 步，按 Ctrl+S 快捷键，保存当前文档 index.html。此时，Dreamweaver CC 会弹出对话框提示保存相关的框架文件。

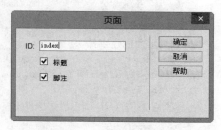

图 15.4 设置【页面】对话框

此时，在编辑窗口中，可以看到 Dreamweaver CC 新建了一个页面，页面视图包含标题栏、内容框和页脚栏，同时在【文件】面板的列表中可以看到复制的相关库文件。

第 5 步，选中内容栏中的"内容"文本，清除内容栏内的文本，然后选择【插入】|【结构】|【项目列表】命令，在内容栏插入一个空项目列表结构。为<ul>标签定义 data-role="listview"属性，设计列表视图。

第 6 步，为标题栏和页脚栏添加 data-position="fixed"属性，定义标题栏和页脚栏固定在页面顶部和底部显示，同时修改标题栏标题为"飞鸽记事"。

第 7 步，选择【插入】|【jQuery Mobile】|【按钮 】命令，打开【按钮】对话框，设置如图 15.4 所示，单击【确定】按钮，在标题栏右侧插入一个添加日记的按钮，如图 15.5 所示。

第 8 步，为添加日记按钮设置链接地址：href="addnote.html"，绑定类样式 ui-btn-right，让其显示在标题栏右侧。切换到代码视图，可以看到整个文档结构，代码如下所示。

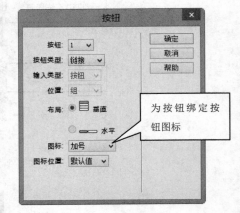

图 15.5　插入按钮

```html
<div data-role="page" id="index">
    <div data-role="header" data-position="fixed" data-position="inline">
        <h2>飞鸽记事</h2>
        <a href="addnote.html" class="ui-btn-right" data-role="button" data-icon="plus">写日记</a> </div>
    <div data-role="content">
        <ul data-role="listview"></ul>
    </div>
    <div data-role="footer" data-position="fixed" >
        <h1>©2014 <a href="http://www.node.cn/" target="_blank">www.node.cn</a></h1>
    </div>
</div>
```

第 9 步，新建 JavaScript 文件，保存为 js/note.js，在其中编写如下代码。

```javascript
//Web 存储对象
var myNode = {
    author: 'node',
    version: '2.1',
    website: 'http://www.node.cn/'
}
myNode.utils = {
    setParam: function(name, value) {
        localStorage.setItem(name, value)
    },
    getParam: function(name) {
        return localStorage.getItem(name)
    }
}
//首页页面创建事件
$("#index").live("pagecreate", function() {
    var $listview = $(this).find('ul[data-role="listview"]');
    var $strKey = "";
    var $m = 0, $n = 0;
    var $strHTML = "";
    for (var intI = 0; intI < localStorage.length; intI++) {
```

```
        $strKey = localStorage.key(intI);
        if ($strKey.substring(0, 4) == "note") {
            var getData = JSON.parse(myNode.utils.getParam($strKey));
            if (getData.type == "a") {
                $m++;
            }
            if (getData.type == "b") {
                $n++;
            }
        }
    }
    var $sum = parseInt($m) + parseInt($n);
    $strHTML += '<li data-role="list-divider">目录<span class="ui-li-count">' + $sum
+ '</span></li>';
    $strHTML += '<li><a href="list.html" data-ajax="false" data-id="a" data-name="
流水账">流水账<span class="ui-li-count">' + $m + '</span></li>';
    $strHTML += '<li><a href="list.html" data-ajax="false" data-id="b" data-name="
心情日记">心情日记<span class="ui-li-count">' + $n + '</span></li>';
    $listview.html($strHTML);
    $listview.delegate('li a', 'click', function(e) {
        myNode.utils.setParam('link_type', $(this).data('id'))
        myNode.utils.setParam('type_name', $(this).data('name'))
    })
})
```

在上面代码中，首先定义一个 **myNode** 对象，用来存储版权信息，同时为其定义一个子对象 utils，该对象包含两个方法：setParam()和 getParam()，其中 setParam()方法用来存储记事信息，而 getParam()方法用来从本地存储中读取已经写过的记事信息。

然后，为首页视图绑定 **pagecreate** 事件，在页面视图创建时执行其中的代码。在视图创建事件回调函数中，先定义一些数值和元素变量，供后续代码的使用。由于全部的记事数据都保存在 localStorage 对象中，需要遍历全部的 localStorage 对象，因此根据键值中前 4 个字符为 note 的标准筛选对象中保存的记事数据，并通过 JSON.parse()方法，将该数据字符内容转换成 JSON 格式对象，再根据该对象的类型值，将不同类型的记事数量进行累加，分别保存在变量$m 和$n 中。

最后，在页面列表<ul>标签中组织显示内容，并保存在变量$strHTML 中，调用列表<ul>标签的 html()方法，将内容赋值于页面列表<ul>标签中。使用 delegate()方法设置列表选项触发单击事件时需要执行的代码。

由于本系统的数据全部保存在用户本地的 localStorage 对象中，读取数据的速度很快，当将字符串内容赋值给列表<ul>标签时，已完成样式加载，无需再调用 refresh()方法。

第 10 步，在头部位置添加如下元信息，定义视图宽度与设备屏幕宽度保持一致。同时使用<script>标签加载 js/note.js 文件，代码如下所示。

```
<meta name="viewport" content="width=device-width,initial-scale=1" />
<script src="js/note.js" type="text/javascript" ></script>
```

第 11 步，完成设计之后，在移动设备中预览 index.html 页面，将会显示图 15.1 所示页面。

15.5　制作列表页

扫一扫，看视频

用户在首页单击列表中某类别选项时，将类别名称写入 localStorage 对象的对应键值中，当从首页切换至记事列表页时，再将这个已保存的类别键值与整个 localStorage 对象保存的数据进行匹配，获取该类别键值对应的记事数据，并通过<ul>列表将数据内容显示在页面中，页面演示效果如图 15.6 所示。

图 15.6　列表页设计效果

新建一个 HTML5 页面，在页面 page 容器中添加一个<ul>列表标签，在列表中显示指定类别下的记事数据，同时开放列表过滤搜索功能。

【操作步骤】

第 1 步，启动 Dreamweaver CC，选择【文件】|【新建】命令，打开【新建文档】对话框。在左侧列表框中选择【空白页】项，设置【页面类型】为 HTML，【文档类型】为 HTML5，然后单击【创建】按钮，完成文档的创建操作。

第 2 步，按 Ctrl+S 快捷键，保存文档为 list.html。选择【插入】|【jQuery Mobile】|【页面】命令，打开【jQuery Mobile 文件】对话框，保留默认设置，在当前文档中插入视图页。

第 3 步，单击【确定】按钮，关闭【jQuery Mobile 文件】对话框，然后打开【页面】对话框。在该对话框中设置页面的 ID 值为 list，同时设置页面视图包含标题栏和页脚栏，单击【确定】按钮，完成在当前 HTML5 文档中插入页面视图结构，设置如图 15.7 所示。

图 15.7　设置【页面】对话框

第 4 步，按 Ctrl+S 快捷键，保存当前文档 list.html。此时，Dreamweaver CC 会弹出对话框提示保存相关的框架文件。

第 5 步，选中内容栏中的"内容"文本，清除内容栏内的文本，然后选择【插入】|【结构】|【项目列表】命令，在内容栏插入一个空项目列表结构。为<ul>标签定义 data-role="listview"属性，设计列表视图。

为列表视图开启搜索功能，方法是在 <ul> 标签中添加 data- filter="true" 属性，然后定义 data-filter-placeholder="过滤项目..."属性，设置搜索框中显示的替代文本的提示信息。完成代码如下所示。

```
<div data-role="content">
    <ul data-role="listview" data-filter="true" data-filter-placeholder="过滤项目...">
</ul>
</div>
```

第 6 步，为标题栏和页脚栏添加 data-position="fixed"属性，定义标题栏和页脚栏固定在页面顶部和底部显示，同时修改标题栏标题为"记事列表"。选择【插入】|【图像】|【图像】命令，在标题栏标题标签中插入一个图标 images/node3.png，设置类样式为 class="h_icon"。

第 7 步，选择【插入】|【jQuery Mobile】|【按钮】命令，打开【按钮】对话框，设置如图 15.8 所示，单击【确定】按钮，在标题栏插入两个按钮。然后在代码中修改按钮的标签字符和属性，设置第一个按钮的字符为"返回"，标签图标为 data-icon="back"，链接地址为 href="index.html"，第二个按钮的字符为"写日记"，链接地址为"addnote.html"，完整代码如下所示。

图 15.8 设置【按钮】对话框

```html
<div data-role="header" data-position="fixed" data-position="inline">
    <h2><img src="images/node3.png" class="h_icon" alt="" />  记事列表</h2>
      <a href="index.html" data-role="button" data-icon="back" data-inline= "true">
返回</a>
      <a href="addnote.html" data-role="button" data-icon="plus" data-inline= "true">
写日记</a>
</div>
```

第 8 步，打开 js/note.js 文档，在其中编写如下代码。

```javascript
//列表页面创建事件
$("#list").live("pagecreate", function() {
    var $listview = $(this).find('ul[data-role="listview"]');
    var $strKey = "", $strHTML = "", $intSum = 0;
    var $strType = myNode.utils.getParam('link_type');
    var $strName = myNode.utils.getParam('type_name');
    for (var intI = 0; intI < localStorage.length; intI++) {
        $strKey = localStorage.key(intI);
        if ($strKey.substring(0, 4) == "note") {
            var getData = JSON.parse(myNode.utils.getParam($strKey));
            if (getData.type == $strType) {
                if(getData.date)
                    var date = new Date(getData.date);
                if(date)
                    var _date = date.getFullYear() + "-" + date.getMonth() + "-" +
date.getDate();
                else
                    var _date = "";
                $strHTML += '<li data-icon="false" data-ajax="false"><a href="notede-
tail. html" data-id="' + getData.nid + '">' + getData.title + '<p class="ui-li-
aside">' + _date + '</p></a></li>';
                $intSum++;
            }
        }
    }
    var strTitle = '<li data-role="list-divider">' + $strName + '<span class="ui-
li-count">' + $intSum + '</span></li>';
    $listview.html(strTitle + $strHTML);
    $listview.delegate('li a', 'click', function(e) {
```

```
        myNode.utils.setParam('list_link_id', $(this).data('id'))
    })
})
```

在上面的代码中，先定义一些字符和元素对象变量，并通过自定义函数的方法 getParam()获取传递的类别字符和名称，分别保存在变量$strType 和$strNamc 中。然后遍历整个 localStorage 对象筛选记事数据。在遍历过程中，将记事的字符数据转换成 JSON 对象，再根据对象的类别与保存的类别变量相比较，如果符合，则将该条记事的 ID 编号和标题信息追加到字符串变量$strHTML 中，并通过变量$intSum 累加该类别下的记事数据总量。

最后，将获取的数字变量$intSum 放入列表<ul>元素的分割项中，并将保存分割项内容的字符变量 strTitle 和保存列表项内容的字符变量$strHTML 组合，通过元素的 html()方法将组合后的内容赋值给列表对象。同时，使用 delegate()方法设置列表选项被单击时执行的代码。

第 9 步，在头部位置添加如下元信息，定义视图宽度与设备屏幕宽度保持一致。

```
<meta name="viewport" content="width=device-width,initial-scale=1" />
```

第 10 步，完成设计之后，在移动设备中预览 index.html 页面，然后单击记事分类项目，则会跳转到 list.html 页面，显示效果如图 15.6 所示。

15.6　制作详细页

当用户在记事列表页中单击某记事标题选项时，将该记事标题的 ID 编号通过 key/value 的方式保存在 localStorage 对象中。当进入记事详细页时，先调出保存的键值作为传回的记事数据 ID 值，并将该 ID 值作为键名获取对应的键值，然后将获取的键值字符串数据转成 JSON 对象，再将该对象的记事标题和内容显示在页面指定的元素中。页面演示效果如图 15.9 所示。

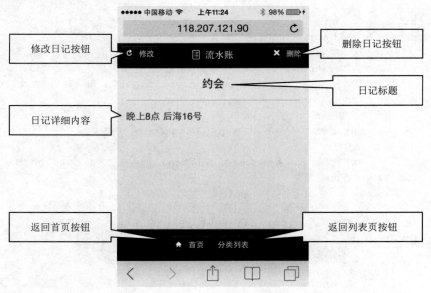

图 15.9　详细页设计效果

新建一个 HTML 页面，在 page 容器的正文区域中添加一个<h3>和两个<p>标签，分别用于显示记事信息的标题和内容，单击头部栏左侧的"修改"按钮进入记事编辑页，单击头部栏右侧的"删除"按钮，可以删除当前的记事数据。

【操作步骤】

第 1 步，启动 Dreamweaver CC，选择【文件】|【新建】命令，打开【新建文档】对话框。在列表框中选择【空白页】选项，设置【页面类型】为 HTML，【文档类型】为 HTML5，然后单击【创建】按钮，完成文档的创建操作。

第 2 步，按 Ctrl+S 快捷键，保存文档为 notedetail.html。选择【插入】|【jQuery Mobile】|【页面】命令，打开【jQuery Mobile 文件】对话框，保留默认设置，在当前文档中插入视图页。

第 3 步，单击【确定】按钮，关闭【jQuery Mobile 文件】对话框，然后打开【页面】对话框，在该对话框中设置页面的 ID 值为 notedetail，同时设置页面视图包含标题栏和页脚栏，单击【确定】按钮，完成在当前 HTML5 文档中插入页面视图结构，设置如图 15.10 所示。

第 4 步，按 Ctrl+S 快捷键，保存当前文档 notedetail.html。此时，Dreamweaver CC 会弹出对话框提示保存相关的框架文件。

第 5 步，选中内容栏中的"内容"文本，清除内容栏中的文本，然后插入一个三级标题和两个段落文本，设置标题的 ID 值为 title，段落文本的 ID 值为 content，具体代码如下所示。

```html
<div data-role="content">
    <h3 id="title"></h3>
    <p class="notep"></p>
    <p id="content"></p>
</div>
```

第 6 步，为标题栏和页脚栏添加 data-position="fixed"属性，定义标题栏和页脚栏固定在页面顶部和底部显示，同时删除标题栏标题字符，显示为空标题。

第 7 步，选择【插入】|【jQuery Mobile】|【按钮】命令，打开【按钮】对话框，设置如图 15.11 所示，单击【确定】按钮，在标题栏插入两个按钮。然后在代码中修改按钮的标签字符和属性，设置第一个按钮的字符为"修改"，标签图标为 data-icon="refresh"，链接地址为 href="editnote.html"，第二个按钮的字符为"删除"，链接地址为"#"，完整代码如下所示。

```html
<div data-role="header" data-position="fixed" data-position="inline">
    <h4></h4>
    <a href="editnote.html" data-ajax="false" data-role="button" data-icon="refresh"
data-inline="true">修改</a>
    <a href="javascript:" id="alink_delete"  data-role="button" data-icon="delete"
data-inline="true">删除</a>
</div>
```

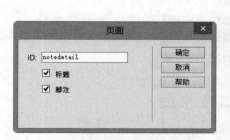

图 15.10　设置【页面】对话框

图 15.11　设置【按钮】对话框

第 8 步，以同样的方式在页脚栏插入两个按钮，然后在代码中修改按钮的标签字符和属性，设置第一个按钮的字符为"首页"，标签图标为 data-icon="home"，链接地址为 href="index.html"，第二个按钮的字符为"分类列表"，链接地址为"list.html"，完整代码如下所示。

```
<div data-role="footer" data-position="fixed" >
    <h1 data-role="controlgroup" data-type="horizontal">
        <a href="index.html" data-role="button" data-icon="home">首页</a>
        <a href="list.html" data-role="button">分类列表</a>
    </h1>
</div>
```

第9步，打开 js/note.js 文档，在其中编写如下代码。

```
//详细页面创建事件
$("#notedetail").live("pagecreate", function() {
    var $type = $(this).find('div[data-role="header"] h4');
    var $strId = myNode.utils.getParam('list_link_id');
    var $titile = $("#title");
    var $content = $("#content");
    var listData = JSON.parse(myNode.utils.getParam($strId));
    var strType = listData.type == "a" ? "流水账" : "心情日记";
    $type.html('<img src="images/node5.png" class="h_icon" alt=""/> ' + strType);
    $titile.html(listData.title);
    $content.html(listData.content);
    $(this).delegate('#alink_delete', 'click', function(e) {
        var yn = confirm("确定要删除吗？");
        if (yn) {
            localStorage.removeItem($strId);
            window.location.href = "list.html";
        }
    })
})
```

在上面代码中先定义一些变量，通过自定义方法 getParam()获取传递的某记事 ID 值，并保存在变量 $strId 中。然后将该变量作为键名，获取对应的键值字符串，并将键值字符串调用 JSON.parse()方法转换成 JSON 对象，在该对象中依次获取记事的标题和内容，显示在内容区域对应的标签中。

通过 delegate()方法添加单击事件，当单击"删除"按钮时触发记录删除操作。在该事件的回调函数中，先通过变量 yn 保存 confirm()函数返回的 true 或 false 值，如果为真，将根据记事数据的键名值使用 removeItem()方法，删除指定键名的全部对应键值，实现删除记事数据的功能，删除操作之后页面返回记事列表页。

第10步，在头部位置添加如下元信息，定义视图宽度与设备屏幕宽度保持一致。

```
<meta name="viewport" content="width=device-width,initial-scale=1" />
```

第11步，完成设计之后，在移动设备中预览记事列表页面（list.html），然后单击某条记事项目，则会跳转到 notedetail.html 页面，显示效果如图 15.8 所示。

15.7　制作修改页

扫一扫，看视频

当在记事详细页中单击标题栏左侧的"修改"按钮时，进入修改记事内容页，在该页面中，可以修改某条记事数据的类、标题和内容信息，修改完成后返回记事详细页。页面演示效果如图 15.12 所示。

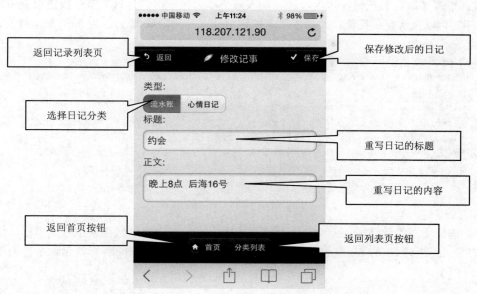

图 15.12　修改页设计效果

新建 HTML5 页面，在 page 视图容器的正文区域中，通过水平式的单选按钮组显示记事数据的所属类别，一个文本框和一个文本区域框显示记事数据的标题和内容，用户可以重新选择所属类别、编辑标题和内容数据。单击"保存"按钮，则完成数据的修改操作，并返回列表页。

【操作步骤】

第 1 步，启动 Dreamweaver CC，选择【文件】|【新建】命令，打开【新建文档】对话框。在左侧列表框中选择【空白页】选项，设置【页面类型】为 HTML，【文档类型】为 HTML5，然后单击【创建】按钮，完成文档的创建操作。

第 2 步，按 Ctrl+S 快捷键，保存文档为 editnote.html。选择【插入】|【jQuery Mobile】|【页面】命令，打开【jQuery Mobile 文件】对话框，保留默认设置，在当前文档中插入视图页。

第 3 步，单击【确定】按钮，关闭【jQuery Mobile 文件】对话框，然后打开【页面】对话框，在该对话框中设置页面的 ID 值为 editnote，同时设置页面视图包含标题栏和页脚栏，单击【确定】按钮，完成在当前 HTML5 文档中插入页面视图结构，设置如图 15.13 所示。

第 4 步，按 Ctrl+S 快捷键，保存当前文档 editnote.html。此时，Dreamweaver CC 会弹出对话框提示保存相关的框架文件。

第 5 步，选中内容栏中的"内容"文本，清除内容栏内的文本。选择【插入】|【jQuery Mobile】|【单选按钮】命令，打开【单选按钮】对话框，设置【名称】为 rdo-type，【单选按钮】为 2，【水平】布局，设置如图 15.14 所示。

图 15.13　设置【页面】对话框

图 15.14　设置【单选按钮】对话框

第 6 步，单击【确定】按钮，在内容区域插入一个单选按钮组，为每个单选按钮设置 ID 值，修改单选按钮的标签，以及绑定属性值，并在该单选按钮中插入一个隐藏域，ID 为 hidtype，值为 a。完整代码如下所示。

```
<div data-role="fieldcontain">
    <fieldset data-role="controlgroup" data-type="horizontal" id="rdo-type" data-mini="true" >
        <legend for="rdo-type" >类型:</legend>
        <input type="radio" name="rdo-type" id="rdo-type-0" value="a" />
        <label for="rdo-type-0" id="lbl-type-0">流水账</label>
        <input type="radio" name="rdo-type" id="rdo-type-1" value="b" />
        <label for="rdo-type-1" id="lbl-type-1">心情日记</label>
        <input type="hidden" id="hidtype"  value="a"/>
    </fieldset>
</div>
```

第 7 步，选择【插入】|【jQuery Mobile】|【文本】命令，在内容区域插入单行文本框，修改文本框的 ID 值，以及<label.>标签的 for 属性值，绑定标签和文本框，设置<label.>标签包含字符为"标题"，完成后的代码如下。

```
<div data-role="fieldcontain">
    <label for="txt-title">标题:</label>
    <input type="text" name="txt-title" id="txt-title" value=""  />
</div>
```

第 8 步，选择【插入】|【jQuery Mobile】|【文本区域】命令，在内容区域插入多行文本框，修改文本区域的 ID 值，以及<label.>标签的 for 属性值，绑定标签和文本区域，设置<label.>标签包含字符为"正文"，完成后的代码如下。

```
<div data-role="fieldcontain">
    <label for="txta-content">正文:</label>
    <textarea cols="40" rows="8" name="txta-content" id="txta-content"></textarea>
</div>
```

第 9 步，为标题栏和页脚栏添加 data-position="fixed"属性，定义标题栏和页脚栏固定在页面顶部和底部显示，同时修改标题栏标题为"修改记事"。选择【插入】|【图像】|【图像】命令，在标题栏标题标签中插入一个图标 images/node.png，设置类样式为 class="h_icon"。

图 15.15 设置【按钮】对话框

第 10 步，选择【插入】|【jQuery Mobile】|【按钮 】命令，打开【按钮】对话框，设置如图 15.15 所示，单击【确定】按钮，在标题栏插入两个按钮。然后在代码中修改按钮的标签字符和属性，设置第一个按钮的字符为"返回"，标签图标为 data-icon="back"，链接地址为 href="notedetail.html"，第二个按钮的字符为"保存"，链接地址为"javascript:"，完整代码如下所示。

```
<div data-role="header" data-position="fixed" data-position="inline">
    <h2><img src="images/node.png" class="h_icon" alt=""/> 修改记事</h2>
    <a href="notedetail.html" data-ajax="false" data-role="button" data-icon="back" data-inline="true">返回</a>
    <a href="javascript:" data-role="button" data-icon="check" data-inline="true">保存</a>
</div>
```

第 11 步，打开 js/note.js 文档，在其中编写如下代码。

```
//修改页面创建事件
$("#editnote").live("pageshow", function() {
    var $strId = myNode.utils.getParam('list_link_id');
    var $header = $(this).find('div[data-role="header"]');
    var $rdotype = $("input[type='radio']");
    var $hidtype = $("#hidtype");
    var $txttitle = $("#txt-title");
    var $txtacontent = $("#txta-content");
    var editData = JSON.parse(myNode.utils.getParam($strId));
    $hidtype.val(editData.type);
    $txttitle.val(editData.title);
    $txtacontent.val(editData.content);
    if (editData.type == "a") {
        $("#lbl-type-0").removeClass("ui-radio-off").addClass("ui-radio-on
ui-btn-active");
    } else {
        $("#lbl-type-1").removeClass("ui-radio-off").addClass("ui-radio-on
ui-btn-active");
    }
    $rdotype.bind("change", function() {
        $hidtype.val(this.value);
    });
    $header.delegate('a', 'click', function(e) {
        if ($txttitle.val().length > 0 && $txtacontent.val().length > 0) {
            var strnid = $strId;
            var notedata = new Object;
            notedata.nid = strnid;
            notedata.type = $hidtype.val();
            notedata.title = $txttitle.val();
            notedata.content = $txtacontent.val();
            var jsonotedata = JSON.stringify(notedata);
            myNode.utils.setParam(strnid, jsonotedata);
            window.location.href = "list.html";
        }
    })
})
```

在上面代码中先调用自定义的 getParam()方法获取当前修改的记事数据 ID 编号，并保存在变量$strId 中，然后将该变量值作为 localStorage 对象的键名，通过该键名获取对应的键值字符串，并将该字符串转换成 JSON 格式对象。在对象中，通过属性的方式获取记事数据的类、标题和正文信息，依次显示在页面指定的表单对象中。

当通过水平单选按钮组显示记事类型数据时，先将对象的类型值保存在 ID 属性值为 hidtype 的隐藏表单域中，再根据该值的内容，使用 removeClass()和 addClass()方法修改按钮组中单个按钮的样式，使整个按钮组的选中项与记事数据的类型一致。为单选按钮组绑定 change 事件，在该事件中，当修改默认类型时，ID 属性值为 hidtype 的隐藏表单域的值也随之发生变化，以确保记事类型修改后，该值可以实时保存。

最后，设置标题栏中右侧"保存"按钮 click 事件。在该事件中，先检测标题文本框和正文文本区域的字符长度是否大于 0，再检测标题和正文是否为空。当两者都不为空时，实例化一个新的 Object 对象，并将记事数据的信息作为该对象的属性值，保存在该对象中。然后，通过调用 JSON.stringify()方法将对象转换成 JSON 格式的文本字符串，使用自定义的 setParam()方法，将数据写入 localStorage 对象对应键名的键值中，最终实现记事数据更新的功能。

第 12 步，在头部位置添加如下元信息，定义视图宽度与设备屏幕宽度保持一致。

```
<meta name="viewport" content="width=device-width,initial-scale=1" />
```

第 13 步，完成设计之后，在移动设备中预览详细页面（notedetail.html），然后单击某条记事项目，则会跳转到 editnote.html 页面，显示效果如图 15.12 所示。

扫一扫，看视频

15.8　制作添加页

在首页或列表页中，单击标题栏右侧的"写日记"按钮后，将进入添加记事内容页，在该页面中，用户可以通过单选按钮组选择记事类型，在文本框中输入记事标题，在文本区域中输入记事内容，单击该页面头部栏右侧的"保存"按钮后，便把写入的日记信息保存起来，在系统中新增了一条记事数据。页面演示效果如图 15.16 所示。

图 15.16　添加页设计效果

新建 HTML5 页面，在 page 视图容器的正文区域中，插入水平单选按钮组用于选择记事类型，同时插入一个文本框和一个文本区域，分别用于输入记事标题和内容，当用户选择记事数据类型，同时输入记事数据标题和内容，单击"保存"按钮则完成数据的添加操作，将返回列表页。

【操作步骤】

第 1 步，启动 Dreamweaver CC，选择【文件】|【新建】命令，打开【新建文档】对话框。在左侧列表框中选择【空白页】选项，设置【页面类型】为 HTML，【文档类型】为 HTML5，然后单击【创建】按钮，完成文档的创建操作。

第 2 步，按 Ctrl+S 快捷键，保存文档为 addnote.html。选择【插入】|【jQuery Mobile】|【页面】命令，打开【jQuery Mobile 文件】对话框，保留默认设置，在当前文档中插入视图页。

第 3 步，单击【确定】按钮，关闭【jQuery Mobile 文件】对话框，然后打开【页面】对话框，在该对话框中设置页面的 ID 值为 addnote，同时设置页面视图包含标题栏和页脚栏，单击【确定】按钮，完成在当前 HTML5 文档中插入页面视图结构，设置如图 15.17 所示。

第 4 步，按 Ctrl+S 快捷键，保存当前文档 addnote.html。此时，Dreamweaver CC 会弹出对话框提示保存相关的框架文件。

第 5 步，选中内容栏中的"内容"文本，清除内容栏内的文本。选择【插入】|【jQuery Mobile】|【单选按钮】命令，打开【单选按钮】对话框，设置【名称】为 rdo-type，【单选按钮】为 2，【水平】布局，设置如图 15.18 所示。

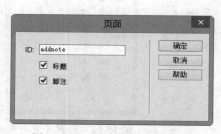

图 15.17　设置【页面】对话框　　　　　图 15.18　设置【单选按钮】对话框

第 6 步，单击【确定】按钮，在内容区域插入一个单选按钮组，为每个单选按钮设置 ID 值，修改单选按钮的标签，以及绑定属性值，并在该单选按钮中插入一个隐藏域，ID 为 hidtype，值为 a。完整代码如下所示。

```
<div data-role="fieldcontain">
    <fieldset data-role="controlgroup" data-type="horizontal" id="rdo-type" data-mini="true" data-mini="true" >
        <legend for="rdo-type" >类型:</legend>
        <input type="radio" name="rdo-type" id="rdo-type-0" value="a" checked="checked" />
        <label for="rdo-type-0" id="lbl-type-0">流水账</label>
        <input type="radio" name="rdo-type" id="rdo-type-1" value="b" />
        <label for="rdo-type-1" id="lbl-type-1">心情日记</label>
        <input type="hidden" id="hidtype" value="a"/>
    </fieldset>
</div>
```

第 7 步，选择【插入】|【jQuery Mobile】|【文本】命令，在内容区域插入单行文本框，修改文本框的 ID 值，以及<label.>标签的 for 属性值，绑定标签和文本框，设置<label.>标签包含字符为"标题"，完成后的代码如下。

```
<div data-role="fieldcontain">
    <label for="txt-title">标题:</label>
    <input type="text" name="txt-title" id="txt-title" value="" />
</div>
```

第 8 步，选择【插入】|【jQuery Mobile】|【文本区域】命令，在内容区域插入多行文本框，修改文本区域的 ID 值，以及<label.>标签的 for 属性值，绑定标签和文本区域，设置<label.>标签包含字符为"正文"，完成后的代码如下。

```
<div data-role="fieldcontain">
    <label for="txta-content">正文:</label>
    <textarea name="txta-content" id="txta-content"></textarea>
</div>
```

第 9 步，为标题栏和页脚栏添加 data-position="fixed"属性，定义标题栏和页脚栏固定在页面顶部和底部显示，同时修改标题栏标题为"增加记事"。选择【插入】|【图像】|【图像】命令，在标题栏标题标签中插入一个图标 images/write.png，设置类样式为 class="h_icon"。

第 10 步，选择【插入】|【jQuery Mobile】|【按钮 】命令，打开【按钮】对话框，设置如图 15.19

所示，单击【确定】按钮，在标题栏插入两个按钮。然后在代码中修改按钮的标签字符和属性，设置第一个按钮的字符为"返回"，标签图标为 data-icon="back"，链接地址为 href="javascript:"，第二个按钮的字符为"保存"，链接地址为"javascript:"，完整代码如下所示。

图 15.19　设置【按钮】对话框

```html
<div data-role="header" data-position="fixed" data-position="inline">
    <h2><img src="images/write.png" class="h_icon" alt=""/> 增加记事</h2>
    <a href="javascript:" data-ajax="false" data-role="button" data-icon="back" data-inline="true">返回</a>
    <a href="javascript:" data-role="button" data-icon="check" data-inline= "true">保存</a>
</div>
```

第 11 步，打开 js/note.js 文档，在其中编写如下代码。

```javascript
//增加页面创建事件
$("#addnote").live("pagecreate", function() {
    var $header = $(this).find('div[data-role="header"]');
    var $rdotype = $("input[type='radio']");
    var $hidtype = $("#hidtype");
    var $txttitle = $("#txt-title");
    var $txtacontent = $("#txta-content");
    $rdotype.bind("change", function() {
        $hidtype.val(this.value);
    });
    $header.delegate('a', 'click', function(e) {
        if ($txttitle.val().length > 0 && $txtacontent.val().length > 0) {
            var strnid = "note_" + RetRndNum(3);
            var notedata = new Object;
            notedata.nid = strnid;
            notedata.type = $hidtype.val();
            notedata.title = $txttitle.val();
            notedata.content = $txtacontent.val();
            notedata.date = new Date().valueOf();
            var jsonotedata = JSON.stringify(notedata);
            myNode.utils.setParam(strnid, jsonotedata);
            window.location.href = "list.html";
        }
    });
    function RetRndNum(n) {
        var strRnd = "";
        for (var intI = 0; intI < n; intI++) {
            strRnd += Math.floor(Math.random() * 10);
        }
        return strRnd;
    }
})
```

在上面代码中，先通过定义一些变量保存页面中的各元素对象，并设置单选按钮组的 change 事件。在该事件中，当单选按钮的选项中发生变化时，保存选项值的隐藏型元素值也将随之变化。然后，使用 delegate()方法添加标题栏右侧"保存"按钮的单击事件。在该事件中，先检测标题文本框和内容文本域的内容是否为空，如果不为空，那么调用一个自定义的按长度生成随机数的数，生成一个 3 位数的随机数字，并与 note 字符一起组成记事数据的 ID 编号保存在变量 strnid 中。最后，实例化一个新的 Object 对象，将记事数据的 ID 编号、类型、标题、正文内容都作为该对象的属性值赋值给对象，使用 JSON.stringify()方法将对象转换成 JSON 格式的文本字符串，通过自定义的 setParam()方法，保存在以记事数据的 ID 编号为键名的对应键值中，实现添加记事数据的功能。

第 12 步，在头部位置添加如下元信息，定义视图宽度与设备屏幕宽度保持一致。

```
<meta name="viewport" content="width=device-width,initial-scale=1" />
```

第 13 步，完成设计之后，在移动设备中首页（index.html）或列表页（list.html）中单击"写日记"按钮，则会跳转到 addnote.html 页面，显示效果如图 15.16 所示。

15.9　小　　结

本章通过一个完整的移动记事本的开发，详细介绍了在 jQuery Mobile 框架中，如何使用 localStorage 实现数据的增加、删除、修改和查询。localStorage 对象是 HTML5 新增加的一个对象，用于在客户端保存用户的数据信息，它以 key/value 的方式进行数据的存取，并且该对象目前被绝大多数新版移动设备的浏览器所支持，因此，使用 localStorage 对象开发项目越来越多。

第 16 章　实战开发：移动博客项目

本章将介绍一个个人博客系统的开发实例，除了介绍静态页面的设计外，同时还要讲解如何获取服务器端的响应信息，为应用增加更多的交互性。服务器技术以 PHP+MySQL 为基础，本章还将简单铺垫 PHP 服务器环境的搭建，如果读者有一定的 PHP 基础，学习起来会更为轻松。除新增加的网络功能之外，本章还将介绍更复杂的网页布局样式。

【学习重点】
- 在 jQuery Mobile 中使用 PHP。
- 使用 PHP 连接数据库。
- 使用 jQuery Mobile 开发应用的基本流程。

扫一扫，看视频

16.1　项 目 分 析

本项目主要目标是开发一款手机版的博客系统。由于是 Web 系统，因此需要服务器的支持，在这里选择了 PHP 语言。由于 PHP 并不是本书的重点，笔者就假设读者已经有了现成的后台管理程序，本章仅展示如何利用 jQuery Mobile 和 PHP 显示数据库中文章的部分。

本项目是一套个人博客系统，因此文章列表是必不可少的一部分，于是在开始该项目之前，首先参考一些同类型的应用，如 QQ 空间的日志模块等。在人机交互可用性上分析，QQ 空间的文章列表无疑是最好的，所以本项目也以 QQ 空间的设计为基础进行布局。

扫一扫，看视频

16.2　主 页 设 计

在完成项目的设计之后，开始对页面的前端进行设计，首先是主界面的设计。主界面的设计比较简单，可以将屏幕分为上下两部分，头部显示一张大图，大图下面则是栏目列表，示意图如图 16.1 所示。

由于是 Web 版，因此不需要考虑纵向高度与屏幕的关系。在实际应用上，可能还要考虑这一点，只不过在本例中，由于文章列表的数量是未知的，因此无法对此做过多要求。如果一定要对此做要求的话，可以限制栏目的数量，如规定本博客中仅有 4 个栏目，或者是在有限数目的栏目中加入二级栏目。

设计顶部大图，首先获取屏幕的宽度，使大图的宽度与屏幕宽度相同，然后按照一定比例设置图片的高度。下方的栏目列表可以使用列表控件来实现。主界面实现代码如下所示（index.html）。

```
<!DOCTYPE html>
<html>
<head>
<meta charset="utf-8">
<meta name="viewport" content="width=device-width, initial-scale=1">
<!--框架-->
<link href="jquery-mobile/jquery.mobile.min.css" rel="stylesheet" type="text/css"/>
<script src="jquery-mobile/jquery-1.7.1.min.js" type="text/javascript"></script>
<script src="jquery-mobile/jquery.mobile.min.js" type="text/javascript"></script>
```

```
<script>
$(document).ready(function(){
    $screen_width=$(window).width();              //获取屏幕宽度
    $pic_height=$screen_width*1/2;                 //设计顶部图片的宽度
    $pic_height=$pic_height+"px";
    $("div[data-role=top_pic]").width("100%").height($pic_height);
});
</script>
</head>
<body>
<div data-role="page" data-theme="c">
    <div data-role="top_pic" style="background-color:#000; width:100%;">
        <img src="images/top.jpg" width="100%" height="100%"/>
    </div>
    <div data-role="content">
        <ul data-role="listview" data-inset="true">
            <li><a href="#"><h1>精品原创</h1></a></li>
            <li><a href="#"><h1>经验分享</h1></a></li>
            <li><a href="#"><h1>琐事记忆</h1></a></li>
        </ul>
    </div>
</div>
</body>
</html>
```

运行效果如图 16.2 所示，3 个栏目正好使布局完整，而且显得非常有条理。注意在实际使用时就不一定是这样了，可能会包含更多个栏目，一个屏幕可能装不下它们，在设计时需要考虑各种可能情况。

图 16.1　主界面布局示意图

图 16.2　主界面布局效果图

16.3　列表页设计

文章列表有多种呈现形式，单纯的文章列表只使用了一个列表控件将文章标题平铺下来，非常简单。如果界面中没有多余的空间来放置导航按钮组，可以考虑使用侧栏面板实现，通过 jQuery Mobile 的滑动事件进行交互。由于使用习惯，本例选择了当手指向右滑动时，滑出面板。

实际上，目前更流行的是使用底部的选项卡来实现栏目间的切换，但是本例舍弃这一方案。虽然使用 jQuery Mobile 可以很容易地在底部栏中实现选项卡的样式，但是也限制了底部最多仅能容纳 5 项栏目，并且一些栏目会由于字数过多而无法正常显示，因此不得不舍弃。

列表页设计代码如下（list1.html）。

```
<script>
$( "#mypanel" ).trigger( "updatelayout" );              //激活侧栏面板控件
$(document).ready(function(){
    $("div").bind("swiperight", function(event) {       //监听向右滑动事件
        $("#mypanel" ).panel( "open" );                 //向右滑动时，展开侧栏面板
    });
});
</script>

<div data-role="page" data-theme="c">
    <div data-role="panel" id="mypanel" data-theme="a">
        <ul data-role="listview" data-inset="true" data-theme="a">
            <li><a href="#">精品原创</a></li>
            <li><a href="#">经验分享</a></li>
            <li><a href="#">琐事记忆</a></li>
        </ul>
    </div>
    <div data-role="content">
        <ul data-role="listview" data-inset="true">
            <li><a href="content.html">jQuery Mobile 测试 1</a></li>
            <li><a href="content.html">jQuery Mobile 测试 2</a></li>
            <li><a href="content.html">jQuery Mobile 测试 3</a></li>
            <li><a href="content.html">jQuery Mobile 测试 4</a></li>
            <li><a href="content.html">jQuery Mobile 测试 5</a></li>
            ......
        </ul>
    </div>
</div>
```

运行效果如图 16.3 所示。在页面中向右滑动屏幕即可滑出栏目列表，如图 16.4 所示。

图 16.3　文章列表

图 16.4　滑出侧栏面板效果

　　为了区分不同界面，设计栏目列表和文章列表使用不同的主题，给栏目列表加入了另一种主题，使之显示为黑色。

　　本页使用 swiperight 来监听向右滑动屏幕的事件，按照原本的设计还应当有相应的 swipeleft 事件来使栏目面板再度消失，但是在实际使用中，在面板弹出状态下，单击右侧内容会自动隐藏面板。

　　由于每行中仅包含标题，为了使文章列表看起来更丰满，下面对该页面的布局进行修改，代码如下所示（list2.html）。

```
<div data-role="page" data-theme="c">
    <div data-role="panel" id="mypanel" data-theme="a">
        <ul data-role="listview" data-inset="true" data-theme="a">
            <li><a href="#">精品原创</a></li>
            <li><a href="#">经验分享</a></li>
            <li><a href="#">琐事记忆</a></li>
        </ul>
    </div>
    <div data-role="content">
        <ul data-role="listview" data-inset="true">
            <li>
                <a href="content.html"><h4>jQuery Mobile 测试 1</h4>
                    <p>jQuery Mobile 项目开发测试......</p>
                </a>
            </li>
            <li>
                <a href="content.html"><h4>jQuery Mobile 测试 2</h4>
                    <p>jQuery Mobile 项目开发测试......</p>
                </a>
            </li>
            ......
        </ul>
    </div>
</div>
```

　　运行结果如图 16.5 所示。这样看上去就舒服多了，当然也可以在列表的左侧插入一些图片，由于本例只开发一个轻量级的博客系统，因此不计划加入太复杂的功能。

图 16.5　完善文章列表页面效果图

16.4　内容页设计

文章内容页面比较简单，首先是给文章页的头部栏加入一个"返回"按钮，然后在尾部栏中加入"上一篇"和"下一篇"两个按钮，最后需要在阅读文章时可以随时滑出文章列表，这就用到了上一节的面板控件。当在屏幕上向右滑动时，文章列表会从左侧滑出，由于这里仅需要题目，因此列表的副标题可以省略，这样看上去比较简洁。

在内容页中，还需要附加文章的作者和发布时间。由于手机屏幕空间有限，如果单独为它们留出两行空间的话，太占用空间，本例计划只用一行，在一个空间中将它们全部显示出来。

内容页面设计代码如下（content.html）。

```html
<script>
$( "#mypanel" ).trigger( "updatelayout" );
$(document).ready(function(){
    $("div").bind("swiperight", function(event) {
        $( "#mypanel" ).panel( "open" );
    });
});
</script>
<div data-role="page" data-theme="c">
    <div data-role="panel" id="mypanel" data-theme="a">
        <ul data-role="listview" data-inset="true" data-theme="a">
            <li><a href="#">精品原创</a></li>
            <li><a href="#">经验分享</a></li>
            <li><a href="#">琐事记忆</a></li>
        </ul>
    </div>
    <div data-role="header" data-position="fixed" data-theme="c">
        <a href="#" data-icon="back">返回</a>
        <h1>jQuery Mobile 的作用</h1>
    </div>
    <div data-role="content">
        <h4 style="text-align:center;"><small>作者：石头 发表日期：2016/9/18 19:27</small></h4>
        <p> 最近研究一下 jQuery Mobile ，这是一个很强大的创建移动 Web 应用程序的框架。用它来制作手机端网页是非常方便的 。jQuery Mobile 使用 HTML5 和 CSS3 通过很少的东西就可以对页面进行布局。</p>
        <p> 给大家推荐一个网址：http://www.w3school.com.cn/jquerymobile/ ，这个网址里面全面的介绍了 jQuery Mobile ，在这个网站我们找到 jQuery Mobile 实例，在这些实例里面为我们详细的介绍了各种各样的样式 ，我们只需通过复制，到我们的网站上就可以使用。非常适合我们进行快捷开发手机端网站。</p>
    </div>
    <div data-role="footer" data-position="fixed" data-theme="c">
        <div data-role="navbar">
            <ul>
                <li><a id="chat" href="#" data-icon="arrow-l">上一篇</a></li>
                <li><a id="email" href="#" data-icon="arrow-r">下一篇</a></li>
            </ul>
        </div>
    </div>
</div>
```

运行结果如图 16.6 所示。打开页面可以直接看到文章的内容，当内容超出屏幕范围时可以通过上下拖动来进行阅读，利用底部的"上一篇"和"下一篇"按钮进行文章的切换，也可以单击顶部的"返回"按钮，回到上一节所完成的页面。

为头部栏和尾部栏设置了主题 c，这样是为了文章内容页的颜色能够与侧面板的黑色形成对比，以便能够更好地加以区分。为了让文章内容能够以统一的字体来展示，本例统一为它们加入了 h4 标签，这样既能保证字体不会太大，又能保证字体在任何设备上都能被肉眼清楚地辨认。为了让日期和作者信息更加突出，本例为这两项设置了小字体（<small>标签），并加入了 text-align 属性，让它们居中展示。

📢 提示：

> 一般建议用户将 CSS 样式写在样式表中，但是当使用 jQuery Mobile 进行开发时，如果仅需要使用少量的 CSS 样式，可以使用 style 属性写在标签中添加样式，这样能够降低阅读代码的难度。

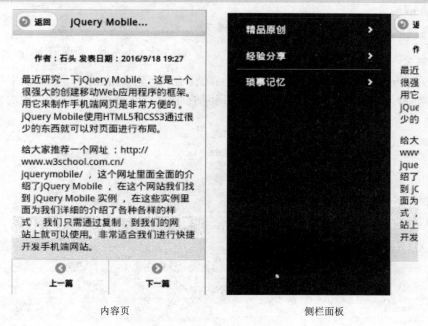

内容页　　　　　　　　　　　　　　侧栏面板

图 16.6　内容页面效果图

16.5　后 台 开 发

前面几节重点介绍了个人博客系统的前台页面的布局和设计，本节将从后台开发的角度介绍功能如何实现。

16.5.1　设计数据库

开发后台部分一般都要使用数据库，首先要新建一个数据库。

【操作步骤】

第 1 步，在浏览器中输入网址 http://localhost/phpmyadmin，打开 phpMyAdmin。找到数据库选项，新建一个名为 myblog 的数据库，如图 16.7 所示。

在"新建数据库"文本框中输入数据库的名称，一般用字母表示，如 db_test。在"排序规则"下拉菜单中选择数据库的类型，一般选择 gb2312_chinese_ci 表示简体中文，不区分大小写的意思。还有一个

扫一扫，看视频

gb2312_bin 这个表示简体中文，二进制。当然，在设置数据库数据类型时要与页面和程序的字符编码保持一致。例如，这里设置数据库 db_test 的类型为 utf8_general_ci。

第 2 步，单击"创建"按钮会提示创建成功，在左侧的面板中多出一个名为 myblog 的选项，如图 16.8 所示。

图 16.7 新建数据库

图 16.8 创建的数据库

第 3 步，单击 myblog，出现如图 16.9 所示的界面，在"新建数据表"一栏的"名字"处填入"blog"，在"字段数"处填入 5，单击"执行"按钮，出现图 16.10 所示的界面，按照图中的内容填入数据。

图 16.9 新建数据表

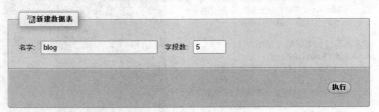

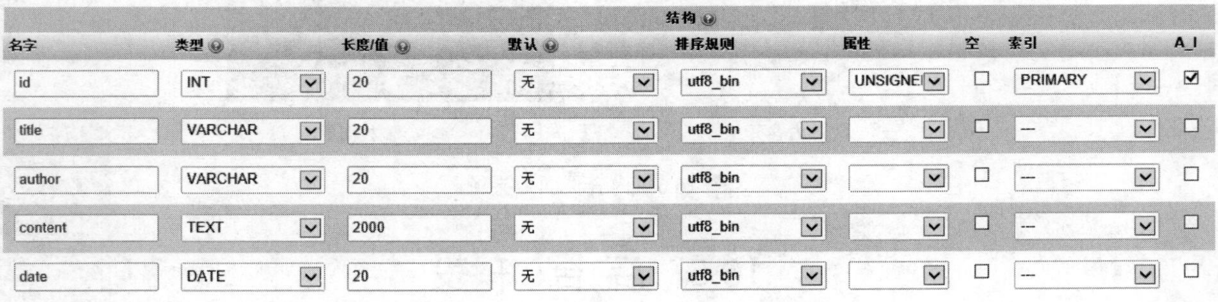

名字	类型	长度/值	默认	排序规则	属性	空	索引	A_I
id	INT	20	无	utf8_bin	UNSIGNE	☐	PRIMARY	☑
title	VARCHAR	20	无	utf8_bin		☐	—	☐
author	VARCHAR	20	无	utf8_bin		☐	—	☐
content	TEXT	2000	无	utf8_bin		☐	—	☐
date	DATE	20	无	utf8_bin		☐	—	☐

图 16.10 添加字段

第 4 步，单击底部的"保存"按钮，保存新设的字段。然后，单击顶部导航栏中"插入"选项，为当前数据表插入一条记录，如表 16.11 所示。

第 5 步，完成填写之后，单击底部的"执行"按钮，保存填入的记录。

第 6 步，以同样的方式，继续插入多条记录，为方便测试，本例在其中插入了 4 组数据，如图 16.12 所示。

第 7 步，为了实现栏目的功能，再创建一个新表，命名为 lanmu，添加两个字段，分别为 pid 和 name，设置如图 16.13 所示。

第 8 步，在其中插入 3 组数据，id 的值分别为 1、2 和 3，name 字段的内容如图 16.14 所示。

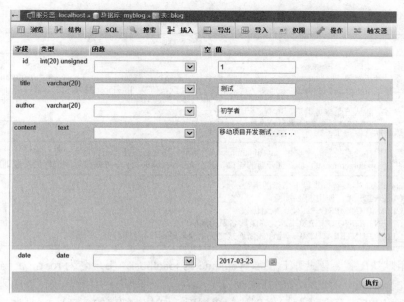

图 16.11　添加记录

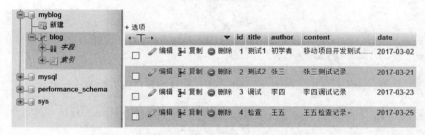

图 16.12　添加 4 条记录

图 16.13　添加新表

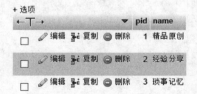

图 16.14　添加记录

16.5.2　连接数据库

完成数据库设计操作之后，本节介绍如何使用 PHP 连接数据库的方法。数据库并不是建好了就能用的，在使用之前首先要进行连接，这就用到了一个函数。

```
mysql_connect(server,user,pwd,newlink,clientflag)
```

参数说明如表 16.1 所示。该函数如果成功，则返回一个 MySQL 连接标识，失败则返回 FALSE。

扫一扫，看视频

表 16.1 参数说明

参数	说　　明
server	可选。规定要连接的服务器。 可以包括端口号，例如 "hostname:port"，或者到本地套接字的路径，例如对于 localhost 的 ":/path/to/socket" 如果 PHP 指令 mysql.default_host 未定义（默认情况），则默认值是 'localhost:3306'
user	可选。用户名。默认值是服务器进程所有者的用户名
pwd	可选。密码。默认值是空密码
newlink	可选。如果用同样的参数第二次调用 mysql_connect()，将不会建立新连接，而将返回已经打开的连接标识。参数 new_link 改变此行为并使 mysql_connect() 总是打开新的连接，甚至 mysql_connect() 曾在前面被用同样的参数调用过
clientflag	可选。client_flags 参数可以是以下常量的组合： MYSQL_CLIENT_SSL：使用 SSL 加密 MYSQL_CLIENT_COMPRESS：使用压缩协议 MYSQL_CLIENT_IGNORE_SPACE：允许函数名后的间隔 MYSQL_CLIENT_INTERACTIVE：允许关闭连接之前的交互超时非活动时间

本例由于使用默认配置，因此默认的 servemame 为 loaclhost，用户名为 root，密码为 11111111。用户可以根据本地安装 MyQL 时的配置进行修改。

在连接上数据库之后，还要选择已经创建的数据库，如本节创建的 myblog，具体实现方法如下所示（connect.php）。

```php
<?php
$con=mysql_connect("localhost","root","11111111");          //建立到数据库的连接命令
mysql_query("set names utf8");                               //执行连接命令
if(!$con){
   echo "failed connect to database";          //如果连接失败则输出信息
}else{
   echo "succeed connect to database";      //连接成功
   echo "</br>";
   mysql_select_db("myblog", $con);             //选择数据库
   //从表 wenzhang 中读取数据
   $result=mysql_query("SELECT * FROM `blog`",$con);
   //将读取到的数据进行整理
   while($row = mysql_fetch_array($result)){
      echo "id     ==>";                        //输出文章编号
      echo $row[0];
      echo "</br>";
      echo "题目    ==>";                        //输出文章题目
      echo $row[1];
      echo "</br>";
      echo "作者    ==>";                        //输出文章作者
      echo $row[2];
      echo "</br>";
      echo "内容    ==>";                        //输出文章内容
      echo $row[3];
      echo "</br>";
      echo "日期    ==>";                        //输出文章发表日期
      echo $row[4];
      echo "</br>";
   }
   mysql_close($con);                          //终止对数据库的连接
}
?>
```

使用 mysql connect()函数连接到数据库，由于不知道能否成功，因此一般需要 if 语句来判断是否成功连接。如果不成功就会输出连接失败的信息，如果成功则继续操作。

成功后就要进行下一步的操作，然后使用$result=mysql_query("SELECT * FROM 'blog' ",$con);查询记录集，"*"表示任何字符，SELECT 是选择的意思，blog 是数据库的表名，合起来的意思就是在一个叫做 blog 的表格中选择所有内容。

取出记录之后，使用 while($row = mysql_fetch_array($result))遍历记录集，逐一读取每条记录，array 是数组的意思，再结合前面可知$result 中包含了表中的所有内容，即每次取数组中的一个元素，将它们显示出来，如果还有下一条则继续取，直到全部取完为止。

最后，使用 mysql_close($con);关闭数据库。在 PHP 中，是不会自动断开与 MySQL 的连接的，而当重新刷新页面的时候，会又建立一个连接，因此及时地与 MySQL 断开连接是一个好习惯。

运行结果如图 16.15 所示。

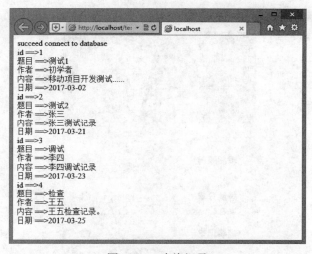

图 16.15　查询记录

扫一扫，看视频

16.5.3　首页功能实现

下面开始设计首页功能，根据前台设计的模板结构，直接嵌入 PHP 代码，从数据库中读取 lanmu 数据表中的记录，然后绑定到列表视图中即可。

【操作步骤】

第 1 步，打开 16.2 节设计的首页模板页，把 index.html 另存为 index.php，然后放到本地站点根目录下。

第 2 步，清除<ul data-role="listview" data-inset="true">标签下所有静态列表项目，输入下面 PHP 代码。

```php
<?php
//连接到数据库
$con=mysql_connect("localhost","root","11111111");
if(!$con){
    echo "failed";                      //连接失败则报错
}else{
    //设置页面编码方式
    mysql_query("set names utf8");
    //选择数据库
    mysql_select_db("myblog", $con);
    //生成查询命令
```

```
    $sql_query="SELECT * FROM lanmu";
    //执行查询操作
    $result=mysql_query($sql_query,$con);
}
while($row = mysql_fetch_array($result)){
    //显示栏目列表
    echo "<li><a href='list.php?pid=";
    echo $row['pid'];
    echo "'><h1>";
    echo $row['name'];
    echo "</h1></a></li>";
}
?>
```

第 3 步，在浏览器中输入 http://localhost/index.php，运行效果如图 16.16 所示。

图 16.16　首页动态功能实现

16.5.4　列表页功能实现

扫一扫，看视频

列表页承接首页，显示选定栏目下所有文章列表，为了绑定栏目与文章之间的关系，还需要在 blog 数据表中添加字段，索引 lanmu 数据表中 pid 字段，以便分类查询，具体实现功能如下。

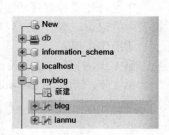

图 16.17　选择数据表

【操作步骤】

第 1 步，在浏览器中输入网址 http://localhost/phpmyadmin，打开 phpMyAdmin。选择 myblog 的数据库，再选择 blog 数据表，如图 16.17 所示。

第 2 步，在右侧导航栏中选择"结构"项目，切换到 blog 数据表结构设计视图，如图 16.18 所示。

第 3 步，在底部"添加"项目后单击"执行"按钮，添加一个字段，在打开的视图中添加一个字段信息，设置如图 16.19 所示。

第 4 步，完成字段添加之后，切换到"浏览"选项卡下，选择所有记录，然后单击"编辑"命令，为所有记录的 pid 字段绑定栏目 id 信息，这里把所有记录绑定到"琐事记忆"栏目下，即设置每条记录的 pid 字段值为 3，如图 16.20 所示。

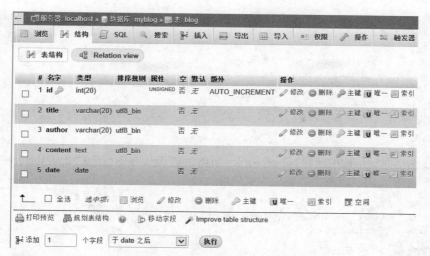

图 16.18 切换到数据表结构视图

图 16.19 添加字段

图 16.20 绑定栏目

第 5 步，单击"执行"按钮，完成记录字段的填写操作。

第 6 步，把列表页模板（list2.html）另存为 list.php。

第 7 步，连接到数据库，读取 lanmu 数据表信息。

```php
<?php
$pid=$_GET["pid"];
$con=mysql_connect("localhost","root","11111111");
if(!$con){
```

```
        echo "failed";
}else{
    mysql_query("set names utf8");
    mysql_select_db("myblog", $con);
    $sql_query="SELECT * FROM lanmu";
    $result=mysql_query($sql_query,$con);
}
?>
```

第 8 步，在侧栏面板结构中清除<ul data-role="listview" data-inset="true" data-theme="a">标签下所有代码，输入下面 PHP 代码，动态生成侧栏导航信息。

```
<?php
while($row = mysql_fetch_array($result)){
    echo "<li><a href='";
    echo "list.php?pid=";
    echo $row['pid'];
    echo "'>";
    echo $row['name'];
    echo "</a></li>";
}
?>
```

第 9 步，清除文章列表结构<ul data-role="listview" data-inset="true">标签下所有代码，输入下面 PHP 代码，动态生成文章列表信息。

```
<?php
$sql_query="SELECT * FROM blog WHERE pid=$pid";
$result=mysql_query($sql_query,$con);
while($row = mysql_fetch_array($result)){
    echo "<li>";
    echo "<a href='";
    echo "content.php?id=";
    echo $row['id'];
    echo "&pid=";
    echo "$pid";
    echo "'><h4>";
    echo $row['title'];
    echo "</h4>";
    echo "<p>";
    echo $row['content'];;
    echo "</p>";
    echo "</a>";
    echo "</li>";
}
?>
```

第 10 步，在浏览器中输入 http://localhost/index.php，在首页选择第 3 个选项，进入列表页面，运行效果如图 16.21 所示。

（a）在首页选择项目　　　　　　（b）进入对应列表页　　　　　（c）滑出侧栏面板

图 16.21　列表页动态功能实现

扫一扫，看视频

16.5.5　内容页功能实现

内容页功能实现相对复杂，下面详细进行介绍。

【操作步骤】

第 1 步，新建文件，保存为 blog.php，在该文件中新建 PHP 类型 blog，用以临时存储从数据库中检索的数据，并提供快速访问这些数据的方法。具体代码如下。

```php
<?php
class blog{
    public $id;                          //文章编号
    public $pid;                         //栏目编号
    public $title;                       //文章标题
    public $author;                      //文章作者
    public $content;                     //文章内容
    public $pubdate;                     //文章发布日期
    public function get_id(){            //获取文章编号
        return $this->id;
    }
    public function get_pid(){           //获取文章所属栏目编号
        return $this->pid;
    }
    public function get_title(){         //获取文章标题
        return $this->title;
    }
    public function get_author(){        //获取文章作者
        return $this->author;
    }
    public function get_content(){       //获取文章内容
        return $this->content;
    }
```

```
    public function get_date(){              //获取文章发布日期
        return $this->pubdate;
    }
}
?>
```

在上面代码中设计一个类，类名为 blog。该类包括以下属性：编号 id、文章题目 title、作者 author、文章内容 content、发布日期 date，考虑到 date 可能是保留字，因此改为 pubdate。为了使维护更加便利，还应创建几个相应的方法，即 get_id、get_title、get_author、get_pubdate 和 get_neirong，用来获取属性的值。另外，在设计时还考虑到应将文章分类为各个不同的栏目，因此还要加入一个 pid 属性。

第 2 步，把内容页模板文件 content.html 另存为 content.php。

第 3 步，导入类型文件为 blog.php。

```
<?php include("blog.php"); ?>
```

第 4 步，使用$_GET 获取查询字符串中 id 和 pid 值，然后连接到数据库，根据 id 和 pid 查询 blog 数据表中对应记录的信息，最后把信息存储到 blog 类型中。

```
<?php
$id=$_GET["id"];
$pid=$_GET["pid"];
$con=mysql_connect("localhost","root","11111111");  //连接数据库
if(!$con){
    echo "failed";
}else{
    mysql_query("set names utf8");
    mysql_select_db("myblog", $con);
    $sql_query="SELECT * FROM blog WHERE id=$id";   //在 blog 数据表中查询文章信息
    $result=mysql_query($sql_query,$con);
    $row = mysql_fetch_array($result);              //把记录集转换为数组格式
    $show=new blog();                               //实例化 blog 类型
    //把记录集中数据转存到实例对象$show 中
    $show->id=$row["id"];
    $show->pid=$row["pid"];
    $show->title=$row["title"];
    $show->content=$row["content"];
    $show->pubdate=$row["date"];
    $show->author=$row["author"];
}
?>
```

第 5 步，生成侧栏面板列表信息，在该面板中动态显示指定栏目下所有文章列表信息，效果如图 16.22 所示。清除<ul data-role="listview" data-inset="true" data-theme="a">标签下所有代码，输入下面 PHP 代码。

```
<?php
$sql_query="SELECT * FROM blog WHERE pid=$pid";
$result=mysql_query($sql_query,$con);
while($row = mysql_fetch_array($result)){
    echo "<li><a href='content.php?id=";
    echo $row["id"];
    echo "&pid=";
    echo $row["pid"];
    echo "'>";
    echo $row["title"];
    echo "</a></li>";
}
?>
```

第 6 步，调用 blog 类型的相关方法，读取并显示指定文章的相关字段信息，代码如下，效果如图16.23 所示。

```
<div data-role="header" data-position="fixed" data-theme="c">
    <a href="list.php?pid=<?php echo $show->get_pid(); ?>" data-icon="back">返回
</a>
    <h1><?php echo $show->get_title(); ?></h1>
</div>
<div data-role="content">
    <h4 style="text-align:center;"><small>作者: <?php echo $show->get_author(); ?>
发表日期: <?php echo $show->get_date(); ?></small></h4>
    <h4>
        <?php echo $show->get_content(); ?>
    </h4>
</div>
```

图 16.22　文章列表

图 16.23　显示文章内容信息

第 7 步，在页脚栏目中绑定"上一篇"和"下一篇"按钮的动态链接信息，具体代码如下所示，演示效果如图 16.24 所示。

```
<?php
$show->id=$show->id-1;
$sql_query="SELECT * FROM blog WHERE pid=$show->pid and id=$show->id";
$result=mysql_query($sql_query,$con);
$row = mysql_fetch_array($result);
//显示上一篇链接
if(!$row){
    echo "<li><a id='chat' href='#' data-icon='arrow-l'>没有上一篇</a></li>";
}else{
    echo "<li><a id='pre' href='content.php?id=";
    echo $row["id"];
    echo "&pid=";
    echo $row["pid"];
    echo "' data-icon='arrow-l'>上一篇</a></li>";
}
```

```
//显示下一篇链接
$show->id=$show->id+2;
$sql_query="SELECT * FROM blog WHERE pid=$show->pid and id=$show->id";
$result=mysql_query($sql_query,$con);
$row = mysql_fetch_array($result);
if(!$row){
    echo "<li><a id='chat' href='#' data-icon='arrow-l'>没有下一篇</a></li>";
}else{
    echo "<li><a id='pre' href='content.php?id=";
    echo $row["id"];
    echo "&pid=";
    echo $row["pid"];
    echo "' data-icon='arrow-r'>下一篇</a></li>";
}
?>
```

（a）第一篇文章

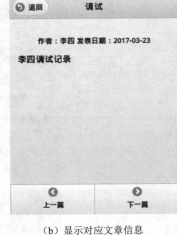

（b）显示对应文章信息

（c）最后一篇文章

图 16.24　切换文章内容

16.6　小　　结

本章简单实现了一个个人博客系统，但是系统功能比较单一，仅供初学者使用，读者可以根据需要，或者随着学习的提升，进一步完善本项目功能。例如：

➥　本例仅包含显示模块，还可以增加文章的上传、发布等内容模块。
➥　本例文章的显示方式单一，读者可以根据需要添加多媒体的展示。
➥　后台功能比较弱，无法适应各种特殊情况的处理要求，如没有考虑到连接数据库失败的情况。
➥　列表简单，实际应用时还可以考虑使用异步加载等功能。

第 17 章　实战开发：MP3 播放器

本章将配合使用 jQuery Mobile+HTML5 设计一款移动版 MP3 播放器。HTML5 新增一个<audio>标签，该标签可以播放本地的音频文件，也可以播放远程音频文件，功能比较强大，结合 jQuery Mobile 精美界面，用户可以轻松设计具有良好交互性的移动多媒体应用项目。

【学习重点】
- 在 jQuery Mobile 中使用 PHP。
- 使用 jQuery Mobile 对多媒体进行操作。

17.1　项目分析

扫一扫，看视频

随着移动互联网的发展，用户已经习惯浏览多媒体应用。本章实例将设计一个 MP3 播放器。在动手之前，先参考网上比较成功的案例，如百度 MP3。

百度 MP3 的界面简洁，完全没有背景图片的存在，仅仅依靠线条将各个栏目区分开。界面的左侧是分类列表，包含"热歌榜 TOP500""新歌榜 TOP 100"和"歌手榜 TOP200"等内容，右侧是各个榜单的具体内容，也就是播放列表，通过这个列表可以进行播放和添加到列表等操作。

类似的还有多米音乐、酷狗音乐和酷我音乐，与百度音乐设计风格相似，这 3 款主流安卓音乐播放器界面将作为本例参考的模板。

17.2　主页设计

扫一扫，看视频

多媒体应用界面设计应该保证美观，MP3 播放器的用户注重美感，对于流量不是太在意，因此在保证一定的网速条件下，可以把首页界面设计得更精美些。本例设计首页使用一张大图，宽度占满整个屏幕，高度适量，根据设计习惯设置图片的高度保持在宽度的 1/2 左右。

为了保证内容的充实性，首页还要加入一些栏目。本例在首页添加推荐主题的列表，同时在底部添加脚注栏，包括热榜、歌手、专辑和关于 4 个按钮，主界面布局示意如图 17.1 所示。

提示，中间的推荐表，数量不要太多，应给下方留出一到两个列表项高度的空隙，这样能够保证让用户在一块屏幕中看到页面上全部的信息。

主界面实现代码如下所示（index.html）。

```html
<!DOCTYPE html>
<html>
<head>
<meta charset="utf-8">
<meta name="viewport" content="width=device-width, initial-scale=1">
<!--框架-->
<link href="jquery-mobile/jquery.mobile.min.css" rel="stylesheet" type="text/css"/>
<script src="jquery-mobile/jquery-1.7.1.min.js" type="text/javascript"></script>
<script src="jquery-mobile/jquery.mobile.min.js" type="text/javascript"></script>
<script>
$(document).ready(function(){
```

```
    $screen_width=$(window).width();
    $pic_height=$screen_width*3/4;
    $pic_height=$pic_height+"px";
    $("div[data-role=top_pic]").width("100%").height($pic_height);
});
</script>
</head>
<body>
<div data-role="page" data-theme="a">
    <div data-role="top_pic" style="background-color:#000; width:100%;">
        <img src="images/top2.jpg" width="100%" height="100%"/>
    </div>
    <div data-role="content" style="width:90%; margin-left:5%;">
        <ul data-role="listview" data-inset="true">
            <li><a href="#"><h1>推荐歌曲</h1></a></li>
            <li><a href="#"><h1>流行经典</h1></a></li>
        </ul>
    </div>
    <div data-role="footer" data-position="fixed" data-fullscreen="true">
        <div data-role="navbar">
            <ul>
                <li><a href="#">热榜</a></li>
                <li><a href="#">歌手</a></li>
                <li><a href="#">专辑</a></li>
                <li><a href="#">关于</a></li>
            </ul>
        </div>
    </div>
</div>
</body>
</html>
```

运行效果如图 17.2 所示，本例选择了黑色主题，富有科技感，看上去比较美观。

图 17.1　主界面布局示意图

图 17.2　主界面布局效果图

17.3 主题页设计

当用户单击主题列表页面的项目之后，就会进入主题内容页，在该页面中包括主题歌曲、主题图片和主题介绍。主题图片的大小可以参照首页图片的尺寸。另外，为了能够方便地返回首页，在页面中加入一个标题栏，标题栏中包括左侧的返回按钮和主题的名称。中间区域为主题介绍内容所在的位置。底部脚注栏用作设计音乐的控制面板，分别设计"上一首""播放/暂停""下一首"和"随意听"。

主题列表页设计代码如下（theme.html）。

```html
<audio id="music_player" preload="auto" style=" display:none;">
    <source id="source_ogg" src="m1.ogg" type="audio/ogg" />
    <source id="source_mp3" src="m1.mp3" type="audio/mpeg" />
</audio>
<div data-role="page" data-theme="a">
    <div data-role="header" data-position="fixed" data-fullscreen="true">
        <a href="#">返回</a>
        <h1>推荐歌曲</h1>
    </div>
    <div data-role="top_pic" style="background-color:#000; width:100%;">
        <img src="images/top3.jpg" width="100%" height="100%"/>
    </div>
    <div data-role="content">
        <ul data-role="listview" data-inset="true">
            <li><a href="#">独角兽</a></li>
            <li><a href="#">往事随风</a></li>
            <li><a href="#">千千阙歌</a></li>
            <li><a href="#">但愿人长久</a></li>
            <li><a href="#">Song From A Secret Garden</a></li>
            <li><a href="#">Pastorale</a></li>
        </ul>
    </div>
    <div data-role="footer" data-position="fixed" data-fullscreen="true">
        <div data-role="navbar">
        <ul>
            <li onClick="#"><a href="#">上一首</a></li>
            <li onClick="onmusicplay();"><a href="#">播放</a></li>
            <li><a href="#">下一首</a></li>
            <li><a href="#">随意听</a></li>
        </ul>
        </div>
    </div>
</div>
```

运行效果如图 17.3 所示。

图 17.3　主题列表页面布局效果图

扫一扫，看视频

17.4　歌手页设计

　　歌手页是设计一个歌手列表的界面，此界面列举了该应用所提供的歌曲的歌手列表，头部标题栏的"返回"按钮是应用必备的元素之一，另外，在前面介绍列表控件的时候曾经讲过，列表能够将同类的内容分组在一起，因此可以利用这一功能将歌手按照不同的姓氏区分开来。由于这个项目非常小，因此歌手也不会很多，所以没有必要再按照拼音首字母排序。

　　歌手列表页设计代码如下（singer.html）。

```
<div data-role="page" data-theme="a">
    <div data-role="header" data-position="fixed">
        <a href="#">返回</a>
        <h1>歌手列表</h1>
    </div>
    <div data-role="content">
        <ul data-role="listview" data-autodividers="true" data-inset="true"  style=
"padding-top='20px;'">
            <li><a href="index.html">梅艳芳</a></li>
            <li><a href="index.html">邓丽君</a></li>
            <li><a href="index.html">王菲</a></li>
            <li><a href="index.html">郑钧</a></li>
            <li><a href="index.html">secret garden</a></li>
            <li><a href="index.html">齐秦</a></li>
            <li><a href="index.html">薛之谦</a></li>
        </ul>
    </div>
</div>
```

运行结果如图 17.4 所示。

图 17.4 歌手列表效果图

虽然 jQuery Mobile 列表视图仅能依据歌手的姓氏进行分栏，而不能根据首字母进行分栏，但是考虑到该项目只是一个小型的 MP3 播放项目，不会有许多歌手，基本满足设计要求。

17.5 专辑页设计

专辑页面也是一个列表视图，显示所有最新专辑列表，另外本例在专辑列表中加入专辑图片。专辑列表页设计代码如下（zhuanji.html）。

```
<div data-role="page" data-theme="a">
  <div data-role="header" data-position="fixed">
    <a href="#">返回</a>
    <h1>最新专辑</h1>
  </div>
  <ul data-role="listview" data-inset="true">
    <li><a href="#">
      <img src="images/1.jpg">
      <h2>专辑 1</h2>
      <p>专辑 1 简介</p></a>
    </li>
  </ul>
  <ul data-role="listview" data-inset="true">
    <li><a href="#">
      <img src="images/2.jpg">
      <h2>专辑 2</h2>
      <p>专辑 2 简介</p></a>
    </li>
  </ul>
  <ul data-role="listview" data-inset="true">
    <li><a href="#">
      <img src="images/3.jpg">
      <h2>专辑 3</h2>
      <p>专辑 3 简介</p></a>
    </li>
```

```
    </ul>
    ......
</div>
```

运行结果如图 17.5 所示。

图 17.5　专辑列表效果图

17.6　后　台　开　发

前面几节重点介绍了 MP3 播放器的前台页面的布局和设计,本节将从后台开发的角度介绍如何进行功能的实现。

17.6.1　设计数据库

扫一扫，看视频

由于上一章已经介绍过利用 phpMyAdmin 来管理数据库的方法,所以本节就只给出数据库的设计方法,而不再给出详细操作过程。

【操作步骤】

第 1 步,新建一个数据库,命名为 music。

第 2 步,新建一个表,命名为 music_info,用来存储和音乐有关的信息。设置该表包含 3 个字段,简单说明如下,详细设置如图 17.6 所示。

➥　music_id:歌曲的 id 编号。

➥　music_name:歌曲的名称。

➥　music_doc:歌曲的文件名称。

第 3 步,新建一个表,命名为 singer_info,该表存储歌手的一些信息,如姓名、歌手的 id 编号和歌手的照片,字段说明如下,详细设置如图 17.7 所示。

➥　singer_id:歌手的 id 编号。

➥　singer_name:歌手的名称。

➥　singer_pic:歌手的图片,存放图片的地址。

#	名字	类型	排序规则	属性	空	默认	额外
1	music_id	int(10)		UNSIGNED	否	无	
2	music_name	varchar(20)	utf8_bin		否	无	
3	music_doc	varchar(100)	utf8_bin		否	无	

#	名字	类型	排序规则	属性	空	默认	额外
1	singer_id	int(10)		UNSIGNED	否	无	
2	singer_name	varchar(20)	utf8_bin		否	无	
3	singer_pic	varchar(100)	utf8_bin		否	无	

图 17.6　设置 music_info 表字段　　　　　　　　图 17.7　设置 singer_info 表字段

第 4 步，新建一个表，命名为 zhuanji_info，该表存储专辑的一些信息，如专辑名称、专辑的 id 编号、专辑照片和歌手的 id，字段说明如下，详细设置如图 17.8 所示。

➥ zhuanji_id：专辑的 id 编号。
➥ zhuanji_name：专辑的名称。
➥ zhuanji_pic：专辑的图片，存放图片的地址。
➥ zhuanji_singer：歌手的 id。

第 5 步，新建一个表，命名为 theme_info，该表存储主题的一些信息，如主题名称、主题的 id 编号、主题的图片及存放图片的地址和主题的介绍信息，字段说明如下，详细设置如图 17.9 所示。

➥ theme_id：主题的 id 编号。
➥ theme_name：主题的名称。
➥ theme_pic：主题的图片及存放图片的地址。
➥ theme_jieshao：主题的介绍信息。

#	名字	类型	排序规则	属性	空	默认	额外
1	zhuanji_id	int(10)		UNSIGNED	否	无	
2	zhuanji_name	varchar(20)	utf8_bin		否	无	
3	zhuanji_pic	varchar(100)	utf8_bin		否	无	
4	zhuanji_singer	int(10)		UNSIGNED	否	无	

#	名字	类型	排序规则	属性	空	默认	额外
1	theme_id	int(10)		UNSIGNED	否	无	
2	theme_name	varchar(20)	utf8_bin		否	无	
3	theme_pic	varchar(100)	utf8_bin		否	无	
4	theme_jieshao	varchar(200)	utf8_bin		否	无	

图 17.8　设置 zhuanji_info 表字段　　　　　　　图 17.9　设置 theme_info 表字段

第 6 步，为了关联歌手、专辑和主题与歌曲之间的信息，需要再新建 3 张表，将它们联系起来。其中 singer 表用来联系歌手与歌曲，singer.数据结构如图 17.10 所示。字段说明如下。

➥ singer_id：歌手的 id 编号。
➥ music_id：歌曲的 id 编号。

新建 zhuanji 表，用来关联歌曲和专辑，zhuanji 数据结构如图 17.11 所示。字段说明如下。

➥ zhuanji_id：专辑的 id 编号。
➥ music_id：歌曲的 id 编号。

#	名字	类型	排序规则	属性	空	默认	额外
1	singer_id	int(11)			否	无	
2	music_id	int(11)			否	无	

#	名字	类型	排序规则	属性	空	默认	额外
1	zhuanji_id	int(11)			否	无	
2	music_id	int(11)			否	无	

图 17.10　设置 singer 表字段　　　　　　　　　图 17.11　设置 zhuanji 表字段

新建 theme 表，用来关联歌曲和主题，theme 数据结构如图 17.12 所示。字段说明如下。

➥ theme_id：主题的 id 编号。
➥ music_id：歌曲的 id 编号。

扫一扫，看视频

17.6.2 连接数据库

完成数据库设计操作之后，本节介绍如何使用 PHP 连接数据库，开始使用 PHP 读取服务器上的信息了，实际上本项目所要实现的大部分功能与之前的项目大同小异。

为了优化代码，本例尝试新建一个类，每当需要连接数据库的时候，就引用该类，这样可以提升效率。新建一个 PHP 文件，保存为 sql_connect.php，然后输入下面代码，创建一个 SQL 数据库连接类型。

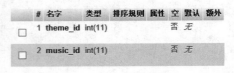

#	名字	类型	排序规则	属性	空	默认	额外
☐	1 theme_id	int(11)			否	无	
☐	2 music_id	int(11)			否	无	

图 17.12 设置 theme 表字段

```php
<?php
class SQL_CONNECT{      //数据库连接类
    public $con;      //连接标识符
    public $host="localhost";      //服务器名
    public $username="root";      //用户名
    public $password="11111111";      //密码
    public $database_name="music";      //数据库名
    //连接数据库
    public function connection(){
        $this->con=mysql_connect($this->host,$this->username,$this->password);
    }
    //断开与数据库的连接
    public function disconnect(){
        mysql_close($this->con);
    }
    //设置编码方式
    public function set_laugue(){
        if($this->con){
            mysql_query("set names utf8");
        }
    }
    //选择数据库
    public function choice(){
        if($this->con){
            mysql_select_db($this->database_name, $this->con);
        }
    }
}
?>
```

完成 sql_connect 类的定义，当数据库的账号或密码修改时，只需修改该文件中的内容即可。

扫一扫，看视频

17.6.3 首页功能实现

下面开始设计首页功能，根据前台设计的模板结构，直接嵌入 PHP 代码，从数据库中读取 lanmu 数据表中的记录，然后绑定到列表视图中即可。

【操作步骤】

第 1 步，打开首页模板页，把 index.html 另存为 index.php，然后放到本地站点根目录下。

第 2 步，清除<div data-role="top_pic">标签下所有静态代码，输入下面 PHP 代码，动态显示主题热图。

```php
<?php
$sql=new sql_connect();
$sql->connection();
$sql->set_laugue();
$sql->choice();
```

```php
$sql_query="SELECT * FROM theme_info ORDER BY theme_id DESC";
$result=mysql_query($sql_query,$sql->con);
while($row = mysql_fetch_array($result)){
    $abc=$row['theme_pic'];
}
echo "<img src='";
echo $abc;
echo "' width='100%' height='100%'/>";
?>
```

第 3 步，再清除<ul data-role="listview" data-inset="true">标签中
静态代码，输入下面 PHP 代码，动态显示主题列表，设计首页限制
显示 3 条主题列表选项。

```php
<?php
$sql_query="SELECT * FROM theme_info ORDER BY theme_
id DESC LIMIT 3";
$result=mysql_query($sql_query,$sql->con);
while($row = mysql_fetch_array($result)){
    echo "<li><a href='";
    echo "theme.php?theme_id=";
    echo $row['theme_id'];
    echo "'><h1>";
    echo $row['theme_name'];
    echo "</h1></a></li>";
}
?>
```

第 4 步，在浏览器中输入 http://localhost/index.php，运行效果如
图 17.13 所示。

图 17.13　首页动态功能实现

扫一扫，看视频

17.6.4　主题页功能实现

下面介绍主题页功能实现过程。

【操作步骤】

第 1 步，打开主题模板页，将 theme.html 另存为 theme.php，保存在根目录下。

第 2 步，清除<div data-role="header">标签下所有静态代码，输入下面 PHP 代码，动态显示主题热
图。同时设置 data-position="fixed"和 data-fullscreen="true"属性，固定标题栏全屏显示。

```php
<div data-role="header" data-position="fixed" data-fullscreen="true" >
<a href="#">返回</a>
<?php
$theme_id=$_GET["theme_id"];
$sql_query="SELECT * FROM theme_info WHERE theme_id=$theme_id";
$result=mysql_query($sql_query,$sql->con);
while($row = mysql_fetch_array($result)){
    echo "<h1>";
    echo $row['theme_name'];
    echo "</h1>";
    $top_pic=$row['theme_pic'];
    $jieshao=$row['theme_jieshao'];
}
?>
</div>
```

第 3 步，重新设计<div data-role="top_pic">包含框代码，添加动态大图，并在左下角位置嵌入动态主题介绍文字。

```
<div data-role="top_pic" style="background-color:#000; width:100%;">
    <img src="<?php echo $top_pic; ?>" width="100%" height="100%" style="float:
left;"/>
    <div style="width:100%; height:60px; margin-top:-60px; background:url(images/
info.png) repeat; float:left;">
        <span style="font-size:18px; line-height:30px; font-weight:bold; color:#CCC;">
      <?php echo $jieshao; ?></span>
    </div>
</div>
```

第 4 步，在<div data-role="content">容器中添加动态列表信息。

```
<ul data-role="listview" data-inset="true">
<?php
$sql_query="SELECT * FROM music_info,theme WHERE theme.theme_id=$theme_id AND theme.
music_id=music_info.music_id";
$result=mysql_query($sql_query,$sql->con);
while($row = mysql_fetch_array($result)){
    echo "<li><a href='#'>";
    echo $row['music_name'];
    echo "</a></li>";
}
?>
</ul>
```

第 5 步，在浏览器中输入 http://localhost/index.php，然后在主题列表中选择一项，进入主题页面，运行效果如图 17.14 所示。

虽然使用 PHP 脚本替换模板页面中的代码，主要依靠循环依次输出数据库中音乐文件的文件名，但是考虑到需要双引号和逗号的输出就要做一些变化。对于双引号来说，直接用单引号包裹住双引号进行输出就可以了。但是，数组各个元素间的逗号比较麻烦，因为并不是每个元素后面都要加上逗号，因此必须决定有一组逗号不能输出。由于数组的长度是在循环过后利用变量$i 获取的，在这之前还不知道有多少组数据，因此只能选择不输出第一组数据的逗号，通过判断，来确定是否输出逗号。

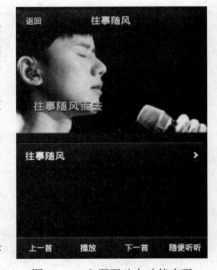

图 17.14　主题页动态功能实现

17.6.5　歌手页功能实现

下面介绍歌手页功能实现过程。

【操作步骤】

第 1 步，打开歌手模板页，将 singer.html 另存为 singer.php，保存在根目录下。

第 2 步，清除<ul data-role="listview">标签下所有列表项目代码，输入下面 PHP 代码，动态显示歌手列表。

```
<?php
$sql_query="SELECT * FROM singer_info order by singer_name";
$result=mysql_query($sql_query,$sql->con);
while($row = mysql_fetch_array($result)){
    echo "<li><a href=\'";
    echo "list_singer.php?singer_id=";
    echo $row["singer_id"];
```

扫一扫，看视频

```
    echo "\'>";
    echo $row['singer_name'];
    echo "</a></li>";
}
?>
```

第 3 步，在浏览器中输入 http://localhost/singer.php，运行效果如图 17.15 所示。

查询排序 order by 必须按照 singer_name"进行排序。否则，很可能根据 singer_id 或者 music_id 进行排序，这会导致具有相同姓氏的歌手不是连续输出的，造成分组错误。

第 4 步，将 theme.php 另存为 list_singer.php，保存在根目录下。然后修改标题栏 PHP 代码，如下所示。

```
<?php
$singer_id=$_GET["singer_id"];
$sql_query="SELECT * FROM singer_info WHERE singer_id= $singer_id";
$result=mysql_query($sql_query,$sql->con);
while($row = mysql_fetch_array($result)){
    echo "<h1>";
    echo $row['singer_name'];
    echo "</h1>";
    $top_pic=$row['singer_pic'];
}
?>
```

第 5 步，修改列表视图 PHP 代码，设计列表显示歌手演唱歌曲。

```
<?php
$sql_query="SELECT * FROM music_info,singer WHERE singer.singer_id=$singer_id AND
singer.music_id=music_info.music_id";
$result=mysql_query($sql_query,$sql->con);
while($row = mysql_fetch_array($result)){
    echo "<li><a href='#'>";
    echo $row['music_name'];
    echo "</a></li>";
}
?>
```

第 6 步，在 singer.php 页面单击歌手选项，跳转到 list_singer.php 页面，在该页面显示该歌手信息，以及其演唱的所有歌曲，运行效果如图 17.16 所示。

图 17.15　歌手列表页

图 17.16　歌手信息页

17.6.6 专辑页功能实现

专辑页与歌手页、主题页设计方法基本相同，唯一区别是所要查询的数据表不同。下面介绍专辑页功能的实现过程。

【操作步骤】

第 1 步，打开专辑模板页，将 zhuanji.html 另存为 zhuanji.php，保存在根目录下。

第 2 步，导入 sql_connect.php 文件，创建数据库连接实例，连接数据库，然后查询所有专辑信息。

```php
<?php
include("sql_connect.php");
$sql=new SQL_CONNECT();
$sql->connection();
$sql->set_laugue();
$sql->choice();
$sql_query="SELECT * FROM zhuanji_info,zhuanji,singer_info WHERE zhuanji.zhuanji_id=zhuanji_info.zhuanji_id AND zhuanji_info.zhuanji_singer=singer_info.singer_id";
$result=mysql_query($sql_query,$sql->con);
?>
```

第 3 步，清除<ul data-role="listview">标签下所有列表项目代码，输入下面 PHP 代码，动态显示专辑列表信息。

```php
<?php
while($row = mysql_fetch_array($result)){
    echo "<li><a href='";
    echo "list_zhuanji.php?zhuanji_id=";
    echo $row['zhuanji_id'];
    echo "'>";
    echo "<img src='";
    echo $row['zhuanji_pic'];
    echo "'>";
    echo "<h2>";
    echo $row['zhuanji_name'];
    echo "</h2>";
    echo "<p>";
    echo $row['singer_name'];
    echo "</p></a>";
    echo "</li>";
}
?>
```

第 4 步，首先复制 list_singer.php 文件，或者把该文件另存为 list_zhuanji.php，然后修改要查询的数据表，其他代码可以保持不动，简单修改对应的字段即可。

在标题栏显示专辑名称代码如下。

```php
<?php
$zhuanji_id=$_GET["zhuanji_id"];
$sql_query="SELECT * FROM zhuanji_info WHERE zhuanji_id=$zhuanji_id";
$result=mysql_query($sql_query,$sql->con);
while($row = mysql_fetch_array($result)){
    echo "<h1>";
    echo $row['zhuanji_name'];
    echo "</h1>";
    $top_pic=$row['zhuanji_pic'];
}
?>
```

显示专辑图片代码如下。

```html
<div data-role="top_pic" style="background-color:#000; width:100%;">
    <img src="<?php echo $top_pic; ?>" width="100%" height="100%" style="float:
```

```
left;"/>
</div>
```

显示专辑歌曲代码如下。

```php
<?php
$sql_query="SELECT * FROM music_info,zhuanji WHERE zhuanji.zhuanji_id=$zhuanji_id
AND zhuanji.music_id=music_info.music_id";

$result=mysql_query($sql_query,$sql->con);
while($row = mysql_fetch_array($result)){
    echo "<li><a href='#'>";
    echo $row['music_name'];
    echo "</a></li>";
}
?>
```

第5步，在singer.php页面单击歌手选项，跳转到list_singer.php页面，在该页面显示该歌手信息，以及其演唱的所有歌曲，运行效果如图17.17所示。

专辑列表　　　　　　　　　　　　专辑信息

图17.17　专辑页动态功能实现

17.7　多媒体整合

完成界面和功能设计之后，下面为项目整合多媒体播放功能。

17.7.1　使用<audio>标签

扫一扫，看视频

HTML 5新增audio元素，用来播放声音文件或音频流。audio元素支持Ogg Vorbis、MP3、Wav等音频格式，其用法如下。

```html
<audio src="samplesong.mp3" controls="controls">
</audio>
```

其中src属性用于指定要播放的声音文件，controls属性用于设置是否显示播放、暂停和音量按钮的工具条。

◀》 提示：

在<audio>和</audio>标识符之间，可以包含浏览器不支持 audio 元素时显示的备用内容，备用内容不限于文本信息，也可以是播放插件或者超链接等。例如：

```
<audio src="samplesong.mp3" controls="controls">
您的浏览器不支持 audio 标签。
</audio>
```

<source>标签的 src 属性引用播放的媒体文件，为了兼容不同浏览器，可以使用<source>标签包含多种媒体来源，浏览器可以从这些数据源中自动选择播放。

对于数据源，浏览器会按照声明顺序进行选择，如果支持的不止一种，那么浏览器会选择支持第一个数据来源。数据源列表的排放顺序应按照用户体验由高到低或者服务器消耗由低到高列出。

<source>标签的 type 属性设置媒体类型，如果媒体类型与源文件不匹配，浏览器可能会拒绝播放。也可以省略 type 属性，让浏览器自己检测编码方式。

【示例】　下面示例演示了如何在页面中插入背景音乐。使用 audio 元素实现循环播放一首背景音乐非常简单，只需在 audio 元素中设置 autoplay 和 loop 属性即可，详细代码如下所示。

```
<!doctype html>
<html>
<head>
<meta charset="utf-8">
</head>
<body>
<audio autoplay loop>
    <source src="medias/test.ogg" type="audio/ogg">
    <source src="medias/test.mp3" type="audio/mpeg">
您的浏览器不支持 audio 标签。
</audio>
</body>
</html>
```

audio 元素拥有多媒体控制的方法，下面对这些方法进行简单介绍。

（1）load()方法

用于重置媒体元素并重新载入媒体，不返回任何值，该方法可中止任何正在进行的任务或事件。元素的 playbackRate 属性值会被强行设为 defaultPlaybackRate 属性的值，而且元素的 error 值会被强行设置为 null。

（2）pause()方法

用于暂停媒体的播放，并将元素的 paused 属性的值强行设置为 true。

（3）play()方法

用于播放媒体，并将元素的 paused 属性的值强行设置为 false。

（4）canPlayType()方法

用于返回一个字符串以表明客户端是否能够播放指定的媒体类型，其用法如下。

```
var canPlay = media.canPlayType(type)
```

其中 media 指页面中的 audio 或 video 元素，参数 type 为客户端浏览器能够播放的媒体类型。该方法返回以下可能值之一。

- ↘ probably：表示浏览器确定支持此媒体类型。
- ↘ maybe：表示浏览器可能支持此媒体类型。
- ↘ 空字符串：表示浏览器不支持此媒体类型。

17.7.2 在 jQuery Mobile 中绑定<audio>标签

下面结合一个示例介绍如何在 jQuery Mobile 项目中绑定<audio>标签。

【操作步骤】

第 1 步，新建 test1.html，引入 jQuery Mobile 框架。

```html
<link href="jquery-mobile/jquery.mobile.min.css" rel="stylesheet" type="text/css"/>
<script src="jquery-mobile/jquery-1.7.1.min.js" type="text/javascript"></script>
<script src="jquery-mobile/jquery.mobile.min.js" type="text/javascript"></script>
```

第 2 步，构建一个简单的视图界面。并在页面上面嵌入一个<audio>标签，默认隐藏显示。

```html
<!--audio 控件-->
<audio id="music_player" preload="auto" style=" display:none;">
    <source src="mp3/m1.ogg" type="audio/ogg" />
    <source src="mp3/m1.mp3" type="audio/mpeg" />
</audio>
<div data-role="page">
        <div data-role="header" data-position="fixed" data-fullscreen="true">
            <a href="#">返回</a>
        <h1>多媒体应用初步</h1>
    </div>
  <div data-role="footer" data-position="fixed" data-fullscreen="true">
        <div data-role="navbar">
            <ul>
                <li><a href="#">上一首</a></li>
                <li><a href="#">播放</a></li>
                <li><a href="#">下一首</a></li>
                <li><a href="#">随便听听</a></li>
            </ul>
        </div>
    </div>
</div>
```

第 3 步，编写 JavaScript 脚本，定义一个播放函数 onmusicplay()，用来控制音频播放。

```javascript
<script>
var Is_play=0;
function onmusicplay(){
    var myVideo=document.getElementById("music_player");     //获取 audio 控件
    var btn_paly=document.getElementById("btn_play");        //获取按钮控件
    if(Is_play==0){                                          //如果当前状态为暂停
        myVideo.play();                                      //播放音乐
        Is_play=1;                                           //更新播放状态
        btn_paly.innerHTML="暂停";                           //刷新页面
    }else{
        myVideo.pause();                                     //暂停
        Is_play=0;                                           //更新播放状态
        btn_paly.innerHTML="播放";                           //刷新页面
    }
}
</script>
```

第 4 步，在脚注栏的播放按钮上绑定 onmusicplay()函数，并内嵌一个<a id="btn_play">标签，作为钩子以便脚本抓取按钮文本。

```html
<li onClick="onmusicplay();"><a href="#" id="btn_play">播放</a></li>
```

17.7.3　MP3 功能设计

上一节介绍了如何在 jQuery Mobile 中绑定<audio>标签，并实现脚本控制播放，下面继续结合一个示例介绍如何在 jQuery Mobile 项目中设计 MP3 播放条功能。

【操作步骤】

第 1 步，新建 test2.html，引入 jQuery Mobile 框架。

第 2 步，下面开始使用 JavaScript 设计按钮播放功能。先初始化 4 个控制变量，其中 Is_play 表示播放状态，Played_id 表示播放的曲目下标位置，Music_name 表示曲目的名称数组，Music_docname 表示曲目的文件名称数组，不包含完整路径和扩展名。

```
var Is_play=0;
var Played_id=0;
var Music_name=new Array("独角兽","往事随风","千千阙歌","但愿人长久","Song From A
Secret Garden","Pastorale");
var Music_docname=new Array("m1","m2","m3","m4","m5","m6");
```

第 3 步，设计播放和暂停功能。首先获取页面中的 audio 控件和"播放"按钮，然后通过判断 Is_play 的值来确认当前的播放状态。之后就可以调用 play()方法或 pause()方法实现播放或者暂停的功能。之后修改 Is_play 的值记录当前的播放状态，再使用 innerHTML 属性修改按钮的标签名称为"暂停"，保证用户可以通过眼睛直接确认当前的播放状态。

```
function onmusicplay(){
    var myVideo=document.getElementById("music_player");
    var btn_paly=document.getElementById("btn_play");
    if(Is_play==0){
        myVideo.play();
        Is_play=1;
        btn_paly.innerHTML="暂停";
    }else{
        myVideo.pause();
        Is_play=0;
        btn_paly.innerHTML="播放";
    }
}
```

第 4 步，设计"上一首"和"下一首"按钮控制函数。

```
function play_pre(){
    if(Played_id==0){
        Played_id=5;
    }else{
        Played_id=Played_id-1;
    }
    var ogg_s=document.getElementById("source_ogg");
    var ogg_m=document.getElementById("source_mp3");
    ogg_s.src="mp3/" + Music_docname[Played_id]+".ogg";
    ogg_m.src="mp3/" + Music_docname[Played_id]+".mp3";
    document.getElementById("music_player").load();
    document.getElementById("music_player").play();
    var Is_play=1;
    document.getElementById("btn_play").innerHTML="暂停";
}
function play_next(){
    if(Played_id==5){
```

```
        Played_id=0;
    }else{
        Played_id=Played_id+1;
    }
    var ogg_s=document.getElementById("source_ogg");
    var ogg_m=document.getElementById("source_mp3");
    ogg_s.src="mp3/" + Music_docname[Played_id]+".ogg";
    ogg_m.src="mp3/" + Music_docname[Played_id]+".mp3";
    document.getElementById("music_player").load();
    document.getElementById("music_player").play();
    var Is_play=1;
    document.getElementById("btn_play").innerHTML="暂停";
}
```

由于功能非常相近，这里以"上一首"功能来进行讲解。按照常理，首先需要获取当前在播放哪一首歌曲，可以通过 play_id 的值来实现，之后只要将它减 1 得到的就是上一首歌曲的 id。但是会遇到一个问题，假如当前播放的是第一首歌曲，那么减 1 之后编号变成负数，因此需要设计第一首歌曲的上一首是最后一首，这样就需要先判断当前的歌曲是不是第一首，之后再播放相应编号的歌曲就可以了。

注意，假如在单击"上一首"之前没有播放音乐，那么"播放/暂停"按钮的功能应该是"播放"，而当单击了"上一首"之后，"播放/暂停"按钮的功能就改变了，因此需要在这里做一些操作。

第 5 步，设计随机播放功能。

```
function play_random(){
    Played_id=parseInt(Math.random()*5);
    var ogg_s=document.getElementById("source_ogg");
    var ogg_m=document.getElementById("source_mp3");
    ogg_s.src="mp3/" + Music_docname[Played_id]+".ogg";
    ogg_m.src="mp3/" + Music_docname[Played_id]+".mp3";
    document.getElementById("music_player").load();
    document.getElementById("music_player").play();
    var Is_play=1;
    document.getElementById("btn_play").innerHTML="暂停";
}
```

play_random()函数主要利用 Math.random()生成一个 0~1 之间的浮点数，与 5 相乘之后得到的就是一个 0~5 之间的浮点数，将它强制转换成整数之后就能随机获得 0、1、2、3、4、5 这 6 个数字，这样就能随机生成歌曲的编号了。再之后就是播放该编号所对应的歌曲。

第 6 步，设计列表播放功能。

```
function list_play(id){
    var ogg_s=document.getElementById("source_ogg");
    var ogg_m=document.getElementById("source_mp3");
    ogg_s.src="mp3/" + Music_docname[id]+".ogg";
    ogg_m.src="mp3/" + Music_docname[id]+".mp3";
    document.getElementById("music_player").load();
    document.getElementById("music_player").play();
    var Is_play=1;
    document.getElementById("btn_play").innerHTML="暂停";
}
```

通过列表来获取歌曲的编号，实现起来不但有一定的难度，而且效果往往不是太好。但是可以通过一些方法绕过，把所有播放曲目放在数组中，当单击按钮时，调用 list_play()函数，传递一个下标值，这样只要把歌曲的编号通过参数传递给函数就不需要再去另外获取了。

第 7 步，为动态文本提供播放功能。

```
function play_now(name){
    var ogg_s=document.getElementById("source_ogg");
    var ogg_m=document.getElementById("source_mp3");
    ogg_s.src="mp3/" + name +".ogg";
    ogg_m.src="mp3/" + name +".mp3";
    document.getElementById("music_player").load();
    document.getElementById("music_player").play();
    var Is_play=1;
    document.getElementById("btn_play").innerHTML="暂停";
}
```

对于通过 PHP 动态绑定的歌曲列表，无法通过上一步使用数组进行播放，此时可以通过上面方法获取动态播放的曲目，然后实现播放。

在 PHP 脚本中，为列表项目绑定 play_now()方法，并把数据库中对应曲名名称传递给它。

```
<?php
$sql_query="SELECT * FROM music_info,singer WHERE singer.singer_id=$singer_id AND
singer.music_id=music_info.music_id";
$result=mysql_query($sql_query,$sql->con);
while($row = mysql_fetch_array($result)){
    echo "<li onClick=play_now('".$row['music_doc']."')><a href='#'>";
    echo $row['music_name'];
    echo "</a></li>";
}
?>
```

需要绑定的 PHP 脚本文件包括 list_singer.php、list_zhuanji.php 和 theme.php，绑定方法基本相同。

17.8 小   结

本章实现了一款 MP3 播放器的所有模块，包括列表的展示，以及音乐的播放、暂停和切换等功能。考虑本项目代码复杂，读者初次接触难免手忙脚乱，但是相信只要充分理解代码内容，一定能够驾驭该项目的设计思路和操作过程。

第 18 章　实战开发：闺蜜说社区项目

本章将以闺蜜说社区项目为例，进一步学习如何使用 jQuery Mobile 进行应用开发。本例实际上是一个简单的会员交流的应用，涉及更多的交互性，如信息提交、用户注册和登录等功能块，通过 jQuery Mobile+cookie 整合，实现信息交互移动应用设计。

【学习重点】

- 利用 jQuery Mobile 进行注册和登录功能设计的方法。
- 利用 jQuery Mobile 向服务端提交数据的方法。
- 利用 jQuery Mobile 操控 cookie 的方法。

18.1　项　目　分　析

扫一扫，看视频

从交互本质上分析，本例实际与桌面端留言板功能类似，但是整合 jQuery Mobile 之后，应用目标更明确、集中，功能单一且实用，适合手机控者使用。

本例通过留言的方式将所要说的话发给公共主页，然后服务器将这句话发送出来达到说的效果，对于手机社区交互来说是一个非常好的想法。

本例使用 jQuery Mobile 实现一个具有类似功能的留言板系统，主要包括注册、登录、发表留言和回复等功能。用户可以通过该应用的主页查看已经被发送的信息，也可以在登录之后对表白内容进行跟帖。

18.2　主　页　设　计

扫一扫，看视频

首页通过使用 jQuery Mobile 的 panel 控件将登录界面和首页的信息列表结合在一起，当向一侧滑动屏幕时，登录界面弹出，而正常情况下则不显示。使用折叠组控件+列表视图陈列发布信息。

当向右侧滑动屏幕时，登录界面将会弹出，其中包括输入账号和密码的文本框和两个按钮。为了美观，两个按钮要放在同一行中。

首页模板结构和布局代码如下（index.html）。

```html
<div data-role="page">
    <div data-role="panel" id="mypanel">
        <h4>已登录</h4>
        <p>张三</p>
        <p>小张</p>
    </div>
    <div data-role="header" data-position="fixed">
        <h1>闺蜜说</h1>
    </div>
    <div data-role="content">
        <div data-role="collapsible-set">
            <div data-role="collapsible">
                <h4>张三对李四说</h4>
                <h4>很喜欢这个东西</h4>
                <p><b>王五：</b>什么东西</p>
                <form>
```

```
            <input type="text">
            <a href="#" data-role="button">回复</a>
        </form>
    </div>
    <div data-role="collapsible">
        <h4>王 4 对 No 女性说</h4>
        <h4>好样的</h4>
        <p><b>赵六：</b>呵呵</p>
        <p><b>齐七：</b>哈哈</p>
        <p><b>巴巴：</b>都说话呀。</p>
        <form>
            <input type="text">
            <a href="#" data-role="button">回复</a>
        </form>
    </div>
    ......
    </div>
</div>
<div data-role="footer" data-position="fixed">
    <div data-role="navbar" data-position="fixed">
        <ul>
            <li><a href="#">闺蜜说</a></li>
            <li><a href="#">登录</a></li>
            <li><a href="#">注册</a></li>
        </ul>
    </div>
</div>
</div>
```

在头部区域添加如下 JavaScript 脚本，用来控制侧滑面板的隐藏和显示功能。

```
<script>
$( "#mypanel" ).trigger( "updatelayout" );                //更新侧滑面板
$(document).ready(function(){
    $("div").bind("swiperight", function(event) {         //向右滑动屏幕时，触发该事件
        $( "#mypanel" ).panel( "open" );                  //展开侧栏面板
    });
});
</script>
```

运行效果如图 18.1 和图 18.2 所示。

图 18.1　首页模板效果

图 18.2　首页侧滑面板效果

18.3 登录页设计

首页侧滑面板除了提供登录表单外，还提供了专用登录页面，该页面结构简单，用户可以把侧滑面板中的表单直接复制过来，然后设置<form>标签属性即可。

登录页设计代码如下（login.html）。

```html
<div data-role="page">
    <div data-role="header" data-position="fixed">
        <h1>登录闺蜜</h1>
    </div>
    <div data-role="content">
        <form action="index.php" method="get">
            <label for="zhanghao">真名:</label>
            <input name="zhanghao" id="zhanghao" value="" type="text">
            <label for="zhanghao">密码:</label>
            <input name="mima" id="mima" value="" type="text">
            <fieldset class="ui-grid-a">
                <div class="ui-block-a">
                    <input type="submit" data-role="button" value="登录">
                </div>
                <div class="ui-block-b">
                    <a data-role="button" href="register.php">注册</a>
                </div>
            </fieldset>
        </form>
    </div>
    <div data-role="footer" data-position="fixed">
        <div data-role="navbar" data-position="fixed">
            <ul>
                <li><a href="index.php" data-ajax="false" rel="external">闺蜜说</a></li>
                <li><a href="login.html" data-ajax="false" rel="external">登录</a></li>
                <li><a href="register.php" data-ajax="false" rel="external">注册</a></li>
            </ul>
        </div>
    </div>
</div>
```

运行效果如图 18.3 所示。

图 18.3 登录页设计效果图

提交本页面之后，会跳转到首页，与首页登录表单的 PHP 后台代码合并处理，这样可以优化代码。
在首页通过 PHP 脚本设计显示条件：登录之前侧滑面板显示登录表单，登录之后侧滑面板显示登录信息。

18.4　注册页设计

在用户登录之前，需要注册为会员，那么注册界面是少不了的，为了简化程序，注册功能部分仅保留了用户名、密码和昵称 3 项，然后在下方直接加入"确认"按钮即可。

注册页模板设计代码如下（register.html）。

```html
<div data-role="page">
   <div data-role="header" data-position="fixed">
      <h1>注册为闺蜜</h1>
   </div>
   <div data-role="content">
      <form>
         <label for="zhanghao">真名（请尽量使用真实姓名）:</label>
         <input name="zhanghao" id="zhanghao" value="" type="text">
         <label for="nicheng">昵称:</label>
         <input name="nicheng" id="nicheng" value="" type="text">
         <label for="zhanghao">密码:</label>
         <input name="mima" id="mima" value="" type="text">
         <a data-role="button">注册</a>
      </form>
   </div>
   <div data-role="footer" data-position="fixed">
      <div data-role="navbar" data-position="fixed">
         <ul>
            <li><a href="#">闺蜜</a></li>
            <li><a href="#">登录</a></li>
            <li><a href="#">注册</a></li>
         </ul>
      </div>
   </div>
</div>
```

运行效果如图 18.4 所示。

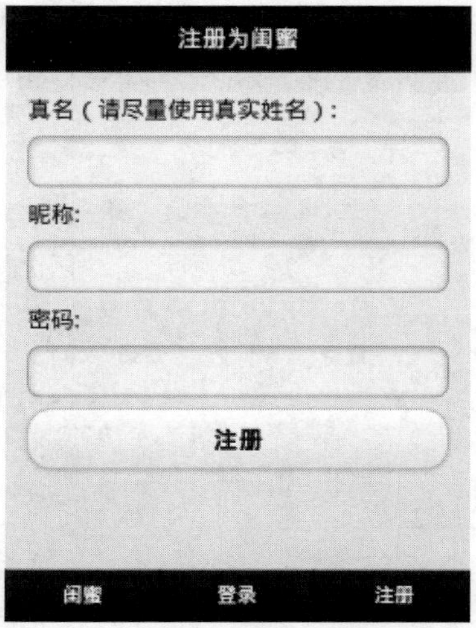

图 18.4　注册页面效果图

18.5 发布页设计

除注册页面之外，还要有一个能够发布信息的地方，本例为该功能单独设计一个页面，其布局也非常简单，只有一个文本框和一个"发布"按钮。

发布页面模板设计代码如下（say.html）。

```html
<div data-role="page">
    <div data-role="header" data-position="fixed">
        <h1>闺蜜说</h1>
    </div>
    <div data-role="content">
        <form>
            <label for="demo">对谁说:</label>
            <input name="demo" id="demo" value="" type="text">
            <label for="biaobai">说什么:</label>
            <textarea rows="20" name="biaobai" id="biaobai">
            </textarea>
            <a data-role="button">发布</a>
        </form>
    </div>
    <div data-role="footer" data-position="fixed">
        <div data-role="navbar" data-position="fixed">
            <ul>
                <li><a href="#">闺蜜</a></li>
                <li><a href="#">登录</a></li>
                <li><a href="#">注册</a></li>
            </ul>
        </div>
    </div>
</div>
```

运行效果如图 18.5 所示。

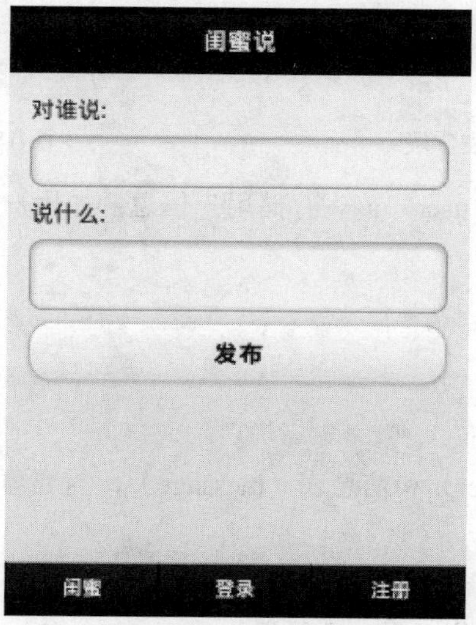

图 18.5 发布页面效果图

18.6 后 台 开 发

完成前台模板页面的布局和设计，本节将从后台开发的角度介绍各个页面的动态信息显示和各种逻辑功能实现。

扫一扫，看视频

18.6.1 设计数据库

本项目数据库结构比较简单，包含 5 张表，其中 3 张主表，两张关系表。具体创建过程如下。

【操作步骤】

第 1 步，新建一个数据库，命名为 friend。

第 2 步，新建一个表，命名为 message，用来存储发布的信息。设置该表包含 3 个字段，简单说明如下，详细设置如图 18.6 所示。

❯ message_id：发布信息的 id 编号。

❯ message_neirong：发布信息的具体内容。

❯ message_demo：向谁说。

第 3 步，新建一个表，命名为 replay，该表存储用户回复信息，字段说明如下，详细设置如图 18.7 所示。

❯ replay_id：回复信息的 id 编号。

❯ replay_neirong：回复信息的具体内容。

❯ user_id：回复信息的用户编号。

第 4 步，新建一个表，命名为 replay_info，该表关联 replay 和 message 数据表，把发布信息和回复信息关联起来，字段说明如下，详细设置如图 18.8 所示。

❯ message_id：发布信息的 id 编号。

❯ replay_id：回复信息的 id 编号。

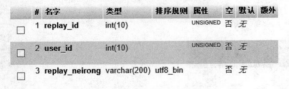

图 18.6 设置 message 表字段

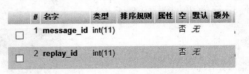

图 18.7 设置 replay 表字段

图 18.8 设置 replay_info 表字段

第 5 步，新建一个表，命名为 user，该表存储用户信息，如用户名称、昵称、登录密码等，字段说明如下，详细设置如图 18.9 所示。

❯ user_id：用户的 id 编号。

❯ user_name：用户的名称。

❯ user_nicheng：用户的昵称。

❯ password：用户的登录密码。

第 6 步，为了关联用户表（user）和信息表（message），需要再新建 user_message 表。数据结构如图 18.10 所示，字段说明如下。

❯ user_id：用户的 id 编号。

❯ message_id：发布信息的 id 编号。

#	名字	类型	排序规则	属性	空	默认	额外
☐	1 user_id	int(10)		UNSIGNED	否	无	
☐	2 user_name	varchar(20)	utf8_bin		否	无	
☐	3 user_nicheng	varchar(20)	utf8_bin		否	无	
☐	4 password	varchar(20)	utf8_bin		否	无	

图 18.9　设置 user 表字段

#	名字	类型	排序规则	属性	空	默认	额外
☐	1 user_id	int(11)			否	无	
☐	2 message_id	int(11)			否	无	

图 18.10　设置 user_message 表字段

扫一扫，看视频

18.6.2　连接数据库

完成数据库设计操作之后，本节介绍如何使用 PHP 连接数据库，开始使用 PHP 读取服务器上的信息了，实际上本项目所要实现的大部分功能与之前的项目大同小异。

本例采用上一章项目中的数据库连接类。用户可以把上一章项目中 sql_connect.php 文件复制到本例网站根目录下即可。

📢 注意：

完成 sql_connect 类的定义，当数据库的账号或密码修改时，还需要修改该文件中的内容。

18.6.3　首页功能实现

下面开始设计首页功能，根据前台设计的模板结构，直接嵌入 PHP 代码，从数据库中读取 message、user_message 和 user 数据表中的记录，然后根据关联绑定到列表视图中。

【操作步骤】

第 1 步，打开首页模板页，把 index.html 另存为 index.php，然后放到本地站点根目录下。

第 2 步，在页面顶部引入数据库连接文件，并创建数据库连接实例。

```php
<?php include('sql_connect.php'); ?>
<?php header("Content-Type:text/html;charset=UTF-8"); ?>
<?php
$is_login=0;
$sql=new SQL_CONNECT();
$sql->connection();
$sql->set_laugue();
$sql->choice();
?>
```

第 3 步，清除<div data-role="collapsible-set">标签下所有静态代码，输入下面 PHP 代码，动态显示发布信息。

```php
<?php
$sql_query="SELECT * FROM message,user_message,user
WHERE user_message.message_id=message.message_id
AND user_message.user_id=user.user_id";
$result=mysql_query($sql_query,$sql->con);
?>
<?php
$num = 1;
while($row = mysql_fetch_array($result)) {
    echo "<div data-role='collapsible'>";
    echo "<h4>";
    echo "<span class='red'>".$row['user_nicheng']."</span>对<span class='red'>".
```

```
$row['message_demo']."</span>说";
      echo "</h4>";
      echo "<h4>";
      echo $row["message_neirong"];
      echo "</h4>";
      $message_id = $row['message_id'];
      $sql_query="SELECT * FROM replay,replay_info,user WHERE replay.replay_id=
replay_info.replay_id AND user.user_id=replay.user_id AND replay_info.message_id=
".$row['message_id'];
      $result1=mysql_query($sql_query,$sql->con);
      while($row1 = mysql_fetch_array($result1)) {
          echo "<p><span class='blue'>";
          echo $row1['user_nicheng'];
          echo "</span>: ";
          echo $row1['replay_neirong'];
          echo "</p>";
      }
      if(1==$is_login) {
          echo "<form id='frm".$num."'>";
          echo "<input type='text' id='replay_text'>";
          echo "<input type='hidden' id='bianhao' value='";
          echo $message_id;
          echo "'>";
          echo "<input type='hidden' id='nicheng' value='";
          echo $name;
          echo "'>";
          echo "<a href='' data-role='button' onclick='replay(".$num.");'>跟说</a>";
          echo "</form>";
      }
      $num = $num + 1;
      echo "</div>";
  }
  ?>
```

在上面 PHP 代码中，先查询 message 数据表，使用 while 结构展示所有信息，然后嵌套一个子查询语句，查询 replay 数据表，找出每条信息后跟帖的回复信息，再使用 while 结构罗列出来。

同时根据$is_login 变量，判断当前用户是否登录，如果登录则显示回复表单，否则不显示该表单。

第 4 步，在页面顶部输入下面 PHP 代码，获取查询字符串信息，如果有对应的'zhanghao'和'mima'名值信息，则与数据表 user 进行比对，如果存在，则设置变量$is_login 为 1，表示用户登录成功，然后把用户信息存储到 cookie 中。如果没有查询字符串，则读取 cookie 信息，判断是否存在名称为 id 的 cookie 值，如果存在则设置$is_login 为 1，同时从 cookie 中读取用户身份信息。

```
<?php
  if(isset($_GET['zhanghao']) && isset($_GET['mima'])) {
      $zhanghao = trim($_GET['zhanghao']);
      $mima = trim($_GET['mima']);
      if( $zhanghao == '' || $mima == ''){
          echo "<script language='javascript'>alert('对不起，提交信息不能够为空!');
history.back();</script>";
          exit;
      }
      $sql_query="SELECT * FROM user WHERE user_name='".$zhanghao."'";
```

```
        $result=mysql_query($sql_query,$sql->con);
        while($row = mysql_fetch_array($result)) {
            if($mima==$row['password']) {
                $is_login=1;
                $id=$row['user_id'];
                $username=$row['user_name'];
                $name=$row['user_nicheng'];
                $password=$row['password'];
                setcookie("id", $id, time()+3600);
                setcookie("username", $username, time()+3600);
                setcookie("name", $name, time()+3600);
                setcookie("password", $password, time()+3600);
            }
        }
    }
    if(isset($_COOKIE['id'])) {
        $is_login=1;
        $id=$_COOKIE['id'];
        $username=$_COOKIE['username'];
        $name=$_COOKIE['name'];
        $password=$_COOKIE['password'];
    }
?>
```

第 5 步，根据变量$is_login 的值，定义标题栏显示的标题信息。

```
    <?php
    if(0==$is_login) {
        echo "闺蜜说";
    }else{
        echo "[". $name . "]";
        echo "的闺蜜说";
    }
    ?>
```

第 6 步，清除<div data-role="panel" id="mypanel">标签包含代码，重新设置侧滑面板信息，根据变量$is_login 的值，设计侧滑面板是显示登录表单，还是显示用户信息。

```
    <?php
if(0==$is_login) {
    echo "<form>";
    echo "<label for='zhanghao'>真名:</label>";
    echo "<input name='zhanghao' id='zhanghao' value='' type='text'>";
    echo "<label for='zhanghao'>密码:</label>";
    echo "<input name='mima' id='mima' value="type='text'>";
    echo "<fieldset class='ui-grid-a'>";
    echo "<div class='ui-block-a'>";
    echo "<a data-role='button' onclick='login();'>登录</a>";
    echo "</div>";
    echo "<div class='ui-block-b'>";
    echo "<a href='register.php' data-role='button'>注册</a>";
    echo "</div>";
    echo "</fieldset>";
    echo "</form>";
}else {
    echo "<h4>已登录</h4>";
    echo "<p>真名: ";
```

```
    echo $username;
    echo "</p>";
    echo "<p>昵称：";
    echo $name;
    echo "</p>";
}
?>
```

第7步，当用户在侧滑面板中进行登录时，单击"登录"按钮，将调用 login()函数，该函数将获取用户填写的名称和密码，以查询字符串形式传递给 index.php。具体 JavaScript 代码如下。

```
function login(){
    var zhanghao = $("#zhanghao").val();
    var mima = $("#mima").val();
    var site="index.php?zhanghao=" + zhanghao + "&mima="+ mima;
    location.href=site;
}
```

第8步，在浏览器中输入 http://localhost/index.php，运行效果如图 18.11 所示。

（a）显示信息

（b）查询回复

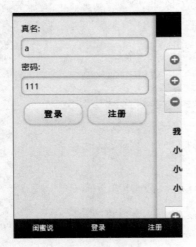

（c）侧栏登录

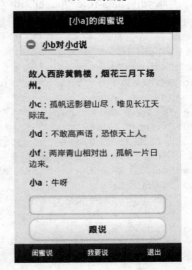

（d）跟帖回复

图 18.11　首页动态功能实现

18.6.4 注册页功能实现

下面介绍注册页功能实现过程。该功能包含 register.php 和 register_ok.php 两个页面文件，其中 register.php 页面提供注册表单界面，register_ok.php 负责后台信息处理。

【操作步骤】

第 1 步，打开注册模板页，将 register.html 另存为 register.php，保存在根目录下。

第 2 步，先打开 register.php，为"注册"按钮绑定 click 事件处理函数 register()。

```
<a data-role="button" onclick="register()">注册</a>
```

第 3 步，打开外部 JavaScript 文件 js/ form.js，设计函数 register()，用来把表单信息提交给 register_ok.php 文件。

```
function register(){
    //获取真名的值
    $zhanghao = $("#zhanghao").val();
     //获取昵称的值
    $nicheng = $("#nicheng").val();
    //获取密码的值
    $mima= $("#mima").val();
    //将获取的值通过 URL 传送给 reg.php
    $site="register_ok.php?zhanghao="+$zhanghao+"&nicheng="+$nicheng+"&mima="+$mima;
    location.href=$site;
}
```

第 4 步，新建 register_ok.php，输入下面 PHP 代码，接收 register.html 页面传递过来的查询字符串信息，对接收的信息进行处理，同时与数据表 user 的信息进行比对，检查是否存在重名，最后通过检查之后，提交给 MySQL 数据库保存起来。

```
<?php
$sql=new SQL_CONNECT();
$sql->connection();
$sql->set_laugue();
$sql->choice();
$sql_query1 = mysql_query("select user_name from user where user_name='$zhanghao'
or user_nicheng='$nicheng' ",$sql->con);
$info=mysql_fetch_array($sql_query1);
if($info!=false){
    echo "<script language='javascript'>alert('对不起，该昵称已被其他用户使用!');
history.back();</script>";
    exit;
}
$sql_query2 = "SELECT * FROM user";
$result = mysql_query($sql_query2, $sql->con);
$num=1;
while($row = mysql_fetch_array($result)) {
    $num=$num+1;
}
$sql_query3 = "INSERT INTO user (user_id,user_name,user_nicheng,password) VALUES
($num,'$zhanghao','$nicheng','$mima')";
mysql_query($sql_query3);
$sql->disconnect();
?>
```

第 5 步，在浏览器中输入 http://localhost/index.php，然后在底部脚注栏中单击"注册"按钮，进入注册页面，运行效果如图 18.12 所示。

（a）注册新用户 （b）登录用户 （c）发布信息或者跟帖

图 18.12 注册页面功能实现

扫一扫，看视频

18.6.5 发布页功能实现

下面介绍发布页功能实现过程。该功能也包含 say.php 和 say_ok.php 两个页面文件，其中 say.php 页面提供发布信息的表单界面，say_ok.php 负责后台信息处理。

【操作步骤】

第 1 步，打开发布信息模板页，将 say.html 另存为 say.php，保存在根目录下。

第 2 步，根据 cookie 信息，判断用户是否登录，并显示不同标题信息。

```php
<?php
if(isset($_COOKIE['id'])) {
    echo $_COOKIE['username'];
    echo " 要说 ......";
}else{
    echo "说啥呢";
}
?>
```

第 3 步，对表单结构进行重构，清除<input name="demo" id="demo" >文本框，使用下拉菜单控件来代替，使用 PHP 读取数据表 user 中所有用户信息，动态生成一个用户列表结构。

```php
<select name="who" id="who" data-native-menu="false">
    <option value='所有人'>所有人</option>
    <?php include('sql_connect.php'); ?>
    <?php header("Content-Type:text/html;charset=UTF-8"); ?>
    <?php
        $sql=new SQL_CONNECT();
        $sql->connection();
        $sql->set_laugue();
        $sql->choice();
        if(isset($_COOKIE['id'])) {
            $sql_query="SELECT * FROM user";
            $result=mysql_query($sql_query,$sql->con);
            while($row = mysql_fetch_array($result)) {
```

```
                $name=$row['user_name'];
                $nicheng=$row['user_nicheng'];
                echo "<option value='$nicheng'>$nicheng</option>";
            }
        }
        $sql->disconnect();
    ?>
</select>
```

第 4 步，打开 say_ok.php 文件，输入下面 PHP 代码，接收发布信息表单提交的信息，并进行检查。

```php
<?php include('sql_connect.php'); ?>
<?php header("Content-Type:text/html;charset=UTF-8"); ?>
<?php
    $who=trim($_GET["who"]);
    $what=trim($_GET["what"]);
    if( $who == '' || $what == ''){
        echo "<script language='javascript'>alert('对不起，提交信息不能够为空!');
history.back();</script>";
        exit;
    }
?>
```

第 5 步，如果用户登录，则把提交的信息写入数据库，否则不允许执行写入操作。

```php
<?php
    if(isset($_COOKIE['id'])) {
        $sql=new SQL_CONNECT();
        $sql->connection();
        $sql->set_laugue();
        $sql->choice();
        $sql_query="SELECT * FROM message";
        $result=mysql_query($sql_query,$sql->con);
        $num=1;
        while($row = mysql_fetch_array($result)) {
            $num=$num+1;
        }
        $sql_query="INSERT INTO message (message_id,message_neirong,message_demo)
VALUES ($num,'$what','$who')";
        mysql_query($sql_query);
        $id = intval($_COOKIE['id']);
        $sql_query="INSERT INTO user_message (message_id,user_id) VALUES ($num,
$id)";
        mysql_query($sql_query);
        $sql->disconnect();
    } else {
        echo "<script language='javascript'>alert('对不起，请登录!');</script>";
        exit;
    }
?>
```

第 6 步，在浏览器中输入 http://localhost/index.php，然后在底部脚注栏中单击"我要说"按钮，进入发布信息页面，运行效果如图 18.13 所示。

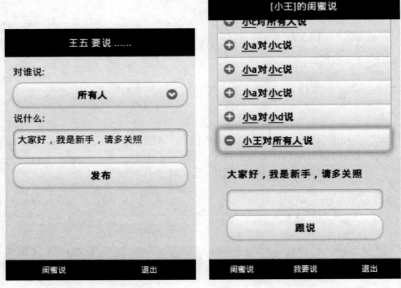

|(a)发布信息|(b)查看发布的信息|

图 18.13　发布信息页面演示效果

扫一扫，看视频

18.6.6　回复功能实现

当在首页浏览用户发布的信息时，可以根据爱好进行跟帖，这个跟帖会立即显示在页面上，并把回复信息同步存储到数据库中。这个过程使用 Ajax 技术实现，具体步骤如下。

【操作步骤】

第 1 步，打开 index.php，找到下面代码，在"跟说"按钮上绑定 click 事件处理函数 replay()，同时把当前表单在整个页面中的下标位置值传递给该函数。

echo "<a href=" data-role='button' onclick='replay(".$num.");'>跟说</a>";

第 2 步，编写 replay() 函数，根据参数指定的表单位置，获取当前表单 form，然后获取该表单中的用户填写的信息，最后使用 jQuery 的 get() 方法把用户填写的信息以查询字符串的形式发给 replay.php 文件。同时，在回调函数中接收服务器端响应的信息，并把信息嵌入 HTML 字符串中，显示在跟帖列表的尾部。

```
function replay(n){
    form = $("#frm"+n);
    var replay_text = form[0]["replay_text"].value;
    var bianhao = form[0]["bianhao"].value;
    var nicheng = form[0]["nicheng"].value;
    var site="replay.php?replay_text="+ encodeURIComponent(replay_text) + "&bianhao="
+ bianhao;
    $.get(site, function(data){
        if(data){
            form.before("<p><span class='blue'>"+ nicheng + "</span>: "+ replay_text
+ "</p>");
            form[0]["replay_text"].value = "";
            form[0]["replay_text"].focus();
        }
        else{
```

```
                alert("回复失败");
            }
        });
}
```

第 3 步，新建 replay.php 文件，编写下面 PHP 代码，接收用户通过 Ajax 方式提交的数据，并进行检查。

```php
<?php
$replay_text=trim($_GET["replay_text"]);
$bianhao=trim($_GET["bianhao"]);
if( $replay_text == " || $bianhao == "){
    echo "0";
    exit;
}
?>
```

第 4 步，打开数据库连接，把用户回复信息保存到数据库中，保存成功，则响应数字 1，否则响应数字 0，这样在 index.php 文件的 JavaScript 代码中根据响应值进行判断，并执行不同的响应处理。

```php
<?php
    $sql=new SQL_CONNECT();
    $sql->connection();
    $sql->set_laugue();
    $sql->choice();
    mysql_query("set names utf8");//设置编码
    $sql_query1="SELECT * FROM replay";
    $result=mysql_query($sql_query1,$sql->con);
    $num=1;
    while($row = mysql_fetch_array($result)) {
        $num=$num+1;
    }
    if(isset($_COOKIE['id'])) {
        $id = intval($_COOKIE['id']);
        $sql_query2="INSERT INTO replay_info (message_id,replay_id) VALUES ($bianhao,
$num)";
        mysql_query($sql_query2);
        //$replay_text1 = iconv('UTF-8','gb2312',$replay_text);
        $sql_query3="INSERT INTO replay (replay_id, user_id, replay_neirong) VALUES
($num, $id, '$replay_text')";
        mysql_query($sql_query3);
        echo "1";
    }else{
        echo "0";
    }
    $sql->disconnect();
?>
```

第 5 步，在 index.php 页面单击一条信息，展开该信息之后，可以看到所有回复信息，用户可以跟帖回复，运行效果如图 18.14 所示。

发布跟帖   显示跟帖

图 18.14 跟帖功能实现

18.7 小 结

本章实现了一个简单的社区交流应用，仅提供了初步功能，用户可以对其进行修改，增加更多交互功能，或者把它作为移动版留言板使用，这也是常用的 Web 功能模块。本例主要结合 jQuery Mobile+cookie 实现全部功能，用户也可以使用会话变量来进行设计，或者结合 HTML5 的本地存储功能进行设计。

第 19 章　发布应用项目

jQuery Mobile 应用项目的发布方法有两种。一种是利用 PhoneGap 进行打包，然后发布到相应的应用商店；另一种是直接以 Web 的形式进行发布。本章将简单介绍如何使用 PhoneGap 进行打包。

【学习重点】
- 将 HTML 页面打包成多平台应用的方法。
- 了解 PhoneGap 用法。

19.1　Web 应用发布基础

由于不同的平台需要创建不同的软件包，因此用户需要把所有的文件，如 HTML、JavaScript、CSS 和 jQuery Mobile 框架的文件，复制到不同的项目中，然后创建不同的软件包。

把 Web 应用当作原生应用来打包，应用可以调用到一些非 HTML5 的 API，这些 API 包括相机、联系人列表和加速度传感器。要打包应用到商店发布，可以选择下列方式。

- 为每个平台创建一个原生应用项目，把 Web 应用的文件作为本地资源加入项目中，用 Web View 组件绑定应用的 HTM L 内容。这种方式有时被叫做混合应用。
- 使用某个官方的 Web 应用平台，这时往往会把项目文件打包成一个 zip 压缩包。
- 使用原生应用编译工具，帮助为各个平台编译相应的软件包。

注意，把 Web 应用编译成原生软件包往往需要掌握各平台原生应用代码和 SDK 工具的专业知识。

打包应用的第一步是明确应用要针对什么平台在哪个应用商店进行发布。表 19.1 列举了可以用来发布应用的商店，用户应该在各个平台上创建一个应用发布账号。

表 19.1　可以发布应用的商店列表

商　店	所　有　者	平　　台	文件格式	发布费用	URL
AppStore	Apple	iOS（iPhone、iPod、iPad）	ipa	99 美元/年	http://developer.apple.com/ programs/ios
Android Market	Google	Android	apk	20 美元/次	http://market.android.com/publish
AppWorld	RIM BlackBerry	Smartphones/PlayBook	cod/bar	免费	http://appworld.blackberry. com/isvportal
Nokia Store	Nokia	Symbian/N9	wgz/deb bar	1 欧元	http://info.publish.nokia.com/
Amazon AppStore	Amazon	Android/Kindle Fire	apk	99 美元/年	http://developer.amazon.com/
MarketPlace	Microsoft	Windows Phone		99 美元/年	http://create.msdn.com/

针对每个平台，可以根据各自的参考文档检查应用商店要求提供哪些元数据。例如：
- 高分辨率的图标（通常都是 512×512）。
- 应用描述。
- 所属分类的选择。
- 每个平台上的应用截图。
- 发布一个兼容设备列表。
- 发布一个国家和语言。
- 市场营销口号。

19.2　自定义发布

某些平台允许用户通过自己的 Web 服务器发布应用，前提是确保 MIME 类型配置正确。Symbian 和 BlackBerry 设备可以接收和安装任何 Web 应用。对于 Android 和 Nokia N9 设备，只有用户在设置中允许从第三方服务器进行安装后，才能够从服务器上安装应用。

其他平台，如 iOS 或者 Windows Phone，则要求必须从官方应用商店进行安装。也有方法可以对设备进行配置，使得它可以不通过应用商店直接安装应用，但只能用作测试，这些技术不在本书的讨论范围之内。

19.3　准 备 打 包

在用 jQuery Mobile 创建原生应用风格的 Web 应用时，需要注意以下两点：

第一就是浏览器工具条没有了，例如，界面上不再默认包含后退按钮了，应用应该在页头创建一个后退按钮。编译原生应用时，切记不要通过 CDN 的方式来加载 jQuery Mobile 文件。

第二就是加载外部页面。在创建应用时，用户可以加载本地的随应用一起发布的 HTML 页面。如果需要从一个外部的 URL 来加载 jQuery Mobile 文档，可以在 mobileinit 事件的处理程序中设置 $.support.cors=true，允许框架使用 Ajax 访问远程服务器。同时还需要设置 $.mobile. allowCrossDomainPage=true。

jQuery Mobile 建议关闭 pushState，以避免和 URL 管理产生冲突。因此，在 HTML 入口页面里应该包含下面一段代码。

```
$(document).bind("mobileinit", function()
$.support.cors =true;
$.mobile.allowCrossDomainPages= true;
    $.mobile.pushState=false;
});
```

如果应用是面向 iOS 5.0 以上的版本，那就可以在固定的头部和底部使用原生的固定工具条，这样能获得更好的性能和可用性。

在打包原生应用时，还需要准备其他一些文件，比如用在主屏幕或者应用菜单上的图标，应用启动时需要展示的启动图片。一些平台还要求提供一个应用可以访问的网络服务器的列表。

19.4　使用 PhoneGap 打包

PhoneGap 是一个将 HTM L5 代码编译成原生应用的开源平台，它完全兼容 jQuery Mobile。PhoneGap 主要由 Adobe 和另外几家颇具影响力的公司维护。完整地解释 PhoneGap 超出了本书的范围。

使用 PhoneGap (http://phonegap.com)，可以把 jQuery Mobile 应用编译成下列平台的应用：

iOS、Android、webOS、Symbian、BlackBerry 和 Windows Phone。

下载 PhoneGap 后，可以得到一个 ZIP 压缩包，包含了所有平台下使用各自 SDK 打包的示例，以及一个需要包含到所有 HTML 文件中去的 JavaScript 文件。直到 PhoneGap1.2，每一个平台都还需要一个自己的 JS 文件。这个文件用于保持各平台部分行为一致，并加强 API 兼容性。

如果要编译 iOS 应用，需要一台 Mac 或者一个提供 Mac 环境的云服务。在 http://macincloud.com 可方便地租到一个 Mac 设备。

在 iOS 上，PhoneGap 提供了一个安装方法，可以把 PhoneGap 项目类型加入 Xcode 中。Xcode 是创建原生 iOS 应用的官方 IDE。表 19.2 所示列出了各平台下编译应用所必须安装的 SDK。

表 19.2　编译各平台原生应用所需要用到的 SDK 和 IDE

SDK	设备平台	桌面平台	下放地址
Xcode	iOS	MacOS	通过 Mac AppStore 下载
ADT for Eclipse	Android	Win/Mac/Linux	http://developer.android.com
WebWorks SDK	BlackBerry	Win/Mac	http://blackberry.com/developers
VisualStudio for WP	Windows Phone	Win	http://microsoft.con/visualstudio
Nokia Web Tools for Symbian	Symbian	Win/Mac	http://developer.nokia.com

如果要为各个平台都创建一个项目，需要把自己的文件，如 HTML、JavaScript、CSS 和图片等，复制到每个 PhoneGap 示例项目对应的目录下，通常是一个叫做 www 的目录。找到一个名为 index.html 的文件，那就是需要用我们自己的 jQuery Mobile 应用替换的文件。

◀》提示：

Adobe 提供了一个在云端编译应用的服务（PhoneGap Build），既有免费的方案也有付费的方案。它的地址是 http://build.phonegap.com，使用这个服务，用户可以把完整版的 jQuery Mobile 应用，包括 CSS、JavaScript 和图片，以一个遵循 W3C 小部件规范的 config.xml 文件打成一个 ZIP 压缩包上传。

PhoneGap Build 就会把它编译成下列平台的原生软件包：

ios、Android、webOS、BlackBerry 和 Symbian。